TRAITÉ

DE

PHYSIOLOGIE

MÉDICALE ET PHILOSOPHIQUE.

PAR

Alm. **LEPELLETIER**, DE LA SARTHE.

EXPERIENTIA. VERITAS.

QUATRE VOLUMES IN-8, AVEC 8 PLANCHES ET DES TABLEAUX SYNOPTIQUES.

TOME SECOND.

PARIS,

GERMER BAILLIÈRE, LIB. RUE DE L'ÉCOLE DE MÉDECINE, N° 13 B.

AU MANS, BELON, IMP.-LIB., PLACE ST-NICOLAS, N° 2.

1832.

Voulant conserver à la physiologie toute l'importance qu'elle mérite et la présenter, dans cet ouvrave, aussi complétement qu'il est possible de le faire aujourd'hui, désirant légitimer les encouragemens et les éloges qui nous ont été donnés dans tous les journaux de médecine par des juges capables d'apprécier les productions de ce genre, nous avons été dans l'obligation d'analyser les travaux récemment publiés en si grand nombre sur les Fonctions nutritives plus particulièrement. Telle est la seule cause du retard apporté dans l'impression de notre second volume.

Bien faire nous paraissant une condition préférable à celle d'achever promptement, nous sommes assuré d'avance que Messieurs les souscripteurs nous pardonneront volontiers ce retard en faveur de son motif, et de la manière dont nous avons rempli, disons même dépassé nos obligations sous tous les autres rapports.

Les tomes 3 et 4 suivront celui-ci à des intervalles beaucoup moins prolongés, les mêmes entraves n'embarrassant pas leur publication.

PHYSIOLOGIE

MÉDICALE

ET

PHILOSOPHIQUE.

CHAPITRE TROISIÈME.

FONCTIONS VITALES.

RESPIRATION.

§ Ier. ÉTYMOLOGIE, DÉFINITION, CARACTÈRES, BUT DE LA RESPIRATION.

La respiration, πνοή, ἀναπνοή des Grecs, *respiratio* des Latins, envisagée dans sa plus grande généralité, appartient à tous les êtres organisés vivans, depuis le végétal le plus simple jusqu'à l'homme, et doit être définie : *L'influence d'un milieu liquide ou gazeux sur les fluides circulatoires de l'économie vivante, avec rétablissement des caractères essentiels qu'ils ont perdus en fournissant les élémens de la nutrition et des sécrétions.*

Mais si nous considérons cette importante fonction exclusivement chez l'homme et chez les animaux supérieurs, nous la définirons, en précisant davantage : *L'introduction de l'air dans les poumons par l'inspiration, l'action de l'oxygène sur le sang noir et sur le chyle pour les convertir en sang rouge, sous l'influence*

TOME II.   1

vitale de ces organes, l'expulsion de l'acide carbonique et du résidu aérien par l'expiration.

Si l'on veut réduire ce phénomène à sa plus simple expression pour tous les animaux qui respirent au moyen du gaz que nous venons de signaler, on doit ajouter que cette action physiologique est : *La rénovation du sang par dégagement d'acide carbonique et par absorption d'oxygène.*

Tout corps organisé vivant respire ; mais cette fonction commune offre des modifications nombreuses dans la série des êtres chargés de l'effectuer. C'est en étudiant ces modifications que nous pourrons arriver à des notions plus positives relativement aux caractères essentiels qui la constituent chez l'homme.

Chez tous les animaux qui respirent au moyen d'un appareil pulmonaire complet, cette fonction ne commence jamais avant la naissance. Pendant toute la vie intra-utérine, le fœtus recevant, par la veine ombilicale, un sang approprié à ses besoins, n'éprouve point la nécessité de l'oxygénation immédiate ; c'est dans les poumons de sa mère que s'effectue la rénovation partielle des fluides circulatoires employés à sa nutrition. En conséquence de ces dispositions, le fœtus n'est jamais exposé à l'asphyxie, tant que la respiration maternelle s'entretient avec régularité ; mais aussitôt qu'il est expulsé au dehors, et que toutes les communications vasculaires qui l'unissaient à l'utérus ont été rompues, l'exercice immédiat de cette même fonction lui devient indispensable. Vivre et respirer sont, pour l'enfant, deux conditions qu'il est désormais impossible d'isoler. Ainsi chez l'homme et les animaux supérieurs, la respiration proprement dite ne commence point à l'animation, mais seulement à la naissance.

Le but essentiel de cette importante fonction est de

rendre aux fluides circulatoires de l'économie vivante, les caractères qu'ils ont perdus en fournissant aux frais de l'excitation générale , de la nutrition et des sécrétions; d'accorder au chyle, formé par les élémens extérieurs , les qualités nécessaires à ces trois objets, pour effectuer la réparation et l'accroissement de l'organisme tout entier. Sans l'intervention de ce phénomène indispensable, parmi ces fluides , les uns resteraient sans action sur les appareils , les autres viendraient y porter la stupeur et la mort.

§ II. APPAREIL DE LA RESPIRATION.

D'autant plus simple qu'il appartient à des êtres plus rapprochés de l'organisation rudimentaire, d'autant plus composé qu'il se rencontre chez des sujets plus voisins du rang supérieur dans la série des corps vivans, cet appareil est réduit, chez les premiers, à l'organe essentiel , tandis qu'il se complique, chez les seconds, par des organes accessoires plus ou moins nombreux. Quant aux modifications générales qu'il éprouve dans les uns et dans les autres, elles sont toujours en harmonie parfaite avec la nature des milieux, et celle du modificateur particulier à cette grande fonction.

Chez les végétaux, — l'appareil de la respiration est simplement constitué par les vaisseaux absorbans de la périphérie, plus particulièrement encore par ceux qui viennent s'ouvrir à la face inférieure des feuilles ; il ne présente rien de spécial relativement à cette fonction , puisque les mêmes vaisseaux ont également pour usage de servir à toutes les autres absorptions extérieures qui toujours s'effectuent, comme la respiration, à la surface libre de l'enveloppe dermoïde.

Chez les zoophytes , — les vaisseaux absorbans de la

peau sont également jusqu'ici le seul appareil découvert pour la respiration.

Chez les insectes, — l'appareil respiratoire offre déjà quelque chose de plus spécial. Il est formé par un ensemble de tubes élastiques, ouverts et disséminés à la surface extérieure de l'animal, sous le nom de *trachées* ; le gaz à respirer pénètre par ces canaux, et la rénovation des fluides circulatoires devient dès-lors intérieure : cet appareil est modifié diversement, suivant que l'animal respire dans l'air ou dans l'eau. Pour le premier de ces milieux, les trachées prennent la dénomination *d'aérifères*, on les désigne par le terme *d'aquifères* pour le second.

Chez tous les autres animaux supérieurs à ceux que nous venons d'énumérer, la respiration n'est plus *diffuse* comme chez ces derniers ; elle devient *concentrique*, offre un organe particulier nommé *branchie*, lorsque cette fonction s'opère dans l'eau, *poumon*, lorsqu'elle s'effectue dans l'air.

Chez les poissons, — l'appareil central de la respiration est formé par deux branchies *aquifères*, organes vasculo-cartilagineux et spongieux, rouges, lamelleux, placés sur les parties latérales de la tête, recouverts d'une soupape également cartilagineuse, désignée par le terme *d'opercule*, s'élevant ou s'abaissant à volonté, suivant les besoins de l'animal.

Chez les reptiles, — on trouve des poumons d'une organisation très-simple ; ils sont représentés par un ou deux sacs loculaires intérieurement, surtout chez les sauriens, les batraciens et les chéloniens ; les anneaux de la trachée artère sont complets ; les divisions bronchiques offrent des fibres circulaires et contractiles ; des muscles dilatateurs et des constricteurs forment extérieurement les parois des sacs pulmonaires, dispositions qui concourent à remplacer le diaphragme dont ces espèces n'offrent aucun vestige. Les chéloniens et les batraciens respirent au moyen d'une véritable déglutition ; aussi peut-on les asphyxier en tenant pendant quelque tems leurs mâchoires écartées.

Chez les oiseaux, — les poumons sont uniformes, vésiculeux et vasculeux, criblés d'ouvertures par lesquelles s'échappe l'air pour se rendre dans un nombre variable de réservoirs, formés par des cellules assez vastes, qui vont s'ouvrir dans les canaux du plus grand nombre des os longs, complètement dépourvus de l'appareil médullaire ; les parois des bronches sont contractiles, et remplacent ainsi l'action du diaphragme qui n'existe pas. Ces dispositions offrent deux grands avantages pour les oiseaux : 1° une oxygénation du sang très-considérable et proportionnée aux besoins que font naître l'étendue et la répétition des mouvemens chez ces animaux; 2° une grande légèreté spécifique, nécessitée par l'état gazeux du milieu dans lequel ces derniers doivent lutter péniblement contre la force de gravitation, pendant le genre de locomotion qui leur devient le plus naturel.

Chez les mammifères, — il existe ordinairement deux poumons conoïdes, vasculaires et vésiculeux, diversement lobulés, depuis les solipèdes qui ne présentent qu'une seule division, jusqu'aux ruminans qui nous en offrent quatre. Les anneaux de la trachée artère sont cartilagineux, à peine visibles chez le hérisson; ils forment les deux tiers de la circonférence chez le lion et plusieurs autres, le cercle complet chez le lamentin, le dauphin etc.; dans cette classe, le thorax osseux et cartilagineux est inférieurement limité par le muscle diaphragme.

Chez l'homme, — en nous élevant, des êtres les plus simples aux plus composés, relativement à l'examen de l'appareil respiratoire, nous l'avons trouvé d'abord, dans son état rudimentaire , borné à des vaisseaux absorbans extérieurs , en même tems employés aux phénomènes de la nutrition , effectuant dès-lors une respiration exclusivement *périphérique et diffuse.*

Cet appareil , devenu plus spécial , nous a présenté sous le nom de trachées des canaux particuliers ouverts à la surface extérieure , dans lesquels s'enfonce le derme en s'y modifiant , de manière à donner à cette fonction , encore *diffuse,* le premier caractère de respiration *intérieure.* Offrant plus loin des organes centraux disposés en sacs membraneux, d'abord simples, ensuite loculaires, à parois contractiles, recevant des canaux *aérifères,* musculo-membraneux ou cartilagineux , et par leur intermédiaire un prolongement du derme extérieur , sous le nom de tissu muqueux , l'appareil respiratoire nous a présenté ces mêmes organes parenchymateux, vasculaires et vésiculeux, renfermés dans une cavité appelée thorax, à parois mobiles, séparés de l'abdomen par une cloison musculeuse, nommée diaphragme, activement employée dans le mécanisme de la respiration , laissant dès-lors beaucoup moins d'utilité à la disposition musculeuse des bronches , toujours à peine sensible , pouvant même être contestée dans les appareils où se rencontre cet important accessoire. Chez tous les sujets appartenant à ce dernier ordre , la respiration est *intérieure* et *concentrique.*

Arrivé à l'homme par cette gradation insensible, ne pouvons-nous pas tout naturellement réduire par la pensée l'appareil, au moyen duquel il respire , à l'idée simple d'une cavité muqueuse, formée par l'enfoncement de la peau extérieure dans la trachée artère et ses nombreuses divisions ; surtout en considérant que ces canaux *aérifères* sont la partie essentielle des poumons, puisque les artères et les veines bronchiques , le nerf pneumo-gastrique leur sont à peu près exclusivement destinés.

Passant de ces principes fondamentaux aux considé-rations d'ensemble, nous trouvons ensuite l'appareil de la respiration, étudié chez l'homme, dans son dernier degré de perfectionnement et de composition. Pour le bien comprendre, nous devons y distinguer : 1° *des or-ganes propres*, 2° *des organes accessoires*.

1° ORGANES PROPRES. — Ils se composent des pou-mons et de leurs enveloppes membraneuses.

LES POUMONS , πνευμωνες des Grecs , *pulmones* des Latins, sont des organes parenchymateux et plus spécia-lement encore vésiculo-vasculeux, placés dans les parties latérales du thorax ; de forme à peu près conoïde, d'un volume assez considérable, d'une grande légèreté spéci-fique, déterminée par la proportion d'air qu'ils conser-vent toujours, même après une forte expiration ; surna-geant l'eau dans laquelle on effectue leur immersion entière, lorsqu'on les examine après leur développement respiratoire ; plongeant au contraire dans ce fluide , lors-qu'ils n'ont point encore admis cet élément gazeux, dispositions sur lesquelles se trouvent basée la doci-masie pulmonaire ; naturellement d'un jaune fauve, comme on l'observe chez les sujets morts d'hémorrhagie ; offrant chez le plus grand nombre des cadavres une teinte violette et marbrée , évidemment déterminée par l'engorgement sanguin qui s'effectue dans ces organes pendant les derniers instans de la vie ; on voit souvent à leur périphérie des taches vermeilles produites par quelques portions de ce fluide circulatoire déjà revivifiées; d'une consistance molle, facile à déchirer, ils crépitent sous le doigt qui les presse. Le sommet du cône présenté par chacun d'eux est logé dans la courbure de la pre-mière côte , sa base repose directement sur la partie musculeuse et latérale du diaphragme. Le poumon droit présente moins de hauteur, plus de largeur, il est divisé en trois lobes et répond inférieurement au foie. Le poumon gauche a plus de hauteur, moins de largeur, il n'offre que deux lobes et répond au cœur par sa partie moyenne. Toute compensation faite, le volume des deux poumons est à peu près semblable.

ORGANISATION. — Si nous analysons actuellement la composition de ces organes, nous verrons la trachée artère et ses divisions bronchiques, former cette base essentielle des poumons, autour de laquelle viennent se rassembler toutes les autres parties constituantes, et notamment les nerfs, les artères, les veines, les vaisseaux capillaires et lymphatiques ; tous ces élémens sont liés entre eux par du tissu cellulaire filamenteux, élastique, où le développement de la graisse ne se manifeste jamais, où les infiltrations peuvent survenir, comme on l'observe dans l'œdème pulmonaire.

La trachée artère, — du grec τραγὺς, âpre, ἀρτηρία lui-même composé de ἀὴρ, air, et de τηρεῖν, conserver, littéralement, réservoir âpre de l'air, est un canal membrano-cartilagineux, de 6 ou 8 lignes de diamètre, de 8 à 10 pouces de longueur ; arrondi excepté en arrière ; commençant à la terminaison du larynx, et finissant à la première division bronchique, située à la région antérieure du col ; recouvert par le corps thyroïde ; répondant en arrière à l'œsophage, sur les côtés aux artères carotides, aux nerfs pneumo-gastriques, aux ganglions cervicaux etc. ; formé de dix-huit ou vingt arceaux plus que demi-circulaires, complétés en arrière par une membrane fibreuse, unis les uns aux autres par des expansions du même tissu ; doublé intérieurement par une membrane muqueuse rouge, sensible, prolongement de la muqueuse gastro-pulmonaire. Reisseissen considère la membrane externe de ce tube aérien comme très-analogue à la tunique musculeuse des intestins ; Béclard comme identique au tissu jaune des artères. Toutefois si l'on peut douter de l'existence des fibres contractiles dans les parois de la trachée artère, il serait difficile, comme nous le verrons, de ne pas l'admettre dans ses divisions.

Les bronches, — ramifications de la trachée artère, d'abord au nombre de deux, une pour chaque poumon, se subdivisent ensuite dans chacun de ces organes, en branches, en rameaux, en ramuscules. L'organisation de ces canaux est analogue à celle de leur tronc mutuel avec quelques modifications. Ainsi les arceaux cartilagineux perdent bientôt leur forme semi-circulaire, n'offrent plus dans les sous-divisions que des granulations sans régularité, disparaissent enfin entièrement, et les canaux aériens, arrivés à l'état capillaire, se trouvent réduits aux membranes fibreuse et muqueuse.

Haller et plusieurs autres physiologistes accordent la structure musculaire à la membrane extérieure des bronches ; d'autres la rejettent complétement, objectant qu'elle n'est pas suffisamment démontrée par l'anatomie. Au milieu de ces opinions diamétralement opposées, il est difficile de ne pas admettre la première, en considérant que dans la coqueluche, l'angine bronchique, l'asthme etc., la contraction spasmodique de ces canaux devient quelque fois assez forte pour empêcher toute pénétration de l'air dans les poumons et faire craindre l'asphyxie.

La terminaison des canaux bronchiques est encore aujourd'hui l'occasion de nombreuses controverses.

Willis prétend qu'elle est effectuée par des petits corps spongieux, aréolaires, dans lesquels se ramifient les dernières divisions de l'artère pulmonaire, d'où naissent les veines du même nom ; il pense que ces petits corps sont rassemblés en grappes et disposés à la manière des baies du laurier, attachées sur leur pétiole. Chaussier admet que les dernières divisions des bronches se terminent par des canaux arrondis; Helvétius dit qu'elle finissent par des ouvertures libres dans les cellules du parenchyme pulmonaire; Mapighi soutient que chaque division extrême des tubes aérifères se rend dans une petite vésicule sur les parois de laquelle rampent les vaisseaux capillaires qui suivent l'artère pulmonaire et précèdent les veines du même nom; quelques auteurs admettent la communication de toutes les vésicules; Haller au contraire les croit isolées; Keil et Liéberkun en portent le nombre au-delà d'un milliard et demi. Quoiqu'il en soit de ces opinions contradictoires et de ces calculs impossibles, si l'on consulte l'analogie relativement à ces dispositions microscopiques dans l'homme, en les étudiant sur les poumons des animaux qui les offrent dans un plus grand développement, on verra que chez les reptiles et notamment chez les grenouilles, les vésicules bronchiques deviennent très-apparentes et peuvent d'autant mieux être admises dans l'espèce humaine, qu'elles rendent les explications faciles, et qu'aucune autre modification n'est aussi bien démontrée.

Les Nerfs — des poumons émanent particulièrement des plexus pulmonaires, formés par le concours des nerfs pneumo-gastriques et des branches ganglionaires. Les premiers fournissent aussi directement à ces organes et se terminent dans l'estomac. Toutes ces divisions vont spécialement se distribuer aux bronches, aux nombreuses ramifications de ces canaux aériens.

Les Artères, — destinées au parenchyme pulmonaire, appartiennent à deux variétés bien distinctes : 1° *les artères bronchiques*, naissant directement de l'aorte dans le thorax, d'un volume peu considérable relativement à celui des organes, portant à ces derniers le sang rouge, excitant et nutritif, se ramifiant surtout dans les bronches, et se terminant dans la portion des capillaires généraux, départie aux organes centraux de la respiration ; 2° *l'artère pulmonaire*, émanant du ventricule droit, portant le sang noir dans les capillaires particuliers des poumons, dans le but exclusif de le soumettre à la rénovation indispensable aux fonctions qu'il doit ultérieurement remplir.

Les Veines sont également de deux ordres dans ces organes : 1° *les veines bronchiques*, nées des capillaires communs, rapportant le sang noir, véritable résidu que produit la nutrition du parenchyme respiratoire, et se terminant à la veine cave supérieure ; 2° *les veines pulmonaires*, faisant suite aux capillaires particuliers, ramenant dans l'oreillette gauche le sang rouge soumis à l'oxygénation.

Les vaisseaux capillaires — appartiennent encore à deux espèces : 1° *les uns communs*, formant une division peu considérable du système capillaire général, offrent le siége de la nutrition pulmonaire, et de la transformation d'une petite partie du sang rouge en sang noir ; 2° *les autres particuliers* constituent, par leur ensemble, tout le système capillaire spécial, et deviennent le théâtre de la conversion du sang noir en sang rouge sous l'influence de la respiration. Les premiers sont intermédiaires aux artères et aux veines bronchiques, les seconds à l'artère et aux veines pulmonaires.

Les vaisseaux lymphatiques — sont très-nombreux dans ces organes, et présentent sur leur trajet une multitude incalculable de petits corps blancs plus ou moins tenus et nommés ganglions ; développés sous l'influence des inflammations chroniques et de la dégénération lardacée, ils constituent ce que les pathologistes désignent par le terme de tubercules pulmonaires. Vers les premières divisions bronchiques, ces ganglions sont plus volumineux, offrent une couleur noire que nous croyons naturelle, et qu'il est impossible, dans l'état actuel de nos connaissances, d'attribuer, avec Fourcroy, au dépôt du carbone pendant la respiration.

Les enveloppes membraneuses des poumons — offrent deux tuniques séreuses nommées plèvres et forment deux sacs sans ouverture. Chacune de ces tuniques se réfléchit des poumons sur les côtes, circonstance qui nous explique l'ancienne dénomination *de plèvre pulmonaire* et *de plèvre costale*. Dans ce trajet, les deux membranes se rapprochent en avant et en arrière pour s'éloigner ensuite et laisser entre elles deux écartemens ou *médiastins*, l'un antérieur placé derrière le sternum, rempli de tissu cellulaire; l'autre postérieur, contenant l'aorte descendante, l'œsophage, le canal-thoracique, le nerf vague etc.

2° ORGANES ACCESSOIRES. — Ils sont représentés par l'ensemble des parois mobiles du thorax dont l'ampliation ou le resserrement déterminent des modifications analogues dans les poumons. Ces parois sont elles mêmes formées par des organes actifs et des organes passifs.

Organes actifs. — Ils se composent de tous les muscles susceptibles de concourir, soit directement, soit indirectement, aux mouvemens opposés des parois thoraciques. Ainsi le diaphragme et les muscles abdominaux correspondans, pour les respirations du premier degré; les scalènes, les sous-claviers, les intercostaux, les sur-costaux, pour celles du second; les pectoraux, le grand dorsal, le sterno-costal, les grands et petits dentelés etc., pour celles du troisième, forment à peu près l'ensemble de cet appareil moteur.

Organes passifs. — Ils comprennent la colonne dorsale placée en arrière, le sternum en devant, les côtes au nombre de douze pour chaque moitié, disposées latéralement en arcs obliquement superposés, fixés postérieurement aux vertèbres par deux articulations mobiles, antérieurement au sternum, pour les sept premières, au moyen de prolongemens fibro-cartilagineux analogues pour le volume et la forme. Les cinq dernières, libres, par cette extrémité dans les parois abdominales, sont également terminées au moyen du tissu fibro-cartilagineux dont le contact avec les parties molles, est beaucoup moins offensif.

L'ensemble de tous ces organes forme le thorax, cavité conoïde, à parois très-mobiles surtout inférieurement; offrant l'une des cavités splanchniques, renfermant non-seulement les poumons, auxquels elle paraît plus spécialement destinée, mais en même tems le cœur, les gros vaisseaux, le canal thoracique, l'œsophage etc.

Tel est chez l'homme cet appareil central destiné à la respiration. Plusieurs physiologistes soutiennent qu'il n'agit pas seul dans l'accomplissement de cette fonction importante. Ainsi Morgagni rapporte l'histoire d'un homme constitué de telle sorte que les poumons n'étaient point traversés par le sang veineux, et qui cependant offait la chaleur et la coloration naturelles. L'enveloppe cutanée, le foie lui-même ont été considérés comme les organes supplémentaires de cette oxygénation vitale.

Relativement à la peau. — Jurine, Spallanzani, Cruiskank, Abernetty etc. considèrent cette membrane comme un accessoire des poumons dans les phénomènes essentiels de la respiration. Ils ont fait plusieurs expériences qui toutes semblent démontrer l'absorption de l'oxygène et l'exhalation de l'acide carbonique par cette voie. D'un autre côté, la muqueuse bronchique offre de l'analogie avec la peau. Dans un assez grand nombre d'animaux et notamment dans les zoophites, l'oxygénation du sang est effectuée par l'enveloppe dermoïde. M. Edwards a répété avec succès des expériences qui démontrent que les salamandres et les grenouilles, même après l'ablation de leurs poumons, jouissent de la faculté de vivre encore assez long-tems au moyen de la respiration cutanée. Mais il ne faut pas abuser des analogies au point de vouloir assimiler ainsi la respiration des animaux amphibies, d'un polype qui n'offre point d'autre organe que la peau, à celle de l'homme qui présente un appareil central et particulier pour cette fonction ; quant aux expériences, on ne doit pas les considérer ici comme bien positives, puisque Spallanzani lui-même a reconnu des résultats à peu près identiques, en substituant, dans ces essais, des parties mortes aux parties vivantes employées d'abord.

Relativement au foie, — quelques auteurs l'ont envisagé comme remplissant, chez le fœtus, les fonctions qu'exercent les poumons après la naissance, et comme présentant l'organe accessoire de ces derniers pendant toute la vie ; ils ont fondé cette opinion sur les faits suivans : 1° le foie se rencontre chez tous les animaux à sang rouge, effectuant la respiration par un organe isolé ; 2° il n'existe pas chez ceux qui sont dépourvus de poumons ou de branchies ; 3° le foie présente un grand volume chez le fœtus, il reçoit à lui seul une proportion considérable du sang de la veine ombilicale ; 4° après la naissance, les dimensions du foie se réduisent en proportion de l'accroissement des poumons ; 5° les altérations profondes que le foie peut éprouver donnent au sang une coloration particulière. Il serait aisé de réduire à peu de valeur toutes ces preuves incomplètes.

Nous ne sommes pas éloignés de penser que le foie diminue la proportion relative du carbone et de l'hydrogène dans le sang qui se trouve soumis à son influence ; que la peau saisit une certaine quantité d'oxygène par absorption , et rejette par exhalation un assez grand volume d'acide carbonique ; mais il nous est impossible de les considérer comme organes d'une véritable respiration , et comme accessoires des poumons sous ce dernier rapport.

§ III. MODIFICATEUR DE LA RESPIRATION

Le modificateur de la respiration n'est pas le même pour tous les êtres organisés vivans , il diffère chez les végétaux, chez les animaux d'un ordre inférieur, chez l'homme. Toutefois, il est à remarquer que ces trois agens particuliers se rencontrent dans l'air atmosphérique dont ils offrent les élémens essentiels; qu'ils s'influencent réciproquement d'une manière avantageuse , relativement aux phénomènes respiratoires dont chacun doit faire les frais ; que nous devons par conséquent envisager l'air dans son ensemble avant d'étudier isolément ses principes constituans.

L'AIR ATMOSPHÉRIQUE. — ἀήρ des Grecs, de αω, je souffle , αιρω j'emporte, *aër* des Latins ; est le milieu gazeux qui environne la terre, dans lequel respirent le plus grand nombre des êtres organisés vivans, et sans lequel ces êtres ne pourraient pas exister. Ainsi des expériences de Haller , Spallanzani, Vauquelin et plusieurs autres physiologistes, démontrent que les plantes, les animaux inférieurs aussi bien que les animaux supérieurs et l'homme, périssent dans le vide comme dans un gaz dont la rénovation est impossible. Sylvestre a constaté les mêmes résultats pour les poissons dans une masse d'eau contenue sous le récipient de la machine pneumatique. L'observation prouve que ces animaux périssent dans les étangs sous les glaces prolongées et qui n'ont point permis la rénovatiou aérienne dans la partie de leur milieu restée liquide.

L'air se présente à l'état de fluide élastique, invisible, transparent, inodore, sans couleur en masses peu considérables, offrant, dans sa totalité, le bel azur des cieux; compressible, formant autour de notre globe une couche de quinze à seize lieues d'élévation. Sa pesanteur spécifique est à celle de l'eau : : 1 : 770. Elle fut appréciée par Galilée en 1640, ensuite par Toricelli auquel cette découverte suscita l'idée du baromètre; enfin par le célèbre Pascal qui fit répéter, sur le Puy-de-Dôme, une série d'expériences barométriques dans lesquelles on reconnut qu'en s'élevant sur cette montagne, le mercure s'abaissait d'un pouce par cent toises, et qu'en descendant, ce régulateur montait dans la même proportion. Dès-lors, en calculant approximativement la diminution que l'air doit éprouver sous le rapport de la densité à mesure que l'on s'élève dans ses couches superposées, on trouve, aussi d'une manière approximative, qu'une colonne aérienne de quinze à seize lieues, égale en poids, à diamètre équivalent, une colonne d'eau de trente-deux pieds, une colonne mercurielle de vingt-huit pouces ; il en résulte qu'un homme de taille moyenne supporte une atmosphère d'environ trente-six mille livres. Cette compression qui paraît énorme est à peine sentie, parce qu'elle s'opère dans tous les sens. Elle devient indispensable pour maintenir les fluides circulatoires dans leurs vaisseaux; pour contrebalancer la tendance continuelle que présente l'organisme tout entier, à l'expansion du centre à la circonférence. Il suffit, pour apprécier tous les avantages de cette compression naturelle, d'observer les modifications effectuées dans les tissus vivans par son absence ou même sa diminution. Ainsi nos parties dans le vide, sous la cloche pneumatique, sous une ventouse, éprouvent une rougeur, un gonflement considérable, avec imminence de rupture. Les aëronautes élevés dans les régions supérieures ou la pression atmosphérique devient insuffisante, éprouvent des épistaxis, des hémoptysies, quelquefois même des hémorrhagies cutanées; accidens qui pourraient devenir mortels si le poids des couches inférieures, dans lesquelles il faut immédiatement descendre, ne venait aussitôt rétablir un équilibre indispensable aux mouvemens circulatoires. Tel sera toujours l'obstacle invincible qui circonscrira ces courses aériennes dans les bornes posées par la nature.

L'air, compris chez les anciens au nombre des quatre élémens, est composé de plusieurs principes à l'état de simple mélange; parmi ces parties constituantes, les unes sont essentielles et les autres accessoires.

1° PARTIES ESSENTIELLES. — Elles sont au nombre de trois : 1° *l'oxygène*, 2° *l'acide carbonique*, 3° *l'azote*.

L'oxygène du grec ὀξὺς acide et γεῖνομαι, j'engendre, générateur des acides, air vital, est un gaz incolore, insipide, inodore, plus pesant que l'azote, moins que l'acide carbonique; dégageant par une forte pression du calorique et de la lumière; se combinant avec les corps de la nature de manière à former des acides ou des oxydes; entrant dans la composition de l'air, de l'eau, de toutes les matières animales et végétales; offrant le seul principe capable d'effectuer la rénovation du sang chez les animaux doués d'un organe central de la respiration; soit à l'état de poumons, soit à celui de branchies; présentant l'élément essentiel de la combustion. C'est en conséquence de ces propriétés que les anciens l'ont désigné par les termes *d'air vital, pabulum vitæ, d'air déphlogistiqué, de principe sorbile, d'empyrée* etc. On l'a tout récemment envisagé comme *un agent électro-négatif*; on a même prétendu que *le fluide résineux* était, en

TOME II. 2

dernière analyse, de la *lumière et de l'oxygène*; des idées semblables ont besoin de confirmation.

Le rapprochement de ces deux phénomènes communs à l'influence de l'air vital, *respiration* et *combustion*, présente un moyen d'exploration bien avantageux pour constater, sans danger, les caractères favorables ou nuisibles d'une atmosphère suspecte, relativement à ses proportions d'acide carbonique et d'oxygène. En effet la respiration peut encore s'effectuer dans un air trop dépourvu de ce dernier gaz pour entretenir la combustion ; dèslors, en se faisant précéder par des bougies allumées, sous les voûtes d'un souterrain, par exemple, on peut avancer tant que la flamme brille d'un éclat naturel, mais il faut rétrograder aussitôt, lorsqu'elle ne jette plus qu'une lueur incertaine. On obtient facilement l'oxygène en traitant, par l'acide sulfurique, le tétroxyde de manganèse, en le chauffant au rouge. Il est naturellement produit par la respiration des végétaux.

L'acide carbonique, — est un gaz incolore, invisible, impalpable, d'une saveur légèrement acide, d'une odeur piquante, plus pesant que l'azote et l'oxygène, pouvant même se transvaser à la manière de l'eau, rougissant la teinture de tournesol, formant des sels en se combinant avec les oxydes salifiables, n'offrant plus un corps simple, mais un composé d'oxygène et de carbone, éteignant les corps en combustion, asphyxiant les animaux par une action véritablement délétère et stupéfiante, servant au contraire essentiellement à la respiration des végétaux. En raison de ces caractères et de la nature du corps dont il peut être extrait, on le nomme encore *air fixe, air méphitique, acide aérien, crayeux,* etc.

On obtient aisément cet acide en traitant le sous-carbonate de chaux ou tout autre sel de cette classe, par un acide plus fort, le sulfurique par exemple. Il est naturellement produit par la respiration des animaux , par la combustion des végétaux plus spécialement, par la fermentation alcoholique ; il détermine la faculté de *mousser* pour le vin, le cidre, la bierre, les eaux gazeuses. Il se rencontre dans plusieurs grottes et notamment dans celle de Pouzzole, ou cet acide, en raison de sa grande pesanteur spécifique, présente une couche de dix-huit à vingt pouces au-dessus du sol , de telle sorte que les petits quadrupèdes y sont ordinairement asphyxiés , ce qui a fait nommer ce lieu , *grotte du chien.*

L'azote, —de α privatif et de ζωὴ vie, est un gaz incolore, invisible, inodore, insipide , impalpable , beaucoup plus léger que l'acide carbonique et l'oxygène, ce qui le rend très-propre à gonfler les aérostats. Incapable d'entretenir la combustion, la respiration chez les animaux supérieurs et chez les végétaux, seulement par absence d'oxygène, et non point par des caractères nuisibles, comme l'indiquaient les dénominations de *moffette,* *de gaz méphitique* etc., employées autrefois pour le désigner ; servant à la respiration de plusieurs espèces animales des classes inférieures et notamment à celle des limaces, comme le démontrent les expériences de Vauquelin. Plusieurs chimistes pensent même qu'il est absorbé en certaine proportion par les végétaux, mais non pas comme agent essentiel de la rénovation de leurs fluides ; il sert évidemment pour la plupart des animaux , de véhicule et de correctif à l'oxygène ; il entre dans la composition de tous ces derniers ; on le trouve seulement dans quelque familles végétales , chez les crucifères par exemple ; on l'obtient en enlevant l'oxygène à l'air par la combustion, et l'acide carbonique par l'eau de chaux ; jusqu'ici on ne l'a point encore observé dans l'état de pureté. Allen , Pépis et Bertholet ont prouvé qu'il est exhalé par les animaux ; leurs expériences ont été faites contradictoirement à celles de Davy et Priestley qui le croyaient absorbé, même chez l'homme.

D'après ces considérations, il est évident que l'air atmosphérique offre dans sa composition les modificateurs de la respiration chez tous les êtres organisés vivans; ces modificateurs appartenant toujours à l'un ou l'autre des trois principes : *oxygène*, *acide carbonique*, *azote*.

Si nous cherchons actuellement par quelle admirable disposition les proportions de ces trois principes demeurent invariables dans l'atmosphère, l'analyse que nous effectuons pour l'air donnant aujourd'hui précisément les mêmes résultats qu'elle a présentés depuis trente ans, savoir, en volume, sur 100 parties, *azote* 79 ou 78, *oxygène*, 20 ou 21, *acide carbonique*, 1 ou 2, nous voyons cet équilibre naturel maintenu par l'antagonisme établi, sous le rapport du modificateur de la respiration entre les animaux et les végétaux. Ainsi les premiers absorbent l'oxygène, rendent une quantité proportionnelle d'acide carbonique; les seconds, au contraire, décomposent l'acide carbonique, absorbent le carbone, rejettent l'oxygène; de telle sorte que celui-ci est fourni aux animaux par les végétaux, l'autre aux végétaux par les animaux. Or, comme la proportion de ces deux classes d'êtres vivans, reposant sur les lois invariables de la génération, est toujours à peu près la même, il en résulte que ces deux principes *oxygène*, *acide carbonique*, sont employés et reproduits d'une manière uniforme. Quand à l'azote, il n'est à proprement parler que le véhicule des deux autres, et ses quantités absorbées par certains animaux, peut-être par les végétaux, exhalées par les animaux supérieurs, sont tellement peu considérables qu'elles deviennent incapables de rompre un équilibre d'ailleurs établi sur les mêmes lois.

2° Parties accessoires.—L'air atmosphérique essentiellement constitué par *l'oxygène*, *l'acide carbonique* et *l'azote*, présente encore un grand nombre de parties accessoires ; les unes modifiant avantageusement sa nature , les autres altérant plus ou moins dangereusement sa pureté. Au nombre de ces mêmes parties nous devons spécialement noter : *le calorique*, *la lumière*, *l'eau*, *l'électricité; l'hydrogène pur; l'hydrogène carboné, phosphoré, sulfuré; les miasmes délétères, inconnus dans leur nature etc.*

Le calorique — existe toujours dans l'atmosphère , mais en proportions très-variables , depuis la température de trente-cinq à quarante degrés au-dessous de zéro, que l'on observe dans les contrées hyperboréennes, jusqu'à cette extrême chaleur qui, sous la ligne équatoriale, fait monter le thermomètre jusqu'à cinquante et soixante degrés au-dessus du même point. Dans le premier cas, l'air glacial trop condensé crispe, congèle et détruit la muqueuse des bronches ; dans le second , trop chaud, trop rare , il surcharge de calorique tous les canaux aériens et vasculaires des poumons. Ainsi très-utile dans l'atmosphère, à dix, quinze, ou vingt degrés , il peut devenir funeste par son accumulation excessive, ou par la soustraction trop considérable qu'il est susceptible d'éprouver.

La lumière, — quelque soit la manière de l'envisager, est toujours partie accessoire de l'air; très-favorable à la nutrition , puisque tout être vivant s'étiole dans l'obscurité, son influence n'a pas été jusqu'ici démontrée dans la respiration.

L'eau—se rencontre également toujours dans l'air à l'état de vapeur invisible , offrant dès-lors plusieurs caractères gazeux; les proportions qu'elle y présente sont d'autant plus considérables qu'une température élevée s'est maintenue plus long-tems dans l'atmosphère. Aussi lorsqu'il survient un refroidissement instantané, cette immense quantité d'eau passe de l'état de vapeur à l'état liquide, parfois même de ce dernier à l'état solide, en raison de la mesure du calorique soustrait, et de la rapidité de cette même soustraction ; des nuages se forment, et cette eau relativement plus pesante à ces nouveaux états que le milieu dont elle faisait partie, gagne la surface de la terre sous forme de brouillard, de pluie, de neige, de grêle etc.

Associée à l'air atmosphérique en moyenne proportion, l'eau présente le grand avantage de rendre l'action de ce gaz moins irritante sur la muqueuse pulmonaiie ; mais en excès, elle offre des inconvéniens positifs ; tenant en dissolution les émanations et les miasmes putrides, se précipitant par le refroidissement du soir sous forme de rosée vulgairement nommé *serein*, elle donne alors au modificateur de la respiration des caractères plus ou moins nuisibles, surtout dans les contrées marécageuses, comme l'ont souvent observé les voyageurs dans la campagne de Rome.

L'électricité — Se trouve constamment dans l'air en proportions variables ; à l'état naturel, si les circonstances particulières à sa décomposition ne viennent pas l'effectuer ; à l'état de fluide positif ou négatif, si le froissement des nuages et des autres corps aériens, opèrent cette même décomposition ; d'un autre côté, le sol conserve toujours un état électrique opposé à celui de tous ces corps ; l'air sec est mauvais conducteur de ce fluide, s'il reste long-tems à cet état l'accumulation devient excessive et les décharges les plus violentes se manifestent, soit des nuages au sol, soit entre les nuages diversement électrisés.

Pendant la tension qui précède immédiatement les éclats de la foudre, l'air paraît beaucoup plus lourd, toute la nature semble dans un état de malaise et d'anxiété; les sujets nerveux plus spécialement encore, éprouvent un sentiment pénible , un agacement général , une tendance aux mouvemens les plus désordonnés ; tous ces caractères d'angoisse constitutionnelle disparaissent après les premières décharges, par la saturation du fluide prédominant; l'atmosphère semble reprendre du mouvement, de la fraîcheur , et l'économie vivante sortir de l'état critique dans lequel cet excès d'électricité , soit positive, soit négative , l'avait évidemment plongée.

L'hydrogène et ses composés, —peuvent également se trouver dans l'atmosphère , leur existence est presque toujours partielle; on soumet à l'analyse des masses d'air assez considérables sans les rencontrer.

Dégagé dans la décomposition des animaux et des végétaux, l'hydrogène pur se combine presque immédiatement , soit à l'oxygène, pour former l'eau , soit au soufre , au carbone, au phosphore pour constituer les gaz hydrogène sulfuré , carboné , phosphoré etc., dont les propriétés nuisibles et notamment celles du premier, peuvent altérer dangereusement la pureté du modificateur de la respiration. Ces gaz très-inflammables , émanés en grande proportion des lieux marécageux , tantôt brûlent à l'instant de leur formation , en donnant naissance à ces *feux follets* que l'ignorance et la superstition personnifient , leur accordant l'intelligence et la volonté; tantôt s'élevant dans les hautes régions de l'atmosphère, et par leur combustion plus ou moins tardive , constituent ces aurores boréales, ces globes lumineux , dont la formation est si diversement interprétée par le vulgaire.

Les miasmes délétères, — à peine connus dans leur nature chimique, se répandent quelquefois dans l'atmosphère, soit d'une manière habituelle , soit passagèrement. Ils altèrent constamment les qualités de l'air , pour une ville, pour une contrée, pour un pays tout entier, en y déterminant la peste, le typhus, les fièvres de mauvais caractère et toutes les maladies endémiques, épidémiques etc., fléaux destructeurs, ordinairement accompagnés de l'épouvante et de la mort.

On constate facilement la présence de tous ces corps dans l'air : *de l'oxygène*, par la combustion d'une bougie; *de l'acide carbonique*, par le trouble déterminé dans l'eau de chaux ; *de l'azote*, par la formation de l'ammoniaque avec l'hydrogène dans les conditions appropriées à leur combinaison ; *du calorique* et *de la lumière*, en les faisant jaillir, par la pression, dans un briquet pneumatique dont le corps est en verre ; *de l'eau*, par la rosée que produit une masse d'air subitement refroidie ; *de l'hydrogène* et de ses composés, par leur combustion et leur odeur ; *de l'électricité*, par son dégagement ; *des miasmes* délétères, par leurs funestes effets sur l'économie vivante.

Tels sont les élémens essentiels et les parties accessoires de l'air atmosphérique. Nous avons particulièrement noté l'oxygène comme agent principal de la combustion et de la respiration chez l'homme et chez les animaux supérieurs, mais il ne faut pas, à l'exemple de quelques auteurs peu physiologistes, établir des rapprochemens positifs entre ces deux phénomènes opposés par leur nature.

La combustion s'opère d'une manière d'autant plus active et plus parfaite que l'oxygène est plus pur et plus exactement dégagé de tout accessoire; faut-il en inférer avec ces auteurs, que la respiration se trouve absolument dans les mêmes dispositions, et qu'il eut été plus avantageux de ramener l'atmosphère à ce bel état de simplicité. Ce serait admettre deux erreurs graves, deux

principes en contradiction avec les faits et le raisonnement.

Une semblable constitution était absolument impossible. En effet, l'homme et les animaux supérieurs n'existent
pas seuls à la surface de notre globe, ou y trouve également des animaux inférieurs et de nombreuses familles
végétales, à peu près tous dans l'impossibilité de vivre
par la respiration de l'oxygène à l'état de pureté, nécessitant dès-lors une composition atmosphérique appropriée à leurs différens besoins.

En admettant même pour un instant cette possibilité,
n'est-il évident que l'homme et les animaux supérieurs
absorbant incessamment l'oxygène, exhalant de l'acide
carbonique, n'auraient bientôt plus pour milieu que ce
dernier gaz alors mortel, et deviendraient ainsi les premiers instrumens de leur propre destruction.

D'un autre côté l'expérience démontre positivement
que la respiration loin d'offrir, à la manière de la combustion, des résultats plus parfaits dans l'oxygène pur,
entraînerait alors des conséquences plus ou moins
promptement funestes. Dumas ayant fait respirer, dans
ce gaz, plusieurs chiens, pendant un mois, six heures
seulement chaque jour, les uns offrirent un épuisement,
un marasme complets, avec alopécie; les autres des tubercules dans les poumons; tous périrent avec les symptômes de la phthisie la mieux caractérisée. Les mêmes
accidens ont suivi la respiration d'un air contenant quatre-vingt parties d'oxygène sur cent.

Toutefois, il ne faut pas confondre ici la perfection
des phénomènes respiratoires, avec le tems de leur
exercice dans une masse déterminée d'air ou d'oxygène.
Les expériences de Fontana prouvent que si l'animal vit
trente minutes dans le premier, il existera deux cent
quarante dans le second.

En reconnaissant l'oxygène comme principe essentiel de la respiration, chez l'homme et chez le plus grand nombre des animaux, nous pensons qu'à la manière des boissons fermentées, des alimens excitans etc. il a besoin d'un véhicule susceptible d'en mitiger l'influence trop active. L'azote nous offre ce correctif indispensable, il est à l'oxygène ce que l'eau devient pour les boissons alcoholiques. Il sert, en même tems, à la respiration des animaux d'un ordre inférieur; des limaces d'après Vauquelin; des carpes, des tanches etc. d'après Humbold.

L'acide carbonique indispensable à la respiration des végétaux, n'est peut-être pas inutile, au moins d'une manière indirecte, à celle de l'homme et des animaux, surtout lorsque les poumons offrent, depuis long-tems, un état d'irritation habituelle; alors mêlé à l'oxygène en certaines proportions, il agit comme stupéfiant, et devient pour ces organes, ce qu'est l'opium ingéré dans l'estomac pour l'appareil digestif. C'est ainsi que nous expliquons les principaux avantages de l'air des étables pour les phthisiques, avantages qui deviendraient même assez précieux, s'ils n'étaient contrebalancés par des inconvéniens que l'on pourrait aisément faire disparaître en veillant aux soins de propreté, à la bonté des abrits etc.

Quant aux autres élémens de l'atmosphère, ils n'offrent qu'une utilité du second ordre, aussi, leurs proportions et souvent leur existence n'ont-elles absolument rien de constant; quelques uns même deviennent essentiellement nuisibles, et leur présence accidentelle porte le désordre ou la mort dans l'économie vivante.

§ IV. APPÉTIT DE LA RESPIRATION.

Le sentiment qui veille au libre exercice de la respiration est le résultat d'une impulsion instinctive dont le premier mouvement se manifeste à la naissance, et qui continue son action jusqu'à la mort. En considérant l'impatience, l'inquiétude, l'anxiété des sujets asthmatiques, on peut déjà pressentir la valeur de cette impulsion; mais il faut avoir observé les violentes agitations, les mouvemens spasmodiques et convulsifs développés sous l'influence d'une suffocation imminente ; il faut avoir éprouvé soi-même toutes les angoisses déterminées, par la privation d'air atmosphérique, d'abord au centre de l'appareil respiratoire, siége essentiel de l'appétit que nous étudions, ensuite par sympathie , dans tout l'organisme, pour bien comprendre l'empire de cet appétit qui, par son énergie, se trouve alors en proportion de l'importance des phénomènes dont il garantit l'accomplissement.

Le sentiment qui indique ce besoin de respirer peut être naturel ou factice : dans le premier cas, il est produit par l'absence de l'air ou par l'impossibilité de son introduction dans les divisions bronchiques ; on parvient à le faire disparaître par la satisfaction de ce même besoin ; dans le second, il est déterminé par certaines irritations de l'appareil nerveux pulmonaire, et ne cède qu'après la destruction de cette anomalie vitale.

§ V. ÉTUDE DE LA RESPIRATION.

Pour comprendre , avec avantage et précision , les nombreux détails de cette fonction complexe , nous la diviserons en trois ordres de phénomènes d'après leur nature et leur but essentiel. PHÉNOMÈNES : 1° *physiques*, 2° *chimiques*, 3° *vitaux*.

1° PHÉNOMÈNES PHYSIQUES.

Entièrement relatifs à l'ampliation, au resserrement alternatifs de la cavité thoracique et des poumons, les phénomènes physiques de la respiration peuvent se réduire par l'analyse à deux mouvemens opposés. 1° *Dila-tation*, effectuant l'introduction de l'air dans les cavités pulmonaires, sous le titre *d'inspiration*. 2° *Resserre-ment*, déterminant l'expulsion de l'air de ces mêmes ca-vités, sous le nom *d'expiration*. Etudions chacun de ces mouvemens.

1° INSPIRATION. — un phénomène de cet ordre nous paraît susceptible d'une exposition aussi simple que fa-cile, et c'est avec étonnement que nous considérons les théories nombreuses des auteurs, pour expliquer l'intro-duction de l'air atmosphérique dans les poumons.

Les anciens ont imaginé, dans leur système de l'inspira-tion, que la pression atmosphérique était plus forte à l'in-térieur de l'appareil respiratoire qu'à l'extérieur, et que cette prédominance d'action, dans le premier sens, était la cause essentielle de *l'inspiration*. Il suffit ici de faire observer que les colonnes atmosphériques offrent une élévation semblable et dès-lors, un même poids; que le principe étant positivement erroné toutes les conséquen-ces tombent naturellement; qu'en ouvrant largement les deux côtés du thorax le sujet périt d'asphyxie, bien que cette opération n'ait pas détruit l'opposition des deux pressions indiquées.

Descartes, *Swamerdam* admirent l'hypothèse d'un cercle aérien s'établissant des poumons à l'atmosphère, et de l'atmosphère aux poumons; l'air des premiers plus raréfié, plus élastique et plus chaud, pousse devant soi l'air de la seconde moins chaud, moins élastique et moins raréfié. Une semblable théorie n'a pas besoin de réfuta-tion; nous demandrons seulement à ces auteurs comment ils expliqueraient l'inspiration dans une atmosphère éle-vée à quarante degrés ?

Galien et Reisseissein prétendirent que la dilatation et le resserrement des poumons étaient le résultat de l'action

particulière de ces organes : pour expliquer ces mouvemens propres, ils admirent des fibres musculaires dans
les parois bronchiques. L'anatomie n'a pas confirmé
cette opinion chez l'homme; et d'ailleurs en reconnaissant même dans ce phénomène l'influence positive de
l'agent essentiel de la respiration, il deviendrait impossible d'accorder à cette influence quelque chose d'exclusif, puisque l'asphyxie, par ouverture des parties latérales
du thorax, détruirait positivement la réalité de cette
assertion. Il nous paraît, au contraire, à peu près démontré que les poumons sont entièrement passifs dans
l'inspiration chez l'homme et chez les animaux supérieurs,
du moins pour les principales divisions bronchiques.

La capacité d'un réceptacle ne peut augmenter sans
que la somme des diamètres qui mesurent ses trois dimensions principales hauteur, longueur et largeur, ne
soit devenue plus considérable. En effet, si l'un de ces
diamètres diminue tandis que l'autre s'accroît dans une
même proportion, cette capacité ne fait que changer de
forme. Pour bien comprendre cette ampliation de l'appareil respiratoire, nous devons examiner par quels
moyens chacun de ces diamètres est augmenté, par
quel mécanisme cette augmentation est effectuée.

Nous reconnaissons dans le thorax trois diamètres
principaux : 1° *vertical*, du centre diaphragmatique au
sommet de la poitrine; 2° *transversal*, du milieu des
côtes gauches au milieu des côtes droites, *et vice versâ*.
3° *Antéro-postérieur*, du milieu du sternum à la sixième
vertèbre dorsale.

Le diamètre vertical, — de sept à huit pouces dans
l'état naturel, s'agrandit pendant l'abaissement du diaphragme, surtout dans les parties latérales de ce muscle,
correspondantes aux poumons. Le résultat de cette contraction est, pour le diamètre que nous examinons, une

augmentation de deux trois et même quatre pouces dans les grandes inspirations.

Le diamètre transversal, — dont l'étendue normale est de neuf à dix pouces, arrive à celle de onze ou douze par le mouvement d'ascension des côtes, et d'après ce principe de mécanique invariable : *que deux arcs de cercle opposés par leur concavité situés obliquement, augmentent constamment l'intervalle qui les sépare en se plaçant dans la position horizontale.*

Cette élévation est effectuée par la constraction des muscles intercostaux; également par les internes et par les externes, bien que Hamberger et Galien, considèrent ces derniers comme inspirateurs, les autres comme agens de l'expiration. Dans ce phénomène, la première côte fixée par les muscles scalènes et sous-clavier, présente le point immobile vers lequel s'élèvent toutes les autres par un mouvement général, instantané, mais ou l'analyse peut distinguer une succession de mouvemens particuliers établis des côtes supérieures vers les inférieures, qui deviennent alternativement point mobile pour celle qui est au-dessus, et point fixe pour celle qui se trouve au-dessous.

Ce diamètre est encore augmenté par le mouvement d'abduction qu'éprouvent les côtes sous l'influence des muscles sur-costaux, petit dentelé supérieur, grand dentelé, pectoraux, grand dorsal, etc.

Le diamètre antéro-postérieur, — de cinq à six pouces, le plus petit des trois, le moins en rapport avec les poumons, puisque les deux médiastins et leurs parties contenues, l'origine des gros vaisseaux, le cœur et ses enveloppes se trouvent directement sur son trajet, est en même tems celui qui présente le moins d'accroissement dans l'inspiration; il peut acquérir de huit à quinze lignes par la prépulsion que les côtes en s'élevant, impriment au sternum ; les fibro-cartilages sont tordus , aucun glissement ne pouvant avoir lieu dans leurs articulations sternale et costale, toute la rotation s'effectuant dans les articulations costo-vertébrales où se rencontrent des synoviales destinées à favoriser ces mouvemens.

L'augmentation de ces trois diamètres , produit un accroissement proportionné dans toute la capacité pectorale. Nous avons à démontrer comment cette ampliation du thorax entraîne celle des poumons.

L'organe central de la respiration, sous le rapport de la cavité pectorale, se trouve absolument dans les conditions d'une vessie renfermée dans un réceptacle à parois mobiles, de telle sorte que l'air ne puisse jamais pénétrer entre l'une et l'autre, et que la vessie présente son orifice libre à l'extérieur. Si dans un tel état de choses, nous déployons les parois du réceptacle, un vide s'effectue entre celui-ci et la vessie ; aucune compression ne s'exerce dès-lors à la surface externe de ce réservoir membraneux, tandis que son ouverture libre et béante à l'extérieur supporte le poids de l'air atmosphérique bientôt engagé dans cette cavité dont il presse intérieurement les parois, en les appliquant à celles du réceptacle , et leur faisant désormais suivre tous ses mouvemens. La théorie simple que nous venons d'exposer, appliquée à l'appareil respiratoire , se trouve en harmonie avec tous les faits.

Les poumons représentent la vessie , le thorax offre le réceptacle à parois mobiles; une ouverture libre fait communiquer la cavité du premier avec l'extérieur; dans l'état normal, aucune portion d'air ne peut s'introduire entre la surface externe des uns et la surface interne de l'autre. Dans ces dispositions, la poitrine dilatée par l'action des muscles inspirateurs, abandonne la périphérie des poumons, un vide s'effectue entre ces organes et les parois thoraciques, dans la cavité même des plèvres ; la surface extérieure de ces derniers est libre de toute compression , l'air atmosphérique pèse fortement sur l'orifice extérieur des voies respiratoires, s'introduit par la bouche ou par les fosses nasales, pénètre dans les divisions bronchiques , n'y trouvant aucune résistance, agrandit la capacité des poumons, applique leurs parois à celles du thorax dont elles suivent ainsi tous les mouvemens.

Telle nous paraît être la véritable théorie de l'inspiration dans tous les âges, la cause du premier développement des poumons, de la première introduction de l'air chez l'enfant qui vient de naître ; phénomènes pour l'accomplissement desquels il suffit que les muscles inspirateurs entrent en action sous l'influence de l'irritation que produit l'air extérieur, et surtout par l'impulsion instinctive attachée à l'exercice de cette importante fonction.

Legalois a démontré, par des expériences faites sur les animaux , que dans chaque inspiration la glotte s'ouvre par la contraction des muscles arythénoïdiens, et que la paralysie de ces muscles, déterminée par la section du nerf laryngé supérieur , entrave complétement ce premier phénomène de la respiration. Lorsque l'introduction de l'air s'effectue par la bouche, comme on l'observe ordinairement pendant l'état de veille, le voile du palais s'élève ; il s'abaisse au contraire lorsque cette même introduction se fait par les fosses nasales, comme on le voit presque toujours pendant le sommeil ; dans les inspirations difficiles on remarque la contraction des muscles dilatateurs des narines, symptôme d'un intérêt majeur dans les graves altérations de cet appareil.

La théorie que nous venons d'exposer est si naturelle et si vraie qu'il est impossible de changer les conditions

qu'elle exige dans l'appareil respiratoire, sans déterminer en même tems l'asphyxie. Que l'on établisse, par
exemple, une libre communication entre les cavités des
plèvres et l'extérieur, la capacité pectorale se développe
également par l'action des muscles inspirateurs, le vide
ordinaire tend à s'effectuer entre les parois thoraciques
et les poumons; l'air atmosphérique trouvant alors une
voie directe, le remplit incessamment, comprime l'extérieur de ces organes avec une force égale à celle que déploie sur leur intérieur l'air introduit par les divisions
bronchiques, les poumons placés entre deux efforts opposés absolument identiques, ne trouvent aucune raison
d'obéir à l'un plutôt qu'à l'autre, et demeurent ainsi
dans une parfaite inaction que suit bientôt l'asphyxie
complète. Nous avons bien souvent obtenu ces résultats
chez les animaux, et deux fois observé sur l'homme cette
immobilité pulmonaire d'un côté, sous l'influence d'un
large ulcère comprenant les parois thoraciques dans
toute leur épaisseur.

2° EXPIRATION. — L'explication de ce phénomène
est également devenue l'objet d'un assez grand nombre
d'hypothèses.

Galien, Harvey, d'après l'analogie relative aux dispositions pulmonaires des oiseaux, admirent chez l'homme
une sorte de porosité de ces organes, qui permettait à
l'air de se répandre dans la cavité des plèvres, et par-
tirent de cette supposition gratuite pour imaginer une
théorie de l'expiration, en ne voyant dans ce phénomène
qu'une réaction élastique de l'air intérieur, pour expulser l'air extérieur par lequel il avait été comprimé pendant l'inspiration. L'opinion de ces physiologistes est
erronée dans son principe et dans ses conséquences:
relativement au principe, l'ouverture d'un grand nombre de cadavres faite sous l'eau, n'a présenté aucune

bulle d'air échappée des plèvres ; *relativement aux con-séquences*, la présence du même gaz dans la cavité de ces membranes loin de favoriser la respiration, s'oppose au contraire à son accomplissement, et devient souvent une cause d'asphyxie. Nous avons plusieurs fois observé ces dyspnées alarmantes consécutivement à la déchirure du parenchyme pulmonaire par les inégalités d'une côte fracturée, elles ne disparaissaient qu'après l'absorption de l'air épanché dans les cavités séreuses. Le pêcheur dont parle Morgagni périt instantanément de suffocation sous l'influence d'un épanchement semblable, déterminé par la rupture spontanée de plusieurs vésicules bronchiques.

D'autres admirent, par l'effort d'inspiration, la com-pression de la veine azygos et la stagnation du sang dans les muscles intercostaux ; celle des nerfs diaphragmati-ques, et le relâchement consécutif de ces muscles ; au-jourd'hui ces théories n'ont plus besoin de réfutation.

Haller, Reisseissen, et plusieurs autres physiologistes attribuent l'expiration au resserrement des bronches par la contraction de leurs fibres musculaires. Sans doute il est difficile, même en considérant comme hypothétique l'admission de ces fibres, de ne pas reconnaître la faculté que présentent les canaux aériens de réagir assez forte-ment sur l'air qui les a dilatés, si ce n'est par une véri-table contraction, au moins par une élasticité bien re-marquable ; comme il est aisé de s'en convaincre, même sur le cadavre, en poussant violemment une injection dans la trachée artère et dans les bronches qui la ren-voient avec énergie, lorsque cet effort d'impulsion a cessé. La réaction bronchique nous paraît donc certaine, mais nous pensons qu'il serait erroné de lui attribuer tous les phénomènes de l'expiration qui, dans l'état nor-mal, s'effectuent sous l'influence de la volonté.

Ces phénomènes absolument opposés à ceux qui constituent l'inspiration , nous offrent le retour des trois diamètres à leur état primitif, le resserrement du thorax et des poumons , l'expulsion de l'air atmosphérique par le concours de deux ordres de puissance, les unes passives , les autres actives.

Les puissances passives — se trouvent particulièrement dans le poids des côtes et des parois thoraciques, dans le retour des fibro-cartilages tordus, pendant l'inspiration , et qui réagissent en vertu de leur grande élasticité.

Les puissances actives — sont représentées par les muscles abdominaux qui poussent les viscères du même nom sur le diaphragme, en le refoulant vers les poumons et diminuant ainsi le diamètre vertical. Cette action présente également pour effet avantageux de fixer les côtes inférieures qui doivent offrir aux supérieures un point d'appui pour leur abaissement par les muscles intercostaux que cette nouvelle disposition rend expirateurs, par les muscles sacro-lombaire , long-dorsal, petit dentelé inférieur, carré lombaire, sterno-costal etc. qui dépriment les parois pectorales, en rétablissant les diamètres antéro-postérieur et transverse , dans les dimensions primitives.

La succession de ces deux phénomènes principaux constitue la partie mécanique de la respiration qui peut s'exercer à trois degrés différens.

Premier degré. — Les mouvemens pectoraux sont faibles et naturels, comme on l'observe pendant un sommeil paisible , dans le recueillement de la méditation et des travaux intellectuels. Ils s'effectuent par les contractions alternatives du diaphragme et des muscles abdominaux, sans déplacement notable des côtes; aussi dans les fractures de ces os, doit-on borner la respiration à ce premier degré par un bandage compressif des parois thoraciques ; le diamètre vertical est alors presque seul modifié.

Second degré. — Il constitue la respiration moyenne, celle que nous effectuons le plus ordinairement dans l'état de veille et de santé. Les muscles intercostaux et surcostaux unissent leurs contractions à celles des abdominaux et du diaphragme; les côtes sont entraînées alternativement dans l'élevation et l'abaissement, tous les diamètres éprouvent des variations proportionnées aux mouvemens du thorax.

Troisième degré. — Il comprend les respirations les plus fortes et les plus étendues; il met en jeu toutes les puissances respiratrices communes aux degrés précédens et celles qui lui sont propres, tels que les muscles pectoraux, grand et petit dentelés, sous-sternal, carré lombaire, grand dorsal etc. Les plus importans de ces muscles prenant alors un point d'appui sur les membres thoraciques, il est indispensable que ces derniers soient préliminairement assujettis; c'est dans ce but que les asthmatiques et les individus affectés d'une suffocation imminente, saisissent d'une manière instinctive les bras de leur siége ou tout autre corps solide, pour effectuer les mouvemens d'inspiration et d'expiration devenus impossibles par les agens ordinaires. Dans ce troisième degré, les côtes se trouvent non seulement élevées, mais encore portées dans l'abduction.

Le but essentiel des phénomènes physiques de la respiration est l'introduction de l'air dans les poumons et l'expulsion du résidu qu'il présente après avoir effectué la rénovation du sang; plusieurs actions physiologiques viennent secondairement s'y rattacher. Au nombre des plus importantes, nous signalerons particulièrement l'odoration, la succion par aspiration, la voix, la parole, la physiognomonie, la locomotion, les excrétions abdominales etc.

PENDANT L'INSPIRATION. — La circulation devient plus facile et plus régulière, le pouls plus large et plus fréquent ; trop long-tems soutenue, elle détermine dans les poumons une congestion sanguine quelquefois assez considérable pour entraîner l'asphyxie ; ainsi mourut ce criminel conduit devant Auguste. C'est en prolongeant fortement l'inspiration que des esclaves se donnent la mort pour éviter les terribles châtimens de leurs maîtres, bien plutôt qu'en entraînant la langue dans le pharynx par une vértiable déglutition ; phénomène qui nous semble impossible dans l'état d'organisation normale. C'est ainsi que périssent les enfans dans un accès de colère, certains sujets pendant les efforts d'excrétion prolongée, les chevaux pesamment chargés gravissant une pente rapide ; ils tombent d'abord *pâmés*, comme on le dit vulgairement, et plus physiologiquement dans un état complet d'asphyxie. On a vu des rossignols succomber de cette manière, en voulant surpasser leurs émules par des efforts de chant. Haller cite l'histoire d'un tribun militaire qui par habitude simulait ainsi la mort avec assez d'illusion pour effrayer les spectateurs.

Dans l'espèce humaine, l'inspiration n'est pas susceptible d'être continuée long-tems sans danger. On cite comme extraordinaires, ce joueur de flûte qui pouvait la soutenir deux minutes, et ces plongeurs qui disparaissent pendant le même tems sous les eaux. On rapporte le fait d'un noyé rendu à la vie, après quinze minutes d'immersion ; il serait erroné de penser que les sujets placés dans ces funestes conditions aient offert, entre les inspirations, des intervalles aussi prolongés ; en effet les noyés avant de succomber viennent plusieurs fois à la surface de l'eau, font provision d'air à chaque surnatation. Il est aisé de concevoir ces retours fréquens en réfléchissant à la grande légèreté comparative de notre corps dans ce milieu fluide. Haller a trouvé le poids d'un jeune homme de cent trente-huit livres dans l'air atmosphérique, réduit à huit onces pendant son immersion dans l'eau.

On a long-tems pensé que la permanence du trou de Botal rendait les sujets ainsi constitués propres à suspendre la respiration pendant plus long-tems sans danger d'asphyxie. L'expérience a complétement détruit cette opinion, en prouvant au contraire que ces mêmes sujets ont besoin de respirer fréquemment, et que la suffocation est précisément l'accident qu'ils doivent le plus redouter. Il serait également erroné d'admettre que cette modification anormale soit , comme on l'a prétendu gratuitement, une cause nécessaire de cyanose. Entre plusieurs faits importans et relatifs à cet objet, nous citerons celui que rapporte Andrew-Blake , chirurgien au septième régiment de la garde : un militaire sur lequel on rencontra, lors de la nécropsie , le trou de Botal parfaitement libre , n'avait offert antérieurement aucun symptôme de cette maladie ; seulement il éprouvait des lipothymies assez fréquentesavec insensibilité générale , coloration violacée des pommètes et plus spécialement des lèvres.

Ce besoin de l'inspiration est si grand , que les castors et plusieurs autres amphibies eux-mêmes , habitués à vivre dans l'air au milieu duquel nous les avons élevés, périssent bientôt sous les eaux , nonobstant les dispositions naturelles de l'organisation qui leur est propre.

Les animaux offrent cependant sous ce rapport de grands avantages sur notre espèce ; en effet si d'une part le chien , les oiseaux etc. sont asphyxiés dans le vide, après une ou deux minutes , la grenouille peut exister sans respirer pendant plusieurs heures, le caméléon pendant une demi-journée , les poissons pendant quelques jours, la tortue pendant un mois.

L'homme, qui par son génie sait presque toujours vaincre la nature, a trouvé le moyen de respirer même sous les eaux avec la cloche du plongeur ; ces expériences très-curieuses répétées plusieurs fois ont été constamment accompagnées de sentimens assez pénibles. Le docteur Collardon , au mois de septembre 1820 , ayant passé plus d'une heure au fond de la mer , sur les côtes d'Islande , rapporte avec détail les impressions qu'il a ressenties :

En descendant. — Pression sur le front et dans les oreilles , augmentant pendant quinze minutes; douleur très-vive dans le conduit auditif , sentiment d'ébriété ; constriction pénible de toute la tête qui semble fortement embrassée par un cercle de fer; diminution , suspension, rétablissement de l'ouie ; pouls à peu près normal ; vapeur épaisse formée par la transpiration.

En remontant. — Sentiment d'expansion dans toute la tête qui paraît augmenter de volume , comme si les os entraînés dans un mouvement centrifuge étaient sur le point de s'abandonner ; l'état naturel se rétablit d'une manière graduée. Il est possible de lire pendant toute la durée de l'expérience.

Pendant l'expiration. — La circulation générale et notamment la circulation à sang noir deviennent plus difficiles, trouvant un obstacle plus ou moins grand dans les poumons; le pouls est plus lent et plus dur ; les veines se gonflent ; la face prend une teinte progressivement rouge , violette et noire ; elle est turgescente par la stase des fluides circulatoires; une compression encéphalique offre bientôt le résultat de cet engorgement veineux , et peut même entraîner l'apoplexie qui devient alors passive. C'est ainsi que l'on voit souvent périr des sujets pendant les violens efforts d'une expulsion soutenue; dans l'accouchement chez la femme; dans les excrétions alvines difficiles; dans l'action de soulever un fardeau pesant, de lutter avec opiniâtreté contre une résistance insurmontable etc.

Quelque soit la force et l'étendue de l'expiration, elle n'exprime jamais entièrement l'air que les poumons ont admis dans l'inspiration; de telle sorte que ce premier phénomène une fois effectué chez l'enfant qui vient de naître, ces organes offrent une légèreté spécifique bien supérieure à celle qu'ils présentaient pendant la vie fœtale. Une modification aussi remarquable est devenue l'occasion de la *docimasie pulmonaire*, expérience qui consiste à décider par la surnatation des poumons, si l'enfant auquel ils appartiennent a respiré. Ici les principes sont très-simples et très-positifs, mais nous verrons que les conséquences ne doivent pas être inférées sans beaucoup de réserve et de circonspection; des exceptions assez nombreuses pouvant infirmer la règle générale, et des intérêts majeurs étant presque toujours confiés à ces décisions du médecin légiste.

En supposant toutes les circonstances dans l'état normal, tels sont les principes que l'on peut établir, et les inductions naturelles de ces mêmes principes:

Les poumons qui n'ont point encore admis l'air atmosphérique ou tout autre gaz analogue, offrent une pesanteur spécifique plus considérable que celle de l'eau, de telle sorte qu'en les plongeant dans ce fluide ils sont entièrement submergés.

Les poumons une fois pénétrés par l'air ou par un gaz analogue, acquièrent une légèreté spécifique supérieure à celle de l'eau, et placés dans ce fluide, surnagent constamment.

Si les poumons soumis à l'expérience éprouvent la surnatation, ils appartiennent à un enfant né vivant et qui a respiré ; au contraire ils font partie d'un enfant né mort et qui n'a point respiré lorsqu'ils présentent l'immersion.

Ces assertions vraies en thèse générale, exposeraient aux plus graves erreurs en les admettant d'une manière exclusive. En effet, les poumons d'un enfant peuvent surnager sans qu'il ait respiré, sans qu'il ait vécu depuis sa naissance; il suffit pour déterminer ce résultat que par malveillance, ou dans les meilleures intentions, une personne inconnue ait pratiqué l'insufflation de l'air dans les bronches, ou que la putréfaction soit assez avancée pour avoir développé des gaz dans le parenchyme pulmonaire; c'est alors surtout qu'il est bien essentiel de recueillir et d'analyser ces derniers.

D'un autre côté, les poumons peuvent être submergés lors même que l'enfant a respiré; il suffit que leur pénétration soit partielle, que dans les autres points, des engorgemens, des tubercules, des indurations, des congestions sanguines etc. aient notablement augmenté leur pesanteur spécifique.

D'après ces considérations fondamentales il est évident que la *docimasie pulmonaire* est une de ces preuves qui doivent entraîner conviction lorsqu'elles sont corroborées par d'autres faits également positifs, mais que seule et complétement isolée elle ne doit pas inspirer une aveugle confiance.

Les physiologistes ont cherché le rapport naturel de ces phénomènes respiratoires et de ceux du pouls. Haller assure que les seconds sont aux premiers : : 4 : 1. Mais si l'on considère que les mouvemens de la respiration se trouvent soumis à la volonté, que ceux de la circulation sont au contraire affranchis de cet empire; qu'un assez grand nombre de circonstances peuvent modifier les uns sans influencer les autres; que chez le vieillard le jeu difficile des parois thoraciques oblige à des respirations plus fréquentes, alors que la circulation offre plus de lenteur; que toutes les circonstances relatives au sexe, à l'âge, au tempérament, à la veille, au sommeil, au genre de vie, aux professions, au climat, aux altérations morbifiques etc., peuvent changer ces rapports et même déterminer des modifications essentielles dans chacun de ces mouvemens isolément considéré, on sentira que ces évaluations soit absolues, soit relatives, ne peuvent être établies qu'approximativement. Il suffit, pour s'en convaincre de rapprocher sur cet objet les opinions des différens auteurs. Ainsi, Davy admet vingt-six respirations par minute, Haller vingt, Thomson dix-neuf, Magendie quinze, Menzies quatorze. Les observations que nous avons faites à cet égard nous ont offert le nombre dix-huit pour terme commun.

Toutefois, les mouvemens respiratoires, comme ceux du pouls, offrent des modifications saillantes et dont l'étude beaucoup trop négligée présente un intérêt majeur directement applicable à l'investigation des maladies. Nous comprenons sous les dénominations suivantes les principales dispositions relatives à cet objet important : 1° *Régularité*, 2° *fréquence*, 3° *force*, 4° *chaleur*, 5° *humidité*, 6° *douceur*. En plaçant en regard celles qui leur sont directement opposées, nous aurons l'ensemble des caractères essentiels à cette fonction, soit dans l'état normal, soit dans l'état pathologique.

1° RÉGULARITÉ, ANOMALIE DE LA RESPIRATION.

Ces deux états différens caractérisent : le premier, les dispositions physiologiques de cette fonction; le second, l'ensemble de ses altérations morbifiques sous l'influence d'une lésion directe ou sympathique de l'appareil chargé d'en exécuter les phénomènes.

RESPIRATION RÉGULIÈRE.—Elle est indiquée par l'égalité des inspirations et des expirations sous tous les rapports essentiels, par les proportions normales de l'oxygénation du sang, par les bonnes qualités de la perspiration pulmonaire. On l'observe particulièrement chez les sujets d'un tempérament sanguin, d'une belle constitution, dans la jeunesse et l'âge viril, dans l'état de santé parfaite, dans le repos de toute l'économie.

RESPIRATION ANOMALE.—Elle est caractérisée par l'inégalité des inspirations et des expirations relativement à la force, à la fréquence, à la succession, l'un de ces mouvemens pouvant se répéter plusieurs fois sans intermédiaire; par la difficulté de son accomplissement; d'où naissent, par degrés, *la dyspnée, l'orthopnée*, les respirations *stertoreuse, râlante etc.*; par l'imperfection de l'hémathose et par les caractères plus ou moins fâcheux de la perspiration pulmonaire. On la rencontre plus spécialement chez les tempéramens nerveux, lymphatiques; dans les constitutions cacochymes, usées par la misère ou les maladies; sous l'influence des passions expansives ou concentrées, des exercices violens; des progrès de l'âge, des altérations graves et notamment de celles qui affectent l'appareil de cette fonction vitale.

2° FRÉQUENCE, RARETÉ DE LA RESPIRATION.

Le premier de ces états peut se rattacher à trois causes principales : 1° l'absence, la rareté de l'air, la petite proportion de l'oxygène qu'il contient; 2° le défaut d'ampliation des cavités thoracique ou pulmonaire; 3° la trop grande quantité de sang poussé, dans un tems donné, par les artères du même nom. *Le second* désigne plus particulièrement l'inertie des poumons, du cœur, de toute la constitution, le calme du moral, un passage libre et facile du sang par les organes centraux de la respiration, et dans les cas graves, l'imminence d'une terminaison funeste sous l'influence d'un grand nombre d'asphyxies, de syncopes et d'apoplexies.

RESPIRATION FRÉQUENTE. — On la reconnaît à la répétition des inspirations et des expirations alors courtes, brusques et rapides. Elle se manifeste particulièrement chez les sujets nerveux, sanguins, replets; sous l'influence des passions et des exercices violens ; chez les vieillards, les phthisiques, les asthmatiques, les sujets affectés d'hypertrophie cardiaque, de phlegmasie, d'engorgement, de congestion pulmonaires; dans la grossesse, l'hydropisie ascite, l'hydro-thorax, les grandes répletions de l'estomac, des intestins etc.

RESPIRATION RARE. — Elle est caractérisée par la succession d'inspirations et d'expirations longues et soutenues. On l'observe spécialement chez les individus lymphatiques, dont la poitrine est largement développée ; dans les passions tristes, le repos absolu, dans l'âge adulte; sous l'influence d'un premier degré d'inanition; pendant l'apopléxie, les inflammations encéphaliques, la syncope, les derniers instans d'un grand nombre d'agonies, etc.

3º FORCE, FAIBLESSE DE LA RESPIRATION.

La première de ces modifications indique en même tems l'énergie des puissances respiratoires, l'ampliation libre et facile des poumons. Toujours alors une grande proportion d'air est introduite et rejetée par les deux mouvemens alternatifs. La seconde caractérise l'atonie de ces mêmes puissances, l'atrophie des organes centraux de la respiration ; les deux mouvemens opposés n'attirent et ne repoussent qu'une très-petite proportion d'air atmosphérique.

Il serait aisé d'estimer la force de l'inspiration, la quantité d'air introduite, la capacité pulmonaire, par un instrument que l'on nommerait *pneumo-mètre;* qui se composerait d'un tube en verre gradué régulièrement, plongé par l'une de ses extrémités dans le mercure, l'autre étant placé dans la bouche; en faisant exercer une forte aspiration, on jugerait d'après l'élévation du mercure, l'énergie et l'ampliation de l'appareil inspirateur. Ce moyen d'exploration pourrait être avantageusement rapproché du stéthoscope.

RESPIRATION FORTE. — Elle est exprimée par l'étendue, l'énergie des inspirations et des expirations sans violence et sans effort. On la rencontre surtout chez les sujets athlétiques, sanguins, bilieux, sous l'influence des passions nobles et généreuses qui élèvent toute la constitution; dans l'âge adulte, elle indique ordinairement une grande force physique, beaucoup de vitalité; ne se rencontre que bien rarement avec l'état morbide.

RESPIRATION FOIBLE. — On la reconnaît à l'obscurité des mouvemens d'inspiration et d'expiration, aux bornes étroites que présente leur développement, à l'espèce de langueur et d'anéantissement qui les caractérise. On la trouve particulièrement chez les sujets lymphatiques, étiolés, cacochymes, usés par la misère, la débauche ou la souffrance; chez les phthisiques, les scrophuleux, les scorbutiques, les vieillards, les hémiplégiques; dans les passions tristes et dépressives; elle signale ordinairement soit une atonie générale, soit une débilité partielle des muscles respirateurs, soit l'atrophie, l'engorgement sanguin ou tuberculeux des poumons.

4° CHALEUR, FROID DE LA RESPIRATION.

La première de ces dispositions caractérise un grand développement des phénomènes respiratoires, et particulièrement une circulation large et facile dans les capillaires des poumons, avec rapidité, perfection de l'hématose, concentration de la vitalité sur l'appareil chargé de l'effectuer. La seconde offre le symptôme d'une atonie pulmonaire, d'une langueur dans la circulation de ces organes, d'une rénovation sanguine incomplète, d'une congestion, d'un engorgement effectué dans leur parenchyme.

RESPIRATION CHAUDE. — Elle est positivement indiquée par l'action brûlante qu'exerce l'air expiré sur les organes soumis à son contact. On l'observe particulièrement chez les sujets d'un tempérament sanguin, d'une constitution robuste, sous l'influence des exercices violens, des passions expansives, dans l'adolescence et la virilité ; elle prend des caractères plus fortement exprimés dans les phlegmasies parenchymateuses, plus spécialement dans la pneumonie, dans les réactions fébriles très-intenses.

RESPIRATION FROIDE. — On la reconnaît aisément à l'impression glaciale que produit l'air en sortant des poumons. Elle se rencontre surtout chez les individus lymphatiques, dans les constitutions frèles, débiles, cacochymes, usées par la misère ou les maladies, sous l'influence de l'inaction physique et de l'indolence morale, dans les passions tristes, concentrées, la vieillesse, les asphyxies incomplètes, le dernier degré de la phthisie tuberculeuse ; pendant les agonies prolongées ; elle devient presque toujours dans les altérations graves, l'avant-coureur d'une terminaison funeste.

5° HUMIDITÉ, SÈCHERESSE DE LA RESPIRATION.

Le premier de ces caractères annonce une perspiration bronchique surabondante, résultat d'une exhalation pulmonaire soit active, et coïncidant avec la respiration chaude qui devient halitueuse, soit passive et s'unissant à la respiration froide. Le second indique une suspension de ce travail perspiratoire, soit par excès d'irritation dans les poumons (la respiration est alors aride et brûlante) soit par défaut de vitalité dans ces organes, elle devient dans ce cas froide, sèche et quelquefois insensible.

RESPIRATION HUMIDE. — Elle est caractérisée par la grande proportion du fluide perspiratoire que l'air entraîne dans l'expiration. On la voit spécialement chez les sujets d'un tempérament lymphatico-sanguin, d'une constitution forte, d'une texture succulente et relâchée, sous l'influence d'un exercice modéré, d'une passion agréable, expansive; dans l'enfance, ou la cacochymie sénile ; dans le catarrhe bronchique au second degré , dans l'infiltration pulmonaire etc; lorsqu'elle coïncide avec la respiration modérément chaude, on y trouve le symptôme d'une phlegmasie qui marche naturellement et presque toujours sans danger ; avec la respiration froide, elle signale ordinairement l'imminence de l'asphyxie ou de la mort.

RESPIRATION SÈCHE. — Elle est indiquée par le défaut d'humidité de l'air expiré. On l'observe surtout dans les tempéramens bilieux, nerveux ; dans les constitutions sèches, irritables, sous l'influence des boissons acides et froides, pendant la concentration des passions violentes et dans celle qui précède les accès fébriles; dans la vieillesse; les inflammations sur-aiguës et particulièrement le catarrhe bronchique , la pleurésie , la pneumonie à leur début. Unie à la respiration chaude, elle indique ordinairement la concentration plus ou moins redoutable de la vitalité sur un appareil important ; avec la respiration froide, elle signale presque toujours l'oppression, la suspension ou l'extinction prochaine des actions essentiellement vitales.

6° DOUCEUR, FÉTIDITÉ DE LA RESPIRATION.

Le premier de ces états annonce en général une constitution saine, l'absence de tout vice organique profond, et notamment l'intégrité de l'appareil respiratoire. Le second signale presque toujours, soit une fâcheuse disposition des poumons, soit une diathèse morbifique plus ou moins dangereuse ; elle coïncide quelquefois avec les phlegmasies chroniques de l'appareil digestif.

RESPIRATION DOUCE. — On la reconnaît à cette odeur faible et suave que porte avec soi l'air chargé du produit de la perspiration pulmonaire. On la rencontre surtout chez les sujets d'un tempérament sanguin, d'une constitution parfaite ; chez les enfans, les adolescens, les femmes, dans l'état de santé régulière, et plus spécialement chez les individus qui joignent à ces différens caractères une disposition très-favorable des appareils digestif et respiratoire. Cette considération doit par conséquent être mise au premier rang, lorsqu'il s'agit de bien apprécier les modifications de l'organisme, dans le choix d'une nourrice par exemple, et dans plusieurs circonstances plus importantes encore, où nous voyons ces intérêts majeurs sacrifiés à ceux de la fortune.

RESPIRATION FÉTIDE. — On la distingue facilement à l'odeur souvent infecte que répand l'air expiré ; cette odeur tantôt cadavéreuse, tantôt analogue à celle des fosses d'aisance, de la vieille marée, des matières animales en putréfaction, offre quelque chose de suffocant

et porte sur le principe de la vie qu'elle semble mena-
cer d'extinction. Il ne faut pas confondre cette odeur
avec celle que laissent échapper les sujets affectés de
carie aux dents ou de fongosités scorbutiques aux gencives, d'ulcères à la pituitaire, d'ozène, sujets auxquels on
donne le nom de *punais* ; l'odeur que nous étudions est
un résultat de la perspiration bronchique, soit par altération essentielle de la muqueuse pulmonaire, soit par
lésion sympathique de cette membrane sous l'influence
d'une gastrite, d'une entérite chroniques etc. Cette odeur
peut également se rattacher aux perversions organiques
de la trachée artère et de ses divisions. On l'observe
particulièrement dans les tempéramens bilieux, lymphatiques, dans les constitutions débiles, malsaines, cacochymes, dans les diathèses scrophuleuse, scorbutique,
dartreuse, vénérienne, cancéreuse etc., chez les vieillards, les phthisiques, et notamment ceux dont les bronches sont ulcérées, les poumons remplis de tubercules
en suppuration.

Telles sont les considérations fondamentales que nous
offrent les phénomènes extérieurs de la respiration dans
leurs anomalies essentielles ; rapprochées de celles que
nous a présentées la circulation dans les différentes modifications du pouls, elles assurent un moyen puissant
d'investigation relativement aux altérations morbifiques
de l'organisme en général, de l'appareil respiratoire en
particulier.

Plusieurs phénomènes spéciaux, directement rattachés
à la partie mécanique de la respiration, doivent nous occuper actuellement ; ils sont relatifs : 1° les uns à l'inspiration, 2° les autres à l'expiration, 3° d'autres enfin
à ces deux actions réunies.

1° PHÉNOMÈNES RELATIFS A L'INSPIRATION. — Leur

ensemble comprend le bâillement, la succion, l'effort, le hoquet.

BAILLEMENT. — Il consiste dans une inspiration longue et soutenue, avec abaissement considérable du maxillaire inférieur, ampliation de l'ouverture buccale ; phénomènes suivis d'une expiration bruyante plus rapide et moins complète , souvent accompagnée d'un larmoiement assez marqué. Pendant cette inspiration, le larynx et l'os hyoïde sont fortement déprimés , une résistance plus ou moins grande se manifeste dans les poumons, lorsqu'elle est vaincue , cette action préparatoire est suivie d'une autre inspiration plus profonde encore ; il en résulte un soulagement positif ; dans l'hypothèse contraire, il reste un état de gêne et d'anxiété qui ne disparaissent qu'après un bâillement plus décisif. Il peut être déterminé par toutes les influences capables de produire, en dernier résultat, un ralentissement notable dans la respiration et dans la circulation pulmonaire ; au nombre de ces causes, nous devons particulièrement noter : le tempérament lymphatique, l'enfance, la débilité constitutionnelle, un pressant besoin de sommeil, la faim , l'usage des narcotiques, le froid , l'engourdissement du réveil , les digestions laborieuses, l'absence ou la rareté de l'air atmosphérique , les passions tristes et particulièrement l'ennui, la puissance de l'imitation. Le souvenir du bienêtre intérieur que produit cette inspiration en débarrassant le cœur droit, en donnant un plus libre cours à l'oxygénation du sang , nous explique toute l'influence de cette imitation dans la production du bâillement ; il suffit d'effectuer et même de simuler ce phénomène dans une réunion où se glisse un peu d'ennui, pour le solliciter chez le plus grand nombre des sujets qui la composent ; il ne faut bien souvent qu'en parler ou même y penser pour effectuer le développement de cet acte particulier.

Succion. — Elle a pour effet immédiat de produire un vide plus ou moins parfait dans la bouche, en portant l'air de cette cavité dans les divisions bronchiques, au moyen d'une forte inspiration. Dans cet état de choses, les fluides mis en rapport avec la cavité buccale, n'y rencontrant aucune opposition, s'y précipitent sous l'influence de la pression exercée par l'atmosphère. Les joues obéissant au même effort, se trouvent sensiblement déprimées, circonstance qui, jointe à plusieurs autres, ne permet pas de confondre la succion par inspiration, avec la succion par action de la langue, phénomène que nous étudierons en faisant l'histoire de la préhension des alimens liquides. La force de ce premier genre de succion, l'élévation de la colonne de mercure ou d'eau qu'elle est susceptible de porter dans un tube donné, se trouvent constamment en raison de la capacité pulmonaire et du développement de l'inspiration. Il serait bien avantageux d'appliquer cette connaissance physiologique à l'exploration des cavités respiratoires, soit comparativement chez différens sujets, soit isolément chez le même individu, pendant l'état normal et dans l'état pathologique : on obtiendrait ainsi des renseignemens positifs sur les véritables dispositions de cet important appareil.

Effort. — Il s'effectue au moyen d'une inspiration préliminaire et très-étendue qui remplit d'air tous les canaux bronchiques. Dans cet état de choses, le larynx est élevé, la glotte fortement resserrée pour s'opposer à l'expulsion de cet air; aussi, comme l'ont fait observer MM. Cloquet et Bourdon, l'effort devient-il impossible, en paralysant les muscles affectés à cette occlusion, par la section du nerf laryngé; en maintenant la glotte ouverte par l'introduction d'une canule appropriée à cet effet. D'après la remarque judicieuse de M. Fodéra, le diaphragme se trouve à l'état de contraction pour équilibrer l'influence des muscles abdominaux qui pourraient forcer la résistance des muscles du larynx dans les phénomènes qui vont suivre. Cette inspiration a pour objet de fixer les parois pectorales qui doivent offrir un point d'appui, soit aux muscles de l'abdomen, soit à ceux des membres; dans le premier cas, pour l'expulsion de l'urine, des matières fécales chez les deux sexes, du fœtus chez la femme pendant le travail d'accouchement; dans le second, pour soulever des fardeaux pesans, pour attirer, pousser etc. dans la direction de tous les mouvemens que peuvent effectuer les membres pelviens. C'est avec ces dispositions que l'athlète se présente au choc qu'il doit supporter, ou qu'il attaque les résistances qui lui sont opposées. Cet état de choses met encore les parois thoraciques en mesure de soutenir impunément des pressions assez fortes. Lorsqu'un bateleur, par exemple, couché dans la supination, charge sa poitrine du poids de plusieurs hommes, c'est toujours pendant une inspiration profonde et soutenue, la résistance de l'air, jointe à l'action des muscles inspirateurs, des grands dentelés plus spécialement, prévenant l'enfoncement des côtes qui, sans le secours de ce double moyen, ne manquerait pas de s'effectuer. On conçoit aisément d'après toutes ces modifications imprimées aux parois thoraciques, abdominales, à la circulation pulmonaire et cardiaque, par quel mécanisme s'opèrent quelquefois, dans les efforts violens et prolongés, des hernies, des ruptures vasculaires, bronchiques, des apoplexies etc.

Hoquet. — Il présente une succession d'inspirations brusques, effectuées par les contractions convulsives du diaphragme qui vient percuter avec assez de violence l'estomac et les viscères abdominaux , pour entraîner le vomissement ; dans ces inspirations on entend l'air frapper les cordes vocales avec un bruit plus ou moins fort. Le hoquet est constamment produit par une irritation diaphragmatique idiopathiquement ou sympathiquement développée. Ainsi dans le premier cas, les plaies, les inflammations de ce muscle, une simple irritation des nerfs qui s'y distribuent , déterminent souvent des hoquets prolongés pendant plusieurs jours avec des modifications qui leur font imiter la voix du chien , les hurlemens du loup etc. ; maladies considérées par le vulgaire comme résultat de quelque maléfice, et décrites sous les noms *d'aboiement*, de *lycanthropie etc.* ; dans le second, les phlegmasies du péritoine , de l'estomac , des intestins, le pincement de ces organes dans un étranglement herniaire , le squirrhe , les calculs du pancréas, la vacuité de l'appareil digestif, l'affaiblissement dont elle est suivie, la réplétion trop considérable ou trop brusque de cet appareil, l'élaboration pénible dont elle devient l'occasion, l'ébranlement plus ou moins profond du système nerveux sous une influence morale ou physique sont autant de causes productrices du phénomène que nous étudions. Symptôme d'un grand nombre d'altérations pathologiques différentes, jamais avec les caractères de maladie principale, comme l'avaient pensé plusieurs auteurs, le hoquet doit être dès-lors combattu par des moyens dirigés contre sa cause, et par conséquent opposés dans la plupart des circonstances. Ainsi les antiphlogistiques , une frayeur ou toute autre commotion morale , un repos soutenu pour le diaphragme , des narcotiques, des alimens réparateurs, les anti-spasmodiques, les débridemens fibreux etc. présenteront des avantages marqués suivant que ce hoquet est produit par l'inflammation , la concentration d'une passion triste , la faim, les irritations nerveuses, un étranglement intestinal etc.

2° PHÉNOMÈNES RELATIFS A L'EXPIRATION. — Ils nous offrent la toux, l'éternument, la voix et ses modifications.

TOUX. — Elle présente une suite d'expirations subites et bruyantes avec rétrécissement de la glotte pour activer encore le mouvement de l'air qui traverse rapidement la cavité buccale. Plus ces expirations sont nombreuses, plus l'inspiration destinée à les contre-balancer offre d'étendue, comme on l'observe, particulièrement dans la coqueluche où ce dernier phénomène s'accompagne de la vibration des cordes vocales et d'un bruit caractéristique de cette maladie. Le diaphragme et surtout les muscles abdominaux se contractent d'une manière violente et convulsive, d'où résulte le sentiment de lassitude et même la douleur qui se manifestent dans les flancs. Les causes de la toux se réduisent constamment à l'irritation directe ou sympathique de la muqueuse pulmonaire, et le but instinctif de la nature dans le développement de ce phénomène, à l'expulsion des corps étrangers qui peuvent se rencontrer dans les bronches; elle est avantageuse dans cette circonstance, mais elle devient essentiellement nuisible toutes les fois que sa manifestation se rattache à la phlegmasie du parenchyme ou des canaux respiratoires; nouvelle preuve que cet instinct, qui la sollicite également sous l'une et l'autre influences, n'est point un principe raisonnant. Au nombre de ces causes directes, nous devons signaler particulièrement la respiration des vapeurs irritantes, la présence des corps étrangers dans les bronches, soit developpés dans ces canaux, soit venus de l'extérieur; l'inflammation, l'ulcération de la muqueuse dont ils sont intérieurement revêtus; les concrétions, les tubercules et l'induration pulmonaires. Parmi les agens sympathiques, nous indiquerons surtout les irritations du diaphragme, de la face convexe du foie, de l'estomac, du nerf vague etc., qui provoquent ces toux sèches, pénibles, opiniâtres, nommées hépatiques, gastriques etc. Lorsque ce phénomène est déterminé par la présence des mucosités bronchiques, il s'accompagne ordinairement de *l'expectoration* que l'on doit dès-lors en rapprocher, et qui dans ses effets devient aux poumons ce que le vomissement est pour l'estomac, avec cette différence que la première peut s'effectuer sous l'influence de la volonté, constamment incapable de produire le second. Ces considérations nous démontrent que la toux n'est jamais une maladie, mais toujours un symptôme, et que les moyens de la combattre avantageusement doivent être diversifiés suivant la nature de ses causes. D'après les modifications qu'elle entraîne dans toute la constitution, nous expliquons encore facilement sous son influence le développement des hernies, des suffocations, des apoplexies, des ruptures musculaires etc.

ÉTERNUMENT. — Il est produit par une ou plusieurs expirations très-brusques, s'effectuant avec bruit et passage de l'air dans les fosses nasales qu'il frappe violemment; ce passage est favorisé par l'abaissement du voile palatin, laissant parfaitement libres les deux ouvertures nasales, et par l'élevation de la langue qui ferme celle de l'arrière-bouche. Pendant l'accomplissement de ce phénomène, la tête se trouve d'abord fortement entraînée dans l'extension, elle est ensuite portée vers la poitrine par un mouvement de flexion qui, dans la station bipède, se propage au tronc et souvent jusqu'aux membres pelviens. Les causes de l'éternument sont en dernière analyse, une irritation directe ou sympathique de la membrane pituitaire; l'objet que la nature se propose dans son développement est d'entraîner, par le mouvement aérien communiqué d'après cette nouvelle direction, les corps étrangers qui par leur présence déterminent l'irritation des fosses nasales; mais l'impulsion instinctive peut commettre ici les mêmes erreurs, occasionner les mêmes accidens que nous avons signalés dans la production de la toux. Les causes directes sont l'action des vapeurs irritantes des corps étrangers sur la pituitaire, et plus particulièrement l'influence de certains agens qui semblent modifier spécialement la muqueuse olfactive, tels que le muguet, l'ellébore, la bétoine, le tabac etc. désignés, d'après cette vertu, par les termes *d'errhins* et de *sternutatoires*. Les modifications sympathiques se rattachent surtout aux irritations de la conjonctive, de la muqueuse gastro-intestinale etc. L'éternument détermine dans l'organisme un ébranlement général assez agréable et qui peut devenir très-utile dans les catalepsies, les syncopes, les asphyxies etc.; c'est d'après les mêmes indications qu'Héister conseillait de provoquer ce phénomène dans les accouchemens entravés par l'inertie de l'utérus ou l'engourdissement de tous les appareils. L'action de moucher doit être rapprochée de l'éternument, elle répond à ce dernier comme l'expectoration à la toux; elle peut s'effectuer sous l'influence de la volonté; comme la toux, l'éternument ne présente point naturellement ce caractère; par les mêmes raisons, il expose à l'apoplexie, aux ruptures musculaires, aux étranglemens herniaires etc.

Voix. — Elle consiste dans une expiration soutenue qui met les cordes vocales en vibration; modulée diversement, elle forme le chant; articulée par les mouvelmens appropriés de la langue, des lèvres etc, elle prend le nom de parole. Ce phénomène et ses modifications rentrant complétement dans la classe des fonctions d'expression , nous devons seulement les indiquer dans ce chapitre.

3° Phénomènes relatifs a la respiration. — Nous décrivons sous ce titre : le soupir, le gémissement , le sanglot et. le rire.

Soupir. — Il se compose d'une inspiration longue , soutenue, profonde, effectuée sans bruit , suivie d'une expiration plus rapide, moins égale , moins parfaite , produisant un léger murmure dans les fosses nasales par lesquelles s'échappe l'air pour le plus grand nombre des cas. La cause principale de ce phénomène est un retard insensiblement effectué dans la circulation capillaire des poumons dont les vaisseaux éprouvent un premier degré d'engorgement. Le but essentiel que se propose la nature dans cette modification respiratoire, est d'établir convenablement l'équilibre par le développement des canaux bronchiques , et par une rénovation sanguine plus parfaite. Ces causes qui peuvent être *chimiques*, le froid , les narcotiques ; *vitales* , une atonie des poumons etc. ; *mentales*, un travail intellectuel, une passion forte, concentrant les facultés de l'âme sur un seul point , dans une seule idée, rendent les respirations moins complètes, amènent par degrés le besoin et l'accomplissement du soupir. Telles sont ordinairement les dispositions de l'homme enchaîné par la crainte , absorbé par les chagrins ; de l'amant éprouvant loin de l'objet de ses vœux les tourmens de l'attente , ou l'extase du bonheur près de celle qui captive et remplit toute sa pensée.

Gémissement. — Il se manifeste par une inspiration longue, mais entre-coupée, suivie d'expirations plus courtes , incomplètes et bruyantes , avec expulsion de l'air par les fosses nasales. Ordinairement déterminé sous l'influence des affections tristes, des chagrins plutôt profonds que violens dont il devient l'expression ordinaire et souvent fidèle, ce phénomène produit un allégement au moral, et fait disparaître le poids énorme qui semblait comprimer toute la région épigastrique.

SANGLOT. —— Il est au contraire produit par une série d'inspirations courtes, brusques, rapides et sonores, avec introduction de l'air par la bouche, suivies d'une expiration plus longue, moins bruyante, avec expulsion de l'air en grande partie par les fosses nasales. Il devient ordinairement le premier témoignage de la douleur morale, et l'expression d'un chagrin plutôt vivement que profondément senti.

RIRE. — Il résulte d'une inspiration longue, suivie d'expirations courtes, bruyantes, imparfaites, avec explosion de l'air par la cavité buccale. Il s'accompagne d'un grand épanouissement des traits de la face, et ne doit pas être confondu avec le *sourire*, exclusivement effectué par le rapprochement des paupières, l'élévation et la diduction des commissures labiales, sans aucun changement notable dans la respiration, appartenant essentiellement à la prosopose, et devenant souvent un symptôme fâcheux dans les maladies ancéphaliques. Le son produit dans ces expirations du *rire*, varie suivant les individus. Haller fait observer qu'il offre les désinences en *a*, en *o*, pour les hommes; en *e* et en *i* pour les femmes, disposition qui peut être vraie d'une manière générale, mais qui présente beaucoup d'exceptions particulières. Un assez grand nombre de causes peuvent occasionner ce phénomène; les unes sont physiques, telles que le chatouillement, les plaies du diaphragme, comme l'ont observé Homère et Virgile qui représentent leurs guerriers, frappés à la poitrine, « *expirans avec un rire amer* »; les autres chimiques, ainsi l'action de certains poisons qui déterminent la mort au milieu des convulsions d'un rire que l'on nomme *sardonique*, l'île de Sardaigne produisant un grand nombre de ces végétaux léthifères ; d'autres vitales, ainsi l'inflammation, les irritations sympathiques du muscle que nous venons d'indiquer ; enfin les plus ordinaires sont mentales, ainsi la vue d'un personnage grotesque, d'un acteur comique, la rencontre de deux idées bizarres et susceptibles d'offrir à l'esprit l'image d'un objet plaisant etc. ; dans ce dernier cas le rire devient l'expression d'un sentiment intérieur de satisfaction et d'hilarité. Chez les sujets mélancoliques dont le système nerveux ganglionaire est très-irritable, une simple réminiscence présente souvent l'occasion d'un rire convulsif; la volonté n'est plus alors susceptible d'en modérer les éclats, même dans les circonstances où leur manifestation vient blesser toutes les convenances sociales. Cette expression de la gaité, constamment étrangère aux animaux, est si naturelle à notre espèce, que nous la voyons se manifester chez les peuples sauvages comme chez les nations civilisées, et que l'on n'a pas cessé de la rencontrer même chez des enfans élevés au milieu des bêtes fauves. La succession des expirations dans le rire s'oppose toujours au passage libre et facile du sang par les capillaires des poumons; il en résulte quelquefois une stase plus ou moins dangereuse qui s'étend de proche en proche, détermine le gonflement, la turgescence de la face, une coloration violacée, avec imminence d'apoplexie, d'asphyxie ; le sujet est, comme on le dit, *pâmé* ; ainsi périt le philosophe Crysippe. C'est particulièrement à l'action du diaphragme que viennent se rattacher les phénomènes du rire; cette action étant spasmodique, il peut en résulter une suspension dont les accidens s'unissent à ceux que nous venons de signaler.

2° PHÉNOMÈNES CHIMIQUES.

Essentiellement constitués par les changemens de composition qui s'effectuent pour l'air, dans les cavités bronchiques, pour le sang noir, pendant son passage dans les capillaires des poumons, les phénomènes chimiques de la respiration, pour être bien compris, nous offrent à considérer : 1° *la quantité d'air introduite*, 2° *les modifications de ce gaz*, 3° *celles du sang noir* pendant leur accomplissement.

1° QUANTITÉ D'AIR INTRODUITE. — On a voulu préciser la quantité d'air portée dans les bronches, par une inspiration normale; cette évaluation ne peut être qu'approximative. Il suffit pour s'en convaincre de rapprocher les principales estimations faites par les auteurs. Ainsi nous voyons cette quantité portée à deux pouces cubes par Grégori; à 12, par Menziès; à 14, par Goodwin; à 16, par M. Cuvier; à 20, par Jurine; à 70, par quelques auteurs, pour les plus fortes inspirations. Les mêmes incertitudes se rencontrent lorsqu'il s'agit d'établir positivement la proportion d'air employée chaque jour par un homme de taille ordinaire. Thomson la porte à 24 kilogrammes ; Davy prétend que dans le même tems il en dépense 751 litres cubes; Séguin 750; Lavoisier 754; Menziès 850 ; d'où ces chimistes concluent qu'il développe, dans le même intervalle, une quantité de calorique suffisante pour fondre 38 kilogrammes de glace. Il est aisé de concevoir toutes ces différences dans les résultats chez les divers sujets, en raison de l'âge, du sexe, du tempérament, de la capacité pulmonaire, de la mobilité des parois thoraciques, de la force des muscles inspirateurs, et dans le même individu relativement aux dispositions variables des états physiologique et pathologique.

2° MODIFICATIONS DE L'AIR INSPIRÉ. — L'air atmosphérique, avant son introduction dans les bronches, présente en volume sur 100 parties : oxygène 20 ou 21 , azote 78, acide carbonique 1 ou 2 , eau à l'état de vapeur une quantité souvent inappréciable ; en sortant des poumons, il offre ordinairement : oxygène 14, azote 78, acide carbonique 8 , eau à l'état de vapeur une proportion toujours assez considérable, d'où l'on peut inférer que sept parties d'oxygène prises ont été remplacées par sept autres d'acide carbonique. Toutefois il existe à cet égard des variations relatives à l'état de santé, de maladie, comme l'a demontré Nysten ; on en trouve également sous le rapport des sujets, en raison de l'âge, de la constitution, du tempérament, de l'habitude , etc. Les expériences de M. Edwars prouvent que la consommation de l'oxygène est proportionnelle au développement du calorique, et non point comme on l'avait pensé d'abord, à la jeunesse des individus ; Goodwin la porte jusqu'à 13 parties sur 16, Menziès au quart, MM. Gay-Lussac et Davy la réduisent à deux ou trois parties. L'exhalation de l'acide carbonique est également diversifiée par les mêmes influences ; Goodwin la fixe à 0,11 ; Menziès à 0,05 ; MM. Davy et Gay-Lussac à 0,03. D'après ces chimistes, elle dépasse relativement au volume du gaz produit, celui de l'oxygène employé ; Thomson admet au contraire un équilibre parfait dans l'état normal. Quant à la proportion d'eau qui s'échappe avec l'air expiré, Menziès l'estime à deux grains par minute ; il est également évident qu'elle doit être modifiée par un grand nombre de circonstances. Les auteurs ne sont point d'accord sur le rôle que joue l'azote pendant la respiration ; Provencal', Humbold, Spallanzani prétendent qu'il est absorbé par les poissons, les reptiles et même par les animaux à sang chaud ; Davy croit à son emploi chez l'homme ; Dulong , Nysten , Bertholet soutiennent au contraire qu'il est exhalé chez ce dernier; M. Edwars pense que ces deux circonstances peuvent se présenter alternativement. Allen et Pépis ont constamment observé l'invariabilité de l'air, sous le rapport de l'azote, dans la respiration naturelle ; nous pensons également que dans notre espèce il sert de véhicule aux deux autres gaz, et n'entre jamais dans l'hématose comme principe essentiel.

3° MODIFICATIONS DU SANG. — Examiné dans l'artère pulmonaire, le sang offre une couleur noire, plus ou moins foncée, il est séreux, mêlé de chyle et de matériaux plus ou moins hétérogènes, introduits par l'absorption ; il paraît contenir de l'hydrogène et du carbone en excès. Considéré dans les veines pulmonaires, par conséquent après avoir éprouvé l'influence de la respiration, le sang présente une couleur rouge, vermeille, est homogène, fibrineux, riche en caillot; il semble renfermer une proportion considérable d'oxygène. Ainsi, pendant le séjour de l'air dans les bronches, le sang qui traverse les vaisseaux capillaires propres à ces organes, perd une certaine quantité d'acide carbonique et d'eau, change sa coloration noire, ses qualités stupéfiantes, pour l'aspect ritulant, les propriétés excitantes et nutritives qu'il offre en sortant des poumons.

Ces faits sont positifs, incontestables, ils doivent offrir la base fondamentale des théories naturelles consacrées à leur explication. Il est évident que l'air et le sang noir s'influencent et se modifient réciproquement. Agissent-ils au contact ou par l'intermédiaire de leurs vaisseaux respectifs ? C'est une question controversée par les physiologistes. Les uns prétendent que l'air, circulant dans les vésicules bronchiques, le sang dans l'épaisseur de leurs parois au moyen des vaisseaux capillaires, agissent mutuellement à travers les tuniques déliées de ces canaux. D'autres soutiennent que cette action est immédiate ; parmi ces derniers, plusieurs ajoutent, contre toute vraisemblance, que le sang et l'air sont mis en contact dans les vésicules bronchiques; mais alors nous verrions incessamment des hémoptysies et des suffocations plus ou moins graves résulter de ces fâcheuses dispositions. Il nous semble beaucoup plus naturel d'admettre que l'oxygène est absorbé dans les vésicules, transmis aux capillaires des poumons par les vaisseaux qui viennent s'ouvrir, dans ce but, sur la muqueuse respiratoire. Un grand nombre de faits se réunissent pour démontrer l'influence directe de l'air atmosphérique et du sang noir. Priestley, Goodwin ont placé le dernier sous une cloche pleine d'air; ce fluide circulatoire a pris une teinte plus rouge avec absorption d'oxygène et dégagement d'acide carbonique. Si l'on observe le sang extrait par la phlébotomie dans l'air atmosphérique, on voit rougir la couche superficielle du caillot dont le centre, qui n'a point éprouvé la même action directe, conserve sa couleur noire; ces effets sont encore beaucoup plus marqués dans l'oxygène pur. Hassenfratz prétend avoir obtenu des résultats semblables en renfermant le sang dans une vessie. En accordant à cette expérience toute la réalité possible, on ne devra jamais conclure d'un fait où les transsudations s'exercent dans toute leur force, à d'autres faits dans lesquels ces phénomènes chimiques et physiques sont empêchés par les lois vitales. Si nous abordons actuellement l'explication des faits relatifs aux modifications réciproques de l'air et du sang noir, deux théories viendront partager les auteurs sur ce point important : l'une *chimique*, l'autre *physiologique*.

1° THÉORIE CHIMIQUE.—Crawfort, Lavoisier, Goodwin, Laplace, et plusieurs physiciens modernes, séduits par les plus spécieuses apparences, ont considéré la rénovation du sang noir comme un phénomène purement chimique et s'effectuant sous l'empire exclusif des affinités du même ordre : « Dans la respiration chez l'homme, « nous trouvons comme faits incontestables, ont-ils « ajouté, pour le sang, diminution d'hydrogène et de « carbone; pour l'air, perte d'oxygène, augmentation « d'acide carbonique et d'eau rendue sous forme de va- « peur; ces modifications sont toujours en harmonie « parfaite; les unes sont exactement compensées par les « autres. L'explication de ces faits est très-simple : « l'oxygène employé dans cette rénovation se porte « d'une part sur le carbone, de l'autre sur l'hydrogène « du sang veineux, forme avec le premier l'acide car- « bonique, avec le second l'eau qui s'échappe en même « tems que l'air expiré. Dans ces combinaisons, la pro- « portion de l'acide carbonique produit se trouve exac- « tement en rapport avec la quantité d'oxygène absorbé.» Mais alors d'où vient l'oxygène employé à la confection de l'eau ? C'est une réfléxion à laquelle on n'avait pas songé ; ce n'est pas le seul point en défaut dans cette hypothèse ruineuse. Les principes qui lui servent de base pourraient être controversés, quelques-uns même entièrement détruits, nous les accorderons volontiers ayant assez d'erreurs à signaler dans les conséquences que l'on a cru pouvoir en inférer.

L'expérience a démontré qu'un air contenant 0,15 d'acide carbonique, lors même qu'il offrirait 0,40 d'oxygène et 0,45 d'azote, ne pourrait point effectuer convenablement l'hématose. Il n'en serait point ainsi dans la supposition où ce phénomène deviendrait essentiellement chimique. Les essais imaginés par Dumas, répétés par Beddoës prouvent que l'oxygène pur, loin de favoriser la respiration, la pervertit et rend ses effets destructeurs. Des faits rapportés par Nysten, Spallanzani, Coutanceau ne laissent aucun doute sur l'expiration de l'acide carbonique, même chez les animaux auxquels on fait respirer un gaz qui ne contient pas d'oxygène. Plusieurs observations de Nysten prouvent que dans les fièvres inflammatoires la proportion d'acide carbonique expiré, devient plus considérable, tandis qu'elle diminue dans les atonies. D'un autre côté, les combinaisons de l'oxygène et du carbone pour former l'acide carbonique, de l'oxygène et de l'hydrogène pour constituer l'eau, sont évidemment deux combustions qui supposent : 1° un agent susceptible d'enflammer ces corps en provoquant leur union; 2° le développement d'une grande quantité de calorique et même de lumière dans les poumons, siége principal de ces combinaisons chimiques. Or les poumons ne présentent jamais cette cause d'ignition, cette élévation de température supérieure à celle des autres appareils. Comment voudrait-on identifier l'hématose avec la combustion, lorsque ces deux phénomènes sont essentiellement différens par leur nature, leurs causes, leurs effets, l'ensemble des forces qui les opèrent. Cette application des lois physiques aux actions physiologiques est assurément la plus séduisante et la plus illusoire, aussi la voyons-nous survivre à toutes les autres; mais enfin le tems, la raison et l'expérience doivent en faire justice.

2° Théorie physiologique. — Admise par Fontana, Spallanzani, Chaussier, Nysten, Hallé, Bichat et le plus grand nombre des physiologistes modernes, plus naturelle et plus simple que la précédente, elle rentre complétement dans le domaine des lois vitales; son développement repose tout entier sur les faits et l'observation. Pour conserver la question dans son intégrité, nous ad-

mettrons sans examen les principes établis par les chimistes, et nous verrons quelles en doivent être les conséquences positives.

L'oxygène — pris dans l'air inspiré se trouve mêlé au
sang veineux, s'y combine par une action vitale dont les
moyens chimiques, les plus ingénieux et les plus compliqués, ne peuvent nous offrir que des imitations imparfaites. En effet M. Dupuy s'est assuré qu'en poussant
de l'air avec force dans les bronches d'un cadavre on ne
produit aucune rénovation sanguine. Goodwin a dirigé,
sans résultat, des courans d'oxygène sur les veines; Bichat
a constaté la même insuffisance des injections aériennes
dans les intestins, la vessie, le tissu cellulaire etc. Enfin
si le sang noir mis en contact avec l'air dans un vase
inerte rougit à la surface, on ne voit point la rénovation
s'effectuer dans toute la masse, alors même que l'on favoriserait la combinaison par un mouvement approprié;
on ne voit point surtout le chyle déposé dans ce même
sang éprouver les modifications de l'hématose.

L'acide carbonique, — produit de l'expiration, se
trouve déposé dans les bronches par les vaisseaux exhalans. Son dégagement n'est autre chose qu'un résultat
de l'épuration du sang qui s'en était chargé pendant les
phénomènes de la nutrition et des sécrétions. Si l'on
pouvait douter un instant de la réalité des exhalations
gazeuses, il suffirait pour s'en convaincre de jeter un
coup d'œil sur l'économie vivante, soit dans l'état normal, soit dans l'état pathologique. Ainsi nous observons
chaque jour ces exhalations pour le péritoine, pour les
intestins, dans la tympanite; pour l'estomac, chez les
femmes vaporeuses; pour l'utérus, dans un assez grand
nombre de nymphomanies, d'hystéries etc. où le dégagement des gaz peut s'effectuer par une véritable explosion. Des expériences d'Abernetty, de Cruiskank, de Gat-

toni , de Jurine prouvent évidemment l'exhalation de l'acide carbonique , par l'enveloppe cutanée , même dans l'état de santé parfaite; dans tous ces cas la perspiration gazeuse est incontestable ; elle s'effectue sur des membranes séreuses , dermoïdes , muqueuses ; on ne cherche point une explication chimique à la production des résultats qu'elle fournit ; on la place avec raison dans la classe des sécrétions. Pourrait-on désormais , sans inconséquence , ne pas accorder la même nature et les mêmes lois à celles que nous voyons s'opérer sur la muqueuse bronchique pendant la respiration ?

L'eau, — qui s'échappe sous forme de vapeurs avec l'air expiré, n'est autre chose que le produit de la perspiration *séreuse* des bronches. Nous observons la même sécrétion sur toutes les autres divisions du tissu muqueux, comme il est aisé de s'en convaincre pour la conjonctive, la pituitaire, la palatine etc. C'est aux résultats de cette même élaboration que les auteurs ont donné les noms de *sucs gastrique* pour l'estomac, *intestinal* pour le jéjunum et l'iléon. Ici l'on ne propose point des lois chimiques pour expliquer la formation de l'eau dont ces humeurs sont en grande partie composées; on n'eût pas recouru davantage à ces théories fautives, si l'on ne s'était cru dans la nécessité d'utiliser ainsi l'oxygène que l'on voyait disparaître pendant la respiration ; ainsi, de même que la peau, la muqueuse bronchique devient une voie d'excrétion plus active encore pour l'acide carbonique et la sérosité animale.

3° PHÉNOMÈNES VITAUX.

Ces phénomènes consistent particulièrement dans l'influence qu'exercent les poumons, en raison des propriétés vitales qui leur sont départies : *sur l'introduction de l'oxygène dans le sang noir; sur les modifica-*

tions réciproques de ces deux corps ; sur l'exportation de l'acide carbonique et du fluide perspiratoire des bronches.

Les poumons digèrent l'air comme l'estomac digère les alimens. Vérité physiologique bien sentie par les anciens lorsqu'ils désignaient ce gaz par le terme expressif de *pabulum vitæ, aliment de la vie.* La chimie, dans ses immenses progrès, envahissant le domaine de toutes les autres sciences, fit abandonner ces principes naturels pour y substituer des théories aussi fautives dans leurs principes, qu'erronées dans leurs inductions. Toutefois, les preuves les plus positives semblent se multiplier pour démontrer la réalité de cette action vitale des poumons dans la respiration physiologique.

MM. Dupuytren, Provençal, Magendie, Legalois ont prouvé que la section et la ligature du nerf pneumo-gastrique détermine la mort par une véritable asphyxie; le premier de ces habiles expérimentateurs a vu dans cette circonstance le sang jaillir noir d'une artère faciale ouverte; le second trouve que l'air perd alors beaucoup moins d'oxygène, exporte moins d'acide carbonique, en même tems que l'animal présente un refroidissement très-marqué; le dernier fait judicieusement observer qu'il ne faut pas attribuer ici l'asphyxie à l'occlusion de la glotte, puisque le sang passe également noir dans les veines pulmonaires, lors même que l'on a pris soin d'assurer l'inspiration et l'expiration par l'ouverture de la trachée.

Hallé, après avoir fait la ligature du même nerf, a vu les phénomènes mécaniques de la respiration continuer librement alors que les phénomènes chimiques se trouvaient entièrement suspendus ; en détruisant cette ligature, on observait le rétablissement de la fonction dans son état normal.

M. de Blainville a répété la même expérience d'une manière plus positive encore. Il a remarqué que la ligature du nerf à son entrée dans les poumons, laisse un libre cours à la succession des inspirations et des expirations, mais avec cette particularité bien essentielle, que l'air en sortant des bronches, présente absolument la composition qu'il offrait avant son importation dans les canaux respiratoires. Il s'est assuré qu'en pratiquant cette ligature du nerf vague à sa terminaison dans l'estomac, la rénovation du sang noir et tous les phénomènes de la respiration s'effectuaient sans aucune altération notable, mais que les alimens restés comme des corps étrangers dans ce viscère, n'éprouvaient point l'élaboration digestive, se trouvaient même ultérieurement soumis à la putréfaction à-peu-près comme dans un vase inerte. Ces faits et tous ceux que nous pourrions citer encore, démontrent évidemment l'influence vitale des poumons dans l'hématose, l'identité que présentent la respiration et la digestion dans la nature de leurs phénomènes essentiels.

Si nous voulons actuellement préciser l'action des organes respiratoires dans l'hématose, nous trouvons deux objets importans à considérer : 1° *l'importation de l'oxygène, l'exportation de l'acide carbonique ; 2° l'action du premier de ces gaz sur le sang noir pour en effectuer la rénovation.*

1° *Importation de l'oxygène, exportation de l'acide carbonique.* — Quelques physiologistes, plusieurs chimistes ont mis en doute l'absorption de l'oxygène et son mélange au sang noir. Des expériences de Girtanner semblent décider la question. Il place du sang rouge de brebis sous une cloche pneumatique avec de l'azote à l'état de pureté ; après trente heures, l'air de cette cloche présente assez d'oxygène pour entretenir, pendant cent vingt minutes, la combustion d'une bougie. D'autres ont prétendu que cette modification du sang noir s'effectuait ailleurs que dans les capillaires des poumons. Bichat répond à ces assertions erronées par les faits les plus positifs. Il adapte deux tubes à robinet, l'un à la trachée, l'autre à l'artère carotide primitive d'un chien; en suspendant le courant d'air, l'artère ne donne qu'un sang noir, évidemment sans rénovation; en rétablissant le passage de ce gaz dans les canaux bronchiques, le sang prend aussitôt une couleur vermeille, signe positif de sa transformation, qui présente une identité parfaite suivant que l'on opère avec l'air atmosphérique ou l'oxygène pur ; ces modifications, en quelque sorte instantanées, indiquent assez la rapidité des phénomènes d'hématose, et leur siége exclusif dans l'organe central de la respiration.

Nous devons considérer dans cette fonction , indépendamment des circulations lymphatique et sanguine, effectuées par les vaisseaux nombreux des poumons, la circulation aérienne opérée dans les canaux bronchiques d'une manière spéciale, et ne rencontrant pour toute l'économie vivante, aucun autre mouvement analogue. En effet, cette même circulation n'est pas transitoire comme les précédentes, elle se fait dans un système de vaisseaux qui n'offrent point d'issue terminable, de telle sorte que l'air expiré doit nécessairement revenir par les routes qu'il a parcourues en sens opposé pendant l'inspiration. Ce principe établi d'une manière incontestable, nous pensons qu'une partie de l'influence vitale des poumons se trouve dans l'action des vésicules aériennes sur l'acide carbonique pour en effectuer l'expulsion concurremment avec la pression exercée par les parois thoraciques. La section du nerf vague, la diminution, la perversion, la suspension de sa vitalité produisent l'affaiblissement ou l'inertie des vésicules bronchiques, la stagnation de l'air altéré par l'hématose, en nous expliquant physiologiquement les causes principales de l'asphyxie dans ces différens cas et dans leurs analogues, alors même que les grands phénomènes d'inspiration et d'expiration ont continué de s'effectuer. Au milieu de ces dispositions, la rénovation de l'air peut encore s'opérer dans les principales divisions des bronches, les poumons étant, comme nous l'avons déjà dit, à-peu-près passifs dans ces phénomènes superficiels et mécaniques d'inspiration et d'expiration, mais ces derniers sont toujours incapables, même avec leurs plus grands efforts, d'expulser entièrement l'air porté dans les organes centraux de cette fonction. La rénovation devient impossible dans les ramifications extrêmes des canaux aériens sans la contraction des vésicules bronchiques, sans l'action vitale des poumons. Ces considérations nous font apprécier l'inutilité des insufflations dans l'asphyxie, toutes les fois qu'il n'existe aucun moyen de réveiller en même tems l'innervation du pneumo-gastrique ; elles nous indiquent même les dangers de ces tentatives effectuées sans précaution, par les ruptures funestes qu'elles peuvent entraîner dans les vésicules pulmonaires, déjà sous l'influence d'une pénible distension. A ces phénomènes qui démontrent positivement l'action vitale des poumons dans la respiration, nous ajouterons encore la perspiration aqueuse dont la réalité ne peut-être contestée, celle de l'acide carbonique admise par Vauquelin, Brande, Vogel, et par le plus grand nombre des physiologistes modernes, se rattachent au système général des sécrétions, et ne pouvant dès-lors être expliquées par l'influence des lois exclusivement physiques et chimiques.

2° *Action de l'oxygène sur le sang noir pour en ef-*

fectuer la rénovation.——Il est démontré par l'expérience que l'oxygène de l'air introduit dans les vésicules bronchiques, se trouve saisi par les vaisseaux absorbans de ces dernières et directement porté dans les capillaires des poumons. Ces vaisseaux absorbans de l'oxygène, exhalans de l'acide carbonique, doivent-ils être considérés comme faisant partie du système général, ou comme présentant des *trachées aérifères* analogues à celles des insectes ? Il est impossible de prononcer dans cette question, d'après l'évidence des faits ; mais en même tems, il est difficile de ne pas admettre, d'après les analogies et le raisonnement, une différence indispensable entre les absorbans de l'oxygène, les exhalans de l'acide carbonique, les exhalans et les absorbans de la sérosité des bronches. Toutefois, quelque soit à cet égard l'opinion adoptée, on devra toujours voir dans cette absorption, comme dans toutes les autres, un phénomène essentiellement vital, et par conséquent, arrêté dans son développement par le défaut d'innervation du pneumo-gastrique ; résultat que les expériences les plus positives ont suffisamment constaté. Il est un dernier point environné d'incertitudes beaucoup plus difficiles à dissiper entièrement : l'action de l'oxygène sur le sang noir pour en effectuer la rénovation, et sur le chyle pour en opérer l'hématose, est-elle purement physique et chimique, suffit-il pour l'effectuer d'un simple mélange des ces corps? sans doute il n'existe aucune preuve directe pour l'affirmative ou la négative ; mais si nous faisons observer que dans un vase inerte, au milieu des circonstances les plus favorables, on ne produit qu'une rénovation très-imparfaite du sang noir, et qu'il est absolument impossible d'obtenir l'hématose du chyle, on devra, pour le moins, conserver une forte présomption relativement à la nécessité d'une influence vitale des poumons dans la production normale et physiologique de ces deux phénomènes importans.

Nous croyons dès-lors avoir suffisamment démontré que cette action vitale des poumons dans la respiration n'est point une chimère; qu'elle est garantie par les faits, l'observation et le raisonnement; qu'elle a pour effets essentiels : 1° *l'importation de l'oxygène dans les capillaires particuliers de ces organes, par des vaisseaux absorbans, peut-être par des trachées; 2° la combinaison de ce gaz, du sang noir et du chyle; 3° l'exhalation de l'acide carbonique, probablement par des trachées aérifères ; 4° la perspiration de la sérosité bronchique, par des vaisseaux communs aux membranes muqueuses ; 5° le renouvellement profond de l'air altéré, par la contraction des vésicules pulmonaires.*

§ VI. INFLUENCE DE L'HABITUDE SUR LA RESPIRATION.

Offrant l'une des trois colonnes sur lesquelles repose la vie, cette fonction ne devait pas attendre ses perfectionnemens de l'habitude et de l'éducation ; aussi la voyons-nous , relativement au fond , s'exercer dès les premiers jours avec toute sa régularité. Sous le rapport de ses phénomènes accessoires, elle ne présente plus la même indépendance, on la trouve au contraire soumise à l'influence générale de ce puissant modificateur. Ainsi, dans les premières inspirations de l'enfant qui vient de naître, la nature prélude, en quelque sorte, à l'accomplissement de cette importante fonction; c'est en répétant ces phénomènes qu'ils deviennent plus faciles, qu'ils déterminent des résultats plus profonds et plus complets. On parvient, au moyen de l'habitude, à développer les mouvemens de l'appareil respiratoire; il suffit pour s'en convaincre d'observer avec quelle facilité les inspirations sont prolongées par des sujets exercés depuis long-tems au jeu des instrumens à vent, aux efforts du chant, de la déclamation etc. C'est également sous la même influence que l'appareil respirateur parvient à supporter impunément l'action des gaz plus ou moins nuisibles, comme on le voit pour les individus placés, dès leur enfance, dans l'air impur des marais, des prisons, des hôpitaux etc.

§ VII. SYMPATHIES DE LA RESPIRATION.

La respiration, en raison de son importance, offre des sympathies plus ou moins directes avec toutes les autres fonctions de l'économie vivante. Jamais elle n'est menacée de suspension ou d'altération profonde, sans qu'il se manifeste aussitôt dans l'organisme une inquiétude universelle, un sentiment d'anxiété pénible, sans qu'il s'établisse alors une insurrection générale dans laquelle tous les appareils semblent concourir, chacun suivant ses moyens, au rétablissement de cette même fonction. De son côté, la respiration est sympathiquement influencée par la plupart des maladies que peuvent offrir les autres fonctions, accélérée dans la fièvre, dans le plus grand nombre des phénomènes de réaction, elle se précipite ou s'arrête même quelquefois entièrement pendant les angoisses de la douleur. Mais au milieu de ces rapports généraux, elle en offre de plus particuliers, surtout avec l'innervation, la circulation et la digestion.

Ainsi les excitations vives de l'encéphale ou de ses annexes rendent presque toujours la respiration plus rapide en lui donnant des caractères plus ou moins positifs d'irrégularité ; les compressions du cerveau, de ses dépendances la ralentissent en lui communiquant ces pénibles dispositions désignées par le terme expressif de *respiration stertoreuse.*

En général, toute augmentation dans la fréquence

des mouvemens du cœur entraîne des modifications analogues dans ceux de l'appareil respiratoire, *et vice versâ*; l'anhélation plus ou moins marquée devient ainsi la conséquence d'une émotion vive, d'un violent accès de fièvre, d'une course rapide etc., dans la syncope le cœur cesse d'agir, la respiration est peu sensible, ou même entièrement suspendue.

Dans les gastrites intenses, les squirrhes, les gastralgies etc., nous observons presque toujours une toux sèche, des hoquets, des dyspnées, et quelquefois des accès de suffocation avec imminence d'asphyxie.

§ VIII. ALTÉRATIONS DE LA RESPIRATION.

Elles sont très-nombreuses, très-fréquentes, ordinairement graves, et ne peuvent acquérir un certain degré d'intensité, sans compromettre plus ou moins directement la vie. Pour en bien saisir l'ensemble, nous les réduirons aux quatre modifications principales : 1° *augmentation*, 2° *diminution*, 3° *perversion* 4° *suspension*.

1° AUGMENTATION. — A l'état morbifique, elle porte le plus ordinairement sur la fréquence des mouvemens alternatifs d'inspiration et d'expiration. Les causes de cette altération peuvent être sympathiques ou directes; on les voit se rattacher, dans le premier cas, à l'irritation de l'estomac, de l'encéphale ou du cœur ; dans le second, soit à l'inflammation, soit à l'engorgement parenchymateux des poumons, soit à l'excitation extra-normale du nerf pneumo-gastrique, des muscles respirateurs etc., comme on l'observe dans la pneumonie, la phthisie tuberculeuse, l'asthme, la pleurodynie etc.; dans tous ces cas et dans leurs analogues on voit presque toujours les mouvemens de la respiration plus ou moins précipités, gagner par le nombre dans un tems donné, ce qu'ils perdent nécessairement par le défaut de leur développement. Il est dès-lors facile de sentir que cette augmentation, dans la fréquence des inspirations et des expirations successives, n'est point une maladie particulière, mais au contraire le symptôme d'un grand nombre d'altérations essentiellement différentes.

2° DIMINUTION.—De même que l'augmentation, elle peut se manifester sous des influences directes ou sympathiques. La première est le plus ordinairement un résultat de l'atonie que présente l'appareil respiratoire consécutivement aux phlegmasies chroniques, dans les épuisemens constitutionnels chez les sujets débiles, cacochymes etc. La seconde se rattache aux langueurs d'estomac, aux anévrismes passifs, aux compressions encéphaliques etc. Pour l'une et l'autre circonstances, on observe quelquefois un abaissement analogue dans les phénomènes vitaux, avec imperfection de l'hématose ; d'où résulte cette couleur violacée de la peau, des muqueuses, de tous les tissus riches en capillaires sanguins ; cet engourdissement, ce froid général, caractères d'une altération plus profonde, symptômes presque toujours assurés d'une terminaison funeste.

3° PERVERSION. — Elle peut affecter isolément ou simultanément les phénomènes physiques, chimiques et vitaux. *Relativement aux premiers*, elle présente un grand nombre de modifications dans la vitesse, l'étendue, la facilité absolue ou comparative des mouvemens d'inspiration et d'expiration ; les causes de ces anomalies sont également directes ou sympathiques : ainsi les émotions vives de l'âme, presque toutes les irrégularités de l'innervation, de la circulation, de la digestion etc., la plupart des inflammations de l'appareil respiratoire peuvent également les déterminer ; dans tous ces cas leur gravité se trouve en raison de celle des altérations qui les sollicitent. *Relativement aux seconds*, la perversion présente un grand nombre d'intermédiaires depuis le premier degré d'imperfection dans l'hématose, jusqu'au défaut complet de rénovation sanguine ; comme on l'observe pendant la compression, l'inflammation suraiguë des nerfs pneumo-gastriques, par la respiration d'un air surchargé d'acide carbonique, dépourvu d'oxygène etc. le sang passe noir dans les cavités gauches du cœur, porte la stupeur et la mort dans tout l'organisme.

4° SUSPENSION. — Elle constitue cette mort apparente généralement désignée par le terme *d'asphyxie*, dont l'importance et les modifications exigent plusieurs développemens particuliers.

ASPHYXIES.

Le terme asphyxie de α privatif et de ϛφὺξίς pouls, littéralement, *absence du pouls*, n'exprime point l'idée que l'on veut y rattacher, puisque l'on désigne ainsi : *La mort apparente déterminée par suspension des phénomènes respiratoires ;* et qui devient aux poumons ce que la syncope est au cœur, dont l'inertie, dans le premier de ces états, présente la conséquence et non le principe de l'altération. Il conviendrait beaucoup mieux d'employer ici la dénomination *d'aspnée* de α privatif et de πνέω je respire, littéralement : défaut de respiration ; mais il faut quelquefois obéir à l'usage, et nous conserverons l'ancienne expression toutefois après en avoir ainsi rectifié le sens.

D'après la nature des causes, d'après les phénomènes respiratoires plus particulièrement affectés, nous rangerons toutes les asphyxies en trois classes principales : 1° *par absence d'oxygène ;* 2° *par défaut d'influence vitale de l'appareil ;* 3° *par action spéciale des gaz délétères.*

1° ASPHYXIES PAR ABSENCE D'OXYGÈNE.

Ce titre comprend toutes les asphyxies déterminées par le défaut d'oxygène, quelque soit la nature des obstacles apportés à l'introduction de ce gaz dans les vésicules pulmonaires ; on peut les énumérer sous douze chefs principaux :

1° *Par absence totale d'un milieu gazeux.* — Ainsi périssent tous les êtres vivans placés dans le vide complet ; tous les animaux aériens par l'influence de la submersion.

2° *Par la respiration d'un gaz non délétère étranger à l'oxygène.* — C'est à ce genre d'asphyxie que succombent les animaux plongés dans l'azote, l'hydrogène ou tout autre gaz analogue à l'état de pureté. On avait pensé d'abord que ces modificateurs présentaient quelque chose de spécialement délétère, l'expérience a demontré qu'ils permettent, mais n'occasionnent pas la mort, dès-lors effectuée comme dans le vide parfait.

3° *Par compression ou paralysie des nerfs diaphragmatiques.* — Cette variété s'observe assez fréquemment dans la carie des vertèbres affectant la région cervicale ; dans les commotions, les épanchemens, les plaies de la moëlle rachidienne etc.

4° *Par inertie des muscles inspirateurs.* — Comme on l'observe chez les enfans à la naissance ; chez l'adulte, sous l'influence du froid ; de l'opium, dans le narcotisme ; des liqueurs alcoholiques, dans l'ivresse etc.

5° *Par le spasme de ces muscles.* — Accident que l'on observe quelquefois dans les pleurodynies intenses, dans les violens accès d'hystérie, d'épilepsie, de tétanos etc.

6° *Par les obstacles mécaniques apportés à la dilatation du thorax.* — C'est ainsi que se trouve déterminée l'asphyxie chez l'animal dont nous comprimons fortement les parois thoraciques; chez les ouvriers ensevelis sous les éboulemens du sol.

7° *Par un obstacle mécanique opposé aux mouvemens du diaphragme.* — Comme on l'observe quelquefois dans la tympanite, l'hydrothorax , l'ascite etc.

8° *Par l'influence de la volonté fortement opposée à l'action des muscles inspirateurs.* — Plusieurs auteurs dignes de foi nous assurent que des esclaves ont trouvé dans ce genre d'asphyxie, le moyen d'échapper aux cruels châtimens dont ils étaient menacés. D'autres ont attribué ces résultats à la déglutition de la langue. Ce phénomène est difficile à comprendre chez un sujet qui n'offrirait pas les dispositions appropriées. L'enfant dont parle J. L. Petit, et chez lequel on avait plusieurs fois observé l'asphyxie par cette dernière cause, présentait sans doute une conformation particulière de l'appareil lingual.

9° *Par le défaut d'antagonisme des muscles abdominaux.* — Comme il arrive quelquefois dans la paracentèse, après un accouchement trop instantané etc. Dans tous ces cas, les muscles abdominaux distendus, affaiblis, n'ayant point eu le tems de revenir à leur état normal, sont alors incapables de concourir à l'entretien de la respiration.

10° *Par la rupture ou les plaies des vésicules bronchiques.* — Lorsque ces lésions s'effectuent vers la périphérie des organes respirateurs, l'air s'échappe dans la cavité des plèvres, comprime l'extérieur des poumons, les empêche de céder à la pression intérieure, en déterminant ces asphyxies que l'on voit survenir après la fracture des côtes; quelquefois même sans aucune cause physique appréciable. Ainsi Morgagni cite l'histoire d'un pêcheur qui périt sous l'influence de cette lésion spontanément effectuée. La nécropsie fit reconnaître des ruptures dans les vésicules bronchiques, un épanchement d'air assez considérable dans les plèvres.

11° *Par ouvertures extérieures sur les deux côtés du thorax.* — L'air atmosphérique pénètre librement alors dans la cavité des plèvres, et les poumons se trouvant placés entre deux efforts obsolument semblables, perdent la faculté d'effectuer aucun mouvement d'inspiration.

12° *Par la présence des corps étrangers faisant obstacle au passage de l'air.* — Ces corps agissant toujours sur le larynx, la trachée artère ou les divisions bronchiques, peuvent se développer intérieurement sous l'influence d'une maladie, ou se trouver importés de l'extérieur. Nous rencontrons des exemples assez fréquens de la première disposition dans les angines, les abcès, les polypes de l'arrière bouche, du pharynx dans la glossite, le croup etc.; la seconde se manifeste sous l'influence de ces corps étrangers arrêté dans les voies de la déglutition ou de la respiration. Ainsi périt Gilbert, après avoir essayé d'avaler, pendant un moment d'aliénation, la clef qui fermait le réceptacle de ses manuscrits, et qui vint s'arrêter à l'ouverture de la glotte. Anacréon eut le même sort, par la présence d'un grain de raisin fixé dans les ventricules du larynx. La stransgulation, la submersion, produisent des résultats identiques sous le rapport de l'asphyxie.

On a cru pendant long-tems que les noyés périssaient en conséquence d'une importation d'eau considérable, soit dans les bronches par l'inspiration, soit dans l'estomac par la déglutition ; de là, cette méthode funeste qui consiste à les placer dans la suspension par les pieds, en compliquant ainsi les phénomènes de l'asphyxie par ceux de la congestion encéphalique. Il est aujourd'hui bien démontré que chez les submergés la déglutition est à-peu-près nulle, et que l'inspiration de l'eau devient impossible, un resserrement spasmodique fermant exactement la glotte jusqu'au dernier instant de la vie. Aussi chez le plus grand nombre des noyés trouvons-nous à l'autopsie la trachée artère et ses divisions remplies seulement de mucosités écumeuses.

Dans toutes les asphyxies de cette première classe, le sang privé des influences rénovatrices de l'air, passe noir dans les veines pulmonaires, et tant qu'il n'a point encore circulé, à ce dernier état, dans les artères cardiaques, on peut concevoir l'espérance de rétablir la vie. Dans cette circonstance, le principal moyen consiste à faire parvenir l'oxigène aux vésicules bronchiques, soit naturellement, soit artificiellement, soit par les voies ordinaires, soit par celles qu'il est quelquefois indispensable d'établir, au moyen des opérations désignées par les termes de *laryngotomie, trachéotomie etc.*

2° ASPHYXIES PAR DÉFAUT D'INFLUENCE VITALE DES POUMONS.

Dans cette catégorie viennent se ranger toutes les asphyxies produites par le défaut d'innervation du pneumogastrique et des plexus pulmonaires qu'il concourt à former. Ainsi la section, la ligature, la compression de ces nerfs, les irritations qu'ils peuvent offrir sous le titre de nevroses de la respiration, telles que l'asthme, la coqueluche, le catarrhe suffocant etc. deviennent les causes les plus ordinaires de ce genre d'asphysie. L'oxygène est porté dans les vésicules bronchiques, mais l'absorption de ce gaz n'est point effectuée; l'exhalation de l'acide carbonique, la rénovation entière de l'air inspiré sont imparfaites ou complétement suspendues; le sang passse noir dans le cœur gauche et bientôt dans l'or-

TOME II. 6

ganisme tout entier. Il ne suffit point ici pour conserver la vie d'entretenir les phénomènes mécaniques de la respiration, d'effectuer l'importation de l'oxygène dans les bronches par l'insufflation, souvent alors plus nuisible qu'utile, mais il faut avant tout détruire la cause qui suspend l'influence vitale des poumons. Lorsque cette condition ne peut être obtenue, la mort devient inévitable.

3° ASPHYXIES PAR ACTION SPÉCIALE DES GAZ DÉLÉTÈRES.

Sous le rapport de leur manière d'agir, les gaz qui déterminent l'asphyxie peuvent être distingués en deux ordres : 1° *corrosifs*, 2° *méphitiques*.

1° GAZ CORROSIFS. — Au nombre de ces derniers on doit particulièrement noter les gaz *sulfureux*, *nitreux*, *chlorique*, *hydro-chlorique etc.* Ils agissent en produisant d'abord une constriction des bronches, une sorte d'angine pulmonaire; ensuite la destruction des canaux aériens, souvent même la coagulation du sang veineux dans les capillaires. Vider les poumons par une forte expiration, mitiger l'action corrosive de ces gaz, en inspirant des vapeurs aqueuses, tels sont les premiers moyens à mettre en usage dans ces altérations dangereuses, bien souvent mortelles.

2° GAZ MÉPHITIQUES. — Leur ensemble comprend tous ceux qui semblent offrir une action délétère spéciale sur les nerfs des poumons, en y détruisant plus ou moins directement le principe de la vie. Nous citerons particulièrement *l'acide carbonique*, *le protoxyde d'azote*, *l'hydrogène carboné*, *arseniqué*, *sulfuré*, *etc.*; l'influence morbifique de chacun de ces gaz offrant des caractères particuliers.

Acide carbonique. — Il agit comme stupéfiant sur les poumons, en produisant pour ces derniers une sorte de narcotisme analogue à celui que détermine l'opium dans les autres organes. Il paraît exagérer les caractères du sang noir. Cette asphyxie, l'une des plus ordinaires sous l'influence que nous étudions, s'effectue particulièrement dans les appartemens bien fermés, où respirent un grand nombre de sujets, où s'entretient une combustion très-active ; l'affaiblissement et l'extinction des lumières en deviennent le premier signal. En raison de sa pesanteur, l'acide carbonique parvient toujours dans les couches inférieures de l'air, de telle sorte qu'au milieu des grandes réunions, dans les salles de spectacle, par exemple, nous voyons le parterre exposé à l'influence de ce gaz ; les étages supérieurs, à celle du calorique, des émanations putrides ou miasmatiques, tandis que les intermédiaires offrent le point où la respiration peut s'effectuer le plus long-tems, avec le moins d'inconvéniens. On prévient la mort par l'insufflation de l'oxygène.

Protoxyde d'azote. — D'après plusieurs chimistes, l'asphyxie qu'il produit s'accompagne d'un sentiment assez agréable. M. Davy le respire avec sensualité, faisant observer qu'il augmente la finesse de l'ouïe, provoque d'abord les mouvemens de locomotion.

Hydrogène carboné. — C'est à ce gaz qu'il faut attribuer l'asphyxie des poissons pendant l'agitation de l'eau vaseuse qui leur sert de milieu.

Hydrogène arseniqué, sulfuré. — Ce dernier agit particulièrement avec une grande intensité sur le système nerveux pulmonaire et paraît donner au sang une couleur brune-verdâtre. Son influence est tellement délétère qu'il peut tuer un verdier à la proportion d'un quinze centième, un chien à celle d'un huit centième, un cheval à celle d'un deux cent cinquantième. Il donne également la mort en agissant exclusivement sur l'enveloppe cutanée. Chaussier a déterminé cette asphyxie chez des animaux, placés dans une vessie au milieu de l'acide hydro-sulfurique, la tête se trouvant en liberté dans l'air extérieur. C'est à ce genre d'altération que les vidangeurs se trouvent plus particulièrement exposés. La mort survient dans quelques instans, si la neutralisation du gaz méphitique n'est pas obtenue par l'inspiration ou l'insufflation du chlore, effectuée avec les ménagemens et les précautions indispensables.

Après avoir fait l'histoire des actions physiologiques au moyen desquelles s'entretient incessamment la vie, nous devons étudier celles qui concourent directement à l'accroissement, à la rénovation de l'économie, à la réparation des pertes organiques.

DEUXIÈME CLASSE.

FONCTIONS NUTRITIVES.

Nous rangeons dans cette catégorie les actions physiologiques dont l'objet essentiel est de renouveler, d'entretenir et d'accroître l'organisme, en important, en élaborant des matériaux extérieurs, en exportant les élémens intérieurs dont le séjour prolongé deviendrait nuisible à l'économie vivante.

Cette classe renferme quatre fonctions principales : 1° *digestion*, 2° *absorption*, 3° *nutrition* 4° *sécrétion* ; ces fonctions offrent des caractères qui leur sont particuliers.

1° Elles s'exercent depuis l'animation du germe jusqu'à la mort, seulement avec des modifications relatives aux principales phases de la vie.

2° Elles se trouvent essentiellement liées à la réparation des pertes organiques, à l'entretien, à l'accroissement de l'économie vivante qu'il serait impossible de concevoir sans leur activité.

3° Elles sont communes à tous les corps organisés,

depuis le végétal rudimentaire jusqu'à l'homme , avec des variétés relatives à leurs développemens , à leur nombre, à leurs complications ; ainsi chez les êtres placés aux degrés inférieurs de la série, ces fonctions, réduites à leur plus simple expression, nous offrent l'absorption , l'élaboration nutritive , l'exhalation.

4° Elles n'ont besoin d'aucune éducation raisonnée pour se perfectionner ; moins affranchies du pouvoir de l'habitude que les fonctions vitales, elles ne s'y trouvent pas assujetties comme les fonctions de relation.

5° Soustraites à l'empire de la volonté , nous les trouvons chez les animaux supérieurs, et plus particulièrement chez l'homme , encore assez directement influencées par l'action de l'encéphale, comme le démontrent les modifications déterminées sur la digestion par les travaux intellectuels, sur les sécrétions, la nutrition par les émotions violentes, sur l'absorption par la crainte, le découragement etc.

6° Elles offrent, pour le plus grand nombre, des intervalles de repos assez prolongés , et peuvent être suspendues quelque tems, sans danger immédiat pour la vie.

CHAPITRE PREMIER.

DIGESTION.

§ Ier. ÉTYMOLOGIE, DÉFINITION, CARACTÈRES, BUT DE LA DIGESTION.

La digestion πέψις , des Grecs , de πέπτω je cuis , je digère ; χυλωσις , de χυλως suc, formation du chyle ; *digestio*, des latins , *digerere* , extraire de ; suivant quelques auteurs, porter çà et là ; *coctio alimentorum etc.*, n'a pas été bien appréciée par les anciens, comme il est aisé de s'en convaincre en examinant ces différentes étymologies. Les uns la regardaient comme une simple coction des alimens, les autres comme une sorte d'importation des matériaux réparateurs dans les divers organes de l'économie, en rapprochant cette action vitale des phénomènes chimiques et physiques, opinions qu'il n'est plus possible de soutenir aujourd'hui.

Nous définissons la digestion : *Action successive d'une série de cavités et d'organes divers, concourant à l'élaboration des alimens pour en extraire les parties nutritives et les approprier aux besoins de l'économie vivante.* En la réduisant à sa plus simple expression, à son caractère fondamental, nous dirons qu'elle est en dernier résultat, *la formation du chyle.* Il est dès-lors facile de sentir que la digestion n'est point, comme l'ont pensé plusieurs physiologistes, une fonction exclusivement départie à l'homme, aux animaux supérieurs, mais qu'elle appartient, dans ses principes, à tous les êtres organisés vivans, seulement avec des modifications relatives à ses phénomènes, à l'appareil chargé de l'effectuer. Le plus simple des animaux, le plus obscur des végétaux ne trouvent jamais un chyle tout formé dans les alimens qui leur sont destinés, ils élaborent ces derniers pour en constituer le fluide essentiellement réparateur de leurs tissus, de leurs organes et de leurs appareils. Cette fonction est positivement intermittente, les organes chargés de l'exécuter ont besoin d'un assez long repos, il existe dès-lors moins d'inconvéniens à diminuer le nombre des repas qu'à les multiplier sans nécessité ; *manger souvent et peu*, nous semble un précepte beaucoup plus nuisible qu'utile, surtout dans les altérations digestives où l'on a voulu plus particulièrement généraliser son application.

Le but de la digestion est spécialement relatif à l'accroissement de l'organisme, à la réparation des pertes qu'il fait incessamment, à la conservation individuelle; si nous voyons cette fonction offrir des rapports avec la propagation de l'espèce, avec le commerce extérieur de l'être vivant, ces rapports ne sont jamais alors que secondaires et plus ou moins éloignés.

§ II. Appareil de la digestion.

Si nous étudions l'appareil digestif dans la généralité des êtres organisés, nous en trouvons un grand nombre dépourvus d'organes centraux affectés à cette importante fonction, qui semble commencer, chez ces derniers, aux modifications vitales que les vaisseaux absorbans font éprouver à tous les matériaux réparateurs directement saisis dans les milieux ambians; les végétaux et quelques zoophites appartiennent à cette catégorie. Si l'on considère que les élémens nutritifs, puisés dans l'air ou dans le sol, ne doivent point, à cet état grossier, se trouver directement assimilés aux tissus vivans, on ne répugnera point à considérer cette élaboration préparatoire comme une digestion, sans doute bien modifiée, mais en harmonie avec les besoins des individus qui la présentent. Chez tous les autres animaux, en nous élevant de la base au sommet de l'échelle zoologique, nous allons trouver un appareil digestif particulier, offrant des gradations infinies, sous le rapport de sa nature et de ses complications.

Dans l'état rudimentaire, l'appareil digestif est représenté par un sac membraneux, offrant une seule ouverture; deux surfaces, l'une intérieure muqueuse, particulièrement absorbante, l'autre extérieure cutanée, plus spécialement affectée à l'exhalation. La première modification de cet appareil consiste à lui donner la forme d'un canal droit, moins long que l'animal auquel il appartient, offrant deux orifices, l'un d'entrée, nommé *bouche*, destiné à l'importation des alimens; l'autre de sortie, désigné par le terme *d'anus*, employé à l'expulsion des matières excrémentitielles. Ce tube digestif prend insensiblement plus de longueur, offre des circonvolutions multipliées; son étendue qui dans ce même sens égale à peine celle du corps chez certains poissons, devient à celle de l'individu chez l'homme, :: 6 : 1; chez le phoque, :: 28 : 1. Dans les organismes supérieurs les deux extrémités du conduit alimentaire offrent un sphincter musculeux, dont l'action place les ouvertures *anale* et *buccale* directement sous l'influence de la volonté. Plusieurs organes accessoires viennent s'unir à ce même conduit et favoriser l'accomplissement des nombreux phénomènes dont l'ensemble constitue la digestion chez les sujets élevés dans la série des animaux. Ainsi l'orifice qui doit importer, est armé des machoires destinées à la trituration des matériaux réparateurs; plusieurs glandes se trouvent disposées convenablement aux modifications plus ou moins indispensables que les produits de leur sécrétion doivent imprimer à ces matériaux, telles sont les salivaires, le pancréas, le foie; des réservoirs circulatoires servent à maintenir l'équilibre des fluides en mouvement dans les diverses parties de cet appareil; tels sont particulièrement la rate, les mésentères, les épiploons etc.; enfin des muscles volontaires se trouvent annexés les uns directement, les autres sympathiquement au tube digestif; pour favoriser l'introduction alimentaire, *les muscles pharyngiens*; pour concourir à la défécation, *les muscles abdominaux, pelviens, le diaphragme etc.* Si nous suivons actuellement, dans la série zoologique, le développement progressif de cet appareil, nous trouvons partout l'application des règles générales que nous venons d'établir.

Chez les polypes. — Une capacité membraneuse, offrant une seule ouverture qui sert en même tems de bouche et d'anus, constitue l'appareil digestif tout entier. On peut à volonté retourner l'animal, et dans ces alternatives, on voit les deux membranes du sac jouer tantôt le rôle de muqueuse intestinale, tantôt celui d'enveloppe cutanée; modifications qui nous indiquent assez l'analogie, pour ne pas dire l'identité des tissus muqueux et dermoïde.

Chez les poissons. — La cavité digestive offre deux ouvertures; des organes accessoires s'y trouvent unis; le canal qui la constitue présente, chez un assez grand nombre, moins de longueur que l'individu.

Chez les reptiles. — On trouve constamment le tube digestif plus ou moins tortueux et dépassant la mesure du sujet.

Chez les oiseaux. — Le canal intestinal est toujours beaucoup plus long que l'individu; il offre comme nous le verrons, dans sa portion gastrique, une particularité destinée à suppléer au défaut d'organes suffisans pour la mastication; ils est terminé par le cloaque, réceptacle commun des œufs, de l'urine et des matières fécales.

Chez les mammifères. — L'appareil digestif présente son entier développement, ou mieux encore son dernier degré de complication. Le tube alimentaire dont la dimension en longueur est constamment bien supérieure à celle du sujet, nous offre des modifications relatives aux proportions de ses diverses parties, en raison de la nature des substances alimentaires plus spécialement destinées à telle ou telle variété animale. Ainsi chez les carnivores, dont les matériaux nutritifs contiennent beaucoup de chyle, peu de résidu, l'intestin grêle et ses annexes reçoivent un développement comparatif qui se trouve à celui du gros intestin :: 5 : 1. Chez les herbivores au contraire, dont les alimens fournissent une petite quantité de chyle, une grande masse d'excrémens, la cavité digestive est beaucoup plus spacieuse, le premier de ces intestins moins prédominant, devient au second :: 17 : 10. La forme des organes masticateurs est également appropriée au genre d'alimentation. Ainsi les dents sont, pour le plus grand nombre, incisives chez les *frugivores*, laniaires chez les *carnivores*, molaires chez les *granivores etc.* Nous trouverons chez les ruminans une disposition gastrique bien remarquable.

Chez l'homme. — Nous voyons l'appareil digestif présenter un long tube, élargi dans quelques points, rétréci dans plusieurs autres, offrant dans la plus grande partie de son trajet des circonvolutions irrégulières, commençant par une ouverture *buccale* où se rencontrent des appareils de préhension, de gustation, de mastication et d'insalivation; se terminant par un orifice *anal* que ferme un sphincter sous l'influence de la volonté. Dans presque toute son étendue, ce tube est formé par trois membranes: 1° *l'une intérieure muqueuse*, fournissant par une véritable perspiration le fluide aqueux, ténu, limpide, auquel on a prêté beaucoup trop d'influence digestive sous les noms de *sucs gastrique, intestinal*; sécrétant au moyen des follicules nombreux qui s'y rencontrent, un mucilage visqueux nommé glaires, mucosités, mucus etc., particulièrement destiné à lubrifier cette membrane pour la garantir des irritations que pourraient y produire les corps étrangers qui parcourent incessamment le canal digestif, et favoriser en même tems le passage de ces corps. 2° *L'autre moyenne, musculeuse*, offrant suivant les régions, des fibres longitudinales ou circulaires; se contractant d'une manière sensible, indépendamment de la volonté; constituant la principale force du conduit alimentaire, et lui communiquant tous les mouvemens essentiels à l'exécution des phénomènes dont il est chargé. 3° *La dernière extérieure séreuse*, doit être considérée comme accessoire au tube digestif, puisqu'elle manque dans plusieurs points et que dans aucun autre on ne la voit former une enveloppe complète. On rencontre enfin, dans notre espèce, les glandes et les réservoirs circulatoires que nous avons indiqués; des vaisseaux absorbans nombreux puisent dans ce canal tous les élémens essentiels de la réparation nutritive. L'appareil digestif que nous considérons seulement ici d'une manière générale, devant étudier plus spécialement chacune de ses divisions, appartient à la tête par le cavité buccale; au col, à la poitrine, par le pharynx et l'œsophage; à l'abdomen, par l'estomac et les intestins; c'est particulièrement dans cette cavité que se rencontrent, chez l'homme, tous les organes indispensables à cette grande fonction.

D'après les dispositions anatomiques et plus particulièrement encore d'après la nature des phénomènes digestifs confiés aux divers points du conduit alimentaire, nous le diviserons en six cavités essentielles : 1° *buccale* — où s'ouvrent les excréteurs des glandes salivaires, où s'effectuent *la préhension, la gustation, la mastication, l'insalivation* des substances nutritives. 2° *Pharyngo-œsophagienne*, — où se fait *la déglutition*. 3° *Gastrique*,—où s'opère *la chymification*. 4° *Duodénale*,—où se rendent les canaux excréteurs du foie, du pancréas ; où se passe la *chylification*. 5° *Intestinale grêle*, — où s'exerce particulièrement *l'absorption chyleuse*. 6° *Intestinale*, — servant de réservoir au détritus alimentaire, opérant *la défécation*. Afin de rendre l'exposition des faits méthodique et précise, nous décrirons isolément chacune de ces cavités en faisant l'histoire des phénomènes qui lui sont plus spécialement départis.

§ III. MODIFICATEURS DE LA DIGESTION.

Nous désignons les modificateurs de la digestion par le terme collectif *d'alimens*. Sous ce titre viennent se ranger toutes les substances extérieures, capables de réparer les pertes que fait incessamment l'économie vivante. Cette réparation offre deux objets différens : 1° *l'accroissement, la rénovation des tissus organiques,* 2° *l'entretien de la fluidité dans les humeurs.* Nous trouvons, sous ce rapport, deux grandes classes d'alimens : 1° *solides*, alimens proprement dits, 2° *liquides* ou boissons.

D'après leurs effets sur toute la constitution, on peut distinguer les alimens en quatre séries principales : 1° *nourrissans*, — donnant sous un petit volume une grande proportion de chyle, la gomme, les œufs, les viandes rouges etc. ; 2° *atténuans*, — fournissant peu de chyle, beaucoup de résidu nutritif; les végétaux herbacés, les viandes blanches etc. ; 3° *échauffans*, — portant beaucoup de chaleur et d'irritation dans tout l'organisme ; s'accompagnant, dans leur digestion, d'un mouvement voisin de l'état fébrile; toutes les liqueurs alcoholiques, le café, les viandes noires etc. ; 4° *rafraîchissans*, — modérant l'excitabilité de l'économie vivante, offrant un véhicule tempérant aux humeurs; les boissons aqueuses, le lait, les fruits acidulés et sucrés etc. On a voulu faire deux grandes classes d'alimens, d'après la facilité de leur élaboration : 1° *digestibles* ou légers, 2° *indigestes* ou pesans. Il est aujourd'hui positivement démontré que la *digestibilité* des substances alimentaires n'est pas exclusivement relative à leur nature, mais qu'elle se rapporte plus spécialement aux dispositions de l'appareil chargé de ce travail, et présente un grand nombre de modifications particulières aux individus, à l'âge, au sexe, au tempérament, aux sympathies, aux antipathies, aux habitudes, au climat etc.; tel aliment, *indigeste* pour la plupart des sujets, se trouve aisément élaboré par d'autres; telle substance nutritive généralement envisagée comme *légère*, provoquera chez tel individu la plus fâcheuse indigestion.

« La nature, nous dit Hippocrate, fournit un grand nombre d'alimens, et cependant il n'existe qu'un aliment. » Prise littéralement, cette sentence du père de la médecine paraît impliquer contradiction. Pourrions-nous croire qu'une absurdité palpable soit émanée d'un pareil génie, lorsque nous devons ainsi commenter cette idée. *Il existe plusieurs substances alimentaires, mais dans toutes, il ne se rencontre qu'un seul principe susceptible d'assimilation.* D'après cette opinion qui n'est point encore assez positivement établie, l'appareil digestif puiserait toujours le même élément réparateur dans les matériaux soumis à son élaboration, quelque fût leur nature. C'est de ce principe alimentaire unique dont parle Hippocrate lorsqu'il dit : « Il n'existe qu'un aliment, » et des différentes substances nutritives, lorsqu'il ajoute : « cependant il existe plusieurs alimens. » Les chimistes modernes ont fait des recherches nombreuses pour arriver à la détermination de cet *aliment unique*; celle du professeur Hallé, qui peuvent être considérées comme les plus exactes et les plus rigoureuses, tendent à prouver que c'est un *oxyde-hydro-carboneux* offrant dès-lors beaucoup d'analogie avec la substance gommo-sucrée.

Un fait se trouve ici beaucoup mieux démontré : c'est l'identité du produit réparateur de l'élaboration digestive, quelque soit la nature des alimens employés.

En effet que l'on examine le chyle d'un animal nourri successivement de fruits, de graines, d'herbes, de chairs etc., on trouvera toujours essentiellement les mêmes caractères physiques et chimiques ; analysez les muscles , les tendons , les os , les cartilages , la peau , tous les tissus de ce même animal dans les différentes circonstances d'alimentation , vous les trouverez toujours invariables , relativement à leurs élémens fondamentaux. Or, si le résultat de l'élaboration digestive , *le chyle* , si le produit de la nutrition , *les divers tissus* , offrent constamment la même nature , indépendamment du caractère des alimens dont l'animal fait usage , n'est-il pas dès-lors évident qu'un même principe est extrait par la digestion de ces nombreux matériaux réparateurs , et que l'on doit ajouter avec Hippocrate : « la nature fournit un grand nombre d'alimens , et cependant il n'existe qu'un aliment. »

Une substance , pour mériter le titre *d'alimentaire* , doit offrir les caractères suivans : 1° appartenir à la classe des corps organisés ; 2° être soluble dans les sucs digestifs ; 3° ne rien présenter de très-actif , comme agent pharmaceutique , et surtout ne contenir aucune matière vénéneuse ; 4° ne point exciter la répugnance , agir au contraire avantageusement sur les agens d'exploration et particulièrement sur la vue , le goût et l'odorat.

M. Magendie ajouterait , comme premier caractère , la présence d'une certaine quantité d'azote. Ayant nourri des chiens exclusivement avec de l'eau distillée, de l'huile d'olive , du sucre , de la gomme , il a vu périr ces animaux au 30ᵉ jour avec ulcération des cornées , évacuation des humeurs de l'œil, marasme complet. L'auteur conclut de ces expériences que les alimens qui ne sont point azotés ne peuvent nourrir seuls. Il nous semble qu'il fallait borner cette conséquence aux animaux de l'espèce canine ; tenir un compte rigoureux des obstacles essentiels que le défaut d'excitation du goût apporte à la chymification , et peut-être eût-on reconnu que l'absence d'élaboration digestive suffisante avait plus de part à ces accidens que la privation d'azote relativement aux matériaux alimentaires employés.

Il serait actuellement impossible de confondre *les alimens* avec *les assaisonnemens*, *les médicamens* et *les poisons.*

Assaisonnemens. — Nous désignons par ce terme les substances qui, mêlées en proportion convenable aux alimens, les rendent plus faciles à digérer en leur communiquant une saveur agréable et la propriété de stimuler avantageusement les organes digestifs et sécréteurs avec lesquels on les met en rapport. Le *sel marin*, constamment employé dans l'économie domestique à relever l'insipidité de nos mets, en fournit un exemple.

Médicamens. — Nous accordons cette qualification à des corps dont l'action principale, sur l'économie vivante, a pour objet essentiel d'en modifier les proportions spéciales dans leur nature ou leur activité; d'apporter consécutivement des changemens analogues dans les tissus, les organes et les appareils; l'opium, le sulfate de soude, le nitrate de potasse etc. rentrent dans cette catégorie. Toutefois il existe des substances qui viennent se placer entre les médicamens et les alimens ; qui peuvent être employées indistinctement dans ces deux intentions, mais sans présenter alors des résultats bien positifs et bien avantageux. Sous le premier rapport nous citerons la casse, les tamarins, la manne etc. qui sont des alimens aussi bien que des médicamens ; relativement au second, les pruneaux, les raisins, les fruits rouges etc. qui sont des médicamens aussi bien que des alimens ; ajoutons que ces derniers peuvent entrer avec avantage dans la thérapeutique de certaines maladies, et que les autres n'offriront jamais des matériaux utiles à la nutrition,

leur influence dérangeant presque toujours les dispositions normales de l'appareil digestif.

Poisons. — Nous comprenons sous cette dénomination générale toute substance qui, portée dans l'économie vivante, peut exciter un trouble dangereux ou même
occasionner directement la mort; les sels de cuivre, l'arsenic etc. nous en offrent des exemples. Nous trouvons
dans cette classe des corps appartenant en même tems à
celle des médicamens; tels sont l'opium, le deuto-chlo-
rure de mercure, le tartrate antimonié de potasse etc.
On conçoit dès-lors avec quelle circonspection, disons
même avec quelle répugnance nous devons les employer;
il peut se rencontrer des sujets dont l'économie devient
tellement sensible à l'action de ces moyens, qu'ils déterminent alors un véritable empoisonnement à la dose
même la plus faible. Ce principe dont l'expérience ne
confirme que trop souvent la réalité doit toujours être
présent à la pensée du véritable médecin.

Tous les corps ne sont pas susceptibles de servir
comme alimens; si nous considérons sous ce point de
vue les trois règnes de la nature, ils nous offriront des
caractères importans à bien établir.

Règne minéral. — Il offre *des assaisonnemens*, le
sel marin etc.; *des médicamens*, le sulfate de soude, le
nitrate de potasse etc.; *des poisons*, l'arsenic, les sels de
plomb, de cuivre etc. Plusieurs physiologistes ont avancé qu'il ne contenait aucun *aliment*. Émis relativement,
ce principe est vrai, mais il devient essentiellement faux
dans une application absolue. En effet, si nous accordons au mot *aliment* son acception la plus étendue, nous
voyons l'eau présenter la meilleure des boissons, et former la base de toutes celles que nous fournissent l'art
ou la nature. Si l'on considère l'élaboration digestive
dans toute la série des êtres vivans, on observe les vé-

gétaux se nourrissant d'élémens inorganiques, et les animaux inférieurs trouvant dans les minéraux des principes
d'accroissement et de réparation. Au contraire, en bor-
nant le titre *d'aliment* à la substance qui peut fournir
du chyle, en circonscrivant la digestion dans la sphère
de l'homme et des animaux supérieurs, le règne minéral
ne présente plus aucun élément essentiellement nutritif.
Quelle profondeur ne rencontrons-nous pas dans ces lois
générales et dans ces dispositions de la nature ! Entre
une pierre et l'homme, il existe des différences trop
sensibles, des oppositions trop caractérisées, pour qu'une
simple élaboration digestive puisse donner immédiatement à la première tous les attributs du second. L'arrangement du monde physique, l'harmonie de ses rapports
avec le monde intellectuel, ne permettent jamais des
transitions brusques et sans aucune mesure dans leur
établissement ; ainsi trois règnes, *minéral*, *végétal*,
animal, et pour chacun d'eux, plusieurs séries principales marquent ces progrès dans l'économie universelle ;
de telle sorte qu'il est permis de considérer les végétaux
comme des laboratoires toujours en activité, communiquant, à la matière inerte, les caractères qui doivent
l'approprier incessamment aux besoins des espèces animales. Nous voyons s'établir ici le plus admirable enchaînement ; le minéral est digéré, assimilé par le végétal,
celui-ci par l'animal, ce dernier par l'homme. La mort
vient frapper l'homme, l'animal et le végétal; bientôt
leurs matériaux dissociés, rendus à la terre, effectuent
la réparation de ce réservoir commun des élémens d'existence, qui devient alors une source inépuisable de nutrition pour les êtres vivans. C'est ainsi que dans le
monde physique tout s'enchaîne, tout se prête un mutuel secours, tout se modifie, rien ne se détruit.

Il est donc raisonnable de penser que la nature en-

tière est mise à contribution pour l'accroissement et l'entretien des êtres organisés vivans ; peut-être parviendrons-nous à démontrer un jour qu'il ne se rencontre dans l'univers aucun corps étranger à l'entretien de l'existence active, mais avec les modifications graduées que nous venons d'indiquer.

Sans doute on n'opposera point, à la vérité de ces principes, l'exemple de certaines peuplades que l'on a désignées par le terme de *géophages*, en voulant établir que l'homme trouve dans le règne minéral des alimens réparateurs ; ces faits prouvent, comme nous le verrons bientôt, que l'on peut suspendre le sentiment de la faim en lestant convenablement l'estomac au moyen d'une substance inerte, mais ils ne démontrent nullement que ces corps inorganiques se trouvent constitués de manière à fournir des élémens de nutrition et d'accroissement à l'homme, ni même aux animaux supérieurs.

RÈGNE VÉGÉTAL. — Il présente un grand nombre *d'alimens* en général peu nutritifs, si l'on excepte les gommes, le sucre, les fécules etc. Pour la plupart atténuans, rafraîchissans, ils conviennent sous un ciel brûlant, chez les sujets pléthoriques, dans la convalescence des maladies aiguës. On trouve également dans ce règne la source principale des *médicamens*, ainsi l'aloès, le jalap, le kinkina etc. ; *des assaisonnemens* assez variés, le poivre, la muscade, le gingembre etc. enfin, des *poisons* nombreux, la morphine, la belladone, la noix vomique etc.

RÈGNE ANIMAL. — C'est dans cette catégorie des êtres que l'homme doit rechercher des *alimens* essentiellement réparateurs ; très-nourrissans pour la plus grande partie, échauffans pour quelques-uns, ils sont avantageux aux sujets épuisés par la misère, aux constitutions molles, sans activité, pendant les exercices violens, dans les pays froids etc. Ce règne nous offre également quelques *médicamens*, les cantharides, le musc, le castoréum etc. ; peu *d'assaisonnemens*, les enchois etc. ; plusieurs poisons, le venin de la vipère, celui de plusieurs serpens, l'acide hydro-cyanique etc.

Il nous serait aisé de prouver que dans l'immense réunion des corps vivans, chaque espèce trouve son aliment propre, ses matériaux réparateurs désignés par la nature, appropriés à ses besoins, à son organisation ; mais nous devons actuellement renfermer ces considérations dans la sphère de l'homme et des animaux supérieurs. Nous voyons, sous ce dernier rapport, le régime alimentaire bien souvent établi d'après les grandes indications du climat, du tempérament, du genre de vie chez les différens peuples ; nous reconnaissons quelquefois encore dans le choix des substances nutritives ainsi préférées l'influence du caprices et de l'habitude ; il n'existe pas un pays qui n'offre son aliment privilégié. Les Persans, les Égyptiens se nourrissent particulièrement de dattes, de pastèques ; les Étiopiens, les Nègres, les Turcs, de maïs, de riz, de millet ; les peuples de l'Inde, du Brésil, des Canaries, d'herbages, de graines, de racines ; les Français, de seigle, d'orge, de sarrasin, de froment ; les Cafres, les Hottentots, les Bédouins etc., de lait, de beurre, de fromage ; les Otaïtiens boivent la liqueur du coco ; le peuple Fezzannais d'Afrique, celle qui découle du palmier, assez analogue à l'orgeat ; les habitans des îles Philippines, une liqueur fraîche obtenue par l'incision du lancé. Naturellement sobres, les Espagnols et les Italiens préfèrent l'eau, la limonade à leurs vins capiteux. En opposition à ce régime tempérant et si rapproché de la nature ; nous devons particulièrement indiquer celui des Suédois, des Anglais, des Russes, des Hollandais qui se compose bien plus de viandes que de substances végétales, de liqueurs fermentées et violentes que de boissons aqueuses ; celui des Mongols et des Calmoucks qui mangent le cheval et tous les animaux analogues morts de vieillesse ou de maladie ; des Esquimaux, des Samoïèdes et des Kamtschadales qui se repaissent de la chair des poissons déjà putréfiés ; des Lapons qui se nourrissent avec celle de l'ours et les gâteaux confectionnés au moyen de l'écorce intérieure du pin ; des Groënlandais qui boivent avec sensualité l'huile de baleine même rancie. Des modifications aussi positives , relativement au choix des alimens, indiquent assez l'influence du climat dans ces premières déterminations. Nous verrons bientôt qu'il n'est point au pouvoir du caprice et de la volonté d'apporter des changemens essentiels à ces dispositions primordiales et naturelles; d'établir , sans des inconvéniens graves et généraux , la diète frugale et tempérante du paisible Otaïtien sur les bords glacés du Niémen ou de la Dwina ; dans les brûlans déserts de la Thébaïde , le régime irritant et carnassier de l'Ostiaque et du Baskir.

Pour bien comprendre l'action des matériaux réparateurs sur notre économie, les nombreuses modifications qu'ils entraînent incessamment dans l'organisme, nous devons actuellement les envisager d'après leur nature et leur composition , isolément étudiées dans *les alimens solides* et *les boissons*.

ALIMENS SOLIDES.

Nous définissons les alimens solides : *substances capables de fournir du chyle pour la réparation des pertes moléculaires que font incessamment les tissus organisés vivans.* Ces alimens offrent par conséquent deux effets essentiels sur les corps actuellement doués de la vie : 1° leur accroissement , 2° leur entretien, lorsque cet accroissement est complet.

D'après leur nature et leur composition , nous distinguons les alimens proprement dits en dix classes principales : 1° *féculans*, 2° *sucrés* , 3° *mucilagineux* , 4° *gélatineux* , 5° *huileux* , 6° *butireux* , 7° *caséeux* , 8° *acides* , 9° *albumineux* , 10° *fibreux*.

1° FÉCULANS. — Nous accordons ce titre aux substances alimentaires dont la fécule constitue le principal élément. Au nombre de ces derniers nous devons spécialement noter le riz , le sagou , le salep, la pomme de terre, le maïs , le froment, l'orge , l'avoine etc. Ces alimens nourrissent beaucoup sous un petit volume , donnent peu de résidu excrémentitiel , excitent faiblement l'appareil digestif, pendant leur élaboration, et l'organisme tout entier , après leur importation dans l'économie vivante. Cette action commune est modifiée sensiblement par les principes accessoires qui viennent s'unir à la base fondamentale. *Fécule et matière colorante.* — Elle semble dans cet état plus facile à digérer , provoquant et soutenant davantage l'action de l'estomac. Les lentilles , les haricots rouges etc. , comparés aux graines féculantes incolores, nous en fournissent la preuve. *Fécule et principe sucré.* — Dans cette combinaison , elle offre un aliment très-nourrissant, d'une saveur agréable, mais développant une grande proportion de gaz pendant la digestion , ordinairement de l'acide carbonique , plus rarement de l'acide hydro-sulfurique ; premiers inconvéniens attachés à l'usage des châtaignes , des haricots , des petits pois etc. , chez un très-grand nombre de sujets. *Fécule et principe huileux.* — Ce mélange est assez nutritif, mais il entraîne immédiatement la satiété. Indigeste pour la plupart des individus , il détermine successivement à l'estomac, pesanteur, chaleur, acidité , renvois brulans, irritation décrite sous les noms de *soda, pyrosis, fer chaud.* Dans cette catégorie nous trouvons particulièrement les cotylédons des amandes, des noix, des noisettes, du cacao etc. Ce dernier sous le nom de chocolat présente un bon aliment lorsque l'on a pris soin d'enlever l'excès d'huile par la torréfaction. *Fécule et principe amer.* — Cet aliment devient souvent alors vénéneux, comme on le voit dans la pomme de terre qui présente une matière vireuse et narcotique; dans les amandes amères, dans celles de la pêche, de l'abricot etc. renfermant une assez grande proportion d'acide hydro-cyanique pour déterminer l'empoisonnement, à la quantité de trente ou quarante cotylédons. Toutefois il est facile de séparer au moyen du lavage la fécule insoluble dans l'eau froide et le principe amer qui s'y dissout aisément. *Fécule et mucilage.* — Elle est assez nourrissante, mais ne se digère pas facilement; nous en trouvons la preuve dans l'usage du seigle, de la fève de marais etc. Elle fournit plus d'excrément que les autres, c'est pour cette raison qu'on la considère comme rafraîchissante, laxative etc. *Fécule et gluten.* — C'est avec cette substance imprégnée d'eau, fermentée, suffisamment cuite que nous obtenons *le pain*, aliment nutritif, de facile digestion, formant la base du régime dans nos contrées; la farine de froment surtout présentant cet alliage avantageux lui doit le privilège à peu près exclusif de pouvoir servir à la confection d'un pain léger; celle d'orge, de maïs, de pommes de terre etc., n'offrant presque pas de gluten, sont incapables d'éprouver convenablement la fermentation nécessaire, donnent un pain lourd, compacte, difficile à digérer. Le premier nourrit beaucoup sous un petit volume; il est assez promptement chymifié; le second doit être pris en plus grande quantité pour offrir les mêmes résultats; il résiste plus long-tems à l'action des organes élaborateurs, double raison de la préférence que lui conservent les hommes habitués aux pénibles travaux de la campagne ; *il tient davantage à l'estomac*, provoque une réaction plus soutenue, *fournit des excrémens plus abondans*, favorise la liberté des excrétions alvines.

2° SUCRÉS. — Toutes les substances alimentaires de cette classe présentent pour caractère distinctif de passer à la fermentation alcoholique dans les circonstances favorables. C'est exclusivement sur cette propriété qu'est fondée la possibilité de faire du vin au moyen des raisins etc. Elles contiennent du sucre en assez grande quantité, du mucilage en proportion variable, d'où résulte le principe *mucoso-sucré*, seul capable d'éprouver cette même fermentation. Le sucre épuré au moyen de la cristallisation, doit servir de prototype dans l'examen relatif à la nature, aux propriétés de ces alimens. Ils sont en général de facile digestion, nourrissent beaucoup sous un petit volume. Ainsi les nègres des colonies qui mangent particulièrement du *vesou*, n'en prennent qu'une petite quantité, sont habituellement dans un état d'embonpoint assez prononcé. Les alimens sucrés donnent peu de résidu pour l'excrétion, aussi déterminent-ils une constipation d'autant plus opiniâtre qu'ils sont plus riches en principe fondamental, et plus exclusivement employés ; de là cet adage vulgaire : *le sucre échauffe*, on dirait plus exactement *le sucre constipe* ; il est en effet erroné de l'envisager comme irritant de l'appareil digestif. La nature a pris une sage précaution en l'associant à l'élément acide comme on le voit dans les fruits rouges, les oranges, les citrons etc ; à l'eau de végétation, au mucus, à la matière colorante etc., comme on l'observe dans la carotte, la betterave etc. Ces alimens conviennent particulièrement aux femmes, aux enfans disposés à l'irritation , aux vieillards, aux sujets cacochymes qui doivent rencontrer dans une masse peu considérable des élémens de réparation suffisans et d'une élaboration facile.

3° MUCILAGINEUX. — Dans cette catégorie se trouvent comprises les substances nutritives dont le mucilage forme la base , telles que les figues , les dattes , les prunes, les abricots, les pâtes faites avec les extraits de guimauve, de tussilage etc. Tous ces alimens sont lourds, difficiles à digérer, sans doute en raison de leur insipidité, de leur défaut d'excitation sur l'estomac, et de leur peu de solubilité dans les humeurs gastriques; aussi provoquent-ils bientôt le dégoût, la satiété , souvent même l'indigestion. C'est à la grande proportion du mucilage dans les jeunes animaux qu'il faut attribuer les accidens attachés à l'usage prématuré de leurs chairs dans le régime alimentaire. Associé à d'autres principes, cet élément éprouve des modifications diverses. Avec l'acide, comme dans l'oseille, avec la matière colorante verte , comme dans l'épinard , avec une grande quantité d'eau de végétation, comme dans la bette, la laitue etc., il forme des alimens assez légers , agréables , rafraîchissans ,etc ; avec une matière âcre, comme dans les choux, les raves, les navets, l'ail, l'oignon etc., il perd ses qualités avantageuses, devient irritant, provoque des éructations brulantes , offre moins alors un aliment qu'un assaisonnement.

4° GÉLATINEUX. — Cette classe renferme les matériaux nutritifs particulièrement formés de gélatine. C'est dans le règne animal , dans les tissus blancs, tels que la peau, les aponévroses , les ligamens, les os , chez les sujets très-jeunes qu'il faut surtout les chercher en grande proportion. La gélatine seule, convenablement isolée des autres principes auxquels elle est naturellement unie , présente un aliment très-nourrissant et

d'assez facile digestion; c'est ainsi que les gelées animales et végétales bien préparées offrent les plus grands
avantages aux sujets débiles, aux vieillards, aux convalescens. Alliée à divers élémens, la gélatine perd ses
caractères essentiels; avec le mucilage, comme on le voit
dans le veau, l'agneau, le poulet trop jeunes; avec la
graisse, comme on l'observe dans le chapon, la poularde,
le cochon de lait; avec l'huile, comme on le trouve dans
les tortues, les aloses, les anguilles trop volumineuses,
elle présente un aliment indigeste, souvent même dangereux par les accidens que son usage peut entraîner.

5° HUILEUX. — Nous comprenons sous ce titre les
graisses, les huiles et les semences desséchées qui servent à leur extraction, telles que les noix, les noisettes,
les olives etc. Ces alimens sont toujours insipides, indigestes pris en certaine quantité, surtout lorsque le
principe fondamental se trouve dégagé de ses accessoires;
circonstance qui nous explique pourquoi l'huile vierge
de Provence est moins agréable au goût, plus réfractaire
à l'action digestive que l'huile verte ou de seconde
pression.

6° BUTIREUX. — Dans cette classe viennent se ranger les alimens dont *le butirum* constitue l'élément principal. Tels sont le beurre, proprement dit, la crême; ils
offrent de l'analogie, mais non point comme on l'a
pensé, de l'identité avec les précédens. En effet, le
beurre présente un aliment agréable, d'assez facile digestion; caractères qui n'appartiennent point aux huiles.
Toutefois, il ne convient pas à tous les individus; ses
proportions varient pour le lait des différens animaux;
celui de la vache qui le contient en grande quantité devient plus lourd que ceux d'ânesse, de jument, dans lesquels prédomine le sérum.

7° CASÉEUX. — Nous désignons par ce terme les substances nutritives dont *le caséum* forme la base principale. L'élément caséeux nourrit beaucoup et se digère facilement ; c'est à sa présence que le lait doit, sous ce rapport, à-peu-près toutes ses propriétés utiles ; aussi parmi les variétés de ce fluide animal, celui qui présente le plus de *caséum* est en même tems le plus essentiellement réparateur. Pour conserver ces avantages, le principe caséeux ne doit point avoir été décomposé par la fermentation ; à ce dernier état, comme on le voit pour les fromages de Brie, de Gruyère, de Neuchâtel, de Roquefort etc., il devient plutôt un assaisonnement qu'un aliment ; il excite fortement l'estomac, peut dans quelques circonstances aider la digestion, mais le plus souvent devient nuisible en provoquant des phlegmasies intestinales, en portant de l'acrimonie dans les humeurs et dans les solides organiques. Outre le *caséum*, le lait contient encore du *sérum*, du *butyrum* et *des sels* ; ces quatre principes associés de manière à se modifier réciproquement, en forment un aliment convenable, surtout pour les jeunes sujets, et même pour la majorité des adultes. Ces élémens ne sont pas dans les mêmes proportions pour toutes les espèces de lait, comme il est aisé de s'en convaincre en examinant comparativement ceux de *brebis*, de *chèvre*, d'*ânesse*, de *femme* etc. D'où résultent nécessairement des caractères différens dans chacun d'eux ; ainsi le premier est plus lourd par la prédominance du *butyrum*; le second plus nourrissant par celle du *caséum* ; le troisième plus rafraîchissant par l'abondance du *sérum* ; enfin le quatrième plus sapide et plus facile à digérer par la plus grande quantité *des sels*.

8° ACIDE. — Nous réunissons dans cette classe toutes les substances dont la saveur ou les effets accusent positivement la présence d'un acide, quelle que soit son espèce ; telles sont particulièrement l'oseille, la framboise, la cerise, la pomme de rainette etc. que l'on doit regarder comme des alimens peu nutritifs, légers, d'assez facile digestion, rafraîchissans, laxatifs. On mitige par la coction et l'addition du sucre les effets irritans qu'ils pourraient déterminer chez les sujets disposés aux phlegmasies gastro-intestinales, comme on le fait dans la préparation des compotes et des gelées de fruits.

9° ALBUMINEUX. — Dans cette catégorie viennent se grouper les substances alimentaires dont l'albumine forme le principe essentiel. Les œufs, les masses médullaires etc. nous en fournissent le prototype. Ces alimens donnent beaucoup de chyle, peu de résidu nutritif; leur degré de coction devient très-important. Crue, l'albumine est déjà pesante; cuite à l'excès, elle se coagule, durcit, paraît insoluble, réfractaire à l'action de l'estomac, pour ne pas dire entièrement indigeste, comme on le voit pour les œufs ainsi préparés.

10° FIBREUX. — Sous ce titre, nous étudions les matériaux réparateurs qui présentent la fibre organisée pour base principale. Cette classe devient la source la plus féconde ouverte à la nutrition de l'homme et d'un assez grand nombre d'animaux. Puisé dans les végétaux, cet aliment en général peu nourrissant est assez difficile à digérer, comme on le voit pour les racines que nous employons à cet usage, surtout lorsqu'en vieillissant elles prennent un caractère ligneux, tels sont le navet, la carotte, le salsifis, la betterave etc., lorsque ces racines potagères ont dépassé le terme de leur maturité. Pris chez les animaux, il offre au contraire une substance essentiellement réparatrice et qui semble départie avec profusion à ce règne de la nature. Nous parlons exclusivement ici de la fibre musculaire, tous les autres tissus fibreux, les tendons, les aponévroses, les ligamens etc. sont tellement indigestes qu'ils ne méritent pas le nom d'alimens. La fibre musculaire nous offre trois espèces différentes par leur nature et leurs propriétés : 1° *Fibre blanche.* — Nous devons placer dans cette espèce, pour les poissons de rivière, celle du brochet, du barbeau, de la perche, de la brème etc. ; pour les oiseaux et les quadrupèdes, celle du poulet, de la perdrix rouge, du veau, du lapin etc.; moins nutritive que les deux autres, elle développe très-peu de chaleur pendant la digestion, fournit beaucoup de résidu. C'est d'après ce caractère qu'on la fait entrer dans le régime tempérant. 2° *Fibre rouge.* — Elle contient de l'osmazome, et paraît devoir à ce principe étranger aux viandes blanches, une saveur agréable, aromatique, la faculté de nourrir beaucoup en développant une chaleur assez marquée, pendant l'accomplissement des phénomènes digestifs. Nous trouvons les principaux exemples de cette fibre, pour les poissons, dans celle de l'alose, du homard, de l'écrevisse, du saumon etc.; pour les quadrupèdes et les oiseaux, dans celle du porc, du bœuf, du mouton, de l'oie, du canard etc.; elle convient à la majorité des sujets, à presque tous les âges, les tempéramens etc. 3° *Fibre noire.* — Elle paraît offrir encore plus d'azote et d'osmazome, en présentant le dernier degré d'animalisation que peut acquérir la matière. Nous la rencontrons surtout pour les oiseaux, dans la poule d'eau, la bécasse, le pluvier, la sarcelle etc.; pour les quadrupèdes, chez le lièvre, le chevreuil, le sanglier etc. Elle fournit un aliment très-nutritif, susceptible d'être assimilé en presque totalité, mais développant une chaleur forte pendant la digestion, avec soif très-vive, sécheresse de la peau, mouvement fébrile etc. Ces inconvéniens graves deviennent le principal motif qui fait rejeter par le plus grand nombre des peuples méridionaux, comme élément de réparation, la chair des animaux carnivores; si nous exceptons les Tartares et quelques peuplades hyperboréennes qui mangent celle de l'aigle, de l'épervier, du chien sauvage etc., nous rencontrerons peu de sujets organisés de manière à digérer sans inconvéniens ces matériaux nutritifs caractérisés par un excès d'azote. En résumant ces considérations, nous voyons la fibre *blanche* peu réparatrice, mais douce et tempérante ; la fibre *noire* très-nourrissante, mais irritant l'organisme ; la fibre *rouge* tenant le milieu entre ces extrêmes, offrant par conséquent le meilleur aliment de cette catégorie. Ces modifications essentiellement relatives aux différentes espèces animales, peuvent se trouver en grande partie déterminées par l'âge, le sexe, l'alimentation et le genre de vie. Ainsi la chair des jeunes animaux est ordinairement gélatineuse et blanche ; elle se colore en vieillissant, prend les caractères de la fibre rouge, souvent même une partie des propriétés de la fibre noire ; on en trouve un exemple remarquable chez le même animal, pour le veau, le bœuf indigène, et celui que l'on a fait voyager. En effet, on peut établir en thèse générale sous ce dernier rapport, que la chair des animaux d'une même espèce est d'autant plus colorée, plus sapide, plus riche en azote, en osmazome, plus nutritive et plus excitante qu'ils ont été plus exercés, et *vice versâ*. De là cette préférence que l'on accorde généralement aux bœufs qui servent à la consommation des grandes villes, relativement à ceux qui se trouvent employés, comme aliment, dans les lieux où nous les avons engraissés.

2° BOISSONS.

Nous désignons sous le titre de boissons : *les alimens liquides particulièrement chargés d'entretenir la fluidité des humeurs dans l'organisme vivant.* Nous réduisons leurs effets à quatre principaux : 1° *calmer la soif et réparer les pertes lymphatiques; 2° dissoudre les alimens et favoriser la mastication ; 3° exciter le goût et les organes digestifs pour développer leur action ; 4° donner à l'absorption nutritive des alimens réparateurs en quantités variables.* Quelles que soient leur nature et leurs propriétés, les boissons pour mériter ce titre doivent offrir les caractères suivans : 1° être limpides, incolores, ou d'une teinte séduisante pour l'œil; 2° présenter une saveur agréable, ne renfermer aucune matière putride, aucun principe âcre, irritant et corrosif; 3° contenir une certaine proportion d'air, de sels, ou de quelque matière convenablement stimulante ; 4° offrir une température inférieure ou supérieure à celle de l'animal qui doit en user. C'est précisément en s'éloignant de ces qualités indispensables que les cidres épais, les vins tournés, les eaux stagnantes, putréfiées, distillées, tièdes etc. deviennent impotables, ou déterminent dans l'organisme des altérations graves dont la véritable cause est souvent ignorée. D'après leur nature et leur composition, nous distinguons les boissons en quatre classes principales : 1° *aqueuses*, 2° *acides*, 3° *aromatiques*, 4° *alcoholiques.*

1° Boissons aqueuses. — Nous rangeons dans cette catégorie toutes les substances fluides offrant l'eau pour élément essentiel, agissant dans l'économie vivante, particulièrement en calmant la soif, en réparant les pertes lymphatiques.

L'eau, protoxyde d'hydrogène, est un fluide abondamment réparti dans la nature, et tellement identifiée à tous les corps, même solides, que les chimistes l'ont appelée *dissolvant universel.* A cet état d'isolement, l'eau devient incapable de servir comme boisson; portée dans l'estomac elle ne calme point la soif, et détermine le vomissement après avoir fatigué cet organe ; il suffit pour s'en convaincre de boire une certaine proportion de ce fluide soumis à la distillation. L'eau pour devenir potable doit avoir acquis les caractères suivans, indépendamment de ceux que nous avons énumérés pour les boissons en général : 1° présenter une certaine proportion d'air atmosphérique suffisamment incorporé ; 2° contenir des sels en dissolution et particulièrement des hydro-chlorates, des carbonates de potasse et de soude. Dépouillée de ces principes ou chargée de gaz méphitiques , de sels calcaires etc. , l'eau devient repoussante, indigeste ou même dangereuse, comme on le voit pour celle des marais , des citernes et des puits établis dans un terrein crayeux. La nature a pris soin d'obvier à ces graves inconvéniens., en établissant une épuration continuelle dans le grand laboratoire de l'univers. L'eau des lacs et des mers absolument impotable, incessamment vaporisée dans l'atmosphère, se groupe en nuages , retombe sur la terre à l'état liquide ; entraînée par la gravitation , elle descend vers les couches centrales , parvient à des profondeurs plus ou moins considérables, rencontrant des veines de sable, de charbon et différens sels ; bientôt soumise à l'action capillaire de certaines parties du sol disposées en vastes siphons, elle remonte , jaillit en bouillonnant de manière à former des sources plus ou moins superficielles et volumineuses ; aussi lorsque des pluies fréquentes viennent arroser la terre , ces mêmes sources paraissent plus vives et plus abondantes; manquant d'aliment, elles cessent de couler dans les pays désolés par une sécheresse prolongée. Roulant sur le sable, tombant de cascade en cascade, battue dans les fleuves par nos machines hydrauliques dont elle devient le moteur, cette eau revêt des qualités nouvelles par l'air qu'elle absorbe. De là toute la supériorité qu'elle présente comme boisson, relativement à l'eau mal aérée, calcaire, stagnante des citernes et des puits. En même tems qu'il s'épure au moyen de cette filtration à travers les couches du sol, formé par des veines de sable et de charbon, ce fluide entraîne les corps solubles qu'il rencontre sur son passage, tels que les sulfures, les oxydes métalliques, les sels, les gaz, le calorique etc. ; de là ces eaux sulfureuses, ferrugineuses, salines, gazeuses, thermales etc. dont les secours deviennent quelquefois très-utiles à la thérapeutique.

On a cru pendant long-tems que l'eau produite par la fonte des glaces et des neiges était nuisible comme boisson, pouvait déterminer le goître et d'autres altérations analogues ; elle est seulement privée de la quantité suffisante d'air et de sels, mais il ne faut pas lui reprocher le développement du crétinisme, dans le Valais, par exemple, où son usage est ordinaire, puisque l'humidité du sol, l'incurie des habitans, les fruits acerbes, les farineux et le mauvais lait dont ils se nourrissent etc. deviennent les principales causes de ces altératious.

L'art s'est empressé d'imiter la nature dans l'épuration des eaux. Cette connaissance d'un intérêt majeur pour l'hygiène publique, surtout dans les lieux où coulent des sources impures, des fleuves couverts d'usines, où l'on ne possède que des eaux pluviales en réserve dans les citernes souvent mal faites, n'est point suffisamment répandue, convenablement utilisée. En supposant à l'eau tous les caractères vicieux qu'elle peut offrir, on la rendra potable au moyen d'une série d'opérations très-simples : 1° *Filtrer par le sable*, on enlève toutes les matières insolubles qui se trouvent en suspension ; 2° *filtrer au charbon*, on absorbe tous les gaz putrides en dissolution ; 3° *distiller par évaporation*, on distrait tous les sels qui ne sont pas volatils à cent degrés, et qui restent dans la cucurbite ; 4° *battre au milieu de l'atmosphère* , on rend à l'eau toute la proportion d'air qu'elle avait perdue sous l'influence de ces opérations ; 5° *ajouter des sels appropriés* , on doit plus particulièrement alors y dissoudre une petite quantité de nitrate de potasse , d'hydro-chlorate de soude et des autres matières salines destinées par la nature à l'assaisonnement de l'eau commune. Les sels volatils et les principes âcres des eaux marines sont les seuls élémens nuisibles qui puissent résister à l'influence de ces procédés , encore ces dernières en éprouvent-elles des modifications assez avantageuses , pour qu'il devienne très-utile , dans les voyages de long cours , d'embarquer un appareil approprié à ce genre d'épuration.

Offrant tous les caractères que nous venons d'énumérer, l'eau potable doit être considérée dans l'état primordial , pour tous les individus , comme la plus salutaire des boissons. Haller ne craint pas d'avancer que , seule naturelle pour les animaux, elle présente également ce caractère pour l'homme. Nous partageons entièrement cette opinion ; c'est en effet par une conséquence des abus de la civilisation et du raisonnement , c'est dans l'intention d'exciter nos organes digestifs émoussés par la recherche des assaisonnemens nuisibles, que nous avons fait entrer dans cette boisson des matériaux stimulans et des sucs fermentés. On n'opposera pas sans doute à la réalité de ces principes le besoin de *fortifier* l'homme par des alcoholiques et des spiritueux ; ces moyens ne donnent jamais une force réelle, mais toujours une énergie factice en exaltant les puissances vitales qu'ils conduisent ainsi vers un épuisement plus ou moins rapide. Les animaux les plus robustes, ceux dont l'appareil musculaire est susceptible des plus puissantes réactions, soit dans l'état sauvage, le lion , l'ours , le tigre etc., soit dans l'état domestique, l'éléphant, le bœuf, le cheval etc., n'ayant point déraisonné sur la théorie des nécessités *imaginaires*, et consécutivement éprouvé cette perversion gustative, trouvent dans l'eau naturelle une boisson appropriée à tous leurs besoins.

2° BOISSONS ACIDES. — Elles sont formées par une grande proportion d'eau tenant en dissolution une quantité plus ou moins considérable du principe acide qui peut être *naturel*, comme on le voit pour le malique, le citrique, le tartarique présentés par un assez grand nombre de fruits ; *artificiel*, pour le carbonique, l'acétique etc. Lorsqu'elles se trouvent convenablement tempérées par l'abondance du véhicule aqueux, et qu'elles sont préparées avec les sucs des fruits, du citron, de l'orange, de la groseille etc., suffisamment cuits, indications que l'on remplit ordinairement dans la confection des limonades, ces boissons calment avantageusement la soif, deviennent très-utiles pour effectuer temporairement la rénovation des fluides lymphatiques dans l'organisme. Au contraire, lorsqu'elles sont préparées avec des acides minéraux, tels que le sulfurique, le muriatique etc., artificiels, l'acétique etc., lorsque ces derniers offrent un certain degré de concentration, et que leur usage est prolongé pendant quelque tems, ces mêmes boissons deviennent essentiellement nuisibles; elles développent des gastrites, des entérites chroniques, des engorgemens dans les ganglions du mésentère, des squirrhes au pylore, des altérations nutritives profondes, le marasme, l'épuisement général, presque toujours alors sans aucun espoir de retour; comme on l'observe chez les jeunes filles chlorotiques, et chez celles qui prennent abondamment du vinaigre dans l'intention d'éviter un embonpoint qui contrarie leurs prétentions. Nous avons été plusieurs fois le témoin des résultats déplorables attachés à cette funeste pratique.

3° BOISSONS AROMATIQUES. — Nous rangerons dans cette catégorie, l'infusion de toutes les plantes qui contiennent *un arome* particulier comme élément essentiel. Nous pourrions énumérer ici la sauge, la menthe, la mélisse, la canelle, l'anis, la badiane, la cascarille etc. ; nous parlerons spécialement du thé, du café dont l'usage est beaucoup plus habituel et plus général, comme alimens liquides. Ces infusions, très-excitantes, portent violemment sur le système nerveux dont elles exaltent la sensibilité; loin d'entraîner le narcotisme à la manière des spiritueux dont elles contrebalancent notablement les effets sous ce dernier rapport, ces mêmes infusions augmentent l'action cérébrale, donnent plus de pénétration, plus de vivacité aux perceptions, circonstance qui fait accorder au café particulièrement, le nom de *boisson intellectuelle*. Abstraction faite de cet avantage, l'emploi des boissons aromatiques, fortes et concentrées, offre toujours des inconvéniens assez graves; en les associant au lait dont elles deviennent l'assaisonnement, ces boissons ne présentent plus les mêmes dangers et sont alors incapables de produire, au moins sur la majorité des individus, les terribles accidens que leur prêtent bien gratuitement certains écrivains habiles à substituer les rêveries de leur imagination aux résultats constans de l'expérience.

4° BOISSONS ALCOHOLIQUES. — Nous rapportons à cette classe toutes les boissons dans lesquelles s'est développé *l'alcohol* par la fermentation. On doit compter, au nombre des principales et des plus employées, le vin, le cidre, la bierre et les différentes liqueurs. Aucune de ces boissons n'existe dans la nature; on peut les obtenir au moyen des fruits et des autres substances qui contiennent une certaine proportion du principe *mucoso-sucré*. Ainsi *le vin* est fait avec le suc des raisins ; *le cidre*, avec celui des pommes, des poires etc. ; *la bierre*, avec plusieurs céréales, avec l'orge plus particulièrement ; le *kirsch-wasser* des Allemands, avec le jus des cerises ; *le rum* des Américains, avec la mélasse etc. Cette fermentation alcoholique est une combinaison nouvelle entre les élémens du corps qui l'éprouve, et pendant laquelle on observe trois phénomènes essentiels : 1° *la formation de l'alcohol* ; 2° *le dégagement de l'acide carbonique* ; 3° *la disparition du principe mucoso-sucré*. Le développement et les rapports de ces trois dispositions artificielles offrent des variétés relatives au degré de fermentation actuellement effectuée. Dans ces diverses boissons, l'alcohol paraît identique, mais il s'y trouve mêlé à différens principes donnant à ces dernières des caractères particuliers qui les différencient, bien qu'elles offrent une base commune. Si l'on arrête la fermentation avant l'entière décomposition du principe *mucoso-sucré*, en renfermant la liqueur dans un vase impénétrable à l'air, cette fermentation ne se fait plus qu'avec une extrême lenteur, et l'acide carbonique dont le dégagement devient impossible, se dissout en grande proportion dans cette même liqueur ; c'est ainsi que l'on prépare la bière, les cidres et les vins mousseux qui nous offrent des boissons plus douces, plus fraîches et plus susceptibles de calmer le sentiment de la soif. Au contraire si l'on permet à l'opération chimique de se terminer sans obstacle, tout le principe mucoso-sucré passe à l'état d'alcohol, cette liqueur devient alors plus ou moins violente et capiteuse. La proportion du *mucus* est-elle bien supérieure à celle du *sucre* dans les matières employées à cette opération ? on voit bientôt la fermentation acide éprouvée par le premier, succéder à la fermentation alcoholique présentée d'abord par ces deux élémens réunis; cette circonstance d'un intérêt majeur nous explique positivement la facilité avec laquelle aigrissent la bière, le cidre, les vins de mauvaise qualité, comparés aux vins alcoholiques et généreux; elle nous indique l'addition du sucre comme le meilleur moyen de prévenir cette altération.

Vin. — Le jus des raisins n'est point, comme on le pense vulgairement, du vin déjà formé; ce titre ne lui conviendra qu'après le développement de la fermentation alcoholique dont il offre tous les matériaux. *L'alcohol* est donc la base fondamentale de tous les vins qui prennent des caractères particuliers suivant la prédominance de l'un ou l'autre des principes associés à cet élément essentiel et commun. Au nombre de ces principes, nous devons spécialement noter le *sucre*, *la matière extractive et colorante*, *le mucus*, *les sur-sels tartariques*. De là naturellement les vins : 1° *sucrés*, 2° *alcoholiques*, 3° *amers et colorés*, 4° *acidules*. Il existe en outre dans tous les vins, et plus particulièrement dans ceux d'une qualité supérieure, un élément aromatique échappant à l'analyse, appréciable seulement au goût, à l'odorat, et constituant ce que les gourmets nomment le *bouquet* du vin. Toutes ces différences dans la boisson que nous étudions se rapportent surtout *à l'espèce de raisins*, *à la nature*, *à la disposition du terrain*, *à l'intensité de la chaleur et de la lumière du soleil*, *au caractère des saisons*, *au genre de culture*, *aux soins de fabrication*. Les vins sont rouges ou blancs; cette modification tient à la présence d'une matière colorante dans les premiers, à son absence dans les seconds. Les vins rouges sont toutes choses égales, plus toniques, plus nourrissans, moins capiteux; les vins blancs sont plus irritans et plus légers, ils agacent fortement le système nerveux. 1° *Vins sucrés.* — Ils sont caractérisés par la prédominance du sucre indé-

composé ; on les obtient au moyen des raisins très-abondamment pourvus de ce principe, exposés, après la tor-
sion du pétiole, sous l'influence d'un soleil brûlant, ensuite soumis aux résultats d'une fermentation incomplète ; c'est pour cette raison qu'on les nomme encore
vins cuits ; tels sont particulièrement les muscats de
Rivesaltes, de la Ciotat, de Frontignan, de Lunel etc. ;
sirupeux et doux, loin de calmer le sentiment de la soif,
ils en déterminent l'augmentation ; ils modèrent pour
quelques instans celui de la faim. Leur digestion est pénible, s'accompagne de pesanteur à l'estomac, d'éructations brûlantes etc. Leur usage est plutôt agréable qu'u-
tile ; ils sont plus spécialement dangereux pour les convalescens auxquels on les administre cependant sans
aucune discrétion. 2° *Vins alcoholiques.* — Ils sont remarquables par une grande proportion d'alcohol obtenu
des raisins très-riches en principe mucoso-sucré, au moyen
d'une fermentation suffisamment prolongée. On peut en
distinguer deux variétés : les uns offrant le principe
amer en proportion assez considérable, devenant ainsi
plus essentiellement toniques, et se trouvant alors désignés par les termes de *stomachiques, de cordiaux etc.* ;
tels sont les vins de Rota, de Madère, de Malaga, de
Tokai, de Sétuval etc. Les autres présentent l'élément
acide en assez grande quantité pour en emprunter une
saveur très-agréable ; tels sont les vins de Bourgogne,
de Mâcon, de Chambertin, de Beaune, ceux de l'Hermi-
tage, de Bordeaux etc. Tous ces vins alcoholiques excitent fortement le sens du goût, relèvent avec énergie
l'action des organes digestifs, provoquent un mouvement très-caractérisé du centre à la circonférence, propriétés qui les ont encore fait nommer *généreux, chauds,
spiritueux.* Ils déterminent facilement l'ivresse, ne conviennent point aux sujets irritables, disposés aux phleg-

masies gastriques. 3° *Vins amers et colorés.*—Ils offrent pour caractère distinctif la prédominance des matières extractive et colorante ; ordinairement peu riches en alcohol, d'une saveur amère, ils semblent épais et troubles, tant leur coloration est prononcée ; deviennent lourds et difficiles à digérer pour un assez grand nombre de sujets, disposition qui leur a fait encore donner le nom de *vins froids* ; tels sont particulièrement les gros vins rouges de Tours, de Bourgueil etc. Nuisibles chez les sujets dont l'estomac a besoin d'une stimulation assez vive, leur usage peut devenir avantageux aux individus naturellement irritables et délicats. 4° *Vins acidules.* — Ils doivent cette propriété au développement plus ou moins considérable du principe acide, appartenant soit à l'acétique, soit au tartarique, en combinaison avec la potasse, formant ainsi le sur-tartrate de potasse, *crême de tartre.* Lorsque ce dernier sel devient surabondant, le vin prend alors une saveur acerbe qui le rend souvent impotable surtout pendant la première année ; il est *vert*, comme on le dit, et perd ultérieurement une partie de ces inconvéniens en déposant du tartre par la fermentation alcoholique ; mais bientôt il se décompose, éprouve la fermentation acétique, il est alors, en langage vulgaire ; *monté en feu, tourné, gras, etc.*; tels sont les vins de Brie, de Surène, du Bas-Rhin, de Lorraine etc. Tous ces vins en général très-aqueux, peu chargés d'alcohol, d'une saveur fade, aigre-douce, offrant *un déboire affreux*, présentent souvent le grave inconvénient de troubler la digestion, de faire naître des rapports brûlans, des irritations gastriques; on a dit plaisamment, avec raison, *qu'ils font plus de mal au ventre qu'à la tête.* Lorsqu'ils sont bien choisis et mitigés convenablement au moyen d'une eau pure, on les prend avec assez d'avantage pendant les chaleurs de l'été ; ils offrent alors une espèce de limonade tartarique. Quelquefois utiles aux sujets replets et sanguins, ils ne conviennent point aux tempéramens lymphatiques, aux constitutions scrophuleuses etc. Les vins se détériorent ou se bonifient en vieillissant. Il est aisé d'en trouver la raison chimique. Ceux qui contiennent peu de sucre, beaucoup de mucus, de sur-tartrate de potasse, de matière colorante, passent très-promptement à la fermentation acétique; tels sont les vins de Brie, de Surène, d'Orléans etc. Ceux qui présentent le principe mucoso-sucré en grande proportion, avec une certaine quantité de matière extractive et colorante, sont d'abord amers et durs, le développement de l'alcohol, par les progrès de la fermentation, la précipitation du tartre insoluble dans ce dernier, celle de la matière extractive les rendent plus agréables et plus généreux ; tels sont les vins rouges d'Espagne, de Bordeaux etc.

LIQUEURS. — Nous indiquons sous ce titre des alimens liquides à-peu-près exclusivement formés d'alcohol. On les obtient par trois moyens principaux : 1° Par la distillation du vin et des autres boissons fermentées, ce produit prend le nom *d'eau-de-vie* ; 2° par l'addition de plusieurs parties végétales en macération dans l'alcohol; telles sont les liqueurs d'orange, de cacis, l'anisette, la crême de rose, l'eau de noyau etc.; 3° par la fermentation de certains fruits; ainsi le kirsch-wasser, par celle des cerises etc. Ces boissons qui doivent être considérées sous le rapport des alimens liquides, comme les assaisonnemens sous celui des alimens solides, ne sont jamais employées sans inconvénient et même sans danger, surtout en les prenant le matin à jeun, comme le font imprudemment quelques sujets; elles déterminent presque toujours alors des phlegmasies gastriques et consécutivement le squirrhe au pylore. Inutiles à l'homme sobre, elles peuvent quelquefois devenir indispensables au gastronome dont l'estomac, rempli jusqu'à l'excès, a besoin d'une excitation factice pour effectuer cette longue et pénible chymification ; la répétition de ces digestions artificielles amène bientôt l'épuisement ou l'inflammation de l'appareil chargé de les effectuer.

CIDRE. —.Nous désignons ainsi les boissons obtenues par la fermentation des sucs de pommes ou de poires ; elles prennent encore les dénominations spéciales de *pommé* pour la première, de *poiré* pour la seconde. Elles unissent à l'alcohol, qui forme leur base essentielle, des acides acétique et malique. Le principe mucoso-sucré qui s'y rencontre en assez grande proportion, offre une prédominance remarquable dans son premier élément ; aussi les cidres passent-ils facilement à la fermentation acide, surtout lorsqu'ils n'ont pas été suffisamment garantis du contact de la chaleur et de l'air atmosphérique ; en les conservant au contraire dans des vases exactement fermés, avant l'accomplissement de la fermentation alcoholique, on peut les obtenir mousseux et d'une agréable saveur. Le *pommé* contient presque toujours moins d'alcohol, il est plus nourrissant et plus généralement avantageux. Le *poiré* plus excitant, plus spiritueux, désaltère davantage, mais il fatigue bien souvent le tube digestif, produit des coliques et des diarrhées. Le cidre de bonne qualité présente une boisson très-utile aux sujets irritables et nerveux, lorsqu'il est aisément digéré par l'estomac. Mais à l'état de fermentation acétique il peut occasionner des phlegmasies digestives chroniques, entraîner tous les funestes accidens attachés à l'usage des acides pris comme aliment habituel.

BIÈRE. — On nomme ainsi la boisson faite avec le houblon et l'orge convenablement préparés et fermentés, opération qui constitue l'art du brasseur. L'alcohol en forme encore le principe fondamental, mais il s'y trouve associé à d'autres élémens et surtout au principe amer dont la prédominance établit le caractère particulier de cette boisson. On la distingue suivant sa coloration et sa force, en bière blanche et brune, bière simple, double bière etc. Employée avant l'achèvement de la fermentation qui produit l'alcohol, elle dégage beaucoup de gaz acide carbonique, présente une saveur fraîche et piquante, désaltère et nourrit en même tems. *Stimulante* par son élément spiritueux, *tempérante* par son acide carbonique, *nutritive* par la matière mucoso-sucrée, *tonique* par son principe amer, elle convient à la plupart des sujets vaporeux, délicats, irritables et nerveux. Toutefois il faut, avant d'en prescrire l'emploi, consulter les dispositions actuelles de l'appareil digestif. Quant aux alimens liquides, tels que les bouillons de viande, le lait, le chocolat etc., également nutritifs et réparateurs de l'organisme, ils rentrent directement par leur objet essentiel dans la catégorie de ceux que nous venons d'étudier. Nous ajouterons seulement qu'assez utiles pour les sujets délicats et convalescens, en offrant à l'estomac des matériaux déjà très-divisés, les alimens liquides ne sont cependant pas toujours aussi faciles à digérer qu'on pourrait le supposer d'abord ; nous avons bien des fois substitué, avec avantage pour l'élaboration digestive, des potages et même des alimens solides aux simples bouillons, au lait qui présentait alors le double inconvénient de ne point exciter suffisamment la sécrétion salivaire et la réaction gastro-duodénale. Ces faits, signalés par tous les observateurs, prouvent également qu'il faut considérer la digestibilité des substances alimentaires bien plutôt relativement que d'une manière absolue.

Tels sont les alimens solides et liquides physiologiquement envisagés. Dans leur état naturel, tous n'offrent pas les mêmes avantages à l'homme; plusieurs lui deviendraient essentiellement nuisibles, la plupart exigent des modifications artificielles pour acquérir toute leur perfection. Etudions actuellement ces importantes modifications.

PRÉPARATION DES ALIMENS.

Lès végétaux constituant l'état rudimentaire de l'organisation et de la vie, les animaux, renfermés dans la sphère étroite que le Créateur assigna pour toujours aux rapports de leur existence, emploient les alimens tels qu'ils sont fournis par la nature, sans leur faire éprouver d'autre modification préparatoire que celle dont se trouvent chargés les organes appropriés à ce genre d'élaboration. L'homme au contraire, beaucoup moins servilement assujetti par les dispositions primordiales, jouissant d'une indépendance plus absolue au milieu des nombreux objets de ses relations, peut disposer à son gré les substances alimentaires, les accommoder aux indications variables du besoin et de la sensualité. Dans les premiers âges du monde, nous le voyons se nourrir du lait des animaux et des fruits dont la composition est si parfaite, que toute préparation artificielle devient inutile; dans les siècles moins reculés, nous l'observons accroissant le nombre de ses alimens réparateurs, les préparant et les assaisonnant avec simplicité; enfin, dans les époques d'une plus grande civilisation, nous le trouvons créant pour ces assaisonnemens et ces préparations des règles et des principes dont l'application et l'ensemble constituent *l'art culinaire*. Celui-ci devient avantageux lorsqu'il se borne à rendre les alimens plus agréables et plus digestibles; il est au contraire essentiellement nuisible lorsque, détourné de l'objet principal de son institution, il déploie ses funestes et savantes ressources pour exciter, entretenir un appétit factice en provoquant l'usage d'une masse alimentaire disproportionnée aux besoins de l'organisme, à l'action élaboratrice de l'appareil digestif. Ces abus, dont nous observons chaque jour les fâcheux résultats, justifient complétement cette assertion de Tissot : « Dans le monde, il « existe deux classes d'hommes en opposition habituelle « par leur profession : *les cuisiniers* qui travaillent à « la production des maladies, et *les médecins* qui font » tous leurs efforts pour en effectuer la guérison. »

Les préparations culinaires, pour devenir utiles, doivent remplir un ou plusieurs de ces objets : 1° Donner aux alimens un aspect, une odeur agréables; 2° augmenter leur solubilité dans les sucs digestifs; 3° relever leur insipidité, corriger la saveur pénible ou trop développée qu'ils peuvent offrir; 4° faire disparaître les caractères acrimonieux et plus ou moins irritans, naturels à plusieurs d'entre eux; 5° débarrasser le plus grand nombre des matériaux hétérogènes qui s'y trouvent unis et dont la présence fatiguerait les organes digestifs sans rien fournir à la réparation; 6° enfin les disposer à la conversion chymeuse par un certain degré de coction. Toutes les fois que l'art culinaire s'éloigne de ces principes simples et naturels, comme on le voit dans la confection des ragoûts épicés, des fromages passés, des viandes marinées, salées, fumées etc ; il occasionne des maladies souvent très-graves, soit par l'irritation locale ou générale que produisent des composés aussi contraires, soit par l'extrême réplétion des organes digestifs sous l'influence d'un appétit artificiellement excité. Il faut surtout avoir égard dans la préparation des substances nutritives : 1° A la nature de l'aliment; 2° aux dispositions du sujet; 3° au climat, aux saisons etc.

1°. *Relativement à la nature de l'aliment.* — Il faut

donner à chaque substance nutritive le degré de coction qui lui convient pour la ramollir ou lui faire perdre ses caractères irritans, acrimonieux, comme on le voit, sous le premier rapport, dans l'action du feu sur les viandes, les racines potagères etc; sous le second, dans celle du même agent sur les fruits très-acides, sur les légumes âcres, tels que le chou, le céleri, l'oignon etc. Cette opération culinaire doit être conduite avec précaution et surtout modérée pour les alimens qui contiennent une grande proportion d'albumine, celle-ci durcissant, devenant insoluble et dès-lors indigeste sous l'influence d'une coction prolongée. Cette action du feu ne doit jamais être immédiate pour les substances huileuses qui deviennent irritantes par les proportions variables de matière empyreumatique développée dans cette préparation. Les assaisonnemens devront être simples et surtout combinés de manière à ne jamais s'altérer mutuellement; on relevera par des acides légers, par des principes salins, aromatiques etc., l'insipidité des gommeux, des mucilagineux, des féculens, des albumineux etc.; on adoucira par le lait, les farines, l'eau etc. les caractères irritans des substances opposées par leur nature etc.

2° *Relativement aux dispositions du sujet.* — Il faut non seulement régler le choix des alimens d'après l'âge, le sexe, le tempérament, les dispositions saines ou maladives; mais encore approprier à ces divers états les modifications culinaires imprimées aux substances nutritives. Ainsi les alimens de l'enfance doivent être doux, afin de ne pas exciter péniblement la grande susceptibilité qui forme le caractère fondamental de cette première phase de la vie, et de ménager pour l'avenir, des stimulans utiles, que leur emploi sans gradation userait avant l'époque obligée de leur influence. De là ce principe qu'il ne faut jamais perdre de vue, « *le sucre doit être le sel des alimens destinés au premier âge.* » On évitera toutefois l'abus des préparations insipides et des alimens trop débilitans, il favoriserait en effet toujours le développement du tempérament lymphatique, souvent même celui de la diathèse scrophuleuse. Les règles que noûs venons d'établir sont applicables aux sujets du sexe féminin, aux constitutions délicates, au tempérament nerveux. Chez le vieillard au contraire, la sensibilité notablement émoussée, réclame des stimulans appropriés à l'accomplissement des phénomènes digestifs. C'est d'après une indication aussi positive que l'on a consacré cet autre adage moins général dans ses applications, « *le vin est le lait des vieillards.* » Les sujets d'un tempérament lymphatique, d'une constitution froide, molle et sans vitalité rentrent naturellement dans cette catégorie.

3° *Relativement au climat, aux saisons.* — Pendant les saisons chaudes et dans les climats brûlans, il faut éviter les alimens dont l'azote forme le principe en excès, toutes les préparations et tous les assaisonnemens très-excitans, surtout lorsqu'ils développent une violente réaction du centre circulatoire; c'est ainsi que les aromatiques, les boissons fermentées, le café, les liqueurs etc., produisent alors des résultats ordinairement très-fâcheux. Dans les circonstances que nous examinons, la vie, sans cesse appelée vers la peau sous l'influence des excitans antérieurs, est affaiblie, par ces dérivations, pour la muqueuse gastro-intestinale plus spécialement; les organes digestifs offrent une sorte d'inaction et d'apathie qui semblent indiquer l'emploi des stimulans intérieurs et portent les habitans des régions équatoriales, à la recherche des alimens épicés et des boissons fermentées. Les funestes effets de ces excitans deviennent peut-être l'une des causes principales du peu de longévité des peuples méridionaux, et des difficultés que l'homme éprouve à s'acclimater dans ces régions, lorsqu'il n'a pas de bonne heure trouvé dans l'habitude un moyen de lutter avantageusement contre ces influences destructives. S'il est permis d'user alors de quelque stimulation il faut toujours le faire avec discrétion, se borner à des assaisonnemens susceptibles de réveiller l'apathie gastrique, sans provoquer une réaction générale. On conçoit dès-lors tous les dangers attachés à l'emploi de ce mélange caustique fait avec la chaux vive, le fruit de l'aréca catechu, le tabac, les feuilles du piper etc., très-recherché par les peuples équatoriaux sous le nom de *bétel*. Dans les régions glaciales au contraire, et pendant les rigueurs de l'hiver, l'homme a besoin d'alimens azotés, de boissons spiritueuses qui non seulement activent le développement des facultés digestives, mais encore sollicitent des réactions générales, seules capables de fournir à l'économie vivante les moyens de lutter avec avantage contre l'invasion d'un froid destructeur; c'est alors seulement qu'il est permis d'user avec impunité, comme le font ordinairement les habitans de la zône glaciale, de boissons fortes, d'alimens très-azotés, de viandes faisandées, et même de poissons déjà putréfiés.

Telles sont les considérations que nous devions physiologiquement établir sur les modificateurs de la digestion et sur les préparations les plus favorables à leur emploi : l'homme avec le tems et l'habitude peut arriver à se nourrir de tous les alimens, à supporter les assaisonnemens les plus irritans; mais offre-t-il naturellement ces dispositions, est-il polyphage ? C'est un problême important et dont nous chercherons la solution dans les faits les mieux constatés.

Les philosophes, les physiologistes anciens et modernes se sont engagés dans l'examen de cette question et l'ont diversement résolue. Ceux qui soutiennent la négative, et dans le nombre desquels nous plaçons J. J. Rousseau, qui range l'homme parmi les herbivores, Helvétius qui le considère comme un carnivore à-peu-près exclusif, disent, à l'exception de ce dernier, que les familles voisines de la création se nourrissaient exclusivement de végétaux ; que dans les contrées brûlantes, ce genre d'alimentation est même encore aujourd'hui le seul mis en usage, et que dès-lors cette *polyphagie* lorsqu'elle se rencontre dans notre espèce est toujours un résultat soit de l'éducation, de l'habitude, ou même du climat et de la civilisation. Les partisans de l'opinion contraire font observer pour en démontrer la réalité, que l'appareil digestif présente, réunis chez l'homme, tous les principaux caractères, qui, dans celui des animaux servent à constituer ces derniers : *herbivores*, *carnivores*, *frugivores*, ou *granivores*. Sans nous établir juge entre des opinions aussi diamétralement opposées, nous suivrons, pour la solution de ce problême, l'enchaînement naturel des idées acquises par l'expérience et l'observation.

Sur une terre nouvelle, au milieu des objets les plus agréables, les plus utiles à sa conservation, pouvant exister sans inquiétude et sans fatigue, l'homme ne dut offrir dans cet état natif que des goûts simples et bornés, il ne dut éprouver que des besoins faciles à satisfaire : des fruits, des légumes tels que les produisait le sol vierge de sa paisible solitude, étaient alors des élemens réparateurs suffisans à l'entretien, à l'accroissement de ses organes. Incapable, par sa constitution physique et morale, de goûter avec satisfaction le bonheur du calme et de l'isolement ; après avoir parcouru la surface de la terre il en fouille les profondeurs; ses agressions contre les animaux nuisibles l'obligent à se défendre de leur approche; ce genre de vie plus actif et plus pénible en même tems, exige des alimens plus réparateurs; les végétaux se trouvent soumis à des préparations culinaires d'abord très-simples; le lait des animaux domestiques leur est associé. Sous l'influence de ces modifications individuelles et des grandes catastrophes dont notre globe semble avoir été le théâtre, les besoins sont plus pressans encore. L'homme devenu cruel par nécessité, souille une première fois sa main dans le sang des animaux, pour se nourrir de leur chair et se couvrir de leurs dépouilles. Désormais répandus sur les différens points de la terre, les peuples adoptent plus spécialement tel ou tel genre d'alimentation suivant la nature des productions et l'état atmosphérique des régions qu'ils habitent; ainsi dans la zône torride les végétaux forment la base principale du régime; la diète se trouve au contraire à peu près exclusivement animale dans les contrées hyperboréennes; enfin dans les climats tempérés elle est intermédiaire entre ces deux extrêmes.

D'après ces considérations l'homme paraîtrait avoir été d'abord herbivore et frugivore; mais en supposant que l'on veuille admettre cette probabilité nous pensons qu'il serait erroné de l'établir, avec quelques philosophes, sur les dispositions de son organisation primitive. Toutes les conditions de structure se réunissent au contraire pour démontrer que si notre espèce n'a pas dès les premiers tems été polyphage, il faut l'attribuer à d'autres circonstances, la conformation de ses organes digestifs, lui permet tant de s'approprier tous les genres d'alimentation suivant les régions qu'elle habite; caractère qui la distingue des autres espèces animales, puisqu'aucune d'elles n'est essentiellement polyphage. Les considérations suivantes fournissent la preuve de cette vérité fondamentale.

1° *Forme des dents.* — Chez les animaux carnivores tels que le tigre, le loup, le chien etc., les dents sont acérées, fortes, recourbées en crochet et favorablement constituées pour déchirer. Chez les frugivores tels que les rongeurs etc., elles sont applaties, plus ou moins tranchantes, se rencontrent obliquement, d'une mâchoire à l'autre, comme des lames de ciseaux, et se trouvent dès-lors particulièrement destinées à couper. Chez les granivores, les herbivores tels que les ruminans etc. elles deviennent cuboïdes, glissent horizontalement les unes sur les autres par des surfaces larges, garnies d'aspérités, disposition avantageuse à l'action de broyer : c'est à ces trois modifications principales qu'il faut rapporter les dents *lanières, incisives* et *molaires.* Les animaux offrent ordinairement l'une ou l'autre de ces espèces d'une manière plus ou moins exclusive, l'homme seul nous les présente réunies avec leurs caractères essentiels.

2° *Disposition des muscles masticateurs.* — Les animaux qui doivent particulièrement se nourrir de végétaux, offrent des muscles ptérygoïdiens ou diducteurs très-prononcés, et dont le développement est presque toujours en raison du nombre des dents molaires, circonstance qui indique assez leur communauté de fonction. Les animaux dont la chair forme le principal aliment, présentent les muscles temporal et masséter, ou élévateurs de la mâchoire inférieure, très-volumineux et très-forts. L'homme possède les uns et les autres dans une proportion à peu près égale.

3° *État du tube digestif.* — Nous devons le considérer : 1° dans sa longueur générale ; 2° sous le point de vue des proportions relatives du petit et du gros intestin.

Sous le premier rapport. — Les carnivores ont, toutes choses égales, un tube digestif beaucoup moins long que celui des herbivores. Nous en trouvons la raison dans les propriétés essentiellement nutritives des substances animales, comparées aux qualités peu réparatrices des végétaux. L'homme tient encore ici le milieu entre les uns et les autres. *Sous le second rapport.* —Chez les carnivores qui n'éprouvent pas la nécessité de prendre des masses considérables d'alimens pour en extraire la proportion de chyle suffisante à leurs besoins, dont les substances nutritives, sous un volume donné, fournissent une grande proportion de ce fluide réparateur, une petite quantité d'excrémens, les cavités gastro-duodénales et le gros intestin ne présentent qu'un faible développement, en le comparant à celui de l'intestin grêle. Au contraire chez les herbivores, par des raisons absolument opposées, le gros intestin est très-spacieux, les cavités gastro-duodénale s ont très-multipliées surtout chez les ruminans et se trouvent, relativement à l'intestin grêle, dans une prédominance très-marquée. Sous ce point de vue, l'homme est encore placé entre ces deux extrêmes.

4° *Dispositions analogiques.* — Dans toute la série des animaux, depuis le polype jusqu'au singe, il n'est pas une espèce qui soit exclusivement *herbivore, frugivore, granivore* ou *carnivore.* Ainsi le loup, naturellement carnivore, se nourrit aussi d'herbes, de graines et de fruits lorsqu'il se trouve pressé par la faim; le sanglier, qui vit habituellement de racines, mange des chairs lorsqu'il est tourmenté par le sentiment d'un besoin impérieux ; les gallinacées dont les graines forment le principal moyen d'alimentation , se repaissent d'insectes etc. Ces exemples et tous ceux que nous pourrions citer encore, prouvent assez que les animaux, quelle que soit leur espèce, trouvent des matériaux de réparation dans les deux règnes organisés. Pourrait-on désormais refuser un semblable avantage à l'homme qui , sous le rapport même des fonctions conservatrices, occupe également le premier rang dans la série. Attribuera-t-on sans erreur à la dépravation de ses goûts et de ses mœurs une disposition essentielle que pour les animaux on n'hésite pas à placer dans la nature?

5° *Besoins de l'homme.* — En considérant avec attention les animaux dans leur ensemble , nous trouvons des rapports assez positifs entre leur genre de vie, leurs nécessités organiques et les qualités réparatrices des alimens dont ils font usage. Ainsi les carnivores sont dans une lutte perpétuelle soit avec les animaux plus-faibles qu'ils attaquent pour les vaincre et s'en approprier les restes sanglans, soit avec des ennemis plus formidables dont ils ont à repousser les terribles agressions : dès-lors obligés à défendre leur vie par un état de veille et d'activité presque permanentes, ils avaient besoin de trouver dans leurs alimens des principes nutritifs assez abondans pour fournir aux frais des pertes considérables qu'ils doivent supporter, et pour entretenir dans leur constitution cette énergie, cette force dont ils ont à chaque instant l'occasion d'utiliser le développement. Aussi la diète animale est-elle à peu près exclusivement appropriée à ces espèces. Les herbivores trouvant au contraire un aliment facile dans les fruits des champs, dans l'herbe des prairies, vivant sans agitation, sans trouble, sans passions violentes, évitant l'attaque, fuyant au lieu de résister, conservant leur économie dans un état de mollesse et d'inaction, n'ayant à réparer que des pertes assez bornées, s'entretiennent, au moyen d'alimens peu substantiels, à peu près exclusivement empruntés au règne végétal. Si nous considérons actuellement l'homme sous les mêmes rapports, nous sentirons aussitôt qu'il se trouve dans les conditions intermédiaires à ces deux extrêmes. Ainsi tantôt soumis aux plus grandes fatigues, soit en arrachant avec effort au sol inculte les objets de ses premiers besoins, soit en repoussant la force par la force dans les combats qu'il peut avoir à soutenir contre les animaux ou même contre les sujets de son espèce, il se rapproche des carnivores et comme eux a besoin d'alimens très-abondamment et très-promptement réparateurs. Tantôt vivant au sein de l'abondance et de la paix, jouissant à loisir des bienfaits de la nature et de l'aisance artificielle, il rentre par analogie dans la classe des herbivores et la diète végétale se trouve ainsi la mieux appropriée aux conditions, aux indications de son existence; il est encore polyphage par le caractère même de ses besoins.

6° *Diversité des climats.* — L'homme destiné dès son origine à vivre sous toutes les latitudes, à défendre son existence aussi bien sous les glaces des pôles que sous les feux de l'équateur, exclusivement herbivore, n'aurait pas avantageusement supporté le froid destructeurdes zônes glaciales, essentiellement carnivore, eût succombé très-promptement à l'excessive chaleur de la zône torride; il devait être polyphage pour s'accommoder à ces influences diverses. Il nous semble donc, par toutes les considérations précédentes que ce caractère appartient positivement à sa nature. En résolvant ainsi le problême de la *polyphagie*, nous ne confondons pas, sous cette même dénomination, la faculté d'user de tous les alimens ordinaires, avec les appétits dépravés qui portent certains sujets à se repaître avidement des substances les plus repoussantes, ou les moins susceptibles d'être employées comme élémens réparateurs de l'organisme. Pour mieux faire sentir les différences qu'il faut établir entre cet état pathologique, ou cette perversion

‑que l'habitude peut entraîner et les dispositions normales que nous venons de signaler dans ces considérations, exposons brièvement sous le même titre, employé par quelques auteurs, les faits les plus remarquables offerts par ce genre d'altération.

Polyphagie. — *Polyphage* de πολὺς nombreux et de φάγω je mange, exprime aussi la faculté que présentent certains sujets d'ingérer dans leurs cavités digestives les substances les plus dégoûtantes et les plus réfractaires. On désigne encore ces individus par les noms d'*homophages*, de ωμὸς cru et de φάγω je mange, de *multivores, omnivores*, de *voraces, gloutons* etc. Il ne faut pas leur assimiler ces jongleurs, ces prétendus sauvages ambulans qui établissent un impôt sur l'ignorance et la crédulité publiques, en feignant de l'empressement et du plaisir à dévorer des oiseaux recouverts de leurs plumes, des quadrupèdes et même des reptiles vivans. La véritable *polyphagie* peut être innée, ou se rattacher à des habitudes vicieuses, à des altérations graves de l'appareil digestif, comme on l'observe dans la *chlorose*, le *pica-malacia*, la *boulimie* etc. Parmi les exemples de cette perversion nous rapporterons les suivans. On remarquait, il y a quelques années, au jardin des plantes à Paris, un garçon de la ménagerie nommé Bijou qui se repaissait avidement des objets les plus dégoûtans; on le vit dévorer un lion mort de maladie, boire jusqu'à trente livres de sang dans vingt-quatre heures, manger les pièces d'anatomie putréfiées et que l'on faisait disparaître de la collection; cependant il jouissait d'une assez bonne santé, faisait régulièrement son service et mourut après soixante ans. Jacques de Falaise, dont les expériences de polyphagie furent connues dans toute la province, après avoir excité pendant quelque tems la curiosité Parisienne, avalait des couleuvres, des souris, des anguilles, des oiseaux vivans et ne paraissait point incommodé par la présence de ces animaux dans les cavités gastro-intestinales.

Au milieu de ces *homophages*, il n'en est pas de plus
extraordinaire que celui dont MM. Percy et Laurent
nous ont transmis l'histoire. Cet inconcevable glouton
nommé Tarare, naquit aux environs de Lyon vers 1772
et vint en 1788, alors âgé de seize ans, étonner la capitale par son extrême voracité. A dix-sept ans, ne pesant
alors que cent livres, il pouvait dans vingt-quatre heures,
manger le même poids de bœuf cru ; dévorant des chats
et des chiens vivans, il engloutit pour un seul repas, dans
sa vaste cavité gastrique, un dîner préparé pour quinze
ouvriers Allemands. Reçu à l'hôpital militaire de Soultz, en
Alsace, il mangeait les cataplasmes, les emplâtres, le
sang extrait par la phlébotomie ; on le surprit même un
jour à l'amphithéâtre, poussé par son insatiable voracité,
se repaissant de la chair des cadavres déjà putréfiés.
Un enfant de quatorze mois ayant disparu, d'affreux
soupçons planèrent sur le malheureux Tarare. Ce polyphage était d'une petite stature, ridé, maigre, pâle,
sans aucune dureté dans la physionomie ; il avait un air
craintif, soucieux, exhalait une odeur fétide, insupportable à vingt pas, sa transpiration était abondante, ses
déjections alvines infectes. Vers 1798, il vint mourir à
l'hôpital de Versailles dans un état de marasme complet
et sous l'influence d'une diarrhée purulente dont les
émanations repoussantes altéraient au loin la pureté
de l'atmosphère. La nécropsie présenta les intestins confondus, en suppuration, le foie très-gros, putrilagineux,
l'estomac flasque, parsemé de points rouges ulcéreux,
d'une capacité prodigieuse, occupant une grande partie
de la cavité abdominale.

Parlerons-nous actuellement de ces peuples *antropophages* qui, d'après le rapport de quelques voyageurs, mangent des hommes vivans? Rappellerons-nous l'affreux souvenir des cannibales tels que cet infâme Leger dont l'Europe civilisée ne redira désormais le nom qu'avec effroi? de ces misérables qui, poussés par la soif du meurtre et du carnage, s'abreuvent à longs traits du sang de leurs victimes, en dévorent avec sensualité les chairs encore palpitantes, incapables de jamais assouvir leur faim brutale et dépravée? Jetons au contraire un voile impénétrable sur ces affreuses dégradations de l'esprit humain et sur ces terribles exemples, heureusement peu communs, d'une férocité plus barbare que celle des animaux sauvages.

Nous pourrions rapprocher de ces funestes anomalies, celles des sujets qui ne craignent pas d'ingérer dans leur estomac les substances les plus réfractaires. André Bazile, forçat de la chiourme de Brest, nous paraît, sous ce rapport, l'un des plus remarquables. Originaire de Nantes, il se fit recevoir à l'hôpital de la marine le cinq septembre 1714, mourut le dix au milieu des coliques les plus violentes. Le Dr Fournier, chargé de l'autopsie, rapporte les détails suivans : L'estomac remplit l'hypocondre gauche, les régions lombaires iliaques jusqu'aux trous sous-pubiens; sa membrane muqueuse noire, gangrenée, répand une odeur infecte. La capacité de ce viscère contient actuellement une portion de cercle de barique de dix-neuf pouces, encore en partie retenue dans l'œsophage; vingt-deux morceaux de bois en chêne, genêt et sapin de quatre et cinq pouces de longueur sur cinq et six lignes d'épaisseur; d'autres portions de cercle, des bondons en bois; un tuyau d'entonnoir en fer-blanc; un briquet d'acier; une pipe; un clou de deux pouces; un autre acéré d'un pouce et demi; des portions de boucle d'étain; des fragmens en verre blanc de vingt lignes; des morceaux de cuir; une cuiller en bois de cinq pouces; trois autres en étain; un couteau avec sa lame de trois pouces et demi; total cinquante-deux pièces, pesant ensemble une livre dix onces quatre gros. Pendant sa vie, André Bazile, affecté de perversions digestives habituelles, avait offert des alternatives de démence et d'hypocondrie. Après ces considérations relatives aux modificateurs de la digestion, nous devons étudier le sentiment instinctif qui sollicite leur emploi.

§ IV. APPÉTIT DE LA DIGESTION.

Tous les animaux qui digèrent, lors même qu'ils ne peuvent raisonner leurs impressions, se trouvent entraînés vers l'exercice de cette fonction par un appétit dont l'exigence est proportionnée à l'utilité de cette grande action physiologique. Nous savons déjà que l'économie vivante a besoin pour s'entretenir et s'accroître d'alimens solides et de boissons : les indications qui les réclament, les objets qu'ils remplissent dans cette économie sont essentiellement différens; leur nécessité peut se manifester d'une manière isolée, par conséquent la nature devait attacher à chacune de ces indications, à chacun de ces besoins un sentiment intérieur, un appétit distinct et particulier; c'est en effet ce que nous allons rencontrer dans la *faim* relativement aux alimens solides, et dans la *soif* relativement aux boissons.

DE LA FAIM.

La faim πεῖνα, λιμὸς des Grecs, *fames, esuries* des latins, peut être définie : *sentiment instinctif qui nous avertit du besoin de prendre des alimens solides*. Il faut bien éviter de confondre ici l'appétit *réel* avec l'appétit *factice*; une telle distinction est du plus haut intérêt, même pour la pathologie. L'appétit est *réel* toutes les fois qu'à l'état de santé, le besoin de la réparation coïncide avec la vacuité de l'estomac ; dans cette première circonstance, la satisfaction du besoin est suivie de calme vers cet organe, et produit un bien-être général. Au contraire l'appétit est *factice* toutes les fois qu'il s'éveille dans l'état normal, après la réplétion de la cavité gastrique, sous l'influence des assaisonnemens et des funestes ressources de l'art culinaire, ou qu'il se manifeste chez un sujet affecté de gastralgie, de gastrite etc., par le seul fait d'une irritation inflammatoire ou nerveuse, alors qu'il n'existe aucun besoin de réparation, alors que l'estomac est incapable d'admettre des alimens sans danger. Cet appétit, encore désigné par le terme vulgaire de *fatigues*, se montre toujours insidieux et perfide ; jamais satisfait par cela même qu'il est établi sur une irritation organique incessamment entretenue, exaltée par la présence de ces alimens ingérés ; il renaît à chaque instant avec une force nouvelle, provoque des indigestions, la gastrite sur-aiguë, souvent même la mort des malades qui deviennent ainsi victimes de ces funestes illusions de la faim. De là cet ancien adage plein de vérité : « *Un grand appétit annonce une grande maladie.* » Ne cherchons pas ailleurs les obstacles si souvent invincibles que nous rencontrons dans le traitement des phlegmasies chroniques de l'appareil digestif. Ces considérations sommaires trouveront les plus utiles et les plus fréquentes applications cliniques. Pour donner à l'histoire de la faim toute l'importance qu'elle mérite, nous devons considérer cet appétit, relativement : 1° à sa nature, à ses causes ; 2° à son siége ; 3° à ses résultats, lorsqu'il n'est pas satisfait.

1° NATURE ET CAUSES DE LA FAIM. —— Cette sensation est, comme nous le prouverons bientôt, une modification vitale, instinctivement liée à l'accomplissement des phénomènes digestifs. Il ne s'agit point ici d'en rechercher les causes premières et le but essentiel, puisqu'il est évident que ces causes rentrent dans les besoins qu'éprouve l'économie vivante lorsqu'elle manque d'élémens réparateurs suffisans, et que ce but est l'accomplissement des fonctions au moyen desquelles ces mêmes besoins peuvent être satisfaits; nous devons seulement rechercher ici la cause naturelle du sentiment éprouvé à cette occasion. Un grand nombre d'hypothèses plus ou moins fautives ont divisé les physiologistes sur ce point important; nous examinerons les principales, et nous réduirons la question à sa plus grande simplicité.

Tiraillemens du diaphragme. — Le diaphragme et le foie sont unis par l'intermédiaire d'un large repli séreux nommé faux du péritoine, ligament suspenseur du foie etc. Si le premier de ces organes reste fixé dans sa position naturelle, et que le second descende beaucoup, cet éloignement entre eux ne pourra s'effectuer sans une distension plus ou moins considérable dans leurs ligamens communs. Quelques physiologistes mécaniciens sont partis de ce fait, déjà contestable, en raisonnant ainsi : dans son état de plénitude l'estomac saillant du côté du foie soutient le poids de cet organe et le tiraillement du diaphragme n'a point lieu; mais à mesure que les alimens passent dans l'intestin, l'estomac diminue de volume, ne présente plus un appui suffisant au foie qui distend péniblement la faux du péritoine, le diaphragme lui-même, d'où résulte le sentiment de la faim. Cette hypothèse paraît encore, au premier aspect, fortifiée par la facilité avec laquelle on affaiblit, on fait même taire momentanément cet appétit, soit en lestant l'estomac par des substances absolument indigestes, soit en comprimant l'abdomen au moyen d'une ceinture, soit en gardant une position horisontale, comme on l'observe pendant le sommeil, etc. ; mais le plus simple examen suffit pour dissiper toutes ces illusions.

Ainsi, même en conservant les idées et le langage des mécaniciens, nous voyons que les alimens, en sortant de l'estomac, passent dans les intestins, et gonflent ces derniers qui soutiennent convenablement le foie. En supposant même que la masse générale du tube alimentaire diminuât de volume par l'absorption digestive, les parois abdominales se ressèrent dans la même proportion, et les organes de cette cavité sont dès-lors toujours à peu près également supportés. Le principe de cette hypothèse est donc essentiellement erronné; mais, en le supposant vrai, les conséquences n'en resteraient pas moins fautives. En effet si nous les admettons, un malade chez lequel on vient de faire la ponction pour une hydropisie ascite, une femme récemment accouchée etc. , devraient éprouver impérieusement le sentiment de la faim; interrogés avec soin tous ces malades nous ont affirmé ne rien éprouver même d'analogue à cette sensation. D'un autre côté l'appétit serait d'autant plus vif que l'abstinence est plus prolongée; cependant l'expérience démontre qu'il disparaît au contraire après quelque tems pour se réveiller ensuite avec tous les caractères d'un véritable délire. Ainsi les faits les plus positifs et les raisonnemens les plus naturels concourent à ruiner cette première théorie de la faim.

Frottement des houppes nerveuses de l'estomac. — Dans cette hypothèse à peu près mécanique, on prétend que l'estomac se contractant pendant sa vacuité comme dans son état de plénitude, il en résulte un froissement immédiat et réciproque des papilles nerveuses et dès-lors une sensation qui précisément est celle de la faim. Cette explication, fausse dans son principe, est encore insoutenable dans ses conséquences. En effet, l'estomac, de même que tous les organes, offre des intermittences d'action et de repos; vide pendant ce dernier état et par conséquent affranchi des stimulations qui l'obligent à se contracter, il reste passif ou se livre tout au plus à quelques mouvemens vermiculaires incapables de produire les frottemens supposés. C'est un fait que nous avons plusieurs fois vérifié sur les animaux. Accordons pour un instant la réalité de ce principe erroné, quelles conséquences peut-on désormais en inférer, lorsque nous démontrons par l'expérience qu'en éloignant les parois gastriques au moyen de l'eau distillée, de l'air ou d'un autre gaz, on détruit la possibilité de ces prétendus frottemens immédiats sans diminuer en aucune manière le sentiment de la faim ?

Pression des nerfs gastriques.—Les auteurs de cette hypothèse ont imaginé que les contractions de l'estomac, pendant son état de vacuité, fronçaient la membrane muqueuse de ce viscère, comprimaient péniblement les nerfs qui s'y distribuent, et que cette influence mécanique présentait la cause essentielle de la faim. Les faits viennent encore témoigner de la nullité d'une semblable théorie. En effet, le prétendu froncement des membranes gastriques se réduit à la formation de quelques rides nécessitées par le défaut de rétractilité de la muqueuse, comparativement à celle de la musculeuse, mais se montre toujours insuffisant pour effectuer la pression admise; d'un autre côté, en supposant même la réalité de cette influence, ne savons-nous pas qu'il suffit de comprimer les nerfs d'une partie pour y déterminer l'engourdissement, loin d'en exalter la sensibilité; enfin lorsque l'estomac est rempli d'alimens très-solides, cette pression ne devient-elle pas supérieure à celle qu'il est permis de supposer dans l'état de vacuité? Le sentiment de la faim devrait donc s'éveiller plutôt dans la première que dans la seconde circonstance.

Irritation de la muqueuse gastrique par le fluide pancréatico-biliaire. — Dans cette hypothèse on admet en principe que pendant l'état de vacuité des cavités gastro-duodénales, un mouvement antipéristaltique s'établit de la seconde vers la première, en faisant refluer dans celle-ci une quantité variable de bile et de fluide pancréatique, d'où résulte une impression particulière qui n'est autre chose que le sentiment de la faim. La base de cette supposition est essentiellement ruineuse. En effet, le reflux habituel de l'humeur pancréatico-biliaire dans l'estomac est encore à démontrer pendant l'état normal, et nous pouvons assurer d'après l'observation qu'il ne s'effectue bien positivement que dans les irritations duodénales ; en accordant même le principe comme démontré, la théorie que nous examinons croulerait encore de toutes parts. Ainsi lorsque le fluide pancréatique et la bile sont versés dans la cavité gastrique sous l'influence de la duodénite par exemple, ne voit-on pas au nombre des premiers et des principaux symptômes le dégoût porté jusqu'à la nausée, jusqu'à l'horreur des alimens. Comment dès-lors admettre que la même cause puisse déterminer des effets aussi diamétralement opposés ? On ne citera plus sans doute à l'appui de cette hypothèse la disposition exceptionnelle que présentait l'estomac du galérien observé par Vésale, et dont on expliquait la grande voracité par le dépôt immédiat de la bile dans l'estomac au moyen d'une branche du canal cystique directement ouverte sur la muqueuse de cet organe. D'une part ce fait ne semble pas très-authentique, de l'autre, il serait absolument impossible d'en admettre les conséquences d'après les observations que nous venons de présenter. En suivant les mêmes idées on avait encore imaginé que les animaux étaient d'autant plus gloutons, que chez eux le conduit biliaire s'ouvrait plus près de l'estomac. Des rapprochemens plus nombreux et surtout plus exacts faits par M. Cuvier ont complétement détruit cette nouvelle hypothèse de physiologie comparée, qui devait servir de base à la théorie dont nous venons de prouver la futilité.

Absorption locale et substantielle. — Dumas, premier auteur de cette opinion, attribue le sentiment de la faim à l'action des bouches absorbantes sur la substance même de l'estomac, aucun autre corps ne s'offrant à leurs attaques pendant l'état de vacuité de cet organe. Il assure avoir trouvé chez plusieurs animaux, frappés d'inanition, la muqueuse gastrique évidemment corrodée, altération qu'il attribue à l'influence des absorbans. Hunter avait déjà fait la même observation sur un sujet de notre espèce mort d'abstinence. Dans ces derniers tems, MM. Leuret et Lassaigne, ayant tué plusieurs chiens après les avoir entièrement privés d'alimens pendant quelques jours, ont trouvé les villosités gastriques rouges, tuméfiées ; sur plusieurs autres qu'ils ont fait mourir de faim, ces villosités étaient affaissées, la muqueuse corrodée sensiblement surtout vers le pylore.

Si l'on examine ces faits avec attention il paraît au moins douteux que les ulcérations de la muqueuse aient été le résultat d'une action destructive des absorbans dans l'état normal ; il semble beaucoup plus rationnel d'attribuer ces désordres à l'inflammation dont la muqueuse gastrique est devenue le siége. Dans l'hypothèse contraire, cette absorption ayant lieu sur toutes les surfaces libres, et particulièrement sur celle de l'intestin grêle, c'est plus spécialement dans ce point que devraient se manifester le sentiment de la faim et consécutivement les ulcérations comme résultat d'une abstinence prolongée. Comment d'ailleurs concilier avec cette même théorie la cessation momentanée de l'appétit après le tems ordinaire des repas; la persistance de cet appétit lors-même que l'estomac est rempli d'alimens réparateurs, comme on le voit dans certaines gastralgies; l'impossibilité d'en arrêter le développement par la présence d'un liquide fournissant des élémens à l'absorption, mais n'offrant aucun caractère nutritif; la suspension de ce même sentiment par l'opium, par l'influence mécanique d'un corps solide et réfractaire à l'action des absorbans gastriques etc.?

Attention de l'âme. — Platon, Sthal et tous les animistes reconnaissant le principe immatériel comme première cause de tous les phénomènes vitaux, imaginèrent d'expliquer la faim par une action spéciale de l'âme dirigeant toute l'attention des forces organiques vers l'estomac pendant son état de vacuité, pour avertir l'animal du besoin de la réparation. Cette hypothèse est encore essentiellement erronée dans son principe et dans ses conséquences. En effet, nos sensations reconnaissent trois origines : 1° Un besoin intérieur de l'économie, *sensations instinctives*; 2° l'action d'un modificateur physique ou chimique appliqué à nos organes, *sansations externes, générales, spéciales*; 3° le souvenir d'une impression antérieurement reçue, *sensations par réminiscence*. Dans les deux premiers cas l'âme est étrangère à la production de ces mêmes impressions qu'elle perçoit, mais dont elle ne peut effectuer la détermination; dans le troisième, en supposant au principe immatériel une certaine coopération, il est impossible d'en inférer aucune conclusion applicable au sentiment dont nous parlons et que l'on ne cherchera sans doute jamais à placer dans cette catégorie. D'un autre côté si l'on pouvait admettre la réalité de cette cause principale de la faim, il faudrait en même tems convenir des erreurs fréquentes échappées à l'âme , lorsqu'exprimant des appétits morbifiques elle nous porte à prendre des alimens non seulement inutiles mais encore actuellement nuisibles à l'économie.

Irritation de l'appareil nerveux gastrique. — Pour bien comprendre la nature et les causes de la faim , il est indispensable de ne pas confondre, avec quelques auteurs, le besoin qui la détermine et le sentiment instinctif qui s'éveille à l'occasion de ce même besoin. En effet pendant la faim normale, c'est dans l'organisme tout entier que naît le besoin de réparation ; c'est dans un point circonscrit de l'appareil digestif que ce besoin s'exprime par un appétit spécial. Dans la faim artificielle ou morbifique, le besoin n'existe pas, et cependant l'appétit se prononce avec énergie, souvent même de manière à subjuguer la raison qui s'oppose aux funestes conséquences d'une alimentation aussi dangereuse. Nous trouvons donc évidemment dans la faim deux conditions que l'on peut, que l'on doit même quelquefois isoler, 1° l'occasion de *l'appétit* (le besoin de réparation dans l'état normal, l'excitation artificielle ou morbifique dans l'état anormal ;) 2° *l'appétit lui-même,* (sentiment instinctif dont le développement se trouve excité par l'une ou l'autre de ces modifications organiques.) En partant de cette distinction aussi simple que naturelle, il est désormais facile d'exposer clairement le principe et les caractères de la sensation que nous étudions.

La faim est un sentiment spécial qu'il est difficile de bien apprécier sans l'avoir éprouvé. Si nous recherchons la nature et l'origine de cet appétit, les faits nous montrent un phénomène d'innervation particulière, s'éveillant, à l'état normal, sous l'influence d'un mouvement sympathique directement lié au besoin de la réparation. Ainsi toutes les modifications vitales susceptibles d'augmenter les pertes organiques, telles que l'exercice, les évacuations abondantes, les déplétions sanguines etc. développent ce même sentiment et le rendent plus impérieux. L'abstinence rigoureuse et prolongée détermine dans tout le système nerveux une irritabilité, un agacement très-remarquables. Les agens susceptibles d'abaisser et d'engourdir la sensibilité générale, diminuent l'intensité de la faim, comme on l'observe dans l'administration de l'opium ; des résultats analogues se manifestent pendant le sommeil, de là cet adage vulgaire, *qui dort dîne*. Les abstractions profondes et les distractions soutenues, en agissant à la manière des dérivatifs, éloignent, suspendent même quelquefois entièrement cet appétit ; le savant absorbé dans les méditations du cabinet, le joueur exclusivement occupé du gain qu'il espère ou de la perte qu'il craint, passent un tems souvent très-long sans éprouver les impulsions de la faim. Au milieu des circonstances habituelles de la vie, nous la voyons se reproduire à des intervalles à peu près égaux et dont l'habitude règle souvent la périodicité. Enfin Bacon nous apprend qu'un homme supporta, sans incommodité, une abstinence de plusieurs jours avec la seule précaution de flairer un mélange de plantes aromatiques ; c'est ainsi qu'il faut expliquer le soulagement éprouvé par Démocrite lorsque sa sœur lui faisait respirer la vapeur du pain chaud. Tous ces faits et ceux que nous pourrions citer encore démontrent positivement que cet appétit rentre dans la catégorie des sensations ; cette vérité recevra son dernier degré d'évidence par les considérations relatives à la nécessité de localiser ce même appétit.

2° SIÉGE DE LA FAIM. —Les auteurs ne sont pas d'accord sur le point de l'économie vers lequel se manifeste plus spécialement le sentiment instinctif qui nous avertit du besoin de prendre des alimens solides. Les uns l'ont placé dans tous les organes, d'autres dans le cerveau, d'autres enfin dans l'estomac.

Dans tous les organes. — Si le siége de la faim existait simultanément dans toutes les parties de l'organisme, son développement n'offrirait plus aucune précision, aucune connexion spéciale avec l'appareil digestif, et par cela même qu'elle serait plus diffuse dans l'économie vivante, elle deviendrait moins impérieuse et moins appropriée par ses impulsions. D'un autre côté ce même sentiment ne pourrait être détruit qu'après la satisfaction entière du besoin qu'il exprime, dès-lors seulement par l'importation du chyle dans tous les tissus. Or l'expérience nous démontre que la faim cesse immédiatement après l'ingestion des alimens dans la cavité de l'estomac; il est même possible d'obtenir ce résultat par des substances entièrement réfractaires à l'action de cet organe. Les auteurs de cette hypothèse ont donc évidemment confondu le besoin de la réparation, qui se trouve en effet dans toutes les parties vivantes, et l'expression de ce besoin par un appétit dont le siége est assez positivement limité.

Dans le cerveau. — Si l'on veut ici parler de cet appétit factice qui nous porte souvent à prendre des alimens par cela seul qu'un raisonnement vicieux, établi sur des raffinemens de sensualité, sur des nécessités imaginaires, en fait naître le désir, nous admettrons cette idée. Mais il est évident qu'une telle modification physiologique n'est point la faim normale, qu'il existe ici volonté de prendre des alimens sans détermination véritablement instinctive; aussi pouvons-nous, par la force d'une raison exercée, vaincre ces impulsions que le besoin réel n'a pas fait naître, tandis qu'il n'en est pas de même, lorsque cet appétit exprime la nécessité d'une réparation impérieusement exigée; aussi les alimens pris sous la première influence ne sont-ils qu'imparfaitement élaborés, les organes digestifs, l'estomac plus spécialement, ne se trouvant point disposés à l'exercice par l'érection préparatoire qu'y développe naturellement la faim. Il est évident que les auteurs de cette hypothèse, en assignant ainsi le siége du sentiment qui nous occupe, ont confondu *l'impression* et la *sensation*. La première existe positivement dans un point de l'appareil digestif que nous allons déterminer ; il en devait être ainsi, puisqu'elle préside à l'exercice de l'importante fonction dont cet appareil est chargé ; la seconde ne peut être intellectualisée que dans le cerveau, comme toutes les autres sensations, et c'est à ce titre seulement qu'il serait permis d'adopter une semblable opinion ; alors il ne s'agirait plus de la faim proprement dite, mais seulement du résultat qu'elle produit sur l'être intelligent et sensible, et le siége essentiel de cet appétit resterait encore à déterminer.

Dans l'estomac. — Les faits les plus positifs, les observations les plus exactes, les raisonnemens les mieux suivis s'accordent pour démontrer que la faim a son siége particulier dans l'estomac, plus spécialement encore dans le système nerveux ganglionaire de cet organe. Là s'éveille ce sentiment instinctif pour se concentrer dans le foyer du même appareil d'où partent les irradiations sympathiques dont ce besoin prolongé peut devenir l'occasion. Démontrons d'abord ces vérités, nous en ferons ensuite l'application physiologique.

En s'observant soi-même avec attention pendant l'abstinence, on distingue bien positivement la faim de toute autre sensation, et l'on s'aperçoit aisément qu'elle répond au centre épigastrique. Cet appétit disparaît immédiatement après l'ingestion des alimens dans l'estomac, ou même par l'action mécanique d'une substance inerte sur

les parois de ce viscère. On cite à cette occasion des faits
assez remarquables. Les chevreuils aiment beaucoup une
matière minérale nommée beurre de roche ; les loups, dans
l'impossibilité de se procurer des alimens, avalent souvent
de la terre glaise. M. de Humbold rapporte que des peuplades sauvages d'Amérique, d'Afrique, de Sibérie, de la
nouvelle Hollande, que les Ottomaques habitant les bords
de l'Orénoque, ont la précaution, pendant les disettes
prolongées, de lester leur estomac avec une espèce d'argile
lithomarge dont ils ingèrent une ou deux livres chaque
jour dans leur cavité gastrique, sans autre précaution
que d'humecter et de faire ensuite légèrement chauffer
cette pâte minérale. Géorgé dit que, pressés par la nécessité, quelques Sibériens introduisent dans leur estomac une espèce d'argile ferrugineuse. M. Moreau de
Joannes assure que les nègres des Antilles mangent
une terre qui semble avoir été vomie par les anciens
volcans ; et que ceux qui peuplent l'embouchure du Sénégal remplacent le beurre, pour la préparation du riz,
par une terre ocreuse et grasse. D'après le témoignage
de M. Labillardière, les sauvages de la nouvelle Calédonie font disparaître le sentiment de la faim en avalant
une espèce de stéatite verte, contenant de la magnésie,
de la silice et de l'oxyde ferrugineux. On donne à ces
individus le nom de *géophages.* Dans tous ces exemples,
nous voyons les corps mis en rapport avec l'estomac
n'offrant absolument rien de nutritif, agissant méca-
niquement et d'une manière exclusive sur cet organe,
faisant taire momentanément l'appétit qui préside à
l'exécution des premiers phénomènes digestifs.

On provoque la faim, on la soutient au-delà du
besoin des réparations exigées, en changeant d'aliment,
en excitant la muqueuse gastrique par des assaisonnemens
appropriés. Le résultat de ces moyens artificiels nous

offre d'une part le grave inconvénient de solliciter l'ingestion d'alimens nuisibles soit par leur quantité, soit par leur nature et leur digestibilité différentes; de l'autre, il nous indique l'estomac pour siége de l'appétit que nous étudions.

L'abstinence prolongée détermine constamment, dans tout le système nerveux, une susceptibilité, un agacement plus particulièrement éprouvé à l'épigastre qui devient le foyer d'une chaleur et même d'une irritation avec rougeur et turgescence de la muqueuse digestive dans cette région; circonstance également très-remarquable sous le rapport de la pathologie, puisqu'elle nous indique les graves inconvéniens de la diète absolue dans les gastralgies et même dans les gastrites, surtout chez les sujets très-nerveux.

Les excitations, même sympathiques de l'estomac, déterminent la faim souvent même avec un développement supérieur au besoin de la réparation; ainsi l'action modérée du froid sur la muqueuse bronchique et plus spécialement sur la peau, conduit à ce résultat, comme il est aisé de s'en convaincre en observant l'augmentation de l'appétit après une promenade sur l'eau, après un bain frais, en comparant sous ce rapport l'influence de l'hiver, des pays septentrionaux, à celle de l'été, des régions équatoriales.

Les alimens insipides et tièdes, en émoussant l'irritabilité gastrique, produisent immédiatement la satiété, comme on l'observe après l'usage du lait chaud, des mucilagineux, des gommeux etc. Le tabac, les boissons alcoholiques dont l'effet définitif est la torpeur et l'engourdissement du système nerveux en général, de celui de l'estomac en particulier, offrent des résultats analogues par les abus de leur emploi. Ainsi les fumeurs et les grands buveurs sont presque tous affectés d'anorexie. Les narcotiques en exerçant une influence beaucoup plus positive encore sur l'appareil sensitif, entraînent sous ce rapport des conséquences bien mieux caractérisées; ainsi l'on fait aisément taire le sentiment de la faim, avec un ou deux grains d'extrait aqueux d'opium ingérés dans la cavité gastrique. Cette connaissance peut être souvent utilisée dans les différentes altérations du tube digestif.

Enfin les expérimentateurs ont ajouté le dernier caractère d'évidence à la démonstration, en prouvant par des faits incontestables que la ligature ou la section du nerf pneumo-gastrique, un peu au-dessus de l'estomac, détruisent complétement la faim. Willis, Baglivi, Haller, Valsalva, Dumas, le Gallois, Chaussier, de Blainville etc. Ayant effectué cette ligature, même dans la région cervicale, ont observé le résultat que nous venons d'indiquer. MM. Leuret et Lassaigne, dans leur beau travail sur la digestion, sans émettre une opinion bien prononcée, ne partagent pas celle que nous venons de signaler. Deux pouces de l'étendue des nerfs vagues ayant été enlevés sur des chevaux, ces animaux ont mangé comme dans l'état normal, seulement avec cette circonstance bien remarquable dans le problème à résoudre, qu'ils n'ont pas cessé de prendre des alimens alors même que l'estomac s'en trouvait rempli outre mesure. Ces expérimentateurs en concluent que l'appétit n'a pas éprouvé d'altération par la section du nerf pneumo-gastrique, et ne paraissent point éloignés d'admettre que cette sensation existe aussi dans les intestins qui reçoivent exclusivement leurs nerfs du système ganglionaire. Nous pensons que ces faits démontrent au contraire que les animaux, continuant à manger dans cette expérience, après la réplétion entière de l'estomac, n'éprouvent dès-lors en aucune manière le sentiment de la satiété qui, dans l'état normal, bornait la préhension des alimens indiqués par l'appétit. Si l'un de ces régulateurs instinctifs se trouve détruit par la section du nerf vague, pourquoi n'admettrait-on pas le même résultat pour l'autre dont l'existence devient alors un problème? En effet les animaux soumis à cette opération mangent les substances qu'on leur présente sans éprouver la satisfaction du besoin. N'est-ce pas une preuve assez positive que ce besoin n'est plus exprimé par le sentiment de la faim, et que ces animaux prennent, sans dégoût et sans appétit, les alimens qui leur sont fournis? Ainsi les expériences de MM. Leuret et Lassaigne, loin d'être contradictoirement admissibles, deviennent confirmatives de toutes celles qui les ont précédées sur le même objet. Ces résultats ne sont point d'ailleurs exclusivement relatifs à la faim, puisque, sous la même influence, la soif, l'appétit de la respiration les offrent également. En effet, après la section du nerf pneumo-gastrique, les animaux boivent et respirent automatiquement; M. Brachet s'est assuré plusieurs fois que l'on pouvait dans ce cas les asphyxier sans opposition, ces animaux n'éprouvant plus le besoin impérieux de respirer.

D'après tous ces faits et toutes ces considérations physiologiques nous pensons que la faim est un sentiment instinctif, un phénomène essentiellement nerveux; ayant son siége particulier dans l'estomac; naissant ordinairement à l'occasion d'un besoin alimentaire constitutionnel dont l'expression se localise dans cet organe, *faim réelle*, *physiologique*, *normale* ; se trouvant quelquefois déterminé par une excitation directe du même viscère, *appétit factice*, *illusoire*, *morbifique*. Nous voyons ce même sentiment, quel que soit son influence productrice, offrir les caractères généraux et les modifications spéciales de tous les autres phénomènes également nerveux; s'exaltant par l'action des causes qui portent l'irritabilité gastrique au dessus de l'état naturel; s'affaiblissant par les agens opposés; cédant à ceux qui neutralisent positivement cette irritabilité. Nous concevons actuellement pourquoi la faim est immédiatement calmée par l'ingestion des alimens dans l'estomac; pourquoi ce premier résultat s'obtient avec des substances réfractaires, comme avec des alimens réparateurs; toutefois avec cette particularité remarquable que l'appétit se trouve momentanément suspendu pour le premier cas, tandis qu'il est définitivement détruit pour le second; les substances indigestes pouvant, comme les alimens, déterminer sur l'estomac une impression mécanique, développer un travail particulier, changer le mode d'irritation, tandis que ces derniers seuls amènent, pour un tems, la destruction de la cause générale de cet appétit en satisfaisant aux exigences des besoins organiques; aussi voyons-nous la faim renaître nécessairement chez les sujets qui n'ont à leur disposition que des alimens peu nutritifs, et chez ceux qui se trouvent affectés d'engorgemens du mésentère; la rénovation matérielle n'étant jamais suffisamment effectuée, chez les uns, en raison du peu de chyle produit, chez les autres, en conséquence des obstacles apportés à l'introduction de ce dernier dans le torrent circulatoire.

3° RÉSULTATS DE LA FAIM NON SATISFAITE. — Les phénomènes dont la faim s'accompagne, lorsque le besoin qu'elle indique n'est pas satisfait, doivent être distingués en *locaux* et *généraux*; les premiers, directs et relatifs à l'estomac, se manifestent spécialement dans cet organe; les seconds indirects se développent sympathiquement dans toute l'économie individuelle.

Phénomènes locaux. — L'estomac, débarrassé par ses contractions péristaltiques de la masse alimentaire qu'il a chymifiée, présente une augmentation notable dans l'épaisseur de ses parois, une diminution progressive dans sa capacité. Ce double changement est produit par la rétraction des membranes gastriques, mais avec des modifications particulières à chacune d'elles. Ainsi la séreuse, libre d'adhérences dans sa plus grande étendue, éprouve plutôt un déplacement, un changement de rapports avec les autres qu'un véritable retour ; la musculeuse essentiellement contractile, agent principal de ce mouvement, l'imprime aux deux autres sous l'influence de cette propriété ; enfin la muqueuse, jouissant d'une rétractilité beaucoup moins développée, se ride sensiblement dans toutes les directions opposées à celles des fibres de la musculeuse ; dans cet état de vacuité, les sécrétions gastriques perspiratoire et folliculaire sont à leur minimum de développement. Après un tems variable de dix à douze heures, les villosités de l'estomac sont érigées rouges, tuméfiées, disposition bien suffisante pour nous expliquer le sentiment de chaleur et d'irritation dont cet organe devient alors le siége, et nous démontrer encore la réalité de la théorie que nous avons admise relativement à la faim. Lorsque la mort survient, après six, douze, vingt ou trente jours d'abstinence complète, on trouve ces villosités affaissées, la muqueuse détruite dans plusieurs points, surtout vers le pylore ; plutôt, comme le font observer MM. Leuret et Lassaigne, par *corrosion* que par *ulcération*. Plusieurs physiologistes et notamment Chaussier, ont admis pendant la vacuité de l'estomac un changement de circulation dans cet organe. Leurs explications peuvent être réduites aux termes suivans : « Pendant l'état de réplétion gastrique, les vaisseaux qui se ramifient dans les membranes de ce viscère, étendus et développés offrent une circulation plus libre et plus facile ; une proportion plus considérable de sang arrive à ce même viscère dans un tems donné ; des sécrétions plus actives, plus abondantes s'établissent à sa surface muqueuse, dispositions bien favorables à la chymification. Pendant l'état de vacuité, les mêmes vaisseaux repliés en divers sens par la rétraction des membranes qu'ils parcourent, ne livrent plus un passage aussi aisément effectué par leurs canaux tortueux; le surplus du sang qui devait se rendre à l'estomac reflue vers le foie, la rate, le pancréas et les épiploons qui reçoivent leurs artères du même tronc; les sécrétions gastriques sont beaucoup moins développées. » Quelques-uns des partisans de cette opinion ont été jusqu'à vouloir comparer, dans leurs allégories poétiques, « l'estomac aux plaines fertiles de l'Egypte, la rate et les épiploons au lac Méris. » Leur théorie séduisante au premier aspect n'offre qu'une base essentiellement ruineuse. En effet, comme le démontre Bichat, la plupart des vaisseaux destinés aux parois gastriques se trouvant placés, dans la majeure partie de leur trajet, entre les tuniques séreuse et musculeuse, suivant les déplacemens de la première, n'éprouvent point toutes les incurvations que l'on avait imaginées pendant la rétraction de l'estomac. En supposant même la réalité de ces incurvations il resterait à démontrer, contradictoirement aux belles expériences de notre immortel physiologiste, que les flexuosités artérielles retardent la progression du sang. D'un autre côté nous admettons que ce fluide circulatoire parvient à l'estomac en proportion beaucoup plus considérable pendant l'état de plénitude que dans l'état de vacuité de cet organe, mais il nous paraît impossible d'expliquer ce phénomène par la théorie mécanique dont nous venons de parler; il est évident au contraire que ces dispositions tiennent à la présence d'une forte excitation dans le premier cas, à son absence dans le second, d'après cette grande loi physiologique : *Ubi stimulus ibi fluxus.*

Phénomènes généraux. — L'estomac offrant l'un des principaux foyers de vitalité, le premier organe essentiel aux actions réparatrices de notre économie, doit éveiller, dans toute la constitution, des phénomènes sympathiques proportionnés aux modifications qu'il éprouve lui-même sous l'influence de la faim. Après s'être développé d'une manière graduée, après avoir été pressant, impérieux, cet appétit diminue progressivement, disparaît et se trouve remplacé par un sentiment de fatigue et d'anxiété ; le désir des alimens n'existe plus et le besoin de la réparation est exprimé bien plutôt par la vacuité de l'estomac, la faiblesse, l'inanition générales, que par le sentiment instinctif naturellement affecté à la manifestation de ce même besoin. L'absorption en général, les absorptions pulmonaire et cutanée en particulier, sont notablement augmentées. Les vaisseaux chargés d'effectuer cette importante fonction cherchent alors dans les parenchymes, aux surfaces libres, des matériaux réparateurs que les chylifères ne trouvent plus dans le tube digestif. Ces résultats nous expliquent la facilité avec laquelle nous saisissons dans l'atmosphère les élémens nuisibles qui peuvent s'y rencontrer ; le danger de fréquenter à jeun les amphithéâtres, les hopitaux, les prisons, tous les mouvemens organiques s'effectuant alors de la circonférence au centre ; ils nous font comprendre la maigreur qui nécessairement accompagne les abstinences prolongées, les principaux phénomènes de la nutrition s'effectuant aux dépens de la graisse logée dans les aréoles du tissu adipeux. Les fluides les plus acrimonieux tels que l'urine, la sueur, la bile, après avoir cédé leur véhicule, sont importés dans le torrent circulatoire, excitent le cœur et tout l'organisme, provoquent une réaction fébrile générale. Devenu le foyer de toutes les irradiations, le centre nerveux ganglionaire commande au centre nerveux encéphalique; l'instinct alors indomptable maîtrise la volonté, la raison, domine toutes les facultés; il n'existe plus désormais qu'un désir celui des alimens, qu'une idée fixe, la nécessité d'exercer les organes digestifs; toutes les impulsions de l'économie tendent vers ce but exclusif. Les animaux les plus timides abandonnent leur caractère naturel, bravent les dangers pour satisfaire à ce besoin pressant. On a vu dans ces terribles épreuves des hommes, des amis se déchirer mutuellement, des mères dévorer leurs propres enfans pour assouvir cette épouvantable faim. Il suffit de lire quelques détails des scènes affreuses dont le radeau de la Méduse offrit le théâtre pendant son isolement, pour se former une idée précise de toutes les fureurs inouies dont cet impérieux sentiment peut alors fournir l'occasion. Au milieu de ces horribles convulsions du désespoir, les facultés intellectuelles s'aliènent, l'œil devient étincelant, hagard, la bouche écumeuse; les traits de la face profondément altérés, expriment les plus cruelles angoisses; une sorte de rage, de délire frénétique s'empare du sujet; l'abattement succède à cette exaltation, et la mort s'empresse de mettre un terme à l'effrayant tableau que nous venons d'esquisser. Haller prétend que les tissus fibreux offrent alors un brillant argentin, que les cadavres produisent des lueurs phosphorescentes; cette opinion sera facilement adoptée par ceux qui pensent que le développement du phosphore indique le dernier degré de l'animalisation.

DE LA SOIF.

La soif, δίψα des grecs, *sitis* des latins, *altération* des français, peut être définie : *Sentiment instinctif qui nous avertit du besoin de prendre des boissons.* Cet appétit, bien différent de la faim par les dispositions qu'il indique, s'en éloigne également par sa nature, son siége, par les causes qui le font naître, les résultats qu'il produit et les moyens auxquels on le voit ordinairement céder. La soif, de même que la faim, peut être naturelle ou factice.

La soif est naturelle toutes les fois qu'elle se manifeste à l'occasion d'un principe irritant, salin, acrimonieux, importé dans le torrent circulatoire, ou d'une déperdition séreuse considérable; aussi ne peut-elle être calmée d'une manière définitive, qu'en faisant arriver par l'absorption, des fluides aqueux assez abondans pour mitiger, dans le premier cas, les matériaux excitans, èt réparer, dans le second, les pertes lymphatiques supportées par l'économie.

La soif est au contraire factice lorsqu'elle reconnaît une cause locale dont l'action se concentre sur l'arrière-bouche et le pharynx, les fluides circulatoires offrant alors une assez grande proportion de sérosité. Ainsi tout agent susceptible d'irriter la muqueuse bucco-pharyngienne, d'y suspendre les sécrétions perspiratoire et folliculaire, déterminent cet appétit avec plus ou moins d'énergie; c'est ainsi qu'agissent les boissons alcoholiques, la respiration d'un air chaud, les alimens salés, fumés, épicés, etc. Mais alors ce même sentiment disparaît sous l'influence des moyens propres à dissiper l'irritation locale, à rétablir dans leur type physiologique les sécrétions suspendues, sans qu'il soit nécessaire d'introduire des fluides aqueux dans le torrent circulatoire ; ici le besoin est circonscrit et peut être satisfait par un moyen local; là ce besoin est général et ne cédera dès-lors qu'à l'action d'un modificateur susceptible d'influencer toute l'économie. C'est en conséquence de ces dispositions que les boissons aqueuses, dont l'utilité devient incontestable dans la soif naturelle, offrent souvent des effets très-nuisibles, abondamment employées d'après les indications d'une soif artificielle ; dans le second état, il suffit de calmer le sentiment qui se manifeste alors indépendamment du besoin qu'il doit naturellement exprimer; dans le premier, il faut non seulement détruire le sentiment instinctif, mais encore satisfaire le besoin général dont cet appétit est l'interprète; dans l'un, on dissipe la soif sans boisson ; dans l'autre, les moyens locaux peuvent seulement la tromper mais jamais la détruire. Pour bien comprendre les modifications de la soif nous étudierons successivement : 1° *Sa nature ; 2° son siége ; 3° ses causes; 4° les moyens de la calmer ; 5° ses résultats lorsqu'elle n'est pas satisfaite.*

1° NATURE DE LA SOIF. — Pour éclairer convenablement l'histoire de cette importante modification physiologique, il est indispensable d'y bien distinguer le besoin de l'organisme et le sentiment qui devient l'expression de ce même besoin. Ce dernier, lorsqu'il est naturel, siége constamment dans l'économie tout entière ; le sentiment qui l'indique est au contraire d'abord localisé; tous les phénomènes généraux qu'il peut occasionner deviennent sympathiques et consécutifs. Il ne s'agit plus, comme dans la faim, d'une excitation purement nerveuse que l'on puisse diminuer ou suspendre par les narcotiques et les dérivatifs; qui s'affaiblisse par le tems, et reprenne ensuite une activité nouvelle. Dès que le sentiment de la soif se manifeste, il se montre par degrés engageant, pénible, pressant, impérieux; on peut avancer, d'après les faits, qu'il offre par sa nature, dans un point déterminé de la muqueuse digestive, une irritation plus ou moins intense, effectuée sympathiquement à l'occasion du besoin général des fluides, *soif naturelle*;

ou directement par un agent local de cette modification physiologique, *soif artificielle.*

2° SIÉGE DE LA SOIF. —— Les opinions des physiologistes sont encore divergentes relativement à cet objet. Dumas partant de ce principe vrai, que l'application, à la surface cutanée, de linges imprégnés d'eau, fait disparaître la soif, infère une conséquence fautive, en ajoutant que ce fluide agissant d'abord sur les vaisseaux absorbans pour calmer le sentiment pénible dont ils sont affectés, c'est dans le système circulatoire qu'il faut placer le siége essentiel de cet appétit qui n'est autre chose, d'après notre auteur, qu'une irritation générale de ces mêmes vaisseaux. Il est évident que Dumas confond ici, pour la soif, comme d'autres l'ont fait également pour la faim, le besoin de la réparation avec le sentiment instinctif qui sert à l'exprimer. Le bain, les applications de linges mouillés, en réparant au moyen de l'absorption les pertes lymphatiques de l'économie, en faisant disparaître le besoin de cette réparation, doivent en même tems détruire l'appétit relatif à cet objet sans qu'il soit possible d'assigner le système circulatoire comme siége de cet appétit; surtout lorsque l'expérience nous démontre à chaque instant que les boissons prises par la bouche, ingérées dans l'estomac font taire le sentiment instinctif qui provoque leur emploi, même avant qu'elles aient eu le tems de pénétrer dans les voies de l'absorption. Le besoin des alimens liquides existe par conséquent dans les canaux circulatoires, mais la soif ne peut jamais s'y trouver ainsi généralisée.

Haller fait observer que la bouche, le pharynx, l'œsophage et l'estomac donnent le sentiment du passage des boissons, et pense dès-lors que la soif doit avoir son siége dans toute cette partie du tube digestif. Les faits les plus positifs se réunissent pour démontrer l'erreur de cette opinion. Ainsi pendant la déglutition des fluides aqueux, cette sensation est calmée dès qu'ils ont touché l'arrière bouche. Un corps frais, même solide, maintenu pendant quelque tems dans la cavité buccale, suspend cet appétit. MM. Leuret et Lassaigne, parlent d'un aliéné confié aux soins de M. Royer-Collard, et qui, pendant plus de vingt jours, lutta contre cette impulsion instinctive par la seule précaution de se gargariser la bouche avec de l'eau froide. Si l'on porte directement les boissons dans l'œsophage et l'estomac au moyen d'un tube élastique, la sensation n'est jamais immédiatement calmée. Le sujet pressé par la soif et qui rencontre une source limpide, remplit ses cavités digestives avec une sorte d'entraînement insurmontable; si l'irritation pharyngienne persiste, cet individu boit incessamment, ne s'arrête plus par satiété, mais seulement par la distension des parois gastriques, d'où peuvent résulter le vomissement, des accidens graves et quelquefois la mort. Si la soif avait son siége dans l'estomac, elle serait calmée par la réplétion de ce viscère au moyen des boissons, comme la faim par l'accumulation des alimens dans la capacité de ce dernier.

Hallé, sentant la force et la réalité de ces observations, adopte une erreur opposée en circonscrivant le siége de la soif dans la cavité buccale. Il suffit d'étudier cet appétit sur soi-même, de considérer la sécheresse, la rougeur du voile palatin, du pharynx, pendant cette expression d'un besoin impérieux, de s'assurer que c'est précisément dans ces points que les boissons agissent le plus agréablement, de la manière la plus prompte et la plus efficace pour dissiper ce même sentiment, que la soif naturelle et la soif anormale sont identiques sous le rapport des caractères locaux essentiels, que celle-ci est évidemment le résultat d'une irritation directe effectuée par des modificateurs appliqués sur la *muqueuse bucco-pharyngienne*; il suffit, disons-nous, de rassembler ces différentes preuves de fait, pour démontrer que c'est précisément dans ce point que siége l'appétit chargé d'indiquer le besoin des alimens liquides.

3° CAUSES DE LA SOIF. — Nous rangeons dans cette catégorie toutes les circonstances et tous les modificateurs susceptibles de produire, soit directement, soit sympathiquement, la sécheresse et l'irritation de la muqueuse bucco-pharyngienne. Lorsque la soif est naturelle, en d'autres termes, lorsqu'elle exprime le besoin réel des boissons aqueuses, les causes de son développement ont présenté pour objet essentiel soit d'effectuer une diminution notable dans la proportion des fluides lymphatiques de l'économie, soit d'importer dans le torrent circulatoire des principes âcres, irritans et vénéneux; ces dispositions réclament impérieusement l'introduction des boissons aqueuses: dans l'un de ces cas, pour donner au sang la fluidité nécessaire à son mouvement, à ses fonctions; dans l'autre pour envelopper, étendre ces élémens perturbateurs et les rendre moins offensifs. Dans la première série nous rangeons la chaleur, la sécheresse atmosphériques, les boissons tièdes, sucrées, diaphorétiques, diurétiques, les purgatifs, les exercices violens et soutenus, la suette, les diarrhées séreuses, les diabètes, la plupart des réactions fébriles; soit périodiques, soit inflammatoires, l'anasarque, les hydropisies, les douleurs physiques, les passions violentes etc.; comme prédispositions nous signalerons spécialement le sexe féminin, l'enfance, l'habitation des climats brûlans, un grand nombre de professions, l'influence des saisons chaudes etc. La seconde renferme particulièrement les poisons minéraux, la morsure de plusieurs animaux vénéneux, le tabac à fumer, le thé, le café, les viandes faisandées, les épices, les salaisons, toutes les liqueurs alcoholiques, dont l'usage a le double inconvénient de rendre les fluides circulatoires plus irritans et d'occasionner une déperdition considérable de ces derniers en les portant avec énergie du centre à la circonférence.

Lorsque la soif est au contraire factice, ou si l'on veut lorsqu'elle n'est pas occasionnée par la nécessité d'introduire des fluides aqueux dans l'économie vivante, elle se trouve alors produite par un agent local qui détermine sur la muqueuse bucco-pharyngienne soit une irritation, soit un resserrement des vaisseaux exhalans, avec diminution notable de la perspiration qu'elle présente, et de la sécrétion salivaire dont elle reçoit les produits. Pour le premier de ces résultats, nous trouvons la respiration d'un air chaud, sec, peu renouvelé, comme on le voit dans les grandes réunions, le chant, la déclamation, le jeu des instrumens à vent; de là, certaine réputation des musiciens; l'occlusion des fosses nasales qui force à respirer par la bouche; l'usage des boissons très-fortes ou brûlantes; etc. Pour le second, les gommeux, les mucilagineux qui n'excitent point la sécrétion bucco-pharyngienne; les opiacés qui la suspendent; les astringens, les épices, les salaisons, les acides concentrés qui la neutralisent. MM. Cuvier, de Blainville et quelques autres professeurs de physiologie comparée, signalent un fait qui donne à ces vérités leur dernier degré d'évidence. D'après ces auteurs, on doit considérer, comme une prédisposition organique au sentiment de la soif, l'exiguité de l'appareil salivaire chez plusieurs animaux, et son grand développement dans quelques espèces, comme principale cause de la rareté des impulsions de ce même sentiment. Il est aisé de se convaincre de la réalité de ces observations en comparant le chien, le chat etc., dont l'appareil salivaire n'est pas très-considérable et chez lesquels on voit la soif se reproduire assez fréquemment, au rat, au cochon-d'inde etc., qui présentent ce même appareil dans son plus grand développement, et chez lesquels on observe à peine les manifestations de l'appétit qui provoque l'emploi des boissons.

Si nous recherchons actuellement la raison de cette localisation de la soif dans la bouche et le pharynx, nous la trouvons sans difficulté pour cet appétit factice, puisque c'est précisément sur la muqueuse de ces parties qu'agit l'excitation déterminante; lorsqu'il est naturel, cette question devient moins facile à résoudre. Cependant on comprend encore aisément que la déperdition des fluides lymphatiques, rendant les perspirations beaucoup plus bornées, cette modification doit se faire sentir particulièrement dans la muqueuse bucco-pharyngienne incessamment desséchée par les courans d'air établis pour la respiration; ajoutons que ce lieu ne pouvait être mieux choisi comme siége du sentiment instinctif qui doit exprimer le besoin des boissons, puisque c'est précisément dans ces deux premières cavités digestives que doit se manifester leur action immédiate.

4° MOYENS DE CALMER LA SOIF. — Pour bien comprendre l'action de ces moyens il faut les distinguer en trois ordres principaux : 1° Ceux qui ne peuvent dissiper que le sentiment instinctif sans répondre au besoin qu'il est chargé de manifester; 2° ceux qui calment d'abord la sensation et satisfont ensuite à la nécessité dont elle devient l'interprète; 3° enfin ceux dont l'influence immédiate effectue la réparation des fluides lymphatiques, et ne fait taire l'appétit qu'après avoir entièrement rempli les indications dont il exige l'accomplissement.

Dans le premier ordre, — nous plaçons tous les modificateurs susceptibles, comme on le dit vulgairement, de tromper la soif; tantôt en changeant le mode d'irritation de la muqueuse bucco-pharyngienne; tantôt en rafraîchissant, en humectant cette membrane; tantôt en y rétablissant, par des excitations mécaniques ou chimiques, les sécrétions diminuées ou même suspendues. C'est ainsi qu'il faut expliquer l'action des masticatoires, des pastilles de menthe, de citron etc. En roulant des cailloux dans la bouche on obtient le même résultat par l'augmentation de la sécrétion salivaire. La plupart des voyageurs nous apprennent que les sauvages obligés de parcourir d'immenses déserts sans rencontrer une source pour s'y désaltérer, suspendent momentanément, par ce procédé, la soif qui les dévore. Nous ne devons pas oublier qu'aucun de ces moyens n'étant susceptible d'introduire une molécule aqueuse dans le torrent circulatoire, ils restent sans influence pour satisfaire le besoin dont l'expression sans cesse renaissante ne paraît s'assoupir un instant que pour se réveiller avec une intensité nouvelle. Si l'appétit est factice, alors ces moyens suffisent quelquefois pour le dissiper entièrement; ils peuvent devenir très-utiles dans les maladies où la soif est brûlante et ne doit pas être combattue par des fluides abondans qui deviendraient, dans certains cas, essentiellement nuisibles.

Dans le second ordre, — nous trouvons les boissons aqueuses portées dans l'estomac par la déglutition, présentant ainsi le double avantage de calmer directement la soif en agissant immédiatement sur le siège de cet appétit, et de satisfaire le besoin qui l'éveille en offrant à l'absorption gastro-intestinale des fluides suffisans à la réparation générale des pertes lymphatiques. Ces deux conditions sont tellement essentielles et distinctes, que toute boisson qui ne les remplirait pas ne serait point alors appropriée au rétablissement de l'état normal.

Ainsi les fluides qui n'ont pas la propriété d'exciter suffisamment la muqueuse bucco-pharyngienne, soit pour changer le mode d'irritation, soit pour augmenter l'activité des sécrétions salivaire et perspiratoire, ceux dont l'influence dépasserait les bornes de cette excitation, peuvent bien, après leur absorption, satisfaire le besoin qui fait naître la soif, mais ils sont incapables de calmer directement cet appétit. Il ne faut jamais perdre de vue que les boissons déterminent plutôt ce dernier effet en rétablissant les sécrétions dont nous venons de parler, qu'en humectant artificiellement la muqueuse de la bouche et du pharynx ; aussi les solutions mucilagineuses, gommeuses et sucrées, loin de faire disparaître le sentiment que nous étudions, servent quelquefois à le provoquer. C'est par la même raison que l'eau pure et que tous les fluides à la température de nos parties ne désaltèrent que très-imparfaitement, tandis que les boissons froides et surtout l'eau faiblement aiguisée par un acide, ou légèrement animée par l'alcohol, remplissent entièrement cet objet ; on conçoit également, d'après ces principes vrais, pourquoi l'eau chaude affaiblit davantage la soif que l'eau tiède, en changeant la nature de la sensation ; enfin, pourquoi la même quantité de liquide fait bien mieux disparaître cet appétit en effectuant la déglutition d'une manière lente et soutenue. D'un autre côté, les fluides qui présentent ces dispositions nécessaires, mais qui n'offrent pas une suffisante proportion d'eau, peuvent tromper, suspendre la soif, mais sont incapables de la détruire, laissant exister le besoin dont elle présente incessamment la manifestation ; le vin pur, les sirops, l'éther, les liqueurs, l'alcohol etc. nous en fournissent des exemples.

Dans le troisième ordre, — nous rangeons les fluides aqueux directement importés dans le système circulatoire sans avoir primitivement agi sur le siége essentiel de la soif, comme on le voit dans l'administration des bains, des lavemens, dans l'application des linges mouillés, dans les injections veineuses etc. Ces moyens suivent, dans leur action, l'ordre inverse de ceux que nous venons d'énumérer; ils remplissent d'abord l'indication générale et font taire consécutivement l'appétit local qui servait à sa manifestation. Des expériences de M. Dupuytren démontrent que l'on peut calmer la soif chez les animaux en injectant dans les veines des fluides appropriés, tels que de l'eau, du lait, du sérum etc. Pendant ces injections, les chiens qui s'y trouvent soumis exercent des mouvemens de déglutition et semblent goûter les substances employées dans l'opération. D'autres expériences de Dumas, répétées par les physiologistes modernes, prouvent également que l'on peut arriver au même résultat en appliquant des linges imprégnés d'eau sur les différens points de la surface cutanée. On conçoit tous les avantages de ces importations lymphatiques dans les dysphagies, l'hydrophobie, la gastrite sur-aiguë etc., altérations qui rendent la déglutition des boissons impossible ou dangereuse. L'absorption dermoïde peut-être utilisée dans les voyages maritimes de long cours, lorsque l'eau douce est complétement épuisée, lorsqu'il ne reste pour satisfaire au besoin pressant de la soif que l'eau marine, assez impotable pour que les matelots, dans ces momens urgens, lui préfèrent l'urine comme boisson. Les vaisseaux absorbans, saisissant dans cette eau saumâtre des parties essentiellement lymphatiques, rendent son emploi beaucoup moins nuisible par cette voie. Ce fut ainsi que l'amiral Anson, pendant une longue navigation dans l'Océan pacifique, sauva presque tout son équipage des horreurs de la soif, en faisant porter à ses hommes des vêtemens trempés dans les eaux de la mer.

5° Résultats de la soif non satisfaite. — Le sentiment qui nous avertit du besoin de prendre des alimens liquides, offre un siége assez exactement circonscrit dans la muqueuse bucco - pharyngienne ; ce besoin lui-même, lorsque l'appétit n'est pas satisfait, existe dans tout le système circulatoire ; nous devons par conséquent observer deux ordres de phénomènes : les uns locaux, les autres généraux.

Phénomènes locaux. — Le défaut absolu de boissons au milieu des circonstances capables d'effectuer une déperdition considérable des fluides lymphatiques de l'économie vivante, nous fait bientôt éprouver, dans la muqueuse bucco-pharyngienne, un sentiment pénible de chaleur et d'aridité ; les sécrétions salivaire, perspiratoire et folliculaire de ces membranes diminuent progressivement ; elles ne fournissent qu'une matière visqueuse et gluante qui fixe la langue au palais, apporte les plus grands obstacles à l'articulation des sons ; la bouche reste béante comme pour absorber une plus grande quantité d'air qui modère la soif, lorsqu'il est humide et frais, et qui produit des résultats opposés, lorsqu'il augmente encore la sécheresse du pharynx. Une rougeur d'abord légère, ensuite plus considérable avec gonflement se manifeste dans cette partie. La déglutition, celle des liquides particulièrement, devient plus difficile quelquefois même absolument impossible ; alors se manifeste parfois cette hydrophobie qu'il ne faut pas confondre avec la rage dont elle peut seulement devenir un symptôme ; elle n'indique en effet rien autre chose que l'horreur des liquides, sans doute consécutivement aux souffrances déterminées par leur déglutition lorsqu'elle est encore praticable ; l'inflammation de la muqueuse pharyngienne se développe, fait des progrès plus ou moins rapides et se termine le plus souvent par une gangrène mortelle.

Phénomènes généraux. — Lorsque l'abstinence des boissons est prolongée, l'irradiation morbifique s'opère du pharynx actuellement enflammé, vers les différens points de l'organisme, en déterminant dans les appareils des phénomènes sympathiques, ou consécutifs à la privation des alimens liquides. Les fluides circulatoires n'ayant plus rien à céder, toutes les épurations sont à peu près suspendues. L'urine est rare, brûlante et rouge, les perspirations dermoïde et muqueuse presque nulles ; au contraire, l'absorption s'exerce avec beaucoup plus d'énergie sur les membranes et dans les parenchymes ; les fluides sécrétés, même les plus irritans et les plus âcres, tels que la sueur, l'urine, la bile etc., sont incessamment reportés par les absorbans dans le torrent circulatoire ; de là cette irritabilité constitutionnelle et ces dispositions aux phlegmasies violentes et gangréneuses. L'anxiété générale fait des progrès ; l'impatience devient extrême ; l'exaltation de l'appareil nerveux prend un caractère alarmant ; le regard est menaçant, l'œil rouge, enflammé, la bouche écumeuse, les mouvemens brusques, spasmodiques, involontaires ; les facultés intellectuelles sont perverties ; la fièvre ardente se déclare avec délire sombre et furieux ; des convulsions se manifestent par accès, et la mort la plus cruelle vient ordinairement au troisième ou cinquième jour esquisser le dernier trait de ce tableau déchirant. Les expériences de plusieurs bons observateurs et notamment celles de M. Orfila, montrent le sang d'autant plus dépouillé de sérum, que la soif s'est prolongée davantage ; nouvelle preuve en faveur de la théorie que nous avons admise relativement à cet appétit. Dumas a trouvé, dans les mêmes circonstances, une espèce de dessication des tissus, un épaississement notable des fluides sécrétés; le sang très-dense, coagulé dans le cœur et les principaux vaisseaux ; d'autres ont rencontré des traces positives d'inflammation dans l'encéphale ou ses annexes, dans le péritoine, les intestins, quelquefois même avec gangrène plus ou moins étendue.

Tous les sujets ne supportent pas également la privation des alimens solides et celle des boissons; il existe à cet égard des différences très-importantes à noter. Leur exposition générale sous le titre *d'abstinences* fournira des applications utiles à la physiologie pathologique.

ABSTINENCES. — Nous accordons ce titre à la privation absolue d'alimens solides et liquides au-delà du tems où la réparation doit naturellement s'effectuer. Il semble d'abord que les sujets les plus robustes et les plus vigoureux doivent supporter cette privation avec moins d'inconvéniens; les faits et le raisonnement ne permettent point d'admettre la réalité de cette hypothèse. Des observations exactes prouvent chez l'homme, des expériences bien dirigées démontrent chez les animaux que les sujets les plus jeunes et les plus forts sont précisément ceux qui succombent les premiers aux horreurs de la faim; nous en donnons facilement les raisons physiologiques. Ainsi les alimens étant destinés à la réparation des pertes organiques, leur défaut doit être d'autant moins long-tems et moins facilement supporté que ces pertes sont plus abondantes et la nutrition plus active. Or chez les sujets très-jeunes et très-vigoureux, les mouvemens de composition et de décomposition offrent leur plus grand développement; le besoin de la rénovation matérielle se trouve par cela même plus impérieux et plus difficile à soutenir. Chez les sujets vieux et faibles au contraire, ces pertes étant réduites à leur plus simple expression, les nécessités organiques sont beaucoup moins pressantes et le défaut d'alimentation bien plus supportable. Nous croyons dès-lors pouvoir établir en thèse générale que toutes les circonstances qui déterminent l'activité nutritive et l'accroissement des pertes organiques augmentent le besoin des élémens réparateurs, dont la privation est alors plus promptement nuisible; tandis que celles qui diminuent la vitalité, les mouvemens excrétoires et nutritifs, rendent ce besoin moins urgent et les effets de l'abstinence moins promptement destructeurs. Nous plaçons au nombre des premières la jeunesse, le tempérament sanguin, la force et l'énergie constitutionnelles, la santé, le sexe masculin, l'exercice musculaire, le froid, la sécheresse, les excrétions abondantes etc. ; parmi les secondes, la décrépitude, le sexe féminin, l'état morbide, surtout avec prostration des forces, les tempéramens nerveux, lymphatique, la faiblesse de l'organisme, la vie sédentaire, les chaleurs humides, l'absence des évacuations ordinaires, l'idiotisme, l'imbécillité, la manie, l'hypocondrie etc. Il est aisé, d'après ces principes, de comprendre les affligeans détails que nous présente la mort de ce malheureux comte Ugolin, et toutes ces nuances de l'agonie qui sont devenues pour le Dante l'objet du plus affreux tableau. Ce père infortuné, victime d'une haine implacable, plongé dans un cachot obscur avec ses fils, sans aucun aliment, les voit successivement périr au milieu des tourmens de la faim; les plus jeunes et les plus vigoureux succombent les premiers, il expire lui-même au huitième jour après avoir éprouvé les plus cruels déchiremens de la fureur et du désespoir.

Ces vérités physiologiques ne sont pas seulement relatives à l'homme, elles peuvent encore s'appliquer à tous les êtres organisés, depuis le végétal rudimentaire jusqu'au plus compliqué des animaux. Chez ces différens êtres, plus la vie devient obscure, plus long-tems ils supportent l'absence de toute alimentation. Nous voyons des cryptogames demeurer pendant plusieurs années dans un état de mort apparente, éloignés des agens susceptibles de fournir aux frais de leur nutrition, se ranimer ensuite par le concours des circonstances favorables à cette espèce de réveil. Les insectes à l'état de chrysalides, ne faisant aucune perte, n'ont besoin d'aucune réparation. Les animaux à sang-froid supportent beaucoup mieux l'abstinence que les animaux à sang-chaud ; on a vu des serpens, des lézards, vivre au-delà d'une année, privés de toute substance alimentaire. Nous devons naturellement rechercher le terme après lequel une abstinence rigoureuse doit entraîner la mort chez l'homme. Les effets destructeurs nécessairement liés à la privation d'alimens appropriés se trouvent subordonnés à des modifications tellement nombreuses, qu'il est impossible de résoudre la question d'une manière absolue. On peut avancer toutefois, en général, que dans l'espèce humaine, au milieu des conditions ordinaires de la vie, les sujets périssent du quatrième au douzième jour d'une diète absolue. Nous lisons dans les auteurs beaucoup d'observations d'abstinences prolongées; mais les sujets qui les ont présentées étaient environnés de circonstances exceptionnelles peu susceptibles de servir à l'établissement d'une règle commune. Voici les faits qui nous paraissent les plus remarquables dans ce genre.

Nous avons observé à l'hôpital de la Salpêtrière des femmes affectées de monomanie, qui passaient vingt-cinq ou trente jours dans une abstinence complète, ne rendant, qu'à des intervalles très-longs, une petite proportion d'urine fétide et rouge, quelques matières fécales desséchées ; ces sujets offraient une perspiration cutanée presque insensible, conservaient une immobilité absolue, ne présentaient pas un amaigrissement très-notable.

Mademoiselle E. L., dont nous avons soigneusement recueilli l'observation, craignant vers l'âge de quinze ans le développement d'un embonpoint excessif et commun à plusieurs membres de sa famille, prend fréquemment du vinaigre pur, détruit insensiblement toutes ses facultés digestives, tombe dans un état de marasme et d'hypocondrie, demeure quelquefois plusieurs mois sans offrir aucune excrétion, et sans prendre d'autre aliment qu'un peu de sucre; circonstance qui nous démontre, contre l'opinion de plusieurs physiologistes, que cette substance est nutritive, du moins pour l'espèce humaine.

Devilliers, maître en chirurgie au Mans, parle d'un certain Héon Léauté, religieux de la congrégation de Saint-Maur, qui passait la plupart des carêmes sans boire ni manger.

Chaussier rapporte que des ouvriers, ensevelis dans une carrière humide et profonde, vécurent quatorze jours sans aucun aliment. Lorsqu'on parvint à les débarrasser, on trouva chez eux le pouls très-petit, et la chaleur animale sur le point de s'éteindre complétement. Dans le bulletin d'octobre 1814, le même auteur cite l'histoire d'une fille qui vécut onze ans, ne prenant aucune substance nutritive. On la trouva sur un lit de paille, maigre, pelotonnée à la manière d'un fœtus. Le curé, les notables du lieu, assurèrent que ce déplorable état avait été la conséquence des travaux les plus pénibles, et surtout d'un amour malheureux.

Fodéré nous apprend qu'un enfant d'Albiac, affecté de dysphagie, passa cinquante-cinq jours sans prendre aucun aliment.

Haller a conservé les observations d'une fille noble, sans fortune, et qui, pour dissimuler sa pauvreté, se nourrit exclusivement pendant soixante-dix-huit jours avec du suc de limon ; d'une jeune personne de Brunswick, livrée pendant quatre ans à l'abstinence la plus complète ; d'une fille de Confolens, qui passa le même tems sans manger ; d'une femme nommée Catherine Binderz, qui vécut pendant neuf ans sans aucune alimentation.

On lit dans le troisième volume des Mémoires de l'académie royale des sciences, qu'une jeune fille, âgée de quinze ans, exista depuis le six décembre 1754 jusqu'au vingt juin 1755, sans prendre aucun aliment, aucune boisson. Elle était chlorotique et d'une extrême faiblesse. Dans le dix-septième volume du même recueil on parle d'un jeune adolescent qui, pendant deux ans et demi, ne fit usage d'aucune substance réparatrice ; d'une veuve qui, tombée dans une mélancolie profonde après la perte de son époux, ne prit, pendant six ans, qu'un peu de lait, immédiatement rendu par le vomissement.

Dans les Mémoires de la société royale d'Edimbourg, on cite l'histoire d'une femme valétudinaire qui put exister pendant cinquante ans ne prenant absolument que de l'eau pure et du petit lait.

Le narrateur de la Meuse, août 1826, rapporte que Marie Herbelot, âgée de ving-six ans, d'une belle constitution, issue de parens pauvres, demeurant à Morlay, souffrait depuis quelque tems et paraissait triste. Céphalalgie, renversement des yeux sous les paupières supérieures, convulsions, léthargie profonde. La vie se trouve indiquée seulement par quelques battemens du pouls. Cette jeune fille passe deux cent cinquante jours sans manger, boire, parler et changer de position. Les secours de l'art sont infructueux. L'acuponcture et même le moxa ne produisent aucune douleur. Le 15 juillet 1826, soupirs, mouvemens légers; Marie, dans quelques phrases mal articulées, fait entendre que le jour de l'Assomption, à six heures, elle se levera, suivra la procession. Elle accomplit cette promesse au milieu de cinq à six cents curieux; refuse des alimens, affirme qu'elle n'en prendra que le 20 août. Depuis le 8 septembre 1825, jusqu'au 26 août 1826, cette malade n'a fait usage d'aucune substance nutritive; on l'a surveillée pendant ce tems avec la plus scrupuleuse attention.

La raison n'admet pas d'abord d'aussi étranges exceptions aux lois naturelles qui régissent les êtres vivans. Toutefois avec un peu de réflexion on conçoit, même chez l'homme, que les absorptions muqueuse et dermoïde susceptibles d'importer une grande quantité de matériaux atmosphériques dans le torrent circulatoire, comme on le voit chez les diabétiques par exemple, peuvent suffire aux frais de la réparation et de la vitalité pour ces cas où l'homme rentre dans les conditions obscures du végétal. Haller nous fait judicieusement observer à cette occasion que les sujets de ces exceptions remarquables étaient, pour le plus grand nombre, du sexe féminin, mélancoliques, hystériques, maniaques, insensibles, léthargiques ou stupides etc., que la plupart n'offraient point d'excrétions apparentes, comme on le voit par exemple pour cette Marie Jecnfels qui, pendant une longue abstinence, ne tachait pas même les linges très-blancs mis en contact avec sa peau.

Après avoir établi dans ces considérations les généralités relatives à la digestion, nous devons étudier en particulier les phénomènes qui la constituent par leur ensemble, en les examinant dans les cavités où chacun d'eux vient plus spécialement s'accomplir.

§ V. ÉTUDE DE LA DIGESTION.

Plusieurs auteurs ont admis des digestions *buccale*, *stomacale*, *duodénale*, *intestinale* etc. C'est mal comprendre l'unité de cette importante fonction. Disons plutôt qu'elle résulte de la succession et de l'ensemble d'un certain nombre de phénomènes tendans vers un but commun la formation et l'absorption du chyle.

Toute substance alimentaire solide, pour servir à la réparation organique, doit être : *explorée*, *prise*, *triturée*, *insalivée*, *avalée*, *chymifiée*, *chylifiée*, *absorbée* dans sa partie nutritive, *rejetée* dans ses élémens excrémentitiels etc ; de là chez l'homme et chez les animaux supérieurs, tous les phénomènes digestifs : 1° *Exploration des alimens*, 2° *préhension*, 3° *mastication*, 4° *insalivation*, 5° *déglutition*, 6° *chymification*, 7° *chylification*, 8° *absorption*, 9° *défécation*.

Ces divers phénomènes s'effectuant dans une série de cavités dont l'ensemble forme le canal sinueux étendu chez les animaux, de la bouche à l'ouverture anale, sous le titre de *conduit intestinal*, nous pensons qu'il est en même tems méthodique et naturel d'étudier successivement chacune de ces cavités alimentaires et les différens actes digestifs qui leur sont plus spécialement confiés. En les considérant sous ce point de vue physiologique nous fixons à six le nombre de ces cavités et nous classons de la manière suivante les phénomènes qui leur sont propres. Cavités : 1° *buccale*.—Exploration, préhension, mastication, insalivation. 2° *Pharyngo-œsophagienne.* —Déglutition. 3° *Gastrique.* — Chymification. 4° *Duodénale.*—Chylification. 5° *Intestinale grèle.* —Absorption chyleuse. 6° *Intestinale-*—Défécation.

1ᵉ CAVITÉ BUCCALE.

La bouche, στόμα des grecs, *os*, *bucca* des latins, première cavité digestive de forme à peu près ovale, située à la partie inférieure de la face, comprise entre l'orifice du conduit alimentaire et le pharynx, offre le siége de quatre phénomènes préparatoires : *exploration*, *préhension*, *mastication*, *insalivation*. On la divise en six régions présentant d'avant en arrière : 1° *La supérieure*, la voûte et le voile palatins. 2° *L'inférieure*, un plan musculeux et membraneux, la langue, les conduits excréteurs des glandes sublinguale et sous-maxillaire. 3° *Les deux latérales*, des parois épaisses constituant les joues, et traversées par les excréteurs des glandes parotides. 4° *L'antérieure*, circonscrite par les lèvres, une fente transversale, orifice d'entrée pour le conduit digestif, et susceptible d'un grand développement. 5° *La postérieure*, une ouverture à peu près quadrilatère, bornée supérieurement par le voile du palais, inférieurement par la base de la langue, sur les côtés par les piliers du même voile et par deux colonnes osseuses, les apophyses ptérygoïdes; il résulte de ces dispositions que l'ouverture bucco-pharyngienne, peu susceptible d'une occlusion parfaite, se trouve également incapable d'une grande ampliation. Une seconde enceinte est marquée, dans la cavité buccale, par les arcades dentaires qui circonscrivent, au milieu de cette capacité, un espace à peu près parabolique et spécialement réservé pour la langue. Toute cette première cavité digestive est revêtue par une membrane muqueuse offrant son origine aux lèvres; formant, sous le nom de *freins*, les replis destinés à maintenir ces dernières et la langue dans leurs situations naturelles; se prolongeant aux alvéoles, dans les conduits salivaires, se dirigeant, d'une part, vers le pharynx, de l'autre, dans les voies aériennes sous le nom de muqueuse gastro-pulmonaire. Cette membrane est le siége des sécrétions folliculaire et perspiratoire dont les produits se mêlent à la salive pour dissoudre les alimens.

Les lèvres sont deux voiles membraneux formés extérieurement par la peau, intérieurement par la muqueuse, et, dans leur interstice, par des muscles nombreux donnant à ces voiles une grande mobilité. Ainsi *l'orbiculaire* qui les rapproche en les fronçant de la circonférence au centre ; *les élévateurs* et *les abaisseurs*, qui portent leurs commissures dans ces deux sens; *les zigomatiques* à l'action desquels se rattache leur dilatation etc.

Le voile du palais, adhérent par son bord supérieur à la voûte du même nom, libre et flottant par l'inférieur, offre dans sa composition deux feuillets muqueux, un antérieur appartenant à la membrane buccale, un postérieur, à la pituitaire; entre ces feuillets, des muscles chargés d'effectuer les mouvemens appropriés à ses fonctions; ainsi : *les péristaphylins internes* qui le relèvent sur l'ouverture postérieure des fosses nasales; les *péristaphylins externes* qui le développent transversalement; *le palato-staphylin* qui raccourcit le prolongement nommé *luette*; *le glosso-staphylin* qui, établissant des rapports entre la langue et le voile du palais, forme le pilier antérieur de ce dernier ; le *pharyngo-staphylin* qui unissant le pharynx au voile palatin, constitue son pilier postérieur; entre ces piliers se trouve un espace triangulaire servant à loger un groupe de follicules muqueux improprement nommé *glande amygdale.*

Les joues sont formées par la peau, la muqueuse palatine, des muscles nombreux etc. Parmi ces derniers il faut surtout noter le *buccinateur* qui sert dans la mastication en portant les joues vers la cavité que nous examinons.

Au nombre des autres objets nous trouvons *les glandes salivaires, la langue, les arcades dentaires* qui seront plus spécialement décrites lorsque nous parlerons *de l'insalivation, de la gustation et de la mastication.* Etudions actuellement les phénomènes digestifs effectués dans cette première cavité.

EXPLORATION DES ALIMENS.

Nous désignons par ce terme l'examen auquel presque tous les animaux soumettent les subtances nutritives pour juger, sous ce rapport, leurs caractères utiles ou dangereux. La gustation, évidemment notre premier moyen dans cette exploration, n'est pas le seul que la nature ait mis à notre portée; l'odoration, le toucher, la vision s'y trouvent également employés. Il ne suffit point aux alimens, pour mériter entièrement ce titre, de présenter les matériaux essentiels à la réparation, il doivent encore offrir des caractères et des modifications susceptibles d'exciter agréablement les sens indiqués. Cette vérité, que démontre l'expérience de chaque jour, signale toute l'importance de l'exploration comme phénomène digestif, appartenant aux animaux les plus stupides comme aux plus intelligens, et se trouvant dès-lors au nombre des actions instinctives directement liées à la conservation individuelle.

Chez les animaux supérieurs, les alimens ne sont pris avec plaisir qu'après avoir déterminé des impressions agréables sur le toucher, la vue, l'odorat et le goût. Lorsqu'ils affectent péniblement l'un de ces organes sensitifs, ils sont aussitôt repoussés, en supposant même la perfection de leurs qualités nutritives. Présentez au cheval une eau limpide, mais imprégnée d'une odeur empyreumatique ou rance, il refusera cette boisson lors même qu'elle serait indiquée par un besoin assez pres-

sant; offrez lui du pain qu'il aime naturellement beaucoup, mais après l'avoir imprégné de quelque matière
grasse, l'animal flaire cet aliment et le rejette avec dégoût. Ne voyons-nous pas dans une prairie le ruminant
distinguer instinctivement la plante vénéneuse de l'herbe
nutritive?

Toutefois n'accordons pas à ces facultés exploratrices
des animaux, une prédominance trop marquée sur celle
de l'homme; en effet si dans l'état de civilisation plus
spécialement il apprend à connaître plutôt par tradition
que par instinct les substances délétères et celles qui
peuvent lui servir d'alimens, si le jeune enfant sans expérience commet sous ce rapport des erreurs graves,
les animaux ne sont pas toujours affranchis de ces funestes illusions; nous voyons les plus avantageusement
organisés prendre avec avidité le poison caché sous une
forme séduisante et perfide. Ajoutons dès-lors que ces
organes explorateurs, utiles pour faire apprécier les
qualités des alimens, sont d'autant plus parfaits que
l'homme se trouve moins éloigné de la nature, et présentent chez les animaux plus de sûreté dans les résultats
de leur action, sans jamais arriver à cette infaillibilité
qui permettrait de reconnaître les alimens et les poisons indépendamment des modifications sous lesquelles
on peut les déguiser.

Le tact, juge la densité, la consistence, la température de l'aliment; *la vue* en apprécie le volume, la
forme, la couleur. On sentira toute l'influence de cette
exploration si l'on considère que l'aspect d'un mets
agréable suffit pour exciter l'appétit et provoquer un
émission salivaire abondante; que la vue d'une substance
nutrive dégoûtante excite la répugnance la plus invincible, provoque même quelquefois le vomissement.
L'odorat, plus directement lié par sa position à l'appa-

reil digestif, reconnaît le parfum des alimens, et suivant qu'il est affecté péniblement ou d'une manière agréable, détermine plus positivement encore l'éloignement ou l'appétit. *Le goût*, dont nous décrirons l'appareil en traitant des sens, et qui réside plus spécialement dans les deux tiers antérieurs de la muqueuse linguale, effectue surtout l'exploration des substances alimentaires en nous permettant d'apprécier leurs différentes saveurs. Il suffit pour connaître l'importance de cette sensation, relativement à l'élaboration digestive , d'observer les résultats que ses modifications impriment à la chymification. Réal Colomb nous apprend que le fameux Lazare entièrement privé de la faculté gustative mangeait indifféremment du charbon, du vieux cuir , du pain etc. A l'exemple des sauvages de la nouvelle Calédonie , on le voyait souvent lester son estomac avec de l'argile. A l'autopsie du sujet, Colomb trouva que les nerfs linguaux au lieu de parvenir à l'organe du goût se réfléchissaient vers l'occiput; preuve assez positive du siége de la sensation gustative dans ces derniers nerfs. La pathologie nous offre également partout l'expression de ces rapports fonctionnels. Ainsi, lorsque l'estomac présente le siége d'un reflux biliaire , d'un embarras muqueux , la langue se couvre d'un enduit blanc ou jaunâtre, le goût se déprave ou même se détruit. Le second de ces organes est-il au contraire agréablement excité , l'appétit s'éveille, la chimyfication devient plus facile et plus parfaite. Dans le premier cas nous observons l'influence de l'estomac sur l'organe du goût pour nous avertir des graves inconvéniens de l'ingestion alimentaire; dans le second, celle de l'organe du goût sur l'estomac pour le disposer favorablement à l'élaboration dont il est chargé.

Ces vérités senties, même dans l'état de nature, sont faussées quelquefois, par excès d'application , chez les peuples civilisés. Ainsi nous voyons, dans la plupart des nations, l'art culinaire s'attacher beaucoup plus à flatter les sens explorateurs par l'élégance de la forme, l'agrément du coloris, la suavité de l'odeur, la délicatesse et la finesse de la saveur, qu'à seconder immédiatement l'élaboration digestive par la convenance et la simplicité de ces préparations. Toutefois, employées dans la mesure convenable, elles offrent le grand avantage en excitant agréablement ces organes d'exploration alimentaire, de rendre l'appétit plus vif, l'insalivation plus abondante, la mastication plus active, de prédisposer l'appareil digestif et de le monter au ton suffisant à l'importante fonction qu'il doit exécuter.

PRÉHENSION DES ALIMENS.

Nous désignons, par ce terme, l'action de saisir les substances alimentaires et de les porter dans la cavité digestive où doivent s'effectuer leurs premières élaborations ; on caractérise encore l'ensemble de ces phénomènes par l'expression de *manger*, lorsqu'il s'agit des alimens solides, et par celle de *boire*, lorsqu'on veut parler des alimens liquides. La préhension offrant des caractères particuliers dans ces deux cas, nous l'étudierons isolément pour chacun de ces derniers.

PRÉHENSION DES ALIMENS SOLIDES.

Il n'existe point d'organe spécialement affecté à ce genre de préhension, et dans la série des animaux nous voyons chaque espèce différente saisir les alimens à sa manière. Le cheval et presque tous les solipèdes emploient à cet usage les lèvres qui chez eux présentent beaucoup de force. Les ruminans et plusieurs autres font agir la langue ; ainsi le bœuf paissant forme, avec cet organe, un crochet qui embrasse l'herbe et la porte sous les arcades dentaires. Le caméléon se sert également de sa langue disposée, sous ce rapport, d'une manière bien remarquable ; grêle, dépassant la longueur du corps, terminée par une ventouse, renfermée dans la bouche pendant l'inaction, elle est projetée sur l'insecte ou le corpuscule dont ce reptile doit se nourrir. Les carnassiers tels que le chien, le loup, le renard saisissent et déchirent avec les dents leurs substances alimentaires. Les oiseaux font usage de leur bec, dont la force et la disposition sont appropriées au régime de ces animaux. Quelques-uns même, tels que le perroquet, emploient leurs pattes comme organe de préhension. L'éléphant s'empare avec sa trompe des corps dont il veut se nourrir ; un doigt terminal s'applique à ces corps, et l'instrument, en même tems si fort et si flexible, se courbe inférieurement et les porte avec une adresse admirable sous les organes masticateurs. Chez un assez grand nombre d'animaux claviculés, chez le singe, l'écureuil etc., c'est avec les pattes antérieures que les alimens sont introduits dans la cavité buccale ; chez quelques-uns même des premiers, on rencontre une *queue prenante* susceptible de servir d'accessoire aux membres thoraciques pour l'exécution de cet acte digestif. Dans l'espèce humaine, les substances nutritives sont importées avec la main, instrument aussi parfait sous le rapport de la préhension, que sous celui du toucher ; la disposition du membre dont elle forme l'extrémité libre est tellement appropriée à ce phénomène, que d'après l'inclinaison présentée par la poulie articulaire de l'humérus, la main se trouve directement portée à la bouche par la flexion naturelle de l'avant-bras sur le bras.

PRÉHENSION DES ALIMENS LIQUIDES.

Considérée chez les animaux, la préhension des boissons nous offre également, dans chaque espèce, des particularités assez remarquables. Ainsi le cheval, le bœuf, et la plupart des herbivores boivent avec inspiration, faisant le vide presque parfait dans la bouche, après l'avoir plongée par son ouverture labiale dans la couche superficielle du fluide à saisir. Le chien, le chat et le plus grand nombre des carnivores forment avec leur langue, naturellement large, applatie, un godet qui se remplit du liquide, se retire dans la bouche par un mouvement rapide, verse la boisson dans cette cavité, s'allonge, s'applatit, se creuse de nouveau pour effectuer la même importation; d'où résulte un claquement particulier qui fait donner à cette manière de boire le nom de *lapper*. C'est encore au moyen de sa trompe que l'éléphant aspire les boissons pour les verser ensuite par expiration dans la bouche et les soumettre à la déglutition qui fait entendre un bruit analogue à celui que produit un fluide en tombant dans les profondeurs sinueuses d'un vaste canal métallique. Les naturalistes ont souvent répété que plusieurs animaux, le chameau par exemple, jouissaient de la faculté précieuse de pouvoir mettre une certaine quantité de boissons en réserve dans les deux sacs naturellement disposés chez eux, près du pharynx, et surmonter ainsi le tourment de la soif en parcourant les vastes déserts que des caravanes leur font traverser. Nous pensons qu'il est plus physiologique d'attribuer l'avantage réel que nous signalons, au grand développement de l'appareil salivaire chez ces animaux. Chez l'homme, cette préhension des alimens liquides peut s'effectuer de trois manières : 1° *Par infusion*, 2°

par projection, 3° *par succion.* Nous devons étudier avec soin chacune de ces modifications importantes.

1° INFUSION. — Dans ce mode, nous saisissons, avec la main, le vase qui contient la boisson; nous en plaçons le bord entre les lèvres; la langue s'y applique, se creuse transversalement, s'abaisse de la pointe à la base, de manière à former une gouttière en plan incliné de l'ouverture labiale au pharynx. En élevant par degrés le vase ainsi disposé, la liqueur s'écoule et descend jusqu'à l'arrière-bouche par son propre poids. Pour l'homme sorti de la première enfance, on doit considérer ce mode comme le plus naturel et le plus souvent employé chez les peuples civilisés.

2° PROJECTION. — Dans cette circonstance la base de la langue se gonfle et s'élève, tandis que le voile du palais s'abaisse; il en résulte momentanément l'occlusion de l'ouverture bucco-pharyngienne; la tête est fortement portée en arrière, les lèvres et les mâchoires se trouvent dans un grand écartement. Les choses ainsi disposées, nous élevons au-dessus de la bouche un vase rempli de boisson que nous laissons tomber de tout son poids dans cette cavité dont elle frappe les parois postérieures. Lorsqu'une certaine quantité de fluide s'y trouve accumulée, nous la faisons passer dans le pharynx par une déglutition rapide. Le voile du palais et la base de la langue, déplacés dans ce mouvement instantané, reprennent aussitôt leur première situation pour s'abandonner de nouveau pendant la déglutition qui va suivre. Il est aisé de sentir combien cette préhension des boissons devient pénible et difficile à soutenir, en conséquence des efforts auxquels doivent se livrer les muscles de la langue et ceux du voile palatin, dans la violente succession de ces mouvemens opposés. Aussi la projection ne peut-elle être supportée pendant long-tems en raison de l'extrême lassitude qu'elle produit bientôt dans les muscles indiqués, et la voyons-nous exclusivement employée sous le titre de *régalade* par les buveurs de profession dans leurs instans de gaîté bachique.

3° Succion. — Elle désigne toujours l'introduction des boissons dans la cavité buccale après la formation d'un vide plus ou moins parfait dans cette même cavité. Ce vide pouvant être effectué soit par le refoulement de l'air dans les bronches, soit par une disposition linguale particulière, nous distinguerons deux espèces de succion : 1° *Par inspiration*, 2° *par action de la langue.*

Succion par inspiration. — Le vide se trouve alors opéré dans toute la cavité buccale avec impossibilité de continuer l'exécution des phénomènes respiratoires. Pour faire bien comprendre ce genre de succion nous en exposerons avec ordre les actions successives. Supposons qu'elle s'exerce au moyen d'un tube, et sur des fluides contenus dans un vase ouvert supérieurement ; nous plongeons dans ces fluides l'une des extrémités du tube, nous embrassons l'autre au moyen des lèvres qui s'y appliquent de manière à fermer tout passage à l'air, dont l'entrée par les fosses nasales est même empêchée, le voile palatin se relevant sur l'ouverture pharyngienne de ces conduits. Nous attirons alors dans les bronches, par une forte inspiration, l'air qui remplissait le tube et la cavité buccale, un vide plus ou moins parfait se trouve dès-lors effectué dans l'un et dans l'autre ; la liqueur n'éprouvant plus aucune pression de ce côté obéit à celle de l'atmosphère, monte successivement dans le tube et dans la bouche pour se trouver ultérieurement soumise à la déglutition. Lorsque cette aspiration des fluides s'opère au moyen des lèvres immédiatement appliquées à ces derniers, on la désigne par l'expression vulgaire de *humer.* Ce genre de préhension offre des caractères qui lui sont propres et qui ne permettent point de le confondre avec la succion par action de la langue.

Pendant la succion *par inspiration* les joues sont refoulées et rentrées dans la cavité buccale sous le poids de l'air atmosphérique; il est absolument impossible de respirer. Si l'on opère sur le mercure, au moyen d'un tube de plusieurs lignes de diamètre, d'un ou deux pieds de longueur, il est presque impossible de faire monter ce métal au-delà de trois pouces, le poids de la colonne qui s'élève devant répondre exactement à celui de la masse d'air engagée dans les bronches par une forte inspiration. On pourrait utiliser ce moyen comme agent explorateur de la capacité pulmonaire chez les divers individus, ou chez le même sujet relativement aux états normal et pathologique. Ainsi, faisant inspirer le plus fortement possible avec un tube gradué, l'élévation du mercure, dans ce *pneumomètre,* indiquerait positivement les dimensions actuelles des cavités bronchiques.

Succion par action de la langue. — Les physiologistes comparent, dans cette circonstance, l'action de la bouche à celle d'une pompe aspirante dont sa cavité représente le corps, et la langue, le piston; ils en expliquent ainsi le mécanisme dans les circonstances que nous venons de supposer. « La langue touchant d'abord l'extrémité supérieure du tube, se retire de sa pointe à sa base, il en résulte un vide pour la partie antérieure de la bouche et pour ce tube; la même action étant répétée un assez grand nombre de fois, le vide s'effectue progressivement et la liqueur parvient à la bouche sous l'influence de l'air extérieur qui presse de tout son poids.» Il nous semble difficile d'admettre cette explication, du moins pour les circonstances les plus naturelles et les plus communes. En effet, il est peu rigoureux de comparer la bouche à une pompe aspirante; d'un autre côté, si le vide se trouvait ainsi pratiqué dans toute la partie antérieure de cette cavité, les joues seraient enfoncées, la respiration suspendue, l'ascension du mercure très-bornée, les principales dispositions rentreraient à peu près dans celles que nous avons signalées pour la succion par inspiration, tandis que nous les verrons bientôt absolument opposées. Il suffit d'ailleurs pour dissiper tous les doutes à cet égard, de placer le doigt dans la bouche et d'exercer la succion que nous étudions; on s'apercevra bientôt que la langue touche, embrasse même ce doigt et ne l'abandonne point pendant l'accomplissement du phénomène que nous décrirons actuellement d'après les faits et l'observation.

Pour mieux saisir le mécanisme de la succion par action de la langue, supposons le cas le plus ordinaire de son exercice, la présence d'un enfant à la mamelle, et suivons la nature dans l'exécution des mouvemens qui vont s'effectuer. Le mamelon est embrassé par les lèvres et par l'extrémité libre de la langue disposée en forme de gouttière; cet organe appliqué à la voûte palatine dans le reste de son étendue, s'en détache par son milieu tandis que ses bords y restent fortement accolés; un vide est fait dans cette petite cavité palato-linguale n'offrant aucun accès à l'air extérieur; l'extrémité du mamelon qui s'y trouve renfermée n'étant plus soumise à la pression atmosphérique dont l'action se fait sentir sur la glande mammaire, le lait coule naturellement dans cette cavité; lorsqu'elle est remplie, la langue s'abaisse par sa base, et s'appliquant à la voûte palatine, de sa pointe vers cette extrémité, pousse le lait dans le pharynx où ce fluide est soumis à la déglutition. Un nouveau mouvement de succion s'effectue d'après les mêmes lois.

Dans la succion par action de la langue, les joues ne sont point déprimées, le vide n'étant pas effectué dans toute la bouche, mais seulement dans la petite cavité produite par l'éloignement de la face linguale supérieure et de la voûte palatine; la respiration continue librement, en raison de la facilité que présente la circulation de l'air par les fosses nasales. On pourrait, avec beaucoup d'efforts obtenir l'ascension du mercure à vingt-huit pouces, le vide à peu près parfait se trouvant opéré, comme dans la machine pneumatique, par la répétition de ces mouvemens. On conçoit aisément l'obstacle qui s'oppose à ce genre de succion dans le vice congénial désigné par le terme de *filet*, puisque, retenue par ce frein, la langue est incapable de saisir le mamelon et de s'appliquer au palais; si la succion s'effectuait chez le nouveau-né par inspiration, l'excessive langueur du frein n'y mettrait plus aucun obstacle.

MASTICATION DES ALIMENS.

La mastication des grecs, μάσησις de μαστιχάω, je mâche, *masticatio*, *manducatio* des latins, doit être définie : *la trituration des alimens solides par l'action des organes masticateurs*. Ce phénomène digestif n'est pas commun à tous les animaux ; ainsi les zoophytes, les lépidoptères, plusieurs espèces de vers etc, ingèrent les substances nutritives sans leur faire éprouver aucune élaboration préparatoire. Chez l'homme, c'est particulièrement au moyen des mâchoires qu'elle s'effectue; la langue, les lèvres, les parois buccales n'y contribuent que d'une manière accessoire. On conçoit dès-lors que chez ce dernier elle ne se fait pas toujours avec perfection; en effet, dans l'enfance, avant l'éruption des dents, vers la décrépitude, après leur chute plus ou moins entière, les mâchoires sont incapables de diviser, déchirer et broyer les substances alimentaires; aussi, comme nous le verrons, à ces deux extrêmes de la vie, choisissons-nous instinctivement, parmi les élémens réparateurs, ceux qui n'ont pas besoin de cette modification préliminaire.

APPAREIL DE LA MASTICATION. — Assez compliqué chez l'homme, il se compose de deux ordres d'organes les uns passifs, les autres actifs.

1° *Organes passifs.* — Ils sont representés par les deux mâchoires, σιαγόνες des grecs, *maxillæ, mandibulæ,* des latins, parties osseuses mobiles déterminant l'ouverture de la bouche par leur écartement; présentant deux courbes paraboliques avec lesquelles s'articulent toutes les dents. De ces deux mâchoires, l'une supérieure ou *syncrânienne* se confond dans l'ensemble des os de la face, et n'offre de mouvemens que ceux qu'elle partage avec la tête; l'autre inférieure ou *diacrânienne*, est formée par un seul os articulé avec la base du crâne, jouissant d'une mobilité particulière. La première offrant une courbe plus étendue, embrasse ordinairement la seconde; celle-ci représente un levier coudé postérieurement, appartenant à *l'interpuissant* ou du troisième genre. Les mâchoires sont creusées dans leur bord libre d'une série de cavités nommées *alvéoles* et servant à l'implantation des dents qui doivent plus spécialement nous occuper comme agens essentiels de la mastication.

DES DENTS.—On nomme ainsi des petits os de forme variable, articulés par gomphose avec les maxillaires. Ces os, quelque soit leur espèce, offrent toujours deux parties distinctes, la *racine* et la *couronne. La racine* est conoïde, présente au sommet un orifice par lequel passent les artères, les nerfs, les veines, et peut-être les vaisseaux lymphatiques destinés à la dent. Une membrane muqueuse en revêt la cavité qui se prolonge dans la couronne et contient une matière pulpeuse à la quelle on donne le nom de *phanérine*, en la comparant à celle qui se rencontre chez les oiseaux dans le bulbe des plumes. *La couronne,* de forme variée, blanche, luisante, se trouve entièrement recouverte par une sorte de vernis inorganique, désigné sous le terme *d'émail;* altérable par le frottement, destructible, ne se reproduisant jamais; fortement attaqué par les acides concentrés, par le sulfurique plus spécialement; offrant avec plusieurs un phénomène assez extraordinaire, l'éveil d'une sensation pénible connue sous le nom vulgaire *d'agacement;* disposition neutralisée par un autre acide, comme on le voit en mâchant de l'oseille après avoir développé cet agacement par l'usage des fruits acerbes, tels que les cerises, les raisins etc. avant leur maturité. Chez l'homme adulte, le nombre des dents est ordinairement de trente deux, seize pour chaque mâchoire. Ce nombre est susceptible de varier par excès, lorsque toute la première dentition ne disparaît pas à l'invasion de la seconde; par défaut, lorsque l'ensemble des germes n'est pas complet, ou que plusieurs sont restés sans développement au fond des alvéoles. D'après la forme de la couronne surtout, on distingue les dents en quatre espèces qui sont pour chaque mâchoire d'avant en arrière : 1° Quatre *incisives* applaties dans ce même sens, terminées par un biseau tranchant, offrant une seule racine et servant à couper les alimens. 2° Deux *lanières*, vulgairement nommées *canines,* dont la racine est unique, longue, forte, la couronne piramidale, employées surtout à déchirer. 3° Quatre *petites molaires* offrant une couronne à peu près cylindrique surmontée par deux tubercules, ordinairement deux racines, servant à broyer. 4° Six *grosses molaires* dont la couronne est cuboïde, garnie de quatre ou six tubercules, présentant des racines dont le nombre varie de deux à six; les dernières sont encore nommées *dents de sagesse.* Elles servent toutes à la trituration des alimens. Il existe ordinairement pour chaque sujet, à des époques déterminées, deux éruptions différentes que l'on désigne par les termes de *première* et de *seconde dentition.*

Première dentition. — Elle commence ordinairement du sixième au huitième mois avec quelques exceptions : ainsi Louis XIV naquit avec quatre incisives. Nous avons observé plusieurs enfans, d'ailleurs très-forts, et qui n'en présentaient encore aucune apparence vers la fin de la deuxième année. On peut établir ainsi l'ordre de cette éruption. A six ou huit mois deux incisives à la mâchoire inférieure; quelques jours après, deux à la supérieure ; un ou deux mois plus tard, les quatre dernières incisives; à la fin de la première année, les quatre lanières; au complément de la deuxième, les huit petites molaires; de trois à six ans, quatre grosses molaires; total vingt-quatre dents nombre ordinaire de celles qui paraissent à la première dentition.

Seconde dentition. — Elle commence de sept à neuf ans, est caractérisée par la disparition des premières dents qui tombent dans un ordre semblable à celui de l'éruption, et qui se trouvent remplacées, d'après le mécanisme que nous allons indiquer, par d'autres dents plus fortes et plus nombreuses. Les nouveaux germes, situés au font des alvéoles, exercent en se développant des efforts continuels sur les racines des premières dents; les vaisseaux et nerfs qui s'y rendent sont comprimés, oblitérés et détruits; ces dents meurent et deviennent des corps étrangers qui s'usent par leurs racines, tant sous l'influence du frottement et de la pression des germes sous-jacens, que de l'absorption déterminée par ces modifications physiques. Dès-lors sans appui, les premières dents vacillent, tombent ou sont extraites avec facilité, se trouvant à peu près exclusivement réduites à la couronne. La réalité de ce mécanisme est entièrement démontrée par l'observation. En effet, si les germes de la seconde dentition n'attaquent pas directement le sommet des racines de la première, comme on le voit plus souvent pour les incisives et les lanières qui sont *uniformes*, la dent nouvelle glisse à côté de l'ancienne, qui dès-lors conserve son intégrité ; l'une et l'autre persistent ; celle dont l'éruption s'est effectuée le plus récemment soit en dedans, soit en dehors de l'arcade alvéolaire, prend le nom de *surdent*. Si d'après ces dispositions l'avulsion de l'une des dents est jugée nécessaire, c'est toujours celle de la première dentition qu'il faut arracher ; on trouve alors sa racine entière, où seulement usée latéralement dans le point où s'effectuait la pression du nouveau germe. On conçoit dès-lors combien il est important d'extraire les premières dents pour faciliter l'éruption des secondes, et l'on explique aisément toutes les irrégularités qui peuvent se rattacher à ce défaut de précaution. A huit ou neuf ans, les vingt-quatre dents primitives sont ordinairement remplacées. Quatre nouvelles grosses molaires paraissent ; le nombre est alors de vingt-huit. Enfin de quinze à vingt ans, parfois beaucoup plus tard, les quatre dernières nommées *dents de sagesse*, élèvent ce nombre à trente-deux, et deviennent ainsi le complément de la dentition dans l'espèce humaine.

2° *Organes actifs.* — Nous renfermons dans cette catégorie les muscles employés à mouvoir l'une et l'autre mâchoires. La supérieure, suivant tous les déplacemens de la tête, présente pour agens de son élévation et de son abaissement tous ceux qui déterminent l'extension ou la flexion de cette partie. L'inférieure au contraire, jouissant d'une grande mobilité dans tous les sens, offre des muscles propres. Ainsi les *masséters* et les *temporaux* sont des élévateurs puissans en raison du nombre de leurs fibres et de leur direction perpendiculaire au levier sur lequel est effectuée cette action ; *les digastriques*, *les génio-mylo-hyoïdiens* etc., deviennent abaisseurs ; *les ptérygoïdiens* opèrent horizontalement la diduction latérale et les mouvemens d'avant en arrière.

L'appareil de la mastication ainsi constitué dans l'homme, nous présente, chez les animaux, plusieurs modifications importantes. Il est tellement essentiel à la première élaboration des alimens, qu'on le rencontre dans presque toute la série. Si nous exceptons en effet les polypes, les acéphales, plusieurs espèces de vers etc., tous les sujets de ce règne offrent des mâchoires ou des organes qui les remplacent. Plusieurs *gastéropodes*, les limaces par exemple, ne présentent que la supérieure. *Les mollusques*, *les céphalopodes* en ont deux qui se trouvent placées verticalement et se meuvent dans la direction transversale. Plusieurs insectes en présentent quatre également latérales. Quelques *échinodermes*, *les oursins* entre autres, en offrent jusqu'à cinq. Pour les animaux vertébrés, on rencontre toujours deux mâchoires horizontales, superposées et qui se meuvent dans le sens vertical. Chez *les oiseaux*, elles sont représentées par le bec offrant lui-même des formes très-variées. Dans le plus grand nombre *des reptiles*, elles jouissent à peu près d'une égale mobilité ; disposition qui donne aux serpens la faculté d'introduire dans leurs cavités digestives des animaux entiers dont le volume paraît supérieur à celui de ces *ophidiens*. Chez tous les *mammifères*, la mâchoire jouit seule d'un mouvement particulier.

Les dents sont remplacées chez *les oiseaux* par deux productions cornées, à bords plus ou moins tranchans, unis aux mâchoires osseuses. Chez *les reptiles* vénéneux, outre les dents employées à la mastication, et qui s'implantent jusque sous la voûte palatine, deux autres placées antérieurement, sont mobiles, canaliculées, s'érigent par l'action d'un muscle particulier, offrent à leur base une vésicule membraneuse contractile qui sécrète le venin et le dépose dans la plaie faite par l'animal. Pour *les poissons*, nous observons également des variétés nombreuses depuis l'esturgeon qui n'offre pas une dent, jusqu'au brochet, au saumon qui s'en trouvent pourvus sur la langue, au palais, dans presque toutes les parties de la bouche. Chez *les mammifères*, elles sont toujours exclusivement fixées dans les alvéoles ; des anomalies de la dentition pourraient seules fournir les exceptions à cette règle générale. La forme varie d'ailleurs suivant le genre d'alimentation et les espèces animales. Chez *les frugivores*, elles sont presque toutes applaties d'avant en arrière, et se rencontrent à la manière des lames de ciseaux, *incisives*. Chez *les carnivores*, elles sont, pour le plus grand nombre, disposées en forme de crochets, *lanières*. Chez *les herbivores* et *les granivores*, elles rentrent en majeure partie dans la forme cubique, *molaires*. Chez *l'homme*, comme nous l'avons déjà dit, ces trois formes se trouvent réunies.

L'appareil moteur présente également des particularités remarquables. Ainsi les élévateurs et les abaisseurs existent chez tous les animaux à mâchoires horizontales; nous trouvons sur un assez grand nombre les diducteurs ou ptérygoïdiens ; ils offrent un développement considérable surtout chez les granivores, les herbivores, et plus spécialement encore chez les ruminans. Une opposition assez constante se rencontre presque toujours entre l'énergie des puissances qui déterminent les mouvemens horizontaux, et celle des agens affectés aux mouvemens verticaux. D'un autre côté, nous voyons ordinairement coïncider les dispositions suivantes.: 1° Profondeur marquée des cavités glénoïdes, saillie des condyles, solidité de l'articulation temporo-maxillaire, prédominance des dents incisives et lanières, force des muscles élévateurs; dispositions propres aux carnivores; 2° excavation superficielle des fosses glénoïdes, applatissement des condyles, grande laxité de cette articulation, prédominance des dents molaires, supériorité des muscles diducteurs; modifications particulières aux animaux ruminans. L'homme tient encore le milieu sous ce dernier rapport.

Mécanisme de la mastication. — Quelques physiologistes ont considéré la mastication comme le simple résultat du choc de la mâchoire inférieure sur la supérieure, en comparant ce mécanisme à l'action du marteau sur l'enclume. On peut faire grâce à la trivialité de cette comparaison, mais on ne doit pas en agir ainsi relativement à l'erreur qu'elle tend à consacrer. Il faudrait en effet admettre que la mâchoire supérieure est absolument immobile et passive dans ce phénomène; supposition gratuite et qu'il devient important d'examiner avec attention. Nous devons par conséquent remonter au principe et chercher par quel mécanisme s'effectue naturellement l'ouverture de la bouche, cette question étant devenue l'objet d'une discussion longue et sérieuse entre les physiologistes.

Winslow prétend que la mâchoire inférieure est seule mobile, et que l'ouverture de la bouche se trouve entièrement effectuée par l'abaissement de cet os. Boerhaave, Monro, Pringle, Dessault, Ribes, Ferrein, Bichat et la plupart des physiologistes anciens soutiennent au contraire que la mâchoire supérieure s'élève en même tems que l'inférieure s'abaisse, et que du concours de ces deux mouvemens résulte l'ouverture de la cavité buccale. On peut aisément résoudre le problême par une simple expérience. Placez une lame de couteau, maintenue dans l'immobilité, entre les arcades maxillaires entièrement rapprochées, ouvrez la bouche dans cette circonstance et vous verrez les deux mâchoires abandonner la lame employée dans cette exploration , qui démontre jusqu'à l'évidence que la plus petite ouverture de la bouche est effectuée par le concours des deux maxillaires pendant leurs mouvemens opposés. On peut même apprécier assez exactement l'étendue comparative de ces deux actions, et s'assurer que l'élévation de la mâchoire supérieure est à l'abaissement de l'inférieure : : 1 : 5. De telle sorte que si l'on représente par six degrés l'étendue de l'ouverture buccale, un de ces degrés est fourni par le premier mouvement, les cinq autres par le second.

D'accord sur la réalité de l'élévation du maxillaire supérieur, les auteurs que nous venons de citer ne le sont pas relativement à la puissance qui le détermine, au mode d'après lequel il s'effectue. Ferrein, Gavard, Bichat, Boyer, Richerand considèrent les muscles stylohyoïdien et digastrique postérieur comme agens essentiels de ce mouvement; Monro l'attribue surtout aux muscles splénius et complexus; Chaussier fait entrer dans ces causes motrices la pression exercée par le condyle sur le temporal dans le sens de l'élévation pendant l'abaissement du maxillaire inférieur. Toutes ces théories, en les isolant, deviennent erronées par exclusion; elles sont, en les réunissant, l'expression positive de la vérité. La mâchoire supérieure fait corps avec la tête. Celle-ci représente un levier *intermobile* ou du premier genre, dont la face et l'occiput nous offrent les deux extrémités , l'articulation occipito-atloïdienne, le centre mobile. Les mouvemens sont ici de bascule de telle sorte que la mâchoire supérieure monte par la dépression de l'occiput, que tous les muscles abaisseurs de ce dernier sont élévateurs de la première, *et vice versâ.*

Les mouvemens du maxillaire inférieur n'offrent pas toutes ces divergences d'opinion dans leurs explications. L'abaissement est produit : 1° Par le poids de cette mâchoire, comme il est aisé de s'en convaincre, dans la situation verticale, pendant le sommeil où toute influence musculaire est suspendue; 2° par l'action directe des *mylo-génio-hyoïdiens, digastrique antérieur, paucier;* 3° par l'influence indirecte de tous les muscles qui du sternum vont se fixer au larynx, à l'os hyoïde. Pour cet abaissement, le maxillaire présente un levier *inter-résistant* ou du second genre, le centre du mouvement se trouvant dans une ligne qui traverserait le col du condyle; celui-ci roule dans la cavité glénoïde, se porte en devant, tandis que l'angle de la mâchoire se dirige en arrière; si le mouvement est forcé, la luxation peut s'opérer dans la première de ces directions. La mâchoire inférieure s'élève par la contraction des muscles *masséter* et *temporal;* pendant ce mouvement, le condyle se porte en arrière et s'enfonce dans la cavité glénoïde. Le maxillaire forme un levier *inter-puissant* ou du troisième genre. C'est alors que s'effectue le choc des deux mâchoires, la supérieure s'abaissant par la prédominance du poids de la tête en devant, les muscles extenseurs de cette partie se trouvant alors dans l'inaction; ceux qui vont de la face antérieure du rachis à l'occipital, favorisent encore ce mouvement. Il suffit pour apprécier la force de ce rapprochement, d'observer avec quelle facilité certains bateleurs soulèvent des poids énormes par la seule action des muscles *temporal* et *masséter*. Ces percussions si fréquemment répétées entraîneraient bientôt vers l'encéphale des ébranlemens funestes, sans les précautions admirables qu'a prises la nature d'effectuer la décomposition de ce mouvement en multipliant les résistances qui doivent le supporter, en rendant ce choc à peine sensible dans les points où ses résultats auraient produit les plus dangereuses conséquences. Ainsi dans la partie qui correspond aux dents *incisives*, nous trouvons la lame osso-cartilagineuse qui sépare les fosses nasales; toute résistance était inutile dans ce lieu, puisque les incisives, qui se rencontrent à la manière des lames de ciseaux, divisent des substances molles, sans aucun effort vertical. Au-dessus des dents *lanières*, dont l'opposition est plus directe, et qui déchirent des alimens d'une ténacité plus considérable, sont établies les apophyses nasales capables de mieux supporter un ébranlement, et de le transmettre sans inconvénient à la partie la plus épaisse du frontal. Pour soutenir impunément le choc violent et vertical des molaires destinées à broyer les substances les plus dures, nous rencontrons une triple colonne représentée en devant, par l'os malaire; au milieu, par l'arcade zygomatique; en arrière, par l'apophyse ptérygoïde, qui deviennent autant d'arcs-boutans chargés de répartir le mouvement dans toute la périphérie du crâne, et d'affaiblir les effets de sa propagation en les dérivant sur un aussi grand nombre de points différens. A ces mouvemens d'élévation et d'abaissement des mâchoires, nous devons ajouter leurs glissemens horizontaux soit d'arrière en avant, sous l'influence des *ptérygoïdiens externes*; d'avant en arrière par celle des *élévateurs* et *du digastrique postérieur*; soit latéralement, par l'action des *ptérygoïdiens internes*, mouvement encore nommé *diduction*. La succession de ces derniers produit une circumduction très-remarquable chez certains sujets, et qui s'opère exclusivement par les déplacemens de la mâchoire inférieure, la supérieure conservant alors une immobilité presque absolue. Coupés, déchirés, broyés par les dents, nos alimens échappent incessamment à l'action de ces dernières, et se porteraient vaguement dans la bouche, sans trituration suffisante, si des organes accessoirement employés dans ce phénomène digestif ne les reportaient incessamment sous les agens essentiels de la mastication. Ainsi les lèvres préviennent leur sortie par l'ouverture correspondante et les ramènent en même tems sous les dents incisives et lanières; les joues, par la contraction des buccinateurs plus spécialement, rejettent ces ali-mens sous les molaires; enfin la langue, dans ses mou-vemens continuels et diversifiés, les recherche dans toute la cavité buccale pour les soumettre continuelle-ment à la trituration.

Dans cette action mécanique, résultant, comme on le voit, du concours des mâchoires, des lèvres, de la lan-gue et des joues, les substances alimentaires éprouvent un premier degré d'élaboration qui les dispose aux mo-difications dont nous allons ultérieurement apprécier les résultats. Ce phénomène d'une grande importance est toujours beaucoup trop négligé par les sujets qui pren-nent l'habitude fâcheuse de l'exécuter avec précipitation, n'étant jamais assez pénétrés de cette grande vérité phy-siologique : *une bonne digestion suit ordinairement une mastication complète.*

INSALIVATION DES ALIMENS.

Nous désignons, sous ce titre, la pénétration des alimens par un fluide spécial nommé *salive.* L'appareil destiné à l'accomplissement de ce phénomène digestif se compose de la membrane buccale, des follicules muqueux et des glandes salivaires. *La membrane buc-cale,* origine de la muqueuse gastro-pulmonaire, offre, comme toutes les autres parties du même système, une exhalation dont le produit, en apparence lympathique,

est assez analogue à la sérosité. *Les follicules muqueux*, dont cette membrane est abondamment pourvue,
s'y rencontrent tantôt isolés, tantôt agglomérés en nombre variable, de manière à former des corps plus ou
moins volumineux décrits par quelques anatomistes sous
les dénominations très-impropres de *glandes amygdales*,
molaires, *palatines*, etc. Ces follicules élaborent un fluide
épais, assez analogue au blanc d'œuf cru, très-albumi-
neux et désigné par les termes de *mucus*, de *glaires*, de
mucosités etc. *Les glandes salivaires*, dont nous exposerons plus spécialement le travail particulier dans le
chapitre des sécrétions, sont chez l'homme, pour chaque moitié de la face, au nombre de trois, la *parotide*,
la *soüs-maxillaire* et la *sublinguale ;* elles élaborent un
fluide bleuâtre, ténu, albumineux, salin, déposé dans la
bouche par des canaux excréteurs, et que nous étudierons ailleurs avec détail.

L'ensemble de ces trois produits constitue le *fluide salivaire* qu'il ne faut pas dès-lors confondre avec la *salive*
dans l'état de pureté. Ce fluide composé, pris dans l'espèce humaine, est visqueux, plus pesant que l'eau distillée, sémi-transparent, écumeux par son agitation dans
l'air, inodore, insipide ; Haller fait observer que ce dernier caractère dépend de l'habitude, et qu'il n'en serait
pas de même si nous goutions la salive d'un autre sujet.
Les matériaux essentiels de cette humeur sont le mucus,
l'albumine, la soude, les chlorures de potassium et de
sodium, le lactate de soude, le carbonate et le phosphate de chaux, le carbonate, l'hydrochlorate et l'acétate de potasse et de soude, qui s'y trouvent dissous
dans une grande proportion d'eau. C'est à ce véhicule
et plus particulièrement à ces derniers sels qu'elle doit
sa propriété d'effectuer la solution des alimens. Elle peut,
comme nous le verrons dans l'histoire de cette élabora-

tion, présenter des modifications très-importantes, sous le rapport de ses qualités ou de sa quantité, par l'action des excitans physiques, chimiques et vitaux, par l'influence des médicamens, des maladies etc.

Les alimens, triturés par la mastication, se trouvent imprégnés d'un fluide salivaire d'autant plus abondant que l'appétit est plus vif, les substances nutritives plus agréables et plus sapides, l'action des mâchoires plus développée. Ces deux phénomènes, *la mastication* et *l'insalivation*, sont tellement liés entr'eux dans leur exécution et dans leur objet, qu'il est impossible de les isoler sans compromettre la perfection de leur accomplissement. Ainsi pénétrées dans cette première élaboration, les substances alimentaires acquièrent un aspect homogène, et d'après Haller, un commencement d'animalisation en partageant les conditions vitales du fluide qui s'y trouve mêlé. Tiedemann semble penser qu'en cédant la matière salivaire, l'albumine et l'osmazome dont il est composé, ce même fluide donne à la masse nutritive l'azote qu'elle doit ultérieurement présenter. Il a démontré par ses expériences que les alimens dissous dans la salive étaient plus facilement et plus complétement digérés que ceux dont l'eau pure constituait le véhicule. Ajoutons que l'insalivation présente encore pour avantages, de ramener les matériaux réparateurs vers une espèce de terme moyen, d'unité digestive, en tempérant les caractères irritans des uns, en relevant l'insipidité des autres, en lubrifiant la masse tout entière pour favoriser son passage dans les cavités où vont s'effectuer des phénomènes consécutifs. L'utilité de cette pénétration des alimens par le fluide salivaire est incontestablement démontrée, non-seulement par l'observation physiologique, mais encore par les faits empruntés à la pathologie. Boherhaave consulté par une malade arrivée au dernier degré du marasme consécutivement à l'habitude vicieuse de rejeter incessammment la salive, obtînt une guérison parfaite en conseillant, pour toute médication, d'avaler désormais exactement cette humeur. On conçoit dès-lors combien d'inconvéniens graves suivent l'usage du tabac à fumer, puisque la salive est tantôt rejetée, perdue par conséquent pour l'élaboration digestive, tantôt avalée, portant dans l'estomac des principes irritans et narcotiques essentiellement nuisibles à la chymification.

Toutefois, bien que les phénomènes relatifs à cette première cavité nous offrent beaucoup d'intérêt, il faut cependant les considérer seulement comme des modifications préparatoires, et non point comme une digestion même imparfaite, puisqu'il est impossible qu'elles déterminent la formation d'un atome de *chyle*, et que la masse alimentaire, jusqu'alors soumise à l'absorption, serait introduite en nature dans le torrent circulatoire. Du reste cette importation buccale n'est pas douteuse, et l'on voit des gourmets s'enivrer après avoir goûté beaucoup de vins capiteux sans en ingérer la plus petite partie dans la cavité gastrique.

2° CAVITÉ PHARYNGO-ŒSOPHAGIENNE.

La seconde cavité digestive ne présente qu'un seul phénomène, *la déglutition*. Cette action transitoire est effectuée par le concours de deux canaux successifs, le *pharynx* et l'*œsophage*.

Le pharynx, φαρυγξ des grecs, *guttur* des latins; *arrière-bouche, gorge, gosier*, représente un véritable entonnoir musculo-membraneux, échancré en devant, complété dans ce sens par le larynx; fixé à l'occipital par l'aponévrose céphalo-pharyngienne. *Rapports.* — *En arrière*, les muscles *longs du col, droits antérieurs,* la colonne cervicale. *En devant*, de haut en bas, les ouvertures postérieures des fosses nasales, de la trompe d'Eustache, de la bouche, du larynx, cet organe lui-même. *Latéralement*, les artères carotides primitives, les veines jugulaires internes, les nerfs pneumogastriques, les ganglions cervicaux, les muscles latéraux de cette partie. *Supérieurement*, l'apophyse basilaire. *Inférieurement*, l'ouverture pharyngo - œsophagienne. *Organisation.* — Deux membranes constituent les parois du pharynx : *L'extérieure musculeuse* est formée par les trois constricteurs invaginés les uns dans les autres comme trois cornets, l'inférieur embrasse le moyen, celui-ci le supérieur; un quatrième, nommé d'après ses attaches *stylo-pharyngien*, vient s'épanouir en fibres divergentes sur cette enveloppe charnue qu'il fortifie; toutes ses fibres musculaires se rendant obliquement vers une ligne moyenne, celluleuse nommée *raphé*. La membrane *intérieure muqueuse* est ordinairement rouge et parsemée d'un grand nombre de follicules. Des artères fournies par la maxillaire interne, la carotide externe, des veines, des vaisseaux lymphatiques, des nerfs émanés du *glosso-pharyngien*, du *pneumo-gastrique*, des ganglions cervicaux supérieur et moyen complètent l'organisation du pharynx.

L'œsophage, des grecs οιςοφαγυς; de ὀιω je porte, et de φαγω je mange, littéralement *porte manger*; *gula* des latins, est un canal cylindrique, étendu entre le pharynx et l'estomac de haut en bas et de droite à gauche, inférieurement renfermé dans le médiastin postérieur. *Rapports.* — *En devant*, la trachée artère, les divisions bronchiques, le rapprochement des plèvres; *en arrière*, la colonne cervico-dorsale; *sur les côtés*, les nerfs vagues; *à droite*, l'artère aorte, la veine azygos. *Organisation.* — Deux membranes, *l'une extérieure muscu-*

leuse, formée presqu'entièrement de fibres circulaires, dont les contractions s'opèrent indépendamment de la volonté, *l'autre intérieure muqueuse*, assez mince, naturellement très-pâle, riche en follicules, s'unissent pour constituer les parois de l'œsophage qui reçoit ses artères de l'aorte, ses nerfs du pneumo-gastrique et des ganglions dorsaux.

Cette seconde cavité digestive présente quelques modifications chez les animaux. Ainsi pour les oiseaux le pharynx et l'œsophage offrent seulement plusieurs fibres musculaires éparses; dans les poissons le premier est à peine distinct du second. Chez les ruminans ce dernier est pourvu de fibres spirales qui peuvent bien servir à la rumination, mais qui n'y sont pas exclusivement affectées, puisqu'on les rencontre également dans le chat, le chien etc., qui n'exécutent pas naturellement ce phénomène.

DÉGLUTITION DES ALIMENS.

La déglutition, κατάποσις des grecs, *déglutitio* des latins, peut-être définie : *passage d'une substance solide, liquide ou gazeuse, de la bouche dans l'estomac, par les actions successives et combinées du pharynx et de l'œsophage.* Pour mieux saisir les détails et l'ensemble de ce phénomène compliqué, nous l'étudierons s'effectuant pour l'ingestion d'un aliment solide. Triturées par les mâchoires, imprégnées de la salive, toutes les particules de cet aliment éparses dans la cavité buccale, sont rassemblées par le concours des joues, des lèvres et de la langue plus spécialement; cet organe en forme une masse plus ou moins volumineuse, arrondie qu'il presse dans tous les sens; les fluides onctueux dont elle est pénétrée surgissent à sa surface et la disposent aux glissemens qu'elle doit éprouver. Ainsi confectionnée, cette masse prend le nom de *bol alimentaire*. La langue s'en empare, le place entre sa face supérieure et la voûte palatine, s'applique à celle-ci de sa pointe à sa base ; pressé entre ces deux plans inclinés , le bol alimentaire s'échappe vers le point qui n'offre pas de résistance et gagne ainsi l'arrière-bouche soutenu dans cet endroit par le voile du palais qui s'abaisse et continue la voûte du même nom. Ce passage est encore favorisé par les mucosités que versent les amygdales en raison de l'excitation et de la pression effectuées par la substance nutritive, qui sous l'influence de cette simple action de la langue, se trouve engagée dans le pharynx.

On a prétendu que la luette offrait une sentinelle chargée de prévenir le passage des alimens avant l'accomplissement de la trituration et de l'insalivation qu'ils doivent éprouver dans la cavité buccale; cette hypothèse paraît trouver une base dans le soulevement du pharynx, de l'œsophage et même de l'estomac à l'occasion de l'impression portée sur la luette par une substance ou désagréable au goût, à la vue, à l'odorat, ou mal triturée; mais lorsque nous observons, dans l'arrière-bouche, sans aucun de ces accidens, le passage des corps les plus réfractaires, les moins susceptibles de concourir à la réparation, tels que les cailloux, les pièces de métal etc, nous acquiérons la preuve bien positive qu'en supposant la réalité de cette exploration, ses avantages et ses résultats ont été pour le moins exagérés. C'est dans cette état de choses que les organes indiqués vont effectuer l'importation des alimens dans l'estomac. Pour bien exposer le mécanisme de la déglutition, nous le diviserons en trois actions principales : 1° *Elévation et retour du pharynx* ; 2° *réactions péristaltiques des parois de cette cavité*; 3° *contractions successives de l'œsophage.*

1° *Elévation et retour du pharynx.* — Le maxillaire inférieur point fixe, dans cette circonstance, de la plupart des muscles qui doivent entrer en action, se trouve assujetti par le rapprochement des arcades dentaires sous l'influence des masséters et temporaux ; ce rapprochement n'est pas indispensable comme l'ont prétendu quelques auteurs ; on peut effectuer la déglutition, toutefois avec beaucoup d'effort, les maxillaires étant écartés. Après l'accomplissement de ces dispositions préliminaires, le parynx est élevé, porté en arrière par la contraction *du stylo-pharyngien et du digastrique postérieur;* élevé, porté en devant par celle des *mylo-genio-hioïdiens, pharyngo-staphylin, digastrique antérieur;* formant alors un véritable entonnoir, il embrasse le bol alimentaire qui déjà fait saillie dans sa cavité, s'y applique et le saisit ; tous les muscles actuellement en contraction cessent d'agir, et le pharynx, entraînant ce bol alimentaire, descend à sa position naturelle par le fait de la pesanteur, et par le concours des muscles *sterno-hyoïdien et thyroïdien.*

2° *Contractions pérystaltiques du pharynx.* — Pendant ce tems, le plus difficile et le plus compliqué, le bol alimentaire actuellement dans la partie supérieure du pharynx, est placé sous l'influence exclusive des parois de cette cavité ; en se contractant circulairement elles en effectueraient l'impulsion aussi bien de bas en haut vers la glotte, la bouche, les fosses nasales et la trompe d'Eustache, que de haut en bas vers l'œsophage ; il est donc indispensable qu'une série d'actions préparatoires, destinées à fermer ces cavités, précèdent les réactions du pharynx. L'ouverture postérieure des fosses nasales et celle de la trompe d'Eustache sont oblitérées par le voile du palais élevé sous l'influence des *péristaphylins internes,* et transversalement étendu par celle des *péri-*

staphylins externes. L'orifice guttural de la bouche est fermé par le gonflement de la base linguale que détermine le muscle du même nom ; par son ascension qu'il faut attribuer au *glosso-staphylin*, aux élévateurs de l'os hyoïde qu'elle accompagne dans tous ses mouvemens. La glotte est protégée par l'abaissement de l'épiglotte, fibro-cartilage élastique, formant soupape, s'appliquant à cet orifice par la pression même du bol alimentaire ; de plus, son occlusion est effectuée par la contraction des muscles *aryténoïdiens.* M. Magendie pratique sur des chiens l'ablation de l'épiglotte et voit la déglutition s'effectuer comme avant cette opération. Notre ingénieux physiologiste en conclut que ce fibro-cartilage est inutile pour l'accomplissement du phénomène que nous étudions, et qu'il concourt seulement à produire la voix. Nous sommes loin de partager cette opinion exclusive ; nous pensons au contraire que des mutilations effectuées sur les animaux sont à jamais incapables de détruire la réalité des faits puisés dans la nature même du sujet. L'épiglotte se trouve disposée de manière à ce qu'il soit impossible au bol alimentaire de descendre dans le pharynx, sans abaisser ce fibro-cartilage, et sans fermer la glotte par cet abaissement. L'étendue, la forme de cette soupape sont exactement accommodées à celles de l'orifice qu'elle doit oblitérer. Si des parcelles d'alimens solides ou liquides restent sur la glotte, il n'en résulte aucun accident parce que l'épiglotte, en vertu de son élasticité, se relève et les jette loin de l'ouverture du larynx ; dans la supposition, au contraire, où cette ouverture se fermerait exclusivement par l'action des muscles aryténoïdiens, il existerait toujours entre ses lèvres un sillon dans lequel pourraient s'arrêter ces parcelles alimentaires, de manière à produire, lors de la première inspiration, les accidens plus ou moins pénibles de *l'en-*

gouement. Ces considérations et beaucoup d'autres, qu'il nous serait facile d'ajouter, prouvent que dans la déglutition, l'abaissement de l'épiglotte est le moyen naturel et principal d'occlusion de l'orifice laryngé; que le resserrement de ce dernier, en supposant toute l'importance qu'on lui donne, est probablement accessoire; qu'il ne serait pas physiologique de conclure, d'après les expériences indiquées, de la simple *possibilité* de la déglutition dans l'état de souffrance et d'anxiété produites par l'excision de l'épiglotte, à la *nullité* d'action de ce fibro-cartilage dans *l'accomplissement parfait* du phénomène pendant l'état normal.

Après cette oblitération des ouvertures indiquées, les muscles pharyngiens se contractent successivement, du supérieur vers l'inférieur, sur le bol alimentaire qu'ils font descendre dans l'œsophage. L'obliquité de leurs fibres, de haut en bas et d'arrière en avant, devient très-favorable à cette impulsion. Pendant l'exercice de ces premiers tems de la déglutition, des mouvemens de la tête et du col sont effectués. Dans l'un de ces tems, nous élevons la face, nous la portons en avant, afin de redresser le canal bucco-œsophagien, et de favoriser l'élévation du pharynx; dans l'autre, nous fléchissons la tête sur la colonne cervicale, afin de laisser à l'abaissement de ce dernier toute la liberté nécessaire.

Si les précautions que nous venons de signaler n'ont pas été bien observées, il peut en résulter des accidens plus ou moins graves. Ainsi pendant les efforts du rire ou de la toux, les alimens qui se trouvent sur le trajet de l'air sont entraînés, soit par l'inspiration, dans le larynx et la trachée artère; soit par l'expiration, dans la bouche ou les fosses nasales; on désigne l'ensemble de ces anomalies diverses, par le terme commun *d'engouement.* D'après ces théories, il est aisé de concevoir la nécessité d'une suspension absolue des phénomènes respiratoires pendant le second tems de la déglutition.

3° *Contractions successives de l'œsophage.* — Arrivé dans cette partie du conduit digestif, le bol alimentaire se trouve désormais soumis à l'action d'un muscle dont les contractions sont involontaires, disposition qui n'offrira même plus aucune modification pendant l'accomplissement de tous les phénomènes ultérieurs. C'est particulièrement sous l'influence des fibres circulaires de l'œsophage que va s'effectuer le trajet des alimens à chymifier ; on conçoit que cette influence doit s'exercer progressivement du pharynx à l'estomac, par un mouvement nommé *péristaltique*; l'explication est ici nécessaire et facile à trouver.

On peut établir en principe qu'un muscle ne se contracte jamais sans excitation suffisante. Dans l'état actuel des choses, nous voyons le bol alimentaire en contact avec les premiers anneaux musculeux de l'œsophage, qui seuls par conséquent doivent réagir sur lui pour le faire avancer. Il tend à remonter aussi bien qu'à descendre par le fait même de cette impulsion; mais le constricteur inférieur du pharynx, encore en exercice, prévient ce retour ; ne trouvant point inférieurement de résistance qui puisse l'arrêter, ce même bol est poussé au niveau des anneaux sous-jacens, les excite, provoque leurs contractions; rencontrant un obstacle dans les supérieurs, dont l'influence n'est pas épuisée, il est chassé vers les inférieurs qui le compriment à leur tour, et le font arriver jusque dans l'estomac par un mécanisme identique, et d'ailleurs applicable à tous les déplacemens analogues. Plusieurs questions importantes viennent se rattacher à la déglutition; nous devons actuellement examiner dans l'accomplissement de ce phénomène : 1° L'influence de la pesanteur; 2° les modifications déterminées par l'état des corps; 3° le tems nécessaire à cet accomplissement.

Influences de la pesanteur dans la déglutition. — Quelques physiologistes mécaniciens avaient pensé que la force de gravitation agissait, dans l'exécution de ce phénomène digestif, comme un puissant auxiliaire. Il est aisé de prouver au moins l'exagération de cette hypothèse, en démontrant que l'action musculaire seule produit l'importation des alimens dans l'estomac. En effet, dans la paralysie du pharynx ou de l'œsophage , la déglutition devient absolument impossible. Nous voyons chaque jour les animaux exécuter ce phénomène dans la position horizontale ou même inclinée de bas en haut; enfin le bateleur placé dans une situation absolument verticale et renversée, la bouche inférieurement, l'estomac supérieurement, exerce encore la déglutition avec assez de facilité, non-seulement sur les solides , mais encore sur les fluides; alors cependant, l'attraction centripète, loin de faciliter cet acte digestif, devient au contraire un obstacle assez puissant à son exécution. Sans action musculaire, la déglutition est impossible; sans gravitation, et même nonobstant la résistance de celle-ci, elle peut librement s'effectuer; la première de ces forces devient donc le moteur essentiel dans ce phénomène , tandis que la seconde mérite à peine considération.

Modifications effectuées sur la déglutition par l'état des corps. — La déglutition ne peut s'exercer que sur des corps offrant une certaine résistance; à vide, elle devient impossible, comme il est aisé de s'en convaincre en essayant de l'effectuer après avoir fait passer toute la salive de la cavité buccale dans le pharynx. Il semblerait d'abord que les corps devraient être d'autant mieux disposés pour la déglutition , que leurs molécules sont plus mobiles et moins susceptibles de résister aux modifications de forme que l'on cherche à leur imprimer. Cette opinion est celle du vulgaire qui croit, sous ce rapport, les fluides beaucoup plus favorablement constitués que les solides. Mais avec un peu de réflexion on s'aperçoit bientôt que ce phénomène exigeant, de la part des muscles qui l'exercent, une contraction permanente et d'autant plus forte que les corps qui s'y trouvent soumis sont moins faciles à coërcer, que leurs molécules s'abandonnent plus aisément, les difficultés de son exécution s'accroissent par conséquent d'une manière progressive de l'état solide à l'état gazeux. Interrogeons l'expérience et nous la verrons confirmer la réalité de ces principes. Ainsi, dans les dysphagies, le malade peut encore exercer la déglutition sur les corps d'une certaine consistance et suffisamment lubrifiés par les mucosités buccales; tandis qu'il trouve une résistance insurmontable lors que ce phénomène s'applique aux boissons; les efforts du pharynx deviennent alors tellement impuissans et douloureux que le sujet éprouve l'horreur des fluides, *l'hydrophobie*, en prenant ce terme dans sa véritable acception. Par une conséquence du même principe, la déglutition des gaz est à peu près impossible pour la plupart des individus. M. Magendie rapporte l'histoire d'un jeune soldat qui feignait la tympanite en avalant une grande quantité d'air, et soutient que cette importation gazeuse est facile; assertion évidemment exagérée. Nous pensons que l'on peut, avec du travail et de l'habitude, arriver à ce résultat, comme l'ont fait Gosse de Genève et plusieurs autres physiologistes, mais nous ajoutons que le tems et les efforts indispensables pour y parvenir sont les preuves les plus certaines des difficultés réelles que présente la déglutition des corps à ce dernier état. Si l'on réussit à lui

soumettre l'air atmosphérique c'est en le mêlant à la salive, puisqu'après avoir dissipé ce véhicule nécessaire,
la possibilité de cette introduction disparaît chez le plus
grand nombre, comme on peut s'en assurer par des essais entrepris sur soi-même. Il reste donc positivement
démontré que la déglutition des solides est aisée, celle
des fluides laborieuse, celle des gaz difficile dans la
plupart des cas, et quelquefois même absolument impossible.

*Tems nécessaire à l'accomplissement de la dégluti-
tion.* — Toutes les fois qu'il s'agit de soumettre les phénomènes vitaux aux rigueurs du calcul, on sent bientôt
l'insuffisance des observations même les plus exactes,
ces phénomènes offrant l'instabilité pour caractère essentiel. Aussi les estimations que les physiologistes ont
indiquées relativement à la durée de la déglutition ne
doivent-elles être prises que d'une manière approximative. Les uns, renfermant le phénomène tout entier
dans le mouvement général du pharynx, l'ont considéré
comme une action instantanée, s'effectuant dans un tems
à peu près indivisible. D'autres, expérimentant sur les
animaux, et n'appréciant pas le trouble que la douleur doit apporter dans l'exercice des fonctions, ont
avancé que ce phénomène exige souvent dix ou douze
minutes pour son entière exécution. Il est une expérience bien plus naturelle et plus simple au moyen de
laquelle on peut trouver la vérité entre ces opinions extrêmes. Elle consiste à porter dans l'estomac, soit un aliment solide, inégal, rugueux, soit une boisson chaude;
à noter le tems qui s'écoule pendant leur trajet du pharynx à la cavité gastrique. Dans cette expérience, où les
illusions de l'analogie ne sont point à craindre, le départ est exactement connu, l'arrivée devient appréciable
par une sensation distincte, et même capable de signaler

tous les points parcourus; il ne reste plus dès-lors qu'à bien estimer l'intervalle chronométrique de ces deux limites; nous l'avons ordinairement trouvé de vingt à trente secondes. Tous les tems de la déglutition ne s'exécutent pas avec la même rapidité. Le premier est brusque, simultané; Boerhaave le compare aux effets d'une véritable convulsion. Nous en trouvons le motif dans l'obligation de suspendre les phénomènes respiratoires pendant toute la durée de son accomplissement. Le second et le troisième, plus spécialement encore, peuvent être prolongés sans les mêmes inconvéniens.

Jusqu'ici les phénomènes digestifs sont à peu près exclusivement physiques ou chimiques, et doivent être considérés comme des actes préparatoires. Aussi pouvons-nous les expliquer dans tous leurs détails et les remplacer par des moyens artificiels. Un aliment soumis à la trituration, mêlé au fluide salivaire dans un vase inerte, porté dans l'estomac au moyen d'un tube sans vitalité, d'une sonde œsophagienne par exemple, n'en éprouvera pas moins la chymification la plus parfaite. Ainsi toutes les actions physiologiques antérieures à celles de l'estomac deviennent accessoires dans la digestion.

Spallanzani, dont les travaux sur cette grande fonction sont beaucoup plus nombreux que réellement utiles, prétend que l'on peut obtenir une véritable élaboration digestive en comprenant, entre deux ligatures jetées sur l'œsophage, une certaine quantité d'alimens préparés convenablement par la mastication et l'insalivation. La plus légère attention suffit pour détruire entièrement cette hypothèse imaginaire. En ouvrant l'œsophage dans l'expérience indiquée, nous trouvons une masse alimentaire soit en macération, soit en fermentation, absolument semblables à celles qu'elle présenterait dans un réceptacle physique, au milieu des mêmes conditions de chaleur et d'humidité, mais nous ne rencontrons point une pâte *chymeuse* capable de former *du chyle*, encore moins ce fluide bien confectionné.

3° CAVITÉ GASTRIQUE.

Dans cette cavité digestive, encore désignée par le nom *d'estomac*, s'opère le premier phénomène essentiel sous le titre de *chymification*, ou conversion des alimens dans une pulpe homogène, grisâtre, appelée *chyme*. Pour mieux faire connaître cette modification importante, nous devons exposer les considérations physiologiques relatives à l'organe chargé de l'effectuer.

L'ESTOMAC. —, γαστηρ des Grecs, *ventriculus* des Latins, nous offre, chez l'homme, un organe musculo-membraneux, conoïde, présentant assez exactement la forme d'une *cornemuse*; occupant l'intervalle de l'œsophage et de l'intestin duodénum, situé dans l'hypocondre gauche et se prolongeant vers la région épigastrique. *Rapports.*—*Supérieurement*, le foie, le diaphragme; *inférieurement*, le colon transverse; *en devant*, les côtes asternales gauches et leurs fibro-cartilages; *en arrière*, le centre nerveux ganglionaire, la colonne dorsale; *à gauche*, la rate; *à droite*, le pancréas. Cette cavité digestive nous offre deux ouvertures, l'une d'entrée que l'on nomme œsophagienne, cardiaque ou simplement *cardia;* l'autre de sortie, que l'on appelle duodénale, pylorique, ou seulement *pylore*. Deux lignes courbes, mesurant toute la longueur de l'estomac, s'étendent supérieurement et inférieurement du premier au second de ces orifices. La supérieure beaucoup moins longue sert à fixer le repli péritonéal que l'on désigne, d'après les rapports qu'il établit, sous le titre *d'épiploon gastro-hépatique*; l'inférieure, plus grande, offre l'attache d'un second repli nommé, d'après les mêmes considérations, *épiploon gastro-colique*. Deux renflemens se rencontrent sur le trajet de ces courbures, on les nomme *culs-de-sac* de l'estomac ; l'un gauche, très-spacieux, placé près du *cardia*, répond à la rate ; l'autre droit, moins profond, situé près du *pylore*, avoisine la vésicule biliaire. *Organisation*. — Les parois de cette cavité digestive sont formées par trois membranes : 1° L'extérieure *séreuse*, portion de la tunique péritonéale, recouvrant l'estomac à l'exception de ses courbures ; jouissant d'une assez grande mobilité sur cet organe. 2° La moyenne, *musculeuse*, particulièrement formée de fibres circulaires, de quelques fibres longitudinales apparentes surtout aux orifices, aux courbures, présente peu d'énergie dans ses contractions qui s'effectuent sans l'influence de la volonté ; c'est à l'action de cette membrane qu'il faut rapporter les mouvemens de l'estomac. 3° L'intérieure, *muqueuse*, rouge, très-irritable, assez épaisse, couverte de villosités, offre dans son épaisseur un grand nombre de follicules isolés, improprement nommés glandes de Brunner, des vaisseaux exhalans multipliés jouissant d'une activité remarquable, effectuant la perspiration d'un fluide nommé *suc gastrique*, auquel on a fait jouer, comme nous le verrons, un rôle beaucoup trop important dans la digestion. Cette membrane forme, près de l'ouverture duodénale, une duplicature dans l'épaisseur de laquelle se trouve le bourrelet fibro-celluleux improprement appelé *valvule*, puisqu'il permet également le passage des alimens dans le duodénum et le retour de ces derniers dans l'estomac ; plus improprement encore nommé *pylore* du grec πύλη porte et de οἰροσ gardien, littéralement *portier*, ce bourrelet n'offrant point les qualités d'une sentinelle capable, comme on l'a prétendu gratuitement, d'empêcher le passage des substances nutritives avant leur entière chymification. *Les artères* de l'estomac sont très-grosses, très-nombreuses relativement à l'étendue, au volume de l'organe, disposition qui démontre assez l'importance du phénomène dont il est chargé. Ces artères naissent directement ou indirectement du tronc cœliaque, et vont s'anastomoser deux à deux, par arcades, sur les courbures du viscère. Ainsi nous trouvons à la petite, la *gastrique supérieure* ou *coronaire stomachique*, fournie par l'artère cœliaque; *la pylorique*, par l'hépatique; à la grande, *la gastrique inférieure droite*, née de ce dernier tronc, *la gastrique inférieure gauche*, division de la splénique. *Les nerfs* sont plus spécialement originaires du *pneumo-gastrique* à sa terminaison, et du *plexus cœliaque*. Des veines et des vaisseaux lymphatiques nombreux, du tissu cellulaire servant à lier toutes ces parties, offrant, entre les membranes musculeuse et muqueuse, une couche d'un blanc laiteux, improprement nommée, par les anciens, *tunique nerveuse*, complètent l'organisation de l'estomac.

Modifications chez les animaux. — Envisagé dans la série zoologique, l'estomac nous offre des différences très-utiles à noter. *Chez le polype*, il constitue pour ainsi dire l'animal tout entier, et ne présente qu'une ouverture commune à l'importation des alimens, à l'expulsion des résidus excrémentitiels. *Dans les reptiles*, il n'offre point de valvules et de cul-de-sac, mais la membrane muqueuse, vers l'œsophage, particulièrement pour les chéloniens, est hérissée de papilles dures, longues, s'opposant par leur direction, au retour des matières à chymifier. *Chez les poissons*, il se fait à peine distinguer de l'œsophage dont il semble une continuation. *Dans les oiseaux*, il est représenté par deux cavités différentes. La première nommée *jabot*, à parois très-minces, pourrait être considérée comme un épanouissement de l'œsophage; la seconde, appelée *gésier* à tuniques épaisses, très-musculeuses, revêtue dans son intérieur par une membrane sèche, dure, garnie de papilles cornées, pour les granivores, constitue l'estomac proprement dit. *Chez les mammifères*, nous le trouvons encore différencié dans plusieurs espèces. *Pour les rongeurs*, il paraît globuleux, divisé en cavités secondaires par des étranglemens; *dans les carnassiers*, il est piriforme et bosselé; *chez les ruminans*, on le voit représenté par quatre organes successifs et différens sous le rapport de leur nature et de leurs fonctions; tels sont : 1° *La panse* encore nommée *l'herbier;* 2° *le bonnet;* 3° *le feuillet;* 4° *la caillette*, assez analogue pour la structure à l'estomac des carnassiers.

Nous trouvons généralement la force des parois gastriques en raison inverse du développement des organes masticateurs, et de la digestibilité des alimens naturels; Tiedemann, Gmelin et plusieurs autres physiologistes ajouteraient : de la quantité, de l'activité dissolvante du suc gastrique; opinion qui nous paraît moins positivement établie que la première. Ainsi chez les carnivores, les dents sont nombreuses, les mâchoires très-actives, les membranes de l'estomac sans épaisseur et sans énergie. Les gallinacées, dont le bec est absolument impropre à la trituration, offrent un estomac très-fort intérieurement armé d'éminences dures et cornées, quelquefois, comme dans le coq d'Inde, garni d'une certaine quantité de cailloux, de telle sorte qu'il peut broyer les corps les plus durs, et que l'action du *jabot* remplaçant l'insalivation chez ces animaux, on peut considérer celles du *gésier* comme supplémentaire de la mastication. L'homme, sous ce double rapport, devient encore un moyen terme entre les deux extrêmes. Relativement à sa capacité, l'estomac nous offre également des variétés nombreuses dans la série des animaux, comme il est aisé de s'en convaincre en examinant comparativement cet organe chez les carnivores, les granivores, les frugivores et les herbivores; on s'aperçoit bientôt qu'il est d'autant plus spacieux que les alimens dont l'animal fait naturellement usage, contiennent, sous un volume donné, des proportions moins considérables de matière essentiellement nutritive. Il est même possible de faire varier les dimensions de cette capacité, par le genre d'alimentation plus spécialement adopté; comme on le voit pour les sujets qui mangent exclusivement des viandes, des fruits, ou des légumes.

CHYMIFICATION DES ALIMENS.

La chymification, des Grecs, χύμωσις . de χυμός suc, *chymificatio* des Latins, doit être définie: *Conversion des alimens dans une pâte homogène, pulpeuse, molle, visqueuse, grisâtre, alcaline, pour les uns ; neutre d'après les autres ; acide suivant le plus grand nombre.* afin de bien apprécier tous les résultats de cette action importante, nous devons la considérer dans ses phénomènes locaux et dans ses réactions sympathiques générales.

PHÉNOMÈNES LOCAUX DE LA CHYMIFICATION.

Ils sont relatifs : 1° aux modifications de l'estomac; 2° à celles qu'il fait éprouver aux substances nutritives pendant leur séjour dans sa capacité.

Sous le premier rapport. — Cet organe, rétracté plus ou moins complétement dans l'état de vacuité, doit éprouver une ampliation variable pour admettre les alimens actuellement transmis par les contractions œsophagiennes. Parmi les physiologistes, les uns pensent que l'estomac devient actif, les autres qu'il reste absolument passif dans cette ampliation. Exclusivement admise, chacune de ces opinions est erronée. D'une part, il est évident que les substances, poussées avec énergie dans ce viscère, doivent exercer de l'intérieur à l'extérieur un effort de dilatation sur ses parois; de l'autre, il est également certain que la membrane musculeuse présentant des fibres longitudinales et transversales, peut en raccourcissant l'organe, effectuer une dilatation active, assez analogue à celle de l'insecte qui se gonfle pendant la succion d'un fluide, sous l'influence des mouvemens vermiculaires concourant à cette importation. Pourquoi l'estomac ne serait-il pas susceptible d'une telle action, lorsque nous la voyons exercée par le cœur entièrement détaché, ne se trouvant plus dès-lors soumis à l'influence passive du sang. Les anciens, Galien plus particulièrement, désignaient cette ampliation gastrique par le terme de *diastole*, et l'application de l'organe à la masse alimentaire, par celui de *péristole*. Dans ce premier mouvement, la musculeuse est seule modifiée de cette manière pour aggrandir l'estomac; la séreuse concourt à cet accroissement par une sorte de locomotion, la muqueuse par le déploiement de ses rides multipliées. A mesure que les alimens arrivent dans cette capacité digestive, ses parois s'appliquent mollement aux matériaux qui doivent s'y trouver chymifiés; les fibres transversales produisent des mouvemens ondulatoires, quelquefois tellement faibles et lents, que l'on a douté de leur existence; ils peuvent contribuer à cette élaboration, toutefois jamais avec l'importance indiquée par les mécaniciens. Pendant ces mouvemens, le pylore et le cardia se trouvent dans un état de resserrement qui persiste même encore après l'ablation du viscère, de manière à prévenir la sortie des alimens, comme l'ont observé dans leurs expériences, Wepfer, Schlichting, Haller, Walœus etc. Nous n'admettons pas avec Home, que l'estomac, lors de ses contractions, forme une espèce de bissac dont la première partie renferme les alimens les moins chymifiés, et la seconde ceux pour lesquels cette élaboration est plus avancée. Le volume des substances que l'homme peut introduire dans sa cavité gastrique est sujet à varier. L'habitude produit sous ce rapport les modifications les plus remarquables. Combien d'intermédiaires ne rencontrons-nous pas entre l'estomac de Cornaro, soumis aux règles de la sobriété la plus sévère, et celui de Tarare dont la voracité ne pouvait s'imposer aucune limite. Nous avons observé deux fois cet organe envahissant une grande partie de l'abdomen. Percy rapporte l'histoire d'un dragon qui, devant être immédiatement conduit au supplice, avait ingéré dans son estomac des solides et des liquides en si grande proportion, qu'il remplissait toute cette cavité; il avait plus que décuplé de volume et contenait dix-huit pots de boisson. Le même auteur ajoute qu'un Lazarroni, boit ordinairement d'un seul trait, jusqu'à cinq et six litres d'eau froide, et s'endort paisiblement; il paya lui-même, à l'un d'eux, vingt-six livres de macaroni qui furent mangées dans un seul repas. On peut avancer, en thèse générale, que la quantité des alimens dont nous faisons usage, est presque toujours trop grande relativement au besoin de la réparation, à l'exercice libre et facile des autres actions physiologiques. De là cet adage aussi vulgaire que plein de vérité : *Ce n'est pas ce que l'on mange qui nourrit, mais bien ce que l'on digère.*

Sous le second rapport. — Les alimens déposés dans la cavité gastrique doivent y subir des changemens remarquables et dont l'ensemble constitue, sous le titre de *chymification*, le premier phénomène essentiel de la fonction digestive. Comme toutes les actions éminemment vitales, ce phénomène présente quelque chose de mystétérieux dans son exécution, et dès-lors a beaucoup exercé la subtilité des théoriciens de tous les âges. Avant de l'exposer, d'après les principes qui nous semblent vrais et naturels, il est indispensable de faire connaître les hypothèses dont son explication est devenue l'objet. Nous les réduisons à six principales : 1° *Trituration*; 2° *macération*; 3° *fermentation*; 4° *dissolution*; 5° *coction ignée*; 6° *coction vitale*.

1° TRITURATION. — Les mécaniciens, et plus spécialement Erasistrate, Borelli, Hecquet, Magallotti, Pitcairn, Rédi prétendent que la chymification n'est autre chose que le broiement des substances alimentaires par l'action de l'estomac. Dans l'intention d'établir leur opinion, ces auteurs font observer qu'il résulte des expériences de Spallanzani, Réaumur, Vallisnery que pour imprimer à des tubes métalliques un aplatissement semblable à celui qu'ils ont éprouvé dans le *gésier* d'un coq d'Inde, il faut employer une pression de *quatre-vingt* à *quatre cent trente-sept livres*. Magallotti, Redi nous assurent que ce viscère même, chez d'autres gallinacées, parvient à pulvériser les corps les plus durs, tels que les os, le verre, le grenat etc. En faisant grâce à l'exagération de ces résultats, il nous est impossible d'admettre les inductions que l'on veut en inférer. Le gésier chez les oiseaux n'est point, comme l'estomac chez l'homme, un organe *essentiel* de chymification; il présente au contraire un appareil de *mastication supplémentaire*. En supposant même que l'on admît cette élaboration mécanique des gallinacées comme une véritable élaboration chymeuse, pourrait-on jamais conclure de la force du premier de ces organes à celle du second? Spallanzani, Réaumur, Helvétius ne sont pas de cet avis. Lorsque nous comparons, dans notre espèce, la ténuité la mollesse, la sensibilité des membranes gastriques, à l'épaisseur, à la dureté, au sentiment obtus des parois du gésier chez les oiseaux, nous sentons l'erreur de ces inductions analogiques, et le vague des suppositions auxquelles ont été conduits les mécaniciens pour soutenir leur hypothèse, lorsqu'ils ont avancé : *Que les contractions de l'estomac sont huit fois plus considérables que celles du cœur, et que l'on peut estimer à cent vingt livres, l'action du premier de ces organes sur les alimens à chymifier.* En portant le doigt dans une plaie faite à ce viscère, sur un animal vigoureux, on s'aperçoit de l'exagération de ces calculs, et du peu de vraisemblance d'une théorie qui repose entièrement sur des fondemens aussi ruineux. Accordons pour un instant le principe, et jugeons ses conséquences. Donnons à l'estomac une force vingt fois supérieure à celle que l'on suppose; l'hypothèse que nous attaquons en deviendra-t-elle plus soutenable? Nous ne le pensons pas. *La trituration*, dans son plus grand développement, ne fera jamais que diviser et subdiviser les molécules alimentaires, sans modifier leurs caractères chimiques, sans ajouter à leur nature et sans rien produire même d'analogue à la chymification. D'un autre côté, dans cette explication mécanique, il deviendrait facile d'imiter ce phénomène vital par des moyens artificiels; et nous attendons encore de ses auteurs, sous l'influence d'une *broie physique*, la confection d'un chyme parfait et susceptible de fournir du chyle par l'action duodénale.

2° MACÉRATION. — Albinus, par une série d'expériences, convertit en mucilage plusieurs tissus blancs soumis, pendant quelques jours, à la macération dans une eau stagnante. Haller, séduit par ces résultats, admettant, sans un examen suffisant, l'analogie la plus positive entre cette modification chimique et l'élaboration vitale des alimens dans l'estomac, soutient la théorie de la *ma-*

cération gastrique. Il suffit ici d'observer sans prévention pour voir combien ces rapprochemens sont peu fondés. Pour l'une et l'autre circonstance, les conditions et les produits de l'opération sont essentiellement différens. Ainsi la conversion mucilagineuse exige ordinairement plusieurs jours de macération pour s'effectuer; la chymication s'opère dans l'espace de quelques heures. Le chyme n'est point un mucilage, mais une pulpe homogène à l'extérieur, et dont la composition chimique est aussi variable que celle des alimens employés dans cette élaboration, comme le prouvent les nombreux travaux de Tiedemann, Gmelin, Leuret, Lassaigne etc. Cette hypothèse vicieuse dans son principe est donc en même tems erronée dans ses conséquences.

3° FERMENTATION. — Vanhelmont, Sylvius et les chimistes arabes veulent expliquer la chymification par la seule influence des affinités entraînant la décomposition des alimens. Une théorie si complétement opposée aux lois vitales, conserve cependant assez long-tems quelque faveur dans les écoles. Ses partisans ne s'accordent pas sur la spécialité de cette même décomposition; leurs opinions sont partagées entre les fermentations *acide* et *putride.* Exposons d'abord les considérations relatives à la fermentation en général, nous présenterons ultérieurement celles qui se rapportent plus directement à ses particularités.

Plusieurs conditions sont indispensables à l'accomplissement de la fermentation : 1° Le contact de l'air, son renouvellement facile; 2° une température modérée; 3° un certain degré d'humidité; 4° la présence d'un principe fermentescible; 5° un tems suffisant aux réactions moléculaires dont cette fermentation est le résultat. Toutes ces conditions ne se rencontrent pas dans la cavité gastrique. Ainsi, nous n'y voyons pas la rénovation d'un air libre; le séjour des alimens ne s'y trouve jamais assez prolongé etc. Pendant la fermentation, plusieurs phénomènes sensibles et généraux se manifestent: 1° un mouvement intestin appréciable s'opère dans la substance en décomposition; 2° elle change entièrement de propriétés physiques et chimiques; 3° des gaz de nature variable, suivant la spécialité de cette fermentation, se dégagent en quantité plus ou moins considérable. Rien d'absolument semblable ne s'opère dans la chymification. La pâte homogène, formée par cette action physiologique, n'offre aucune agitation moléculaire notable ; sa nature physique et chimique est modifiée, mais non point changée d'une manière essentielle; lorsque la conversion chymeuse est régulière et parfaite, son accomplissement ne présente aucune production gazeuse. Nous trouvons dans cette observation remarquable des raisons suffisantes pour démontrer l'erreur du système de la *fermentation*. En effet c'est exclusivement pendant les chymifications vicieuses, lorsque les alimens séjournent dans l'estomac sans éprouver son influence particulière, que des gaz nombreux s'échappent incessamment, soit par la bouche, soit par l'anus, en constituant ce que l'on nomme des *éructations*, des *borborygmes* etc. Ainsi le signe caractéristique d'une fermentation dans laquelle on voit les alimens plus ou moins exclusivement soumis aux réactions chimiques, devient précisément celui qui désigne l'absence d'élaboration digestive, en séparant dès-lors ces deux phénomènes par une ligne de démarcation qui ne permettra jamais de les identifier. Des expériences de J. L. Petit nous semblent encore démontrer jusqu'à l'évidence la réalité des principes que nous venons d'établir. On sait généralement avec quelle facilité s'opère, dans un air libre, la décomposition du lait en *butyrum*, *caséum et sérum*. L'auteur que nous citons a vu cet aliment, chez des jeunes chiens à la mamelle, se coaguler, se prendre en masse, éprouver la chymification, sans présenter le départ chimique de ses trois principes constituans. Nous avons plusieurs fois constaté la réalité de ce même fait, et reconnu très-positivement, pendant les digestions normales, toute la différence que présentent les modifications imprimées au lait dans ces deux circonstances que l'on chercherait en vain à rapprocher.

Fermentation acide. — Les auteurs de cette hypothèse l'ont établie sur l'acidité que présente souvent le chyme après son élaboration, et sur le dégagement de l'acide carbonique pendant certaines digestions. Nous ajouterons aux faits opposés à la fermentation en général, comme également contraire à cette première spécialité, que l'acidité du chyme n'est pas constante, et que plusieurs auteurs ne la considèrent point comme un résultat essentiel de cette modification vitale; que le dégagement de l'acide carbonique désigne positivement une chymification au moins imparfaite et vicieuse.

Fermentation putride. — Plitonicus et Denis, partisans de cette hypothèse, croient pouvoir l'établir sur la disposition des individus qui, faisant un grand usage de viandes comme aliment, exhalent une haleine fétide et dont l'odeur est assez analogue à celle des matières animales en putréfaction. Ces auteurs ignorent sans doute que les sujets aussi désavantageusement constitués offrent le phénomène que nous venons d'indiquer, d'une manière beaucoup plus repoussante encore pendant la vacuité de l'estomac, et que par conséquent il n'est plus possible de le rapporter à la chymification. D'un autre côté, ces miasmes fétides n'émanent pas toujours de la cavité gastrique; ils viennent souvent de la bouche, consécutivement à l'incurie, au ramollissement des gencives, à la

carie des dents etc.; plus souvent encore des bronches;
déposés dans ces canaux par une exhalation semblable à
celle de l'acide carbonique, ils sont produits au dehors
par l'expiration. Les défenseurs de la théorie que nous
combattons ajoutent que chez certains sujets on observe,
pendant l'élaboration chymeuse, la production de plusieurs gaz relatifs à la décomposition putride; tels que
l'acide hydro-sulfurique, l'hydrogène carboné etc. Nous
reconnaissons la réalité de ce fait, nous en prenons acte
pour détruire l'erreur que l'on cherche à baser sur lui.
Dans quelles circonstances en effet observons-nous ces
fâcheux symptômes? Dans les indigestions, les chymifications anormales, chez les sujets affectés de gastrites
chroniques, de squirrhes au pylore etc, enfin dans tous
les cas où l'élaboration organique est essentiellement dépravée etc.; de telle sorte que ces caractères, loin d'appartenir à la chymification naturelle, deviennent au contraire les
signes les plus positifs de son absence ou de sa profonde
altération. S'il pouvait encore exister quelques doutes à
cet égard, nous ferions observer que l'action vitale de
l'estomac, au lieu de favoriser la putréfaction, s'oppose
à son développement et peut même quelquefois en retarder les progrès. Ainsi l'on a vu des substances animales
partiellement engagées dans les organes digestifs des
reptiles, par exemple, offrir extérieurement tous les phénomènes de la décomposition putride, alors qu'elles conservaient encore leur intégrité dans l'estomac de ces
animaux. Spallanzani s'est assuré plusieurs fois qu'en
faisant avaler aux carnassiers des viandes en décomposition, elles recouvraient par l'action gastrique une partie
de leur fraîcheur naturelle.

4° Dissolution par le suc gastrique. — Réaumur
paraît avoir l'un des premiers soutenu cette opinion.
Spallanzani l'a préconisée avec le plus d'enthousiasme

et d'opiniâtreté. D'autres expérimentateurs infatigables ont parcouru la même carrière avec une constance digne d'éloge, alors même que tous leurs efforts n'ont pas été couronnés d'un entier succès. Au nombre de ces auteurs, nous citerons particulièrement Vanhelmont, Stévens, Gosse, Brodie, Montègre, Viridet, Carminati, Werner, Brugnatelli, Proust, Berzélius, Duhamel, Tréviranus, Floyer, Scopoli, Rast, Marsigli, Tiedemann Gmelin, Leuret, Lassaigne etc. Avant d'entrer dans l'examen de cette hypothèse, recherchons la nature et les véritables caractères du fluide auquel on accorde, sous le titre de *suc gastrique*, un rôle si puissant dans les phénomènes de la chymification.

Du suc gastrique. — Nous désignons par ce terme un fluide blanc, grisâtre ou faiblement azuré ; quelquefois transparent, souvent au contraire légèrement trouble, différence tenant à la proportion des mucosités qui viennent s'y mêler ; produit par l'action des vaisseaux perspiratoires de l'estomac. Plusieurs auteurs ont attribué la formation de cette humeur à des glandes particulières, qui ne sont évidemment que les follicules chargés de la sécrétion du mucus avec lequel on ne doit pas confondre le suc gastrique proprement dit. Si l'on considère comme tel ce fluide recueilli dans l'estomac après une abstinence prolongée, on le trouve alors composé de plusieurs humeurs différentes ; ainsi la salive, les mucosités buccales, pharyngiennes, œsophagiennes, gastriques se mêlent pour le former en diversifiant à l'infini sa composition et ses caractères suivant les proportions respectives des mêmes humeurs, et l'état physiologique des organes chargés de leur élaboration. Si l'on ne veut au contraire donner ce titre qu'au produit perspiratoire immédiatement pris dans le viscère après l'ingestion d'une substance incapable d'absorber ce même produit, on le trouve alors plus homogène et moins susceptible des nombreuses modifications que nous avons indiquées. Cependant il peut encore en présenter d'assez importantes suivant la nature des alimens. Ainsi, Tiedemann et Gmelin prétendent avoir démontré par un grand nombre d'expériences, faites sur les différentes classes d'animaux, que *le suc gastrique* proprement dit, se trouve d'autant plus abondant, plus acide et plus *dissolvant* que les substances ingérées sont plus réfractaires à son action ; que l'albumine concrète exagère ces qualités, alors que la gélatine les rend à peine appréciables. Ce fait, contesté par d'autres expérimentateurs, devient pour les physiologistes indiqués, la base fondamentale de leur théorie de la *dissolution*. Ils ajoutent que dans les carnivores, ce fluide est moins actif que chez les herbivores, et prétendent rattacher à ces dispositions l'incapacité des premiers à digérer les herbes crues, la paille etc. facilement chymifiées par les seconds. Ces considérations sommaires nous expliquent toutes les contradictions des auteurs lorsqu'il s'agit d'établir positivement l'*origine*, la *composition* et les *usages* de cette humeur, que nous devons actuellement étudier sous ces trois rapports principaux.

1° *Relativement à l'origine.* — Dumas pense qu'il est produit par une exhalation artérielle, déposé dans les glandes de Pacchioni, comme dans autant de réservoirs, pour être ensuite versé, lors de l'élaboration gastrique, sur les alimens à chymifier. Quelques auteurs anciens, plusieurs physiologistes modernes, qui nous ont donné des travaux importans sur la digestion, prétendent que cette humeur est sécrétée par des glandes plus volumineuses, bien distinctes des follicules et logées entre les tuniques musculeuse et muqueuse de l'estomac. Nous avons fait à cet égard des recherches minutieuses et positives sans rencontrer aucun vestige de ces organes; nous pensons dès-lors, avec la plupart des anatomistes, qu'il n'existe dans ce viscère aucun autre appareil sécréteur que l'ensemble des cryptes, des vaisseaux exhalans de cette surface libre; que c'est par conséquent à l'action de ces mêmes vaisseaux plus spécialement qu'il faut attribuer la formation du suc gastrique. De même que toutes les autres sécrétions, celle que nous examinons peut être *augmentée, diminuée, modifiée* dans ses produits, suivant les circonstances dont elle est environnée. Ainsi, la section ou la ligature des nerfs vagues, l'usage des narcotiques, l'abus des liqueurs fermentées, des acides forts, les passions tristes et concentrées, certaines maladies de l'estomac, diminuent sensiblement la perspiration du suc gastrique. Les épices, les salaisons à dose modérée, la plupart des stimulans digestifs, les alimens peu solubles et réfractaires à l'élaboration chymeuse etc. rendent la proportion de ce fluide beaucoup plus considérable. Les qualités des substances nutritives, plusieurs altérations idiopathiques ou sympathiques, les névralgies gastro-intestinales modifient la nature de ce même fluide quelquefois assez profondément.

2° *Relativement à la composition.* — Les principes constituans du suc gastrique ont été bien diversement appréciés par les physiologistes. Morgagni pense qu'il contient habituellement une certaine quantité de bile dont le reflux s'opère dans l'estomac pendant l'état de vacuité. Englesfield et Smith soutiennent que ce reflux a lieu même pendant la réplétion de l'organe, et qu'il est indispensable à la chymification. Sennebier et Spallanzani prétendent que le suc gastrique est *neutre.* Gosse, Dumas le croient *acide* chez les herbivores, *alcalin* dans les carnivores. Réaumur, Tréviranus, Duhamel, Viridet, Marsigli, Floyer l'ont trouvé constamment *acide* chez les oiseaux. Tréviranus ajoute même qu'il est tellement corrosif, que celui des poules attaqua l'émail d'une tasse de porcelaine dans laquelle on l'avait renfermé. Spallanzani pense également qu'il peut détruire le fer, la corne et beaucoup d'autres corps très-durs. Leuret et Lassaigne le considèrent comme *acide* pour les quatre classes d'animaux vertébrés. Tiedemann et Gmelin, sur plusieurs chiens qu'ils avaient fait jeûner pendant quinze heures, l'ont trouvé *neutre et salé;* mais ils ont constaté sa nature *acide* sur tous les animaux dont l'estomac avait été suffisamment excité, même par l'influence mécanique des fragmens de silex ou d'autres corps également insolubles. Viridet fait observer que le suc œsophagien ne présente jamais cette *acidité* pendant l'état normal, et conclut de ce fait qu'il est indispensable d'accorder un caractère particulier à celui de l'estomac. De Montègre, qui publia vers 1812 les résultats des observations recueillies sur lui-même, en se faisant vomir à volonté, soutient que les propriétés *acides ou alcalines* de ce fluide, qu'il identifie avec la salive, ne doivent pas être attribuées aux variétés de sa nature primitive, mais aux modifications qu'il peut éprouver par des changemens postérieurs à sa formation; qu'il est alcalin immédiatement après avoir été sécrété, ne devient acide que par sa digestion sous l'influence vitale de l'estomac. Les chimistes ont voulu connaître l'acide particulier auquel on doit attribuer les dispositions les plus ordinaires du fluide que nous étudions. Des savans d'un mérite également incontestable ayant obtenu, sous ce rapport, les résultats les plus opposés, nous sommes en droit de penser que ce principe caractéristique n'est pas le même chez tous les animaux et dans toutes les circonstances. Ainsi d'après des expériences nombreuses, Tiedemann et Gmelin désignent comme acides libres du suc gastrique, pour les chevaux, l'*hydro-chlorique* et le *butyrique;* pour les chiens, l'*acétique;* Macquart et Vauquelin, pour les ruminans, le *phosphorique;* Leuret et Lassaigne, pour les chiens et plusieurs autres animaux, le *lactique;* Proust, pour les lapins, le *muriatique libre.* Viridet, Spallanzani, Réaumur, Scopoli, Stévens, Carminati, Gosse, Brugnatelli, Werner, Macquart, Vauquelin, Chevreul, Thénard, Leuret, Lassaigne, Tiedemann, Gmelin etc. se sont beaucoup occupés de l'analyse du suc gastrique. Les conséquences de leurs opérations sont loin d'être identiques, ce qui nous prouve que la composition de cette humeur, comme celle de toutes les autres, est susceptible des plus nombreuses modifications. Elle contient, d'après Thénard, quelques sels à base de chaux et de soude, une certaine proportion de mucus, une grande quantité d'eau, aucun acide sensible au goût, aux réactifs chimiques. D'après Chevreul, des hydro-chlorates de potasse et de soude, de l'acide lactique en combinaison avec une matière animale particulière insoluble dans l'alcohol, une assez grande quantité de mucus, de l'eau en très-forte proportion. D'après Leuret et Lassaigne, sur cent parties : eau, 98 — acide lactique — hydrochlorate d'ammoniaque — chlorure de sodium. — Matière animale soluble dans l'eau — mucus — phosphate de chaux, ensemble, 2. D'après Tiedemann et Gmelin : Matières animales solubles 1° dans l'alcohol, *osmazôme;* — 2° dans l'eau, *matière salivaire;* — albumine; — mucus, — acide acétique libre; — chlorures de calcium, de sodium; — acétate de soude; — sulfate et phosphate de chaux.

3° *Relativement aux usages.* — Les mêmes dissidences viennent encore partager ici les opinions des auteurs. Combien d'intermédiaires ne rencontrons-nous pas entre celle de Montègre qui n'accorde aucune influence à l'action du suc gastrique pendant la chymification; qui loin de lui reconnaître le pouvoir d'empêcher la putréfaction, pense qu'il est lui-même très-susceptible de l'éprouver au milieu des circonstances favorables; et les assertions de spallanzani qui considère ce fluide comme essentiellement anti-septique et comme dissolvant assez puissant pour effectuer la digestion des alimens dans un vase inerte, au milieu d'une température appropriée. Mangiardini de Pavie dit avoir administré, avec le plus grand succès, à des malades affectés de dyspepties graves, celui qu'il avait puisé dans l'estomac des corneilles. Employé par les chirugiens italiens dans le traitement des ulcères, comme anti-putride, il fut même proposé, par quelques-uns, pour servir de menstrue dans la dissolution des calculs vésicaux, rénaux etc. Dutrembley, dans ses expériences relatives au suc gastrique des polypes, le considère comme essentiellement anti-septique et dissolvant; il affirme que ces propriétés sont d'autant plus prononcées que les parois de l'estomac offrent moins d'énergie, *et vice versâ*; qu'elles se développent davantage pendant l'été que dans les autres saisons. Viridet, Carminati, Werner, Gosse, Brugnatelli, Proust, Leuret, Lassaigne, Tiedemann, Gmelin etc. paraissent moins exclusifs dans leurs principes. Réaumur, Stévens renferment dans plusieurs petites sphères métalliques, trouées à la manière d'un crible, des chairs et d'autres élémens nutritifs, les font avaler à des hommes, à des animaux; elles sont rendues vides par l'anus, toutes les substances qu'elles contenaient ayant été ramollies et digérées. Spallanzani fait sur lui-même cette expérience au moyen de sachets en toile, obtient des résultats semblables. Poursuivant son idée dominante, ce physiologiste prend des alimens soumis à la mastication, à l'insalivation, imprégnés de suc gastrique, les maintient pendant plusieurs heures sous l'aisselle et prétend les avoir chymifiés. Voulant arriver à ce résultat par des moyens absolument artificiels, il soumet d'autres alimens, ainsi préparés, dans une cassolette, à la chaleur modérée d'un fourneau ; d'après lui ces nouveaux essais deviennent complétement satisfaisans. De Montégre et plusieurs autres observateurs moins prévenus répétent les mêmes expériences, mais sans obtenir autre chose qu'un ramollissement pulpeux des alimens, au lieu d'un véritable chyme. Leuret, Lassaigne, Tiedemann, Gmelin etc., voient dans l'élaboration gastrique une dissolution des substances nutritives par le suc du même nom, sans toutefois renfermer ce phénomène essentiellement vital dans le domaine exclusif de la chimie; sous ce rapport, ces habiles expérimentateurs nous semblent se rapprocher beaucoup plus de la vérité. Ils ont toujours vu, pendant l'accomplissement normal de ce phénomène, la masse pultacée devenir sensiblement acide. Ils avancent, Leuret et Lassaigne plus particulièrement, que les boissons alcoholiques font affluer le suc dissolvant, s'acidifient et sont ensuite absorbées. Nous verrons bientôt ce que l'on doit physiologiquement rejeter ou conserver dans cette même théorie.

5° COCTION IGNÉE. —Galien et quelques-uns de ses disciples considèrent la chymification comme une coction opérée sous l'influence du calorique. Cette hypothèse entièrement imaginaire, inadmissible dans ses principes, dans ses conséquences, n'offre pas même un premier caractère de probabilité. Il faudrait en effet supposer que dans l'espace de quelques heures, et sous l'influence d'une température de trente-deux degrés, les alimens solides éprouvent cette modification ignée. L'expérience de tous les instans et la plus simple réflexion suffisent pour démontrer la futilité d'une explication semblable. Les erreurs de cette même supposition deviennent encore plus palpables, en comparant les forces digestives du reptile, qui ne présente qu'une chaleur de quinze à seize degrés, à celles de l'homme pour lequel on voit la température s'élever à trente-deux, à celles de la plupart des oiseaux dont nous voyons cette chaleur portée de trente-huit à quarante.

6° COCTION VITALE. — Cette opinion l'une des plus anciennes, est celle que professait Hippocrate. Les physiologistes modernes l'ont fortement critiquée, bien qu'elle ne soit pas aussi loin de la vérité qu'on pourrait le penser d'abord. En effet, le père de la médecine employant le mot *coction*, ne veut point indiquer l'action physique de la chaleur sur les substances alimentaires pour faire disparaître leur état de crudité, mais une élaboration vitale particulière, entièrement analogue, par sa nature, à celle que les anciens supposaient dans les humeurs pendant le cours d'une maladie, vers l'époque des crises, pour leur imprimer une sorte de maturation. Si dès-lors nous substituons au terme *coction* celui *d'élaboration vitale*, qui rend ici la même idée, nous voyons que la théorie du vieillard de Cos est en même tems la plus physiologique et la plus vraisemblable.

Si nous résumons actuellement toutes ces opinions diverses, toutes les expériences, tous les raisonnemens destinés à les établir, nous sentons qu'aucune d'elles, exclusivement envisagée, n'est capable d'expliquer entièrement la chymification. C'est en les réunissant pour le plus grand nombre, autour de l'influence vitale, comme action essentielle, que nous pourrons découvrir les vérités relatives à l'accomplissement de cet important phénomène. Il nous paraît absolument impossible d'admettre que la digestion gastrique soit le résultat d'une influence mécanique ou chimique; nous pensons au contraire qu'elle rentre nécessairement dans le domaine de la vitalité; double assertion qui va se trouver démontrée par les faits et le raisonnement.

Si la chymification était exclusivement physique ou chimique, nous pourrions, comme dans toutes les actions de cet ordre, en effectuer des imitations parfaites. Les expériences que nous avons répétées dans ce but sur les alimens insalivés, mâchés, pénétrés du suc gastrique, exposés dans un réservoir inerte, au milieu des circonstances les plus favorables, à la chaleur artificielle ou naturelle, nous ont toujours offert une masse pulpeuse mais sans homogénéité, soit simplement ramollie, soit dans un commencement de fermentation acide ou putride, jamais à l'état de *chyme parfait*, puisqu'en prenant cette masse de prétendu *chyme artificiel*, en l'introduisant immédiatement dans le duodénum des animaux, il nous a toujours été complétement impossible d'obtenir ultérieurement un atome de véritable *chyle*. Nous ne trouvons dans les auteurs aucun résultat contradictoire à ceux que nous indiquons; Spallanzani lui-même n'a pas conduit l'expérience jusqu'à ce point indispensable pour décider la question. C'est d'après quelques analogies d'aspect, de saveur, de composition qu'il a prononcé l'identité des *chymes artificiel* et *naturel*, tandis qu'il était si simple, si physiologique d'essayer l'un et l'autre par l'action duodénale afin de juger positivement leur valeur comparative. Les illusions auraient été dissipées et l'on eût senti que la pulpe artificiellement élaborée n'était point *du chyme* puisqu'il devenait impossible de lui faire éprouver une parfaite *chylification*. Leuret, Lassaigne, Tiedemann et Gmelin, dont les travaux sur la digestion sont dignes des plus grands éloges, bien qu'adoptant le système de la dissolution, l'ont fait avec une réserve qui prouve leur excellent esprit. Nous pensons que les expérimentateurs exempts de préjugés qui reprendront ces essais, obtiendront des résultats semblables aux nôtres, et, reconnaissant la réalité de ces principes, en déduiront les mêmes conséquences.

Tous les phénomènes de la nature, sans aucune exception, s'effectuant sous l'influence de l'une ou l'autre des trois puissances *physique*, *chimique ou vitale*, toute l'insuffisance des deux premières, dans la chymification, nous paraissant démontrée par l'expérience et le raisonnement, il serait déjà permis d'en inférer que cet acte physiologique est sous la dépendance essentielle de la troisième. Si nous consultons les faits nous trouvons des preuves immédiates beaucoup plus évidentes encore à l'appui de cette assertion. Ainsi toutes les causes *physiques*, *chimiques*, *morales* et *vitales*, susceptibles d'activer, de diminuer, de pervertir, de suspendre, d'anéantir l'action vitale de l'estomac, en agissant soit directement, soit sympathiquement sur cet organe, augmentent, diminuent, pervertissent, suspendent, anéantissent la chymification. L'exposition de ces vérités jettera nécessairement un grand jour sur la théorie du phénomène que nous étudions.

Causes physiques et chimiques. —Les épices, les salaisons, le thé, le café, les spiritueux mitigés convenablement, *précipitent la digestion*, comme on le reconnaît et comme on le dit vulgairement. D'un autre côté l'action positive de ces stimulans divers sur l'estomac, a pour effet ordinaire l'exaltation des propriétés vitales de cet organe; de là par conséquent les avantages de ces moyens, lorsqu'ils sont gradués convenablement d'après les dispositions gastriques, pour favoriser et perfectionner la chymification ; de là, par les mêmes raisons, leurs graves inconvéniens lorsqu'ils sont abusivement employés , et que dépassant la mesure d'une favorable excitation , ils déterminent dans le tube alimentaire des phlegmasies plus ou moins funestes. Les substances gommeuses, insipides, huileuses, narcotiques etc. rendent, comme on le dit, l'estomac paresseux , entravent ou même suspendent complétement l'élaboration chymeuse, en effectuant cette perturbation gastro-intestinale connue sous le titre *d'indigestion*. D'un autre côté , l'effet immédiat de ces modificateurs est d'abaisser, d'engourdir et même d'anéantir momentanément les propriétés vitales de cet appareil. On conçoit dès-lors que ces moyens peuvent être utiles et même nécessaires pour favoriser l'accomplissement de la chymification dans les augmentations extra-normales de l'irritabilité gastrique; tandis qu'ils deviennent essentiellement nuisibles pour les dispositions contraires, en pervertissant la digestion dans l'un de ses actes les plus importans. Ces considérations naturelles démontrent l'inconvenance et les dangers d'un traitement et d'un régime uniformément appliqués à toutes les constitutions, à tous les individus. Les causes physiques et chimiques susceptibles d'opérer, vers d'autres appareils, la dérivation et la concentration de l'influence vitale , produisent ordinairement des perturbations analogues; ainsi les plaies, les contusions, les brûlures etc. affectant une partie sensible , développent des douleurs aiguës et des sympathies plus ou moins contraires à l'accomplissement régulier du phénomène que nous étudions.

Causes morales. — Un mauvais estomac, dit Amatus Lusitanus, accompagne les gens de lettres comme l'ombre suit le corps. Cette vérité, que démontre chaque jour l'expérience, nous indique l'action positive des modifications mentales pour favoriser, pervertir ou suspendre la chymification, après avoir plus ou moins profondément influencé l'organe chargé de son accomplissement. Ainsi le repos de l'esprit, le calme de l'âme concourent puissamment à la régularité de cet acte digestif. Les travaux intellectuels opiniâtres, les passions délirantes ou concentrées, produisent au contraire dans ce phénomène les plus graves désordres, soit par l'exaltation extra-normale de la vitalité gastrique, soit par ses violentes perturbations, soit enfin par son abaissement excessif en conséquence d'un affaiblissement absolu, constitutionnel, ou d'une débilité relative, occasionnée par la dérivation de la puissance innervatrice vers les autres systèmes organiques. La réalité de ces principes est admise par les bons observateurs. Tiedemann et Gmelin ont constaté par l'expérience que la digestion est plus lente et plus difficile pendant le sommeil; on sait généralement que si la contension d'esprit, les exercices fatiguans sont nuisibles immédiatement après les repas, l'immobilité, l'engourdissement, le repos complet ne sont pas alors moins opposés au développement régulier de l'élaboration chymeuse.

Causes vitales. — Nous pourrions énumérer ici toutes les maladies idiopathiques ou symptomatiques de l'appareil digestif en général, de l'estomac en particulier, et nous verrions aussitôt que les atonies de cet organe rendent la chymification plus tardive, moins parfaite; que ses inflammations, ses névralgies la précipitent, l'altèrent quelquefois profondément. Ces considérations sont tellement évidentes, les objets de leurs applications si généralement connus, qu'il suffit de les rappeler dans cette occasion. Il est un point de la question beaucoup moins universellement admis et sur lequel nous devons par conséquent appeler toute l'attention des physiologistes, nous voulons parler de l'influence du nerf pneumo-gastrique dans l'accomplissement de ce phénomène digestif. Pour déterminer l'importance et la réalité de cette action, les expérimentateurs ont effectué la compression, la ligature et la section du nerf vague. Leurs travaux n'ont pas offert les mêmes résultats. Ruphus d'Ephèse paraît avoir le premier tenté ce genre d'exploration, ultérieurement employé par Baglivi, Petit, Valsalva, Haller, Dupuytren, de Blainville, Dupuy, Broughton, Magendie, Blagden, Wilson, Clarke, Hastings, Breschet, Edwards, Leuret, Lassaigne, Tiedemann, Gmelin etc.

Baglivi pratique la section du nerf pneumo-gastrique sur des chiens; refus des alimens, nausées, vomissemens; après cinq à six heures, chez ceux qui n'ont pas rejeté les substances nutritives, l'estomac se trouve distendu par des matières non digérées. M. de Blainville fait la ligature du nerf vague au dessus des poumons, suspension de la respiration et de la chymification; au dessus de l'estomac, suspension de la chymification, accomplissement de la respiration; la ligature est enlevée, ces deux fonctions reprennent toute leur activité. Le même physiologiste et Legallois choisissent des pigeons pour sujets de l'expérience; les graines données à ces animaux restent dans le jabot, sans éprouver aucune modification. Wilson, Clarke, Hastings font les mêmes essais avec des résultats identiques. M. Dupuy expérimente sur des chevaux; les animaux boivent, mangent, périssent au sixième jour; les vaisseaux lactés ne contiennent pas de *chyle*. Brodie fait prendre de l'arsenic à des animaux sains, trouve l'estomac en partie rempli d'un fluide mucoso-séreux; il administre le même poison à d'autres animaux, après avoir pratiqué la section du nerf vague, ne rencontre plus sur ces derniers aucune trace du *suc gastrique*, et rapporte la sécrétion de cette humeur à l'influence de ce même nerf, en expliquant ainsi l'action vitale de l'appareil digestif. MM. Edwards et Breschet, sur plusieurs animaux, coupent le nerf vague avec perte de substance; la chymification est seulement ralentie dans sa marche; rétablissant la communication nerveuse au moyen d'un fil de fer tourné en spirale, ces physiologistes voient le phénomène reprendre sa première activité. Des résultats semblables sont obtenus en excitant l'extrémité gastrique du nerf coupé, soit par un courant galvanique, soit par des tractions répétées au moyen d'un cordon en soie. Les auteurs de ces expériences concluent, d'une part, que l'on n'a fait ici qu'entretenir l'influence du nerf vague sur l'estomac, en irritant la portion qui s'y distribue; de l'autre, que cet effet se borne, dans la conversion chymeuse, à soutenir l'action du viscère, à multiplier ses points de contact avec les alimens. Ces inductions, ou laissent indécis le véritable caractère de la chymification, et dès-lors n'exigent aucune discussion particulière, ou bien expliquent ce phénomène par *la trituration*, et se trouvent suffisamment réfutées par les raisonnemens que nous avons opposés à cette hypothèse mécanique. Wilson pratique la section de la moelle vers sa région lombaire; Edwards et Vavasseur font l'ablation d'une partie des hémisphères cérébraux; sur d'autres sujets, ils injectent de l'opium dans les veines; toutes ces expériences donnent pour résultat commun la suspension de l'élaboration chymeuse. MM. Broughton, Magendie, Leuret, Lassaigne, Tiedemann, Gmelin voient cette élaboration continuer sur des chiens, des chevaux etc, même lorsque l'on avait enlevé le nerf pneumo-gastrique dans une étendue de plusieurs pouces. Ils font observer que ce nerf, épuisant la majeure partie de ses rameaux sur l'œsophage, n'en fournit qu'un bien petit nombre à l'estomac, dont l'appareil innervateur émane plus spécialement des ganglions; que la ligature ou la section du nerf vague produisent tout au plus un ralentissement dans la chymification qui continue sous l'influence du grand'sympathique. Tiedemann et Gmelin ajoutent, conséquemment à leur théorie de la *dissolution*, que les modifications effectuées par ces expériences tiennent plutôt alors au défaut d'acidité du suc gastrique, formé dans ces dispositions anormales, qu'à l'absence de l'action innervatrice.

Si nous cherchons actuellement la raison des nombreuses dissidences présentées par cet ensemble de faits contradictoires, nous la voyons d'une part dans la diversité des circonstances au milieu des quelles ces expérimentateurs également habiles ont entrepris leurs essais; de l'autre, dans l'instabilité des phénomènes de la nature vivante, surtout lorsqu'ils s'opèrent sous l'influence des perturbations que ne manquent jamais alors d'entraîner la crainte et la douleur. Des expériences, des considérations que nous venons de présenter, il nous semble positivement résulter, pour tout esprit sage, que l'on ne doit pas expliquer la chymification par l'une ou par l'autre de ces hypothèses considérées d'une manière exclusive; qu'il est contraire à toutes les règles de la saine physiologie de renfermer dans le domaine particulier de la physique et de la chimie communes à tous les corps, un phénomène évidemment effectué sous l'influence des lois vitales; que ces différens moyens concourent, chacun suivant ses facultés, à l'accomplissement normal de cette action importante; mais que l'influence nerveuse, que l'irradiation de la vitalité jouent, dans cette même action, le rôle en même tems le plus grand et le plus indispensable. Nous croyons actuellement pouvoir exprimer ainsi l'ensemble de ces modifications compliquées.

Les alimens, déposés dans l'estomac par la déglutition, après avoir été broyés, insalivés dans la cavité buccale, éprouvent d'abord l'influence des parois gastriques pendant leurs mouvemens de péristole. Cette espèce de *trituration* secondaire est d'autant plus laborieuse que la mastication primitive s'est effectuée moins complétement. Assez remarquable pour certains oiseaux, dans lesquels on entend le broiement des alimens par l'action du gésier, elle n'offre chez l'homme qu'un phénomène entièrement accessoire, et dont les mécaniciens ont exagéré l'importance. Excitée par la présence des alimens, la muqueuse de l'estomac présente une réaction sécrétoire proportionnée à cette aggression. Les sucs *folliculaire* et *perspiratoire* sont versés dans la masse à chymifier ; la ramollissent et la pénètrent profondément. Cette modification devient alors d'autant plus nécessaire qu'elle n'a pas été suffisamment commencée par l'insalivation. Nous ne pouvons admettre, avec MM. Tiedemann, Gmelin, Leuret, Lassaigne etc, qu'elle constitue l'essence de la chymification, encore moins avec ces derniers : « Que la division des alimens étant opérée « dans l'estomac, il se forme spontanément des molécules « *chyleuses.* » Jamais du moins, pendant le cours de nos expériences, nous n'avons rencontré ces dernières dans la cavité gastrique, à moins qu'un mouvement anti-péristaltique de l'intestin duodénum, où leur confection peut exclusivement s'opérer, ne les eût fait refluer dans cette première cavité. Nous pensons qu'il faut attribuer à cette cause l'illusion de ces habiles expérimentateurs. M. Pelletan fait consister la chymification dans un échange de véhicule. Dans cette hypothèse l'influence du *suc gastrique* peut s'expliquer ainsi : « L'estomac « absorbe d'une part, dans la masse alimentaire, les vé- « hicules étrangers qui lui donnent un caractère hété- « rogène; de l'autre, il verse par exhalation, dans cette « masse, le fluide vivant qui leur communique un pre-

« mier degré d'animalisation et d'homogénéité. » Déjà beaucoup plus physiologique, cette explication dont l'expérience pourra seule juger la valeur, nous paraît laisser encore bien incomplète la théorie de ce phénomène essentiel. Une première combinaison moléculaire et substantielle s'effectue pendant cette opération, mais elle a besoin de l'influence vitale de l'estomac pour se manifester et ne peut dès-lors plus être confondue avec les combinaisons exclusivement chimiques. L'irradiation nerveuse joue manifestement le premier rôle dans cette modification spéciale où nous voyons la matière inerte revêtir les qualités rudimentaires de l'organisation et de la vitalité. C'est au concours de tous ces moyens réunis que nous attribuons la confection chymeuse qui, dans la masse, paraît s'effectuer de la circonférence au centre et dont nous devons actuellement étudier les résultats.

Du chyme. — Les auteurs, opposés relativement à la formation de ce produit digestif, ne s'accordent pas davantage sur sa nature et sa composition. Marcet, auquel nous devons un grand nombre d'expériences, prétend que le chyme n'est, à l'état normal, ni acide, ni alcalin; qu'il se putréfie dans quelques jours, présente une assez grande proportion de charbon, de sels calcaires, d'albumine et de matière animale solide. De Montègre le croit acidifié par son mélange avec le suc gastrique ainsi modifié lui-même par la digestion. Gmelin, Tiedemann et plusieurs autres physiologistes lui reconnaissent un caractère semblable; mais ils soutiennent que cette acidité vient de sa dissolution par le même suc primitivement doué de cette qualité spéciale. Pris chez un homme épileptique, mort cinq heures après l'ingestion des alimens, immédiatement analysé par Leuret et Lassaigne, le chyme s'est présenté sous la forme d'une bouillie safranée, pâle, exhalant une odeur forte et repoussante, contenant de l'acide lactique, une matière animale blanche, cristalline, assez analogue au sucre de lait, une substance grasse, jaunâtre, acide, se rapprochant du beurre rance; une autre matière animale ressemblant au caséum, soluble dans l'eau; de l'albumine; beaucoup de phosphate de chaux; de l'hydro-chlorate, du phosphate de soude en proportion moins considérable. Schuyl dit avoir trouvé des bulles gazeuses dans le chyme, et conclut de ce fait que le phénomène dont nous parlons est une véritable fermentation effectuée par le mélange de la masse alimentaire, de la bile et du suc pancréatique. Nous avons suffisamment réfuté cette erreur. Des expériences faites sur les chiens nous ont offert les résultats suivans aux différentes époques de la chymification, exercée particulièrement sur des soupes au pain : *après deux heures d'ingestion*, l'estomac distendu par une masse pulpeuse, grisâtre, inodore, sans acidité, offrant encore les principaux caractères des alimens employés; les autres intestins vides; quelques vaisseaux lactés encore pleins de chyle; plusieurs ganglions mésentériques très-développés; la vésicule dilatée par une assez grande quantité de bile; *après quatre heures*, le chyme plus homogène, les alimens identifiés, à l'exception de ceux dont la solution ne peut être effectuée dans cette élaboration, et qui passeront le plus ordinairement sans éprouver la modification digestive; l'acidité presque nulle sur le plus grand nombre, se prononce davantage pour les animaux que l'on a fait souffrir dans les expériences. Le développement exagéré de cette acidité ne serait-il pas le caractère d'une mauvaise chymification, comme on l'observe chez l'homme, sous l'influence perturbatrice d'une passion violente, ou d'un travail intellectuel dont l'influence a troublé la marche de ce phénomène important? *après six heures*, le chyme est presqu'entièrement passé dans le duodénum; la chylification déjà commencée, l'estomac vide, revenu sur lui-même, son corps papillaire moins rouge, affaissé, les sécrétions muqueuse et perspiratoire de cet organe sensiblement diminuées. En résumé toutes ces modifications physiques et chimiques imprimées à la masse alimentaire, *mastication, insalivation, trituration, dissolution gastriques* etc., nécessaires à la conversion chymeuse, n'en sont toutefois que des actes préparatoires. C'est au moment où cette masse, par une véritable *transsubstantiation*, est pénétrée d'un commencement de vitalité, que s'opère essentiellement cette conversion dont les procédés chimiques et physiques sont incapables d'offrir une imitation parfaite. *La chymification* décide les changemens ultérieurs que doivent présenter les alimens en parcourant le reste de l'appareil digestif; tous ceux qui ne l'ont point éprouvée sont désormais absolument incapables de servir à la formation du chyle. Des gaz ont été trouvés dans l'estomac, et semblent moins, d'après leur nature, le résultat de la fermentation des substances ingérées, que le produit de la perspiration gastrique. MM. Leuret et Lassaigne, pour des chiens nourris avec la viande, ont trouvé sur cent parties : acide carbonique, 43; — hydrogène sulfuré, 2; — oxygène, 4; — azote; 31; — hydrogène carboné, 20. MM. Chevreul et Magendie, chez un homme supplicié, sur 100, 00 parties : oxygène, 11, 00; — acide carbonique, 14, 00; — hydrogène pur, 3, 35; — azote, 71, 45; — perte, 00, 20.

Si nous voulons actuellement fixer le tems nécessaire à l'accomplissement normal de la chymification, nous voyons encore les auteurs divisés retativement à cet objet. Les uns bornent ce tems à deux ou trois heures, d'autres, tels que MM. Edwards et Breschet, le portent jusqu'à huit ou douze. Il est évident que cette estimation ne doit jamais être absolue, puisque des circonstances relatives à la nature des alimens, aux dispositions du sujet, à l'état actuel de ses organes digestifs etc. peuvent modifier indéfiniment la durée de cet acte physiologique. En conséquence de ses observations, faites sur des individus affectés *d'anus contre nature*, M. Lallemand établit en principe : que les substances nutritives séjournent d'autant moins dans l'estomac, toutes choses égales, qu'elles contiennent une plus petite proportion d'élément réparateur. Ainsi, dans ces expériences, les œufs ne sortaient par l'ouverture artificielle, assez rapprochée de ce viscère, qu'après un séjour de quatre heures au moins, tandis que les fruits, les légumes herbacées passaient après deux ou trois. Gosse de Genève a reconnu sur lui-même que les œufs frais, le poisson, le lait, les viandes blanches, les légumes doux sont aisément chymifiés dans l'espace de deux heures, alors que les œufs durs, le porc, le sang cuit, les huitres, les salades, les radis, les pâtisseries n'éprouvent cette conversion qu'après cinq ou six heures, encore d'une manière imparfaite et difficile. On peut donc avancer, en thèse générale, que le séjour des alimens dans la cavité gastrique est susceptible d'offrir des variétés nombreuses depuis deux ou trois heures jusqu'à des intervalles beaucoup plus considérables. Sthal rapporte qu'une femme ayant mangé des choux rouges, fut prise d'une fièvre tierce qui ne céda qu'après le vomissement de cette substance rendue cinq jours après son ingestion, sans présenter aucun changement remarquable.

Lorsque la *chymification* est opérée, l'ouverture gastro-duodénale, fermée jusqu'alors assez exactement, se dilate par degrés ; des contractions péristaltiques s'établissent du *cardia* vers le *pylore* ; ce mouvement favorisé par l'action des fibres longitudinales, fait insensiblement passer toute la masse chymeuse dans l'intestin duodénum où doit s'effectuer *sa chylification*. Là se termine le rôle particulier de l'estomac dans la digestion. Sans doute, il ne s'agit plus ici d'une simple action préparatoire, que l'on puisse remplacer par des procédés physiques ou chimiques ; nous y trouvons une élaboration essentielle et vitale ; mais nous ne pensons pas qu'elle représente la digestion complète, ni même qu'elle en devienne le phénomène fondamental, comme l'ont prétendu ceux qui voient dans l'estomac non-seulement l'organe particulier de cette grande fonction, mais encore le point central de l'économie, le foyer de la vitalité ; c'est ainsi qu'Helmontius y plaçait le siége de l'âme ; Wovard, celui des sensations et des pensées ; opinions paradoxales qu'il suffit de citer pour en effectuer la réfutation.

PHÉNOMÈNES GÉNÉRAUX DE LA CHYMIFICATION.

Leur histoire embrasse l'ensemble des réactions sympathiques déterminées, dans une étendue plus ou moins considérable de l'économie, par l'exercice de ce phénomène particulier. Pour mieux apprécier les différentes nuances de ces réactions, nous les examinerons dans les tems principaux de l'élaboration gastrique relativement : 1° *à l'introduction des alimens dans l'estomac* ; 2° *à leur conversion chymeuse* ; 3° *au passage du chyme dans le duodénum.* Nous verrons dans cette exposition, la réalité des liens fonctionnels unissant le premier de ces organes aux principaux centres de la vitalité, l'importance de son action dans la série des phénomènes digestifs, et la nécessité d'un régime approprié au sexe, à l'âge, au tempéramment, aux professions.

1° *Relativement à l'introduction des alimens dans l'estomac.* — L'excitation locale déterminée par les alimens sur la muqueuse gastrique est immédiatement suivie d'une réaction dont les effets sont appréciables pour tout l'organisme. Sentiment de bien être général, d'expansion et d'hilarité; augmentation notable des forces physiques; exaltation momentanée des facultés intellectuelles et des passions; tendance au mouvement, aux actions d'expression : tels sont les principaux phénomènes sympathiques de cette irradiation digestive. Aussi dans nos repas où l'étiquette n'enchaîne pas le naturel, où la confiance et l'amitié laissent un libre essort aux affections, à la pensée, lorsque les premières exigences de l'appétit se trouvent satisfaites, la conversation s'engage d'une manière plus bruyante et plus universelle. Ces effets sont d'autant plus marqués et plus positifs que l'impression alimentaire est mieux déterminée. C'est pour cette raison que les boissons fermentées et les solides nutritifs un peu réfractaires à l'action de l'estomac, sont très-convenables aux tempéramens lymphatiques, aux sujets obligés de supporter habituellement la fatigue des travaux corporels. Il faut en effet toujours bien distinguer deux résultats dans l'action des alimens : 1° l'excitation mécanique ou chimique locale, d'où naît une élévation notable du pouls, une réaction constitutionnelle, un développement passager de l'énergie factice. 2° La réparation et l'accroissement des organes, l'entretien de la force naturelle. Dans cette période, le goût s'éveille par l'influence des alimens sapides, et comme le dit un adage vulgaire : *l'appétit vient en mangeant.* La sécrétion salivaire est développée dans toute son activité, la mastication rapide, la déglutition facile et précipitée. D'après Tiedemann et Gmelin, l'agacement du nerf pneumo-gastrique, à l'œsophage, dispose l'estomac à ses contractions péristaltiques. Dans toute cette phase de la digestion, le mouvement vital s'établit du centre à la circonférence.

2° *Relativement à la conversion chymeuse des ali-mens.* — La réplétion gastrique effectuée devient l'occasion d'un sentiment de satiété qui fait disparaître les impulsions de la faim. L'agréable sapidité des alimens s'affaiblit, les mets les plus délicats, actuellement sans attrait, excitent même alors quelquefois un véritable dégoût. L'homme sobre ne cherche point à franchir ces bornes imposées par la nature aux aberrations de la sensualité; le gourmand voudrait manger encore; une répugnance invincible prévient ce fâcheux abus, et c'est vainement que l'art culinaire déploie ses ressources perfides lorsqu'il s'agit de flatter des organes complétement émoussés. De là cette assertion aussi vraie que généralement connue : *l'appétit est le meilleur de tous les cuisiniers.* A l'invasion de cette période, la mastication languit, la sécrétion salivaire diminue graduellement d'activité. Un mouvement remarquable s'établit de la circonférence au centre, avec frisson général, spasme, resserrement, sécheresse et froid vers la peau. Grimaud compare assez exactement ces modifications à celles qu'éprouvent les femmes sous l'influence d'une forte excitation momentanément localisée dans l'utérus. L'estomac devient ainsi le foyer principal de l'irradiation et de la fluxion vitales. Ce mouvement est d'un heureux présage pour la chymification, puisqu'il indique une *concentration gastrique* sans diversion et sans partage. En effet, lorsque nous observons au contraire, dans cette circonstance, un mouvement vers la périphérie, avec chaleur à la face, aux mains, aux pieds, comme on le voit souvent chez les individus affectés de gastralgie, de gastrite, de phthisie etc., nous pouvons annoncer une élaboration chymeuse difficile , incomplète , *cette concentration gastrique* n'ayant pas été convenablement effectuée. Au milieu des plus favorables dispositions à cet acte important, l'esprit s'appesantit, l'imagination devient obtuse, le pouls lent et serré, les mouvemens paresseux. A l'activité, à la loquacité de la première période , succèdent le silence , l'apathie , l'engourdissement, quelquefois même le sommeil. Si l'estomac est irritable, si les alimens ont été pris d'une manière abusive, il survient quelquefois alors une sorte d'inquiétude vague et de mélancolie profonde. On doit également éviter, dans ces dispositions, et l'assoupissement qui déprimerait l'action gastrique, et les exercices physiques ou moraux qui viendraient la contrarier par de fâcheuses dérivations. Si d'une part l'estomac ne doit pas être vivement irrité pendant ce travail , du moins a-t-il besoin d'une excitation suffisante pour l'exécuter avec précision et régularité. De là, sans doute, l'usage des vins généreux, des liqueurs et du café que l'on sert à la fin des repas; de là, par une même conséquence, l'inconvénient notable de la marche, de la course, des autres exercices violens et plus spécialement encore des travaux intellectuels entrepris immédiatement après l'ingestion alimentaire. Il faut toujours alors un éveil modéré , jamais un état laborieux de contension, soit moral, soit physique.

3° *Relativement au passage du chyme dans le duodénum.* — Lorsque le travail de la chymification est entièrement accompli, l'influence vitale , jusqu'ici concentrée vers l'estomac, se trouve progressivement irradiée sur tous les autres organes; le mouvement s'établit du centre à la circonférence : au resserrement, à la sécheresse, au froid que présentait l'enveloppe dermoïde, succèdent le relâchement, la chaleur agréable, quelquefois même une douce moiteur. La gaité, la tendance au mouvement, la liberté des facultés intellectuelles reparaissent; il est alors avantageux de se livrer à des exercices modérés, pour favoriser la répartition des influences vitales et le rétablissement de l'équilibre dans toute l'économie.

4° CAVITÉ DUODÉNALE.

Cette cavité digestive nous offre, sous le titre de *chylification*, la conversion de la masse *chymeuse* dans un fluide essentiellement réparateur nommé *chyle*, conduit par l'absorption au torrent circulatoire, et dans un détritus alimentaire, ultérieurement évacué de l'économie, sous le nom *d'excrémens*. Pour mieux faire comprendre l'exposition de ce phénomène important, nous devons présenter les considérations physiologiques relatives à l'appareil chargé de son exécution. Cet appareil nous offre *le duodénum* comme organe essentiel, comme accessoires, *le pancréas* et *le foie*.

Le duodénum, — ainsi nommé d'après sa longueur que l'on estime à douze pouces, est la portion du conduit alimentaire comprise entre l'estomac et l'intestin grêle, avec lequel plusieurs physiologistes ont voulu mal-à propos l'identifier. Il est situé profondément dans l'abdomen et fixé, au niveau de la troisième ou quatrième vertèbre lombaire, par le feuillet postérieur de la petite cavité péritonéale qui ne fait que passer sur lui. Formant par ses trois courbures un arc de cercle à convéxité inférieure et droite, à concavité supérieure et gauche, embrassant le pancréas, il répond : *en arrière*, à la colonne vertébrale, à l'artère aorte, à la veine cave inférieure; *en devant*, à l'estomac, au méso-colon transverse; *en haut*, au foie; *en bas*, à l'intestin grêle. On y trouve deux ouvertures, l'une gastrique, déjà connue sous le nom de pylore; l'autre intestinale n'offrant aucun repli particulier. Sa capacité, inférieure à celle de l'estomac, est plus large que celle de l'intestin grêle; disposition qui, jointe à l'importance de ses fonctions, l'a fait nommer *second ventricule*.

Organisation. — Trois membranes constituent les parois de cette cavité digestive : 1° L'extérieure, *séreuse*, n'en recouvre que la partie antérieure et doit à peine être considérée au nombre de ses tuniques propres. 2° La moyenne, *musculeuse*, offrant peu d'épaisseur, est presque entièrement formée par des fibres circulaires. 3° L'intérieure, *muqueuse*, est la continuation de celle qui revêt l'estomac et présente, comme disposition également propre à l'intestin grêle, un grand nombre de replis transversaux improprement nommés *valvules conniventes de Kerkringius*. De même que la muqueuse gastrique, elle offre une double sécrétion folliculeuse et perspiratoire, dont les produits exercent nécessairement une certaine influence dans la chylification, bien que la plupart des auteurs ne l'aient pas indiquée. *Les artères* de cet organe sont fournies par la gastro-épiploïque droite et la splénique; leur nombre est considérable; disposition qui prouve l'importance de cette cavité digestive; *les nerfs*, en assez grande proportion, naissent à peu près exclusivement du plexus solaire. Entre la deuxième et la troisième courbures de cet intestin, viennent s'ouvrir deux canaux excréteurs importans, ceux du pancréas et du foie.

Le pancréas — dont nous présenterons la description physiologique dans le chapitre des sécrétions, est un viscère glanduleux, essentiellement lié à la conversion chyleuse par les usages du fluide particulier dont Il est chargé d'effectuer l'élaboration. Ce fluide sur la nature duquel tous les physiologistes ne sont pas d'accord , est regardé par Siébold, Leuret, Lassaigne et beaucoup d'autres expérimentateurs, comme absolument analogue à la salive ; par Tiedemann et Gmelin, comme essentiellement différent de cette humeur ; pour les premiers, il est *alcalin* ; pour les seconds, il devient *acide*. Ces divergences d'opinion démontrent incessamment, dans ce point, comme dans tous les autres, combien les résultats des vivi-sections deviennent illusoires. Si l'on pouvait douter encore de la réalité du principe que nous professons, Tiedemann et Gmelin viendraient la prouver dans l'espèce ; laissons parler ces auteurs : « le suc pancréatique de la brebis et du chien, recueilli « d'abord, était légèrement *acide* ; mais celui que l'on « obtint après quelque tems de souffrances de l'animal, « était faiblement *alcalin* ». Devant approfondir cet objet dans l'examen des actions sécrétoires, nous ajouterons seulement ici que l'humeur dont il s'agit présente pour caractères essentiels, dans celle que nous avons obtenue par aspiration au moyen d'une seringue fine, portée dans le conduit pancréatique de plusieurs cadavres : Apparence visqueuse, couleur blanc mat ou légèrement bleuâtre, saveur très-faiblement salée, disposition assez grande à se coaguler par la chaleur, à se putréfier sous une température moyenne en répandant une forte odeur ammoniacale. Soumis à l'analyse il présente ordinairement du mucus, de l'albumine , de l'osmazôme, de la matière caséeuse, des acétate, phosphate et sulfate de soude ; du carbonate, du phosphate de chaux ; du chlorure de sodium ; pour véhicule de tous ces élémens, une très-grande proportion d'eau.

Le foie, — que nous étudierons en faisant l'histoire des sécrétions, nous offre la plus volumineuse des glandes. Placé dans la région hypocondriaque droite, il sécrète une humeur dont les usages essentiels à la chylification le font positivement rentrer dans l'appareil chargé d'exécuter ce phénomène important. Le fluide hépatique nommé *bile*, et dont nous indiquerons seulement ici les caractères fondamentaux, considéré par Boerhaave comme un véritable savon ; par Dumas, comme un correctif alcalin ; par d'autres, comme un anti-putride, est ordinairement visqueux, jaune, vert, ou noirâtre, suivant qu'il a plus ou moins séjourné dans son réservoir ; présentant une odeur nauséeuse, une saveur amère. Il est naturellement formé de cholestérine, de résine, de matière colorante jaune et verte, de pycromel, de mucus, d'albumine, de soude, de phosphate de chaux, d'hydrochlorates de potasse et de soude, de phosphates de chaux et de magnésie, de sulfate de soude, de bicarbonate d'ammoniaque, de chlorure de sodium, d'un assez grand nombre d'autres principes moins généralement admis et que nous indiquerons dans l'étude particulière de cette même sécrétion.

CHYLIFICATION DES ALIMENS.

La chylification, des grecs χυλωσις ; de χυλως suc ; *chylificatio* des latins, doit être définie : *conversion du chyme dans un fluide blanc, réparateur nommé chyle, et dans un résidu excrémentitiel, sous les influences combinées du suc pancréatique, de la bile, de l'intestin duodénum et des humeurs sécrétées par sa membrane muqueuse.* Les physiologistes ont encore admis des systèmes bien différens pour expliquer ce phénomène digestif. D'après quelques auteurs et notamment Leuret et Lassaigne, le chyle serait déjà formé dans l'estomac et n'aurait besoin que d'être séparé des féces dans le duodénum et l'intestin grêle. Nous croyons avoir suffisamment interprété cette opinion, en faisant observer que le chyle trouvé par ces auteurs dans la cavité gastrique, avait dû refluer par un mouvement anormal, puisque jamais nous n'avons rencontré ces dispositions chez les animaux pour lesquels ce retour avait été rendu complétement impossible. D'un autre côté le *chyme* est aussi différent du *chyle* qu'il sert à former, que le sang de la salive, du lait, de l'urine, etc. dont il fournit les élémens; *la chymification* commence là seulement où se rencontrent les influences combinées de la *bile,* du *suc pancréatique* et de *l'intestin duodénum.* Boerhaave considérant le fluide biliaire comme un véritable savon, fait consister le phénomène que nous étudions dans le mélange de l'huile et de l'eau par cet intermédiaire. Dumas, Werner, Proust etc. n'attribuent d'autre effet à ce fluide, qu'ils croient alcalin, que de neutraliser l'acidité du chyme. Haller, Brunner et Siébold pensent que dans ce phénomène le suc pancréatique est employé à mitiger l'âcreté de la bile. Sylvius regarde le premier de ces fluides comme un acide particulièrement destiné à faire effervescence avec le second. Leuret et Lassaigne disent que, dans la chylification, la bile et le suc pancréatique empêchent la fermentation du chyme en neutralisant ses principes acides; que les corps gras, dont la conversion chymeuse n'a pas été convenablement effectuée, sont dissous par la bile et deviennent propres à la nutrition. Tiedemann et Gmelin soutiennent au contraire que la bile est incapable de dissoudre un atome de graisse, et que c'est exclusivement à l'état de suspension qu'elle peut en favoriser l'importation dans l'économie; déjà Schrœder avait fait observer que cette humeur ne se mêle point aux parties huileuses. D'après les mêmes physiologistes, la soude biliaire s'unit aux acides hydro-chlorique, acétique du chyme, tandis que celui-ci précipite le mucus, la résine et le principe colorant du fluide hépatique; le suc du pancréas riche en matière caséeuse, en albumine, sert à donner au chyme les élémens azotés que l'on rencontre dans sa composition. Enfin la plupart des chimistes ont considéré la chylification « comme un simple départ du chyle et « des excrémens sous l'influence commune de la bile et « du suc pancréatique. » Il est aisé de voir que toutes ces théories n'offrent absolument rien de satisfaisant, et que les plus rationnelles sont pour le moins très-incomplètes. Nous pensons que l'action du fluide *pancréaticobiliaire* est indispensable dans la chylification parfaite ; du moins ne l'avons-nous jamais vue s'effectuer indépendamment de cette influence. Brodie pratique la ligature du canal cholédoque et trouve la chylification entièrement suspendue. Leuret et Lassaigne répètent la même expérience ; et rencontrent cependant un fluide blanc dans les intestins, légèrement rose dans le canal thoracique. Sans nous constituer juge entre des vivisecteurs également habiles, nous adoptons les conclusions de Brodie comme plus en rapport avec les faits que nous a fournis l'observation pathologique, d'un si grand poids dans toutes les questions de cette nature. Mais à la puissance de ce fluide *chylifiant* nous devons ajouter, comme principal modificateur, l'action vitale de l'intestin duodénum ; vérité que démontrent toutes les circonstances de ce phénomène essentiel. Ainsi la chylification s'opère exclusivement dans le duodénum; la section des nerfs qui se rendent à cet organe, une douleur physique vive et prolongée, une impression morale profonde, un travail intellectuel opiniâtre, enfin toutes les influences capables d'anéantir, de suspendre, de pervertir ou de concentrer ailleurs l'action innervatrice, détruisent, ralentissent, altèrent plus ou moins complétement la conversion chyleuse. Pour donner le dernier degré d'évidence à la réalité de ces principes, nous laisserons

parler Tiedemann, dont l'autorité ne sera pas suspecté en pareille matière, cet auteur ayant contribué de toute son influence à l'introduction des théories *physico-chimiques* dans les explications relatives aux phénomènes digestifs : « On ne saurait méconnaître, dans l'assimila-
« tion digestive, une opération exclusivement propre aux
« corps vivans, qui n'est nullement comparable aux
« changemens de composition que les forces physiques
« générales, et le jeu des affinités chimiques peuvent
« produire dans les matières inorganiques. Il faut la
« considérer comme un acte vital, comme un effet de
« la vie. » Après avoir positivement établi la question en litige, fait connaître la véritable nature de la chylification, exposons la marche naturelle de ce phénomène important.

Le *chyme*, poussé dans la cavité duodénale par les contractions péristaltiques de l'estomac, distend progressivement ses parois avec d'autant plus de facilité qu'elles sont dépourvues de la tunique séreuse. Toutes les dispositions de cette capacité digestive, dont les ouvertures ne sont jamais exactement fermées, semblent établies dans l'intention de prolonger le séjour du chyme pour en favoriser l'élaboration parfaite. Ainsi le duodénum est profondément situé dans la partie moyenne de l'abdomen, entouré de viscères glanduleux, immobiles et peu variables dans leurs formes et leurs dimensions; soustrait à l'influence des compressions extérieures, des battemens artériels, des contractions musculaires et de toutes les causes qui pourraient, en le stimulant ou le comprimant, activer le passage des matériaux à chylifier; il offre trois courbures très-prononcées; dans sa dernière direction, il est oblique de bas en haut et de droite à gauche. Sa membrane muqueuse présente un grand nombre de replis transversaux. Cet ensemble de précautions ne paraît-il pas indiquer que la nature a voulu couvrir des ombres du mystère le lieu dans lequel doit s'effectuer l'un des actes essentiels de l'économie vivante. Jusqu'ici la substance alimentaire soumise à des élaborations diverses ne présente pas un atome de chyle. Ce fluide est produit par l'action combinée de la bile, du suc pancréatique, des humeurs folliculaire et perspiratoire de l'intestin duodénum, de cet organe lui-même dont l'influence vitale joue le premier rôle dans l'accomplissement d'un phénomène que l'on pourrait en quelque sorte ranger au nombre des sécrétions; le chyme présentant le *modificateur*, le duodénum, *l'instrument*, et le *chyle* bien constitué, le *produit normal.* Il est toutefois impossible de ne pas admettre l'action spéciale de ce viscère pour communiquer au chyme une impulsion d'après laquelle s'opèrent, ou pour le moins sont favorisées, des combinaisons étrangères à la nature inerte, et pour imprimer au chyle, résultat de ces combinaisons, un premier degré de vitalité qui s'augmentera, se perfectionnera ultérieurement dans l'hématose. Tiedemann, dont les nombreux travaux sur cet objet sont généralement connus, sentait bien toute l'insuffisance de la chimie pour expliquer ces élaborations essentiellement organiques, alors qu'il s'exprimait ainsi : « de même qu'en vertu de la « force vitale nutritive les parties solides attirent du « fluide nourricier général des matières qu'elles font « entrer dans leur composition et dans leur structure « organique, et auxquelles elles communiquent leurs « qualités vitales, de même les organes qui préparent « les liquides assimilateurs avec le fluide nourricier gé- « néral, semblent leur communiquer, par le même acte « et en vertu de la même force, des qualités qui leur « permettent d'agir sur les alimens de manière à en opé- « rer l'assimilation. » Lorsque l'auteur des recherches expérimentales sur la digestion s'exprime ainsi, nous croyons la réalité de nos principes assez positivement démontrée, nous ajoutons seulement que les chimistes et les physiciens ont été jusqu'alors et seront probablement toujours incapables de faire, par leurs moyens artificiels, un chyle véritable et tel que nous allons maintenant le présenter.

LE CHYLE, — de χυλως suc, est un fluide essentiellement réparateur du sang, obtenu par l'élaboration duodénale, sur la nature, la composition et les propriétés duquel nous trouvons encore les divergences d'opinion les plus positives entre les auteurs. Ainsi Marcet, Vauquelin, Emmert, Dupuytren, Thénard prétendent qu'il est opaque chez les carnivores, transparent chez les herbivores; neutre, plus pesant que l'eau, moins que le sang. Magendie, Gmelin, Tiedemann soutiennent qu'il est alcalin et produit un sentiment d'astriction sur la langue; qu'il présente comme le sang un caillot formé de fibrine, de matière colorante; mais de plus une substance grasse, une autre blanche. Bauer, Dumas, Prévost disent qu'il offre au microscope les mêmes globules que le sang, avec cette seule différence que ces derniers ne présentent pas d'enveloppe colorée. Leuret et Lassaigne font observer que chez tous les animaux, quelque soit le genre d'alimentation, il contient de la fibrine, de l'albumine, de la matière grasse, du chlorure de sodium et du phosphate de chaux, en proportions variables; ils ajoutent que, sous les autres rapports, ce produit digestif est plus diversifié par la nature des substances nutritives que par la différence des espèces animales; que la fibrine qui s'y rencontre n'est pas toujours en proportion de l'azote contenu dans ces élémens réparateurs; que des animaux nourris de gomme et de sucre en ont offert autant que ceux qui avaient exclusivement fait usage de viandes. Il en est de même pour l'albumine trouvée dans sa partie séreuse. Marcet, qui s'est livré en Angleterre à des recherches nombreuses, dit au contraire que le chyle produit par les alimens végétaux présente, à l'analyse, trois fois plus de charbon que celui qui vient des substances animales; que ce dernier est toujours laiteux, son coagulum opaque et rosé, surmonté d'une couche crémeuse; que le chyle végétal est au contraire dépourvu de cet élement, transparent, offrant un coagulum incolore; enfin que le principe essentiel de la substance animale du chyle est albumineux et jamais représenté par la gélatine; Magendie prétend que celui qui émane de la chair offre plus de fibrine, et celui que produit l'huile, plus de matière grasse. Emmert, Tiedemann, Gmelin assurent que ce fluide, pris dans les vaisseaux lactés sur un animal à jeun, est plus fibrineux; que le chyle ne se coagule pas avant son passage par les ganglions mésentériques, et pensent dès-lors, que la fibrine, chez les animaux, ne vient pas immédiatement des substances nutritives. Nous verrons bientôt les conséquences qu'il est permis d'en inférer pour expliquer l'influence ganglionaire. *Sous le rapport de la coloration*, Leuret et Lassaigne attribuent *la couleur blanche* du chyle à la présence de la matière grasse, l'ayant trouvé laiteux, opaque, offrant cette matière dans les absorbans; au contraire limpide, incolore, dépouillé de graisse dans le canal thoracique, après son passage par les ganglions. Vauquelin, Marcet, Proust ont vu cette substance onctueuse, nageant en suspension dans ce même fluide; Tiedemann en conclut qu'elle vient immédiatement des alimens et s'introduit dans l'économie sans avoir été dissoute, pour aller se déposer dans les aréoles du tissu adypeux. *La couleur rouge* du chyle, observée par Elsner, Vauquelin, Reuss, Hallé, Werner dans le canal thoracique des chiens, se manifeste seulement, d'après l'observation d'Emmert, ultérieurement au passage de ce fluide par les ganglions mésentériques. Tiedemann attribue cette coloration au mélange de la partie rouge du sang, et prétend avoir constaté par les réactifs chimiques, l'identité de ce principe constituant dans les deux humeurs circulatoires. Quant *aux colorations insolites* qu'il peut offrir, les auteurs n'en jugent pas également les causes ni même la réalité. Plusieurs physiologistes ont assuré que le chyle est susceptible de prendre la couleur des substances alimentaires, d'autres ont soutenu l'opinion contraire. Ainsi, Musgrave, Héister l'ont vu coloré en bleu par l'indigo; Viridet en jaune par les œufs, Mattey en rouge par la betterave. Dumas, Hallé, Magendie n'ont rien observé de semblable en répétant les mêmes expériences. Tiedemann et Gmelin ayant soumis à l'action des absorbans intestinaux diverses matières odorantes, salines, colorantes, les ont retrouvées dans les veines sans jamais les rencontrer dans le chyle. *Relativement aux analogies*, plusieurs auteurs ont comparé le chyle au sang, à la bile, au lait. Il offre quelques unes des qualités du premier dont il semble constituer l'état rudimentaire, encore y voyons-nous une matière grasse qui n'existe pas dans le sang, et la fibrine au lieu de présenter les caractères d'organisation propre à cet élément, n'offre-t-elle que de l'albumine revêtant les premières dispositions filamenteuses, mais sans élasticité, sans résistance, et se dissolvant avec beaucoup plus de facilité dans les alcalis ; circonstances bien capables d'infirmer l'opinion de ceux qui réduisent tous les phénomènes de l'hématose à la coloration du chyle. Celui-ci ne présente aucun trait de ressemblance avec les deux autres humeurs et, d'après Vauquelin, n'en renferme nullement les principes constituans. On pourrait tout au plus rapprocher sa couleur de celle du lait, encore n'est-elle pas identique; mais sous les rapports fondamentaux ils diffèrent essentielle-ment. Ainsi le lait offre beaucoup de caséum et point de fibrine; le chyle au contraire présente une assez grande proportion de fibrine et le caséum lui devient étranger. *Sous le rapport des usages*, les uns ont considéré ce dernier comme *un acide* qui prévient la putréfaction du sang, tandis qu'il est lui-même très-promptement dé-composé; d'autres comme destiné à faciliter la circula-tion de cette humeur en augmentant sa fluidité etc. En résumant toutes ces opinions, nous y trouvons des erreurs à détruire et des vérités à conserver; nous croyons devoir positivement les réduire aux faits suivans.

Le chyle, qu'il est à peu près impossible d'obtenir pur, et que l'on trouve presque toujours mêlé d'une certaine quantité de lymphe, est un fluide blanc, plus ou moins opaque et laiteux; d'une saveur très-légèrement salée, d'une odeur fade, nauséabonde, spermatique, même pour la femme et chez les mâles des animaux après la castra-tion; odeur considérée par quelques auteurs comme ex-clusivement relative aux alimens; doux au toucher, sans plasticité, sans caractères huileux prononcés; d'une fluidité proportionnelle à la quantité des boissons, ordi-nairement assez marquée pour qu'il puisse jaillir de ses vaisseaux ouverts; plus pesant que l'eau distillée, moins que le sang; neutre; M. Thénard dit seulement qu'il verdit quelquefois très-faiblement le sirop de violettes; miscible à l'eau; se prenant en masse, indépendamment des actions combinées de l'air et de la chaleur, au moins aussi promptement que le sang artériel. Abandonné en repos sous l'influence de l'atmosphère, il acquiert une teinte rosée, se décompose ultérieurement en trois par-ties; 1° un caillet solide et fibrineux; 2° une grande proportion de sérosité albumineuse; 3° une certaine quantité de matière grasse considérée par les uns, comme une huile; par d'autres, comme analogue au blanc de baleine; par Vauquelin, comme à peu près identique à celle qu'il a rencontrée dans le cerveau. M. Dupuytren fait observer qu'en le battant avec des verges, on obtient des filamens qui se roulent à la manière de la fibrine du sang; que le caillot est blanc, médiocrement consistant, assez volumineux, et donne par le lavage un centième de cette fibrine pure; qu'il contient une substance odorante propre, une grande quantité d'eau, une matière blanche, de la gélatine, du soufre, de l'albumine, de la soude, plusieurs sels et du tritoxyde de fer. Il se putréfie dans l'espace de quelques-jours, et d'autant plus promptement que la diète est plus animale. Il se concrète, se boursoufle par l'action du feu, répand l'odeur de l'albumine cuite. Envisagé dans les principales classes d'animaux, le chyle ne paraît pas sensiblement différer dans la même espèce en raison des alimens dont elle fait usage; il semble au contraire offrir des caractères variables dans les espèces diverses, même sous l'influence d'une alimentation semblable; léger, séreux, diaphane chez les oiseaux et les poissons, verdâtre chez les herbivores, il est ordinairement opaque, d'un blanc laiteux chez l'homme et les carnivores. Tel est le chyle considéré dans la série des animaux ; essentiellement réparateur du sang, il devient, sous le rapport de sa formation, l'objet principal de tous les phénomènes digestifs.

Le résidu naturel de cette élaboration, que nous pourrions nommer *sécrétion chyleuse*, est composé de matériaux plus ou moins hétérogènes, au nombre desquels on remarque particulièrement des substances, les unes entièrement réfractaires à la digestion , les autres échappées à l'influence de la chymification gastrique; les principes résineux et colorant de la bile ; sans doute une partie des fluides pancréatique, salivaire, muqueux, gastrique, duodénal etc. L'ensemble de ces élémens soumis à l'élaboration intestinale, de plus en plus dépouillé du chyle qui s'y trouve mêlé, recevra ultérieurement le nom *d'excrémens*, de *matières fécales*.

La chymification commencée dans le duodénum peut se continuer encore dans l'intestin grêle ; cette opinion est du moins celle des physiologistes modernes. Lorsqu'elle est achevée, il n'existe plus dans le tube alimentaire que du chyle et des excrémens à l'état de mélange imparfait. On avait prétendu que le premier surnageait en raison de sa légèreté spécifique ; nous croyons, d'après l'observation, que l'on a pour le moins exagéré ces dispositions rélatives. Après l'accomplissement de ce phénomène terminal des élaborations digestives, chacun des produits, *le chyle* d'une part, les *matières fécales* de l'autre, tendent vers leur destination. Le premier se trouve déjà pris dans le duodénum et le sera beaucoup plus abondamment encore dans l'intestin grêle, par les vaisseaux lactés, pour se rendre immédiatement dans le sang veineux ; les secondes parcourent le reste du tube intestinal pour se trouver définitivement éliminées de l'économie vivante. L'un et l'autre de ces produits passent de la quatrième dans la cinquième cavité digestive, avec lenteur et sous l'influence des contractions péristaltiques de l'intestin duodénum. Déjà le sujet pourrait vivre au moyen de cet appareil, puisque là s'achève la digestion et commence l'absorption du fluide essentiellement réparateur. Ainsi l'on peut avancer qu'un animal existerait avec un estomac pour *chymifier* les alimens, un duodénum pour les *chylifier* ; tandis qu'il succombérait d'inanition avec l'un ou l'autre exclusivement. Il ne faut pas objecter ici l'exemple des polypes et des autres espèces qui s'accroissent et s'entretiennent au moyen d'une seule cavité digestive, puisque cette espèce de sac unique se trouve organisé de manière à remplacer toute la série de celles qui constituent l'appareil de cette élaboration chez les animaux plus compliqués. Toutefois dans l'hypothèse que nous venons d'établir, cette absorption bornée suffirait difficilement aux besoins de la réparation, ne permettrait qu'une existence précaire et languissante, comme on le voit chez les malades affectés *d'anus contre nature* vers la partie supérieure de l'intestin grêle, dont l'action digestive doit actuellement fixer notre attention.

5° CAVITÉ INTESTINALE GRÊLE.

C'est particulièrement dans cette cavité digestive que s'effectue le phénomène d'importation désigné par le terme *d'absorption du chyle*. On a prétendu récemment que la chylification s'y continuait encore. Sans rejeter entièrement cette opinion qui mérite au moins d'être soumise à l'expérience, nous considérons la digestion proprement dite comme achevée, et nous croyons devoir nous occuper exclusivement ici du transport de l'élément réparateur et des matières fécales au lieu de leur destination. L'importation du premier s'effectue par des vaisseaux d'un ordre particulier nommés *absorbans chyleux*; ce fluide est modifié par de petits corps appelés *ganglions mésentériques*; c'est dans l'intestin grêle que s'opère l'acte essentiel qui va nous occuper; nous devons dès-lors étudier sommairement cet intestin, ces ganglions et ces vaisseaux, comme parties constituantes de l'appareil chargé de son exécution.

INTESTIN GRÊLE. — Nous désignons sous ce terme toutes les parties du tube alimentaire comprises entre le duodénum et le cœcum. Cette cavité digestive, comme son nom l'indique, est la moins large, celle dont les parois offrent le moins d'épaisseur; mais en même tems elle présente seule beaucoup plus de longueur que toutes les autres ensemble. Chez un homme adulte, son étendue mesure à peu près quatre à cinq fois la hauteur de l'individu. Cet intestin placé vers la partie moyenne de l'abdomen, remplit entièrement la région ombilicale, se trouve circonscrit par le gros intestin, excepté postérieurement et sur la région sacrée du bassin où libre et flottant, il peut s'engager dans cette excavation entre le cœcum placé à droite, et l'S iliaque du colon qui se trouve à gauche. On le voit fixé en arrière à la partie inférieure de la colonne dorsale au moyen d'un épais repli du péritoine, désigné par le nom de *mésentère*. Très-flexueux dans sa marche, il décrit un grand nombre de courbures irrégulières, indéterminées que l'on appelle *circonvolutions*. Au milieu de ces directions variables et partielles, il existe une direction générale oblique de haut en bas et de gauche à droite. Son origine au duodénum se fait sans une ligne de démarcation bien tranchée; sa terminaison au cœcum est au contraire indiquée par le rétrécissement auquel répond intérieurement la valvule nommée *iléo-cœcale*, ou *de Bauhin*, et très-plaisamment par un physiologiste du moyen âge: *Barrière des apothicaires*; parce qu'en effet les lavemens arrêtés par cette soupape ne remontent presque jamais dans l'intestin grêle. Cette valvule, repli circulaire de la muqueuse intestinale, offre son bord adhérent vers *l'iléon* et son bord libre vers le *cœcum*, de manière qu'elle permet le passage facile des matières du premier vers le second, et prévient assez puissamment le retour de ces matières du second vers le premier. Elle présente au milieu de tous les replis valvulaires que nous rencontrons dans le tube digestif le seul digne de ce titre. On a voulu distinguer deux parties dans l'intestin grêle, une supérieure, *le jéjunum*; l'autre inférieure, *l'iléon*; la première plus rouge que la seconde; caractère bien insuffisant comme limite, puisque cette coloration s'affaiblit par degrés insensibles; aussi, pour consacrer une distinction imaginaire, Winslow tranche-t-il positivement la difficulté, comprenant les deux cinquièmes duodénaux de l'intestin grêle dans l'une, et les trois cinquièmes inférieurs dans l'autre. *Organisation.*—Il est formé de trois tuniques; 1° l'une extérieure *séreuse* fait partie du péritoine, enveloppe entièrement l'intestin à l'exception de son bord postérieur où s'unissent les deux feuillets constituans du mésentère, logeant, dans leur duplicature, les absorbans, les ganglions et les vaisseaux sanguins; 2° l'autre moyenne, de nature *musculeuse*, empruntant sa motilité au système nerveux ganglionaire et se trouvant, par cette raison, affranchie du pouvoir de la volonté, présente peu d'épaisseur, et paraît à peu près exclusivement formée de fibres circulaires; 3° la troisième intérieure *muqueuse*, moins épaisse que dans les autres cavités digestives est remarquable par un très-grand nombre de bourrelets irrégulièrement annulaires, saillans dans l'intestin et décrits sous le titre impropre de *valvules de kerkringius*, *valvules conniventes*. Ces bourrelets ont le grand avantage d'augmenter la surface muqueuse, de multiplier les absorbans et de les mettre en contact avec le chyle vers le centre de la masse commune. Cette surface libre est parsemée d'exhalans, de follicules muqueux, nommés par erreur *glandes de Payer*, fournissant des mucosités, un fluide séreux dont le mélange constitue le *suc intestinal*, sur la nature et les usages duquel on a fait également d'assez nombreuses théories. Ainsi, Haller pense qu'il est employé dans la chylification, et qu'il s'en produit jusqu'à huit livres dans vingt-quatre heures. Leuret et Lassaigne, en l'essayant comparativement avec le *suc gastrique*, ont vu ce dernier produire l'acidité du pain, l'autre ne donner aucun résultat semblable. Tiedemann et Gmelin pensent également qu'il n'est pas acide, et qu'il est formé de matière caséeuse, d'une substance azotée analogue à l'oxyde cystique, de phosphates et de chlorures alcalins. Les artères de l'intestin grêle viennent de la mésentérique supérieure, ses nerfs, à peu près exclusivement, du plexus solaire. Il est aisé de voir que les dispositions de cet intestin sont établies de manière à favoriser l'absorption chyleuse en prolongeant le passage des matières par cette cavité digestive. Ainsi l'extrême longueur, les circonvolutions, l'absence de fibres longitudinales dans la membrane musculeuse, le nombre, la saillie des replis transversaux de la muqueuse etc., la multiplicité des absorbans sont des causes bien susceptibles de produire ce double résultat.

ABSORBANS CHYLEUX. — Nous comprenons sous ce titre, la division de l'appareil absorbant dont l'origine existe à la surface libre de la muqueuse intestinale grêle plus spécialement, et la terminaison dans le système veineux, par l'intermédiaire des ganglions et du canal thoracique; vaisseau qui devient ainsi le conduit central de cette petite circulation. Tous les absorbans qui se rendent immédiatement dans les veines, rentrent dans le système général et ne doivent qu'accidentellement s'emparer du chyle, puisqu'ils sont incapables de le conduire aux ganglions mésentériques où paraît s'effectuer, pour ce fluide, une élaboration assez importante. Nous expliquons tout naturellement, par cette même distinction, pourquoi les animaux succombent après cinq ou six jours de la ligature du canal thoracique, alors même que le chyle parvient encore au torrent circulatoire par les vaisseaux du second ordre, puisque cet élément réparateur n'est plus suffisamment et convenablement élaboré; tandis que ces animaux survivent à l'opération lorsque des conduits dérivatifs de ce même canal peuvent introduire, dans le système veineux, du chyle perfectionné par le travail ganglionaire. La question de savoir si l'absorption s'effectue par les veines ou par les vaisseaux lymphatiques nous paraît évidemment décidée à l'avantage des seconds relativement à la spécialité qui nous occupe; nous examinerons avec détail cette grande question dans l'histoire de l'absorption générale où sa discussion nous semble beaucoup plus convenablement placée. Nous renvoyons également à cet article pour tout ce qui appartient à la structure, à la disposition de ces mêmes vaisseaux.

GANGLIONS MÉSENTÉRIQUES.—Nous désignons, par ce terme, des petits corps d'un blanc rougeâtre, d'une texture cellulo-vasculaire, placés dans l'intervalle des feuillets séreux qui par leur juxtà-position constituent le mésentère. Ces organes, improprement nommés glandes par quelques auteurs, appartiennent au système absorbant général dans l'histoire duquel doit rentrer leur examen complet; ils font partie de l'appareil chylifère particulier, et devaient être indiqués dans cet article. Ajoutons seulement ici qu'ils se trouvent sur le trajet des vaisseaux lactés, que ces derniers en traversent un ou plusieurs avant d'arriver au canal thoracique, et qu'ils doivent conséquemment offrir une influence particulière sur le fluide en circulation dans ces mêmes vaisseaux.

ABSORPTION CHYLEUSE.

Le détritus alimentaire et le chyle parcourent la cavité de l'intestin grêle confondus à l'état de mélange, encore fluidifiés par le *suc intestinal*, qui d'autre part lubrifie la membrane interne de cette cavité, la garantit des irritations et ne semble pas offrir d'autre usage dans l'accomplissement de ce phénomène digestif, bien qu'en aient dit certains physiologistes qui lui prêtent la nature, les propriétés et l'action du *suc gastrique*. De quelque manière que le chyle soit saisi par les vaisseaux lactés, à la surface interne de l'intestin, question que nous discuterons avec détail dans l'histoire de l'absorption générale, il marche dans ces vaisseaux des radicules vers les branches, par un mécanisme que nous avons indiqué dans la circulation lymphatique. Arrivé aux ganglions mésentériques, il doit y subir une élaboration spéciale; à moins que l'on ne considère ces petits corps, placés tout exprès sur le trajet des vaisseaux chylifères, sans autre usage que d'en embarrasser péniblement la circulation. Il n'est plus possible en effet de soutenir l'opinion de ceux qui considéraient les ganglions comme autant de cœurs destinés à précipiter le cours des fluides en mouvement dans ces mêmes vaisseaux. Ruisch, Cowper, Leuret, Lassaigne disent que le chyle est plus clair, plus aqueux en sortant des ganglions; Vauquelin, qu'il prend une teinte rosée en avançant dans le système lymphatique; Reuss, Emmert, Gmelin, Tiedemann, qu'il offre dans les vaisseaux efférens une couleur plus rouge, qu'il est plus fibrineux, plus coagulable, dépose même quelquefois un cruor écarlate; d'autres enfin qu'il est plus homogène et plus pur. Nous concluons de ces faits et de ceux qui nous sont propres, que l'élaboration ganglionaire a particulièrement pour objet d'augmenter la fibrine du chyle, ou même de lui communiquer directement cet élément organique, par le mélange qui s'opère dans les ganglions; de le dépouiller de sa matière grasse, de le colorer plus ou moins fortement en rouge, peut-être par son alliance avec une petite proportion de sang ; peut-être aussi par un premier degré d'hématose ; enfin de perfectionner sa composition. Il est ensuite porté dans le canal thoracique au moyen des vaisseaux efférens, et versé par ce canal dans le système circulatoire à sang noir, ordinairement dans la veine sous-clavière gauche. Une valvule placée à l'embouchure de ce même canal prévient le retour du chyle que nous verrons ultérieurement revêtir, dans les capillaires des poumons, tous les caractères du sang artériel sous l'influence d'une hématose plus complète.

La masse chylifiée s'avance lentement dans l'intestin grêle par les contractions péristaltiques et successives des fibres circulaires. La proportion du chyle, celle des vaisseaux absorbans, des valvules conniventes diminue progressivement ; l'absorption devient par conséquent moins considérable, et le passage des matières plus rapide. M. Magendie pense que ce phénomène dure à peu près deux ou trois heures, et que six onces de chyle sont déposées, par heure, dans le torrent circulatoire. Le résidu nutritif, alors en grande partie formé d'excrémens, franchit l'ouverture iléo-cœcale et passe dans le gros intestin ou dernière cavité digestive. Son retour dans l'iléon, empêché par la valvulve de Bauhin, n'est cependant pas absolument impossible, puisque nous observons quelquefois des vomissemens de matières fécales dont la composition démontre assez positivement qu'elles avaient déjà séjourné dans le cœcum. Vératti, Gmelin, Tiedemann prétendent que la masse diminue d'acidité de la partie supérieure de l'intestin grêle vers l'inférieure. Si l'on veut apprécier le tems de ce passage, on s'aperçoit bientôt qu'il doit varier suivant les dispositions de l'intestin, en raison de son irritabilité, de la force, de la vitesse de ses contractions, du développement des sécrétions opérées par la muqueuse, de la digestibilité, de la liquidité des alimens, de l'abondance des matières excrémentitielles, de leur caractère plus ou moins excitant etc.; circonstances qui peuvent modifier la durée de ce phénomène, de quelques heures à plusieurs jours.

6° CAVITÉ INTESTINALE.

Dans cette cavité que l'on nomme encore *le gros intestin*, s'opèrent, comme derniers phénomènes digestifs, la confection et l'expulsion des matières excrémentitielles, sous le titre unique de *défécation*. Pour mieux apprécier ce phénomène, jetons un coup-d'œil physiologique sur l'appareil chargé de l'effectuer. Il comprend le gros intestin et les muscles accessoires.

Du gros intestin. — Ainsi nommé d'après son volume comparé à celui du précédent, cet intestin se divise en trois parties : 1° *Le cœcum*, 2° *le colon*, 3° *le rectum*. Cette portion du canal digestif circonscrit la plupart des autres dans l'abdomen. Elle est à peu près fixe dans les régions qu'elle occupe, le péritoine lui formant des mésentères peu développés, souvent même ne faisant que passer devant elle sans l'environner complétement.

Le cœcum, — placé dans la fosse iliaque droite, entre la fin de l'iléon et l'origine du colon, est remarquable par sa grande largeur comparée à son peu d'étendue longitudinale, qui n'excède pas six ou huit pouces; par ses bosselures et surtout par une appendice rudimentaire, disposée en doigt de gant, pouvant à peine recevoir une plume ordinaire, de quatre à cinq pouces de longueur et décrite sous le nom d'*appendice vermiforme*, en raison de l'analogie de configuration qu'elle présente avec un lombric. Vestige du double cœcum des herbivorcs, elle semble, chez l'homme, destinée à marquer le passage des espèces, la transition des modifications organiques, plutôt qu'à servir dans cet acte digestif; aussi Morgagni l'a vue manquer impunément; Haller a signalé son oblitération pendant l'exercice des digestions les plus régulières; Zambécara, Portal en ont fait la section sans accidens ultérieurs. En contractant des adhérences par son extrémité libre, elle forme une sorte de pont sous lequel peuvent s'effectuer des étranglemens internes.

Le colon — commence au cœcum et se termine au rectum. On le subdivise en quatre parties d'après leur position, leur forme et leur direction. Ainsi 1° *le colon lombaire droit*, ou *colon ascendant*; 2° *le colon transverse*; 3° *le colon lombaire gauche*, ou *descendant*; 4°l'*S iliaque du colon*, placée dans la fosse du même nom.

Le rectum; — ainsi nommé d'après sa position droite comparée à la direction flexueuse des autres parties du canal digestif, se trouve étendu sur le sacrum et le coccyx entre l'S iliaque du colon et l'ouverture anale qui devient à la fin du tube alimentaire ce que la bouche est à son origine. Un élargissement bulbeux assez considérable, offrant le réservoir où les excrémens peuvent s'accumuler, précède immédiatement cet orifice terminal décrit sous le nom d'*anus*. On rencontre autour de ce dernier un muscle orbiculaire, soumis à l'influence de la volonté, prévenant, sous le titre de *sphincter*, l'évacuation continuelle des matières fécales, en garantissant l'homme de cette infirmité dont *l'anus contre nature* peut faire apprécier les inconvéniens et les dégoûts.

Le gros intestin, dans toutes ses parties, est formé de trois membranes. 1° L'extérieure *séreuse*, appartient au péritoine et dans plusieurs points ne recouvre que très-incomplétement cet intestin. Au cœcum, elle forme un repli très-court, sous le nom de *mésocœcum*; pour le colon lombaire droit et gauche, elle ne fait ordinairement que passer au devant du conduit alimentaire; au colon transverse, elle embrasse exactement l'intestin dans une vaste duplicature qui, le fixant à la grande courbure de l'estomac, reçoit la dénomination *d'épiploon gastro-colique*; à l'S iliaque du colon, elle présente une expansion appelée *mésocolon-iliaque*; enfin au rectum, elle offre un dernier repli sous le titre de *mésorectum*. Dans toute la longueur du gros intestin, la membrane séreuse fournit un grand nombre de prolongemens frangés renfermant du tissu cellulaire adypeux, et nommés pour cette raison, *appendices graisseuses*. 2° La moyenne *musculeuse*, épaisse, formée de fibres circulaires et longitudinales, présente ces dernières disposées en trois bandes suivant la direction de l'intestin et plus courtes que lui, d'où résulte pour ce dernier des bosselures multipliées; les contractions de cette membrane sont entièrement affranchies des influences de la volonté. 3° L'interne *muqueuse*, un peu moins rouge que celle des autres cavités digestives, est aussi plus lisse et n'offre plus aucune trace des valvules conniventes; un grand nombre de follicules muqueux, improprement nommés *glandes de Brunner*, *de Liéberkun*, donnent à cet intestin les dispositions les plus avantageuses pour ce phénomène d'excrétion, auquel nous le voyons spécialement destiné. Le gros intestin reçoit ses artères des mésentériques supérieure, inférieure; ses nerfs des plexus hypogastrique et lombaire.

Muscles accessoires. — Un grand nombre de puissances musculaires sont accessoirement employées dans la défécation, comme dans toutes les excrétions abdominales. Au nombre de ces mêmes puissances, nous devons particulièrement indiquer le diaphragme qui presse de haut en bas ; les muscles ischio-coccygien , releveur de l'anus qui compriment de bas en haut; enfin les principaux muscles de l'abdomen dont l'action s'effectue d'avant en arrière. Accessoires par leur disposition, tous ces agens moteurs deviennent essentiels par leur concours dans l'accomplissement du phénomène que nous étudions.

DÉFÉCATION.

Après avoir franchi la valvule de Bauhin , la masse excrémentitielle, contenant encore une petite proportion de chyle qui n'a pas été saisie par les absorbans de l'intin grêle, offre ce fluide réparateur à ceux du gros intestin qui détermine simultanément l'impulsion des fèces du cœcum vers le rectum. Plusieurs auteurs ont prétendu qu'un nouveau travail commençait dans cette dernière cavité digestive. Ainsi , Tiedemann , Gmelin , Viridet pensent que le cœcum renferme un acide libre, semblable à ceux du suc gastrique, au moyen duquel cet organe fait éprouver aux matières qu'il reçoit une élaboration assez analogue à celle de l'estomac et de l'intestin duodénum, pour extraire de cette masse tout le chyle qu'elle peut encore fournir. D'autres physiologistes, sans admettre cette nouvelle chylification, disent qu'un travail particulier, sous le nom de *fécation*, produit les excrémens avec leurs caractères distinctifs. La première opinion est essentiellement erronée; il est impossible d'obtenir un atome de chyle en faisant passer immédiatement le chyme de l'estomac dans le cœcum, et si les matières devenues alcalines dans l'intestin grêle reprennent un peu d'acidité dans la cavité cœcale, on ne doit pas confondre cette modification avec la conversion chyleuse effectuée dans le duodénum. La seconde hypothèse n'est pas aussi directement en contradiction avec les faits; cependant nous n'en trouvons pas la nécessité dans une modification qui s'explique tout naturellement par l'absorption du chyle, par l'exhalation du fluide intestinal, par la sécrétion du mucus et peut-être par la perspiration des gaz mêlés aux matières excrémentitielles dans lesquelles on les voit prédominer de plus en plus avec les principes colorant et résineux de la bile, plusieurs combinaisons salines et le résidu nutritif des alimens. Toutefois, ces matières parcourent le gros intestin avec une rapidité variable, sous l'influence des contractions péristaltiques de ses fibres circulaires et surtout longitudinales, s'accumulent dans l'S iliaque du colon et plus particulièrement dans le rectum. Pendant ce trajet dont le tems est déterminé par le volume, la fluidité, les caractères irritans des féces, par la sensibilité, l'activité contractile et sécrétoire de l'intestin, une certaine proportion de chyle est encore absorbée; les matières solubles diminuent, les principes salins augmentent relativement, et d'après quelques auteurs, ont l'avantage de prévenir la putréfaction de ce détritus alimentaire.

Pendant leur séjour dans le rectum, les excrémens s'y moulent, durcissent par l'absorption de leurs parties les plus aqueuses. Les principes résineux et colorant de la bile se concentrent davantage; ils avaient activé la marche des féces dans les intestins, ils unissent maintenant leur action chimique à l'influence mécanique de ces matières pour solliciter la défécation. Un sentiment instinctif pressant commande impérieusement l'exécution de ce phénomène; le rectum entre en action, moitié sympathiquement et moitié sous l'influence de la volonté; les muscles accessoires se contractent; le diaphragme comprime de haut en bas; l'ischio-coccygien, le releveur de l'anus, de bas en haut; les muscles abdominaux, d'avant en arrière, la colonne vertébrale et le sacrum résistent dans ce dernier sens ; le sphincter, déjà placé dans un relâchement préparatoire, est vaincu par ces efforts divers, et les excrémens franchissent l'ouverture anale. Astruc et plusieurs autres physiologistes prétendent que la défécation s'opère exclusivement par les efforts du rectum. La réponse la plus convenable dans cette occasion est peut-être cette plaisanterie que fait Pitcairn lorsqu'il dit : « *Ast credo Astruccium numquam cacásse.* Il suffit d'observer un instant ce phénomène pour y voir l'action simultanée de l'intestin et des muscles volontaires. Ce concours est même indispensable, non-seulement pour vaincre l'opposition du sphincter, mais encore pour expulser les excrémens d'une certaine consistance ; aussi pendant toute la durée de cette expulsion, est-il absolument impossible de parler, une inspiration soutenue devenant alors nécessaire ; circonstance qui distingue cette excrétion de celle du fluide urinaire où, comme nous le verrons, les contractions vésicales suffisent, aussitôt que la résistance du sphincter est vaincue.

La durée de ce passage excrémentitiel par le gros intestin peut varier, d'après un grand nombre de circonstances depuis dix, quinze, vingt ou trente heures, jusqu'à dix, quinze, vingt ou trente jours. On rapporte même des faits qui sembleraient démontrer que, dans plusieurs de ces cas exceptionnels, des matières indigestes ont séjourné pendant deux ans ainsi retenues par le gros intestin. Les dispositions de ce viscère, l'activité de l'absorption qui, faisant disparaître le véhicule des excrémens, augmente leur dureté, le volume de ces derniers, moulés dans l'évasement du rectum et disproportionnés sous ce rapport aux dimensions de l'ouverture anale, une suspension prolongée de la sécrétion ou de l'excrétion naturelle de la bile, en privant la muqueuse intestinale de son excitant ordinaire etc., deviennent les causes principales qui retardent ce passage en produisant l'état connu sous le titre de *constipation*; tandis que les influences opposées l'activent sensiblement, en occasionnant cet autre état nommé *dévoiement*. La condition normale se rencontre naturellement entre ces deux extrêmes, offrant un séjour des matières de vingt-quatre heures à peu près.

Ces matières expulsées au dehors par la défécation sous le nom *d'excrémens*, contiennent encore des élémens nutritifs soit dans la petite proportion de chyle qu'elles ont conservée, soit dans les substances alimentaires échappées à la chymification; aussi n'est-il pas rare de voir les porcs et d'autres animaux immondes s'en repaître avec une sorte d'avidité. Il existe cette opposition entre le *chyle* et les *féces*, que celui-ci est toujours à peu près semblable dans les mêmes espèces animales, quelque soit la diversité des alimens, et toujours modifié dans ces différentes espèces, lors même que l'aliment devient identique; tandis que la diversité des matières fécales, sous le rapport de leur composition, est plutôt relative à la nature des alimens qu'à la modification des espèces animales. Il n'en est pas de même pour l'odeur et la forme des excrémens. Aristote, Hippocrate, qui n'ont pas dédaigné ces considérations, font observer que chaque variété animale offre des féces de forme et d'odeur particulières, indépendamment de la nature des substances nutritives dont elle fait usage. Ainsi, nous ne confondrons jamais sous ce double rapport les excrémens du bœuf et du cheval, ceux du chien et du lièvre, ceux du chat et de la souris, enfin ceux de l'homme et de tous les autres animaux. Chez les oiseaux, les matières fécales présentent encore des caractères plus distinctifs. Rassemblées dans *le cloaque*, réservoir com-

mun des féces , de l'urine et du produit de la fécondation, elles offrent après leur expulsion deux parties bien
distinctes, l'une verdâtre, est l'excrément proprement
dit; l'autre, d'un blanc grisâtre, est le dépôt urinaire en
grande partie formé d'acide urique.

Les excrémens, étudiés chez l'homme, ont offert à
l'analyse des résultats variés. Grew dit qu'ils font effervescence par l'acide nitrique, noircissent par le sulfurique. Thénard les trouve composés de soufre, de phosphate, de carbonate de chaux, de silice, d'hydro-chlorate de soude et d'une matière animale particulière ; de
parcelles alimentaires non digérées. Leuret et Lassaigne
ont rencontré pour ceux d'un sujet nourri d'alimens divers; 1° résidu fibreux de substances organiques ; 2° matières solubles dans l'eau, savoir : mucus, albumine ,
substance jaune de la bile; 3° matières solubles dans l'alcohol, savoir : résine de la bile, graisse; 4° sels alcalins
et calcaires. Sur cent parties, Berzélius trouve : eau, 73,3;
—débris non altérés, 7,0;—bile, 0,9;—albumine, 0,9;
—matière extractive particulière, 2,7;—matière animale, résine, bile altérée, 14,0;—sels, 01,2.

Examinées avec attention, les matières fécales jaunes,
sucrées, plus ou moins consistantes, nous offrent chez la
plupart des sujets, les principes résineux et colorant de
la bile, des mucosités sécrétées dans toutes les cavités
digestives, les débris animaux ou végétaux non chymifiés, soit en raison de l'impuissance gastrique, soit en
conséquence de leur indigestibilité absolue; du chyme
non chylifié; du chyle qui n'a pas été soumis à l'absorption ; quelquefois de la graisse prise en trop grande proportion parmi les substances nutritives; des sels à base de
chaux, de potasse, de soude etc. Un grand nombre d'autres corps plus ou moins hétérogènes, introduits soit isolément, soit dans l'ingestion alimentaire, peuvent égale-

ment s'y rencontrer. Nous citerons à cet égard, comme l'un des plus remarquables sous le rapport de la grande quantité des excrémens qui peuvent s'accumuler dans le gros intestin, et de la durée de leur séjour, le fait rapporté par J. M. Smith, Journal Universel, juin 1821. Une dame âgée de trente ans, valétudinaire depuis quatre années révolues, offrant les symptômes indéterminés d'une gastro-entérite, après avoir épuisé tous les secours de la pharmacie, prend de la liqueur de genièvre, sent des picotemens à l'anus et rend successivement par cette voie, en 1821, plusieurs tasses de coquilles d'œuf pilées; plusieurs cuillerées de brique pulvérulente, administrée en 1818, contre la jaunisse; beaucoup de magnésie; de l'oxyde ferrugineux, une chopine de semences de moutarde, à peine alterées, commençant à germer; une grande quantité de graines de coings; du mercure révivifié, pris en 1817; un demi litre de débris de noix, de noisettes. La guérison parfaite suivit ces étranges évacuations.

Des gaz nombreux peuvent se développer dans les intestins, les uns par exhalation, dans les digestions normales, et les autres par décomposition chimique des féces, dans les circonstances pathologiques. MM. Chevreul et Magendie pensent que la proportion de l'acide carbonique s'accroît de l'estomac au rectum; Jurine admet une opinion opposée. Les deux premiers physiologistes ont trouvé *dans l'intestin grêle* d'un supplicié, sur 100,00 parties : oxygène, 00,0;—acide carbonique, 24,39;—hydrogène pur, 53,53;—azote, 20,08;—perte, 02. *Dans le gros intestin* : sur 100,00, oxygène, 00,0, —acide carbonique, 43,50;—hydrogène pur, 5,47; —azote, 51,03;—hydrogène carboné, sulfuré, des traces. Leuret et Lassaigne sur un chien nourri de viande ont rencontré, *dans l'intestin grêle*, sur 100 parties :

acide carbonique, 30;—azote, 60;—hydrogène carboné, 10.—*Dans le gros intestin*, sur 100 parties : acide carbonique, 15;—azote, 45 :—hydrogène carboné, 40;—oxygène, des traces. Ce dernier résultat contraire à l'opinion de MM. Chevreul et Magendie semble confirmer celle de Jurine. Toutefois il existe ici des variétés fréquentes et qui ne permettent pas d'établir positivement une règle générale.

En résumant toutes les considérations, tous les faits relatifs à la digestion, il est évident que cette fonction importante se réduit, en dernière analyse, à la formation d'un fluide blanc, naturellement réparateur, nommé chyle; que le duodénum est le siége particulier de cet acte essentiel; que l'influence vitale de l'estomac et de son fluide propre, effectuant la *chymification*, de l'intestin duodénum, de la bile, du suc pancréatique, déterminant la *chylification*, sont les phénomènes principaux de cette grande fonction; les seuls qu'il soit absolument impossible d'imiter par des moyens artificiels; tandis que tous les autres, seulement accessoires, peuvent être suppléés par la physique et la chimie. Ainsi, tout ce qui précède l'élaboration gastrique est en quelque sorte préparatoire, tout ce qui suit le travail duodénal est relatif au transport du chyle dans le torrent circulatoire, à l'expulsion des excrémens hors de l'économie vivante. Il est maintenant facile de sentir combien la réparation doit être imparfaite chez les individus que l'on est forcé de nourrir exclusivement par des lavemens et des bains alimentaires. Ce n'est plus en effet alors du chyle qui se trouve soumis à l'action des absorbans, c'est l'aliment en nature et dépourvu de cette élaboration vitale que l'estomac et le duodénum seuls peuvent lui faire éprouver. Quelle nutrition devons-nous attendre d'une substance hétérogène que chacun des organes est obligé de

modifier à sa manière pour y trouver des élémens réparateurs? le marasme, l'épuisement général qui conduisent alors insensiblement le sujet à sa perte, répondent
suffisamment à la question. Après avoir étudié cette
grande fonction, nous devons examiner les modifications
déterminées par l'habitude sur les phénomènes divers
qui la composent.

§ VI. INFLUENCE DE L'HABITUDE SUR LA DIGESTION.

En considérant la digestion d'une manière générale,
on penserait peut-être qu'elle se trouve entièrement affranchie du pouvoir de l'habitude. En effet, elle s'exerce,
dès la naissance, avec autant, disons même avec plus de
perfection et d'activité que pendant les derniers jours de
la vie; cette activité, cette perfection n'exigent aucune
éducation pour se manifester. Ce n'est donc pas sous un
tel point de vue qu'il faut envisager cet objet; on doit
au contraire étudier isolément l'influence de ce modificateur sur chacun des phénomènes digestifs en particulier.

Sur la faim. —— L'habitude exerce un empire assez
remarquable sur le sentiment qui nous avertit du besoin
de prendre des alimens solides, et les retours de cet
appétit sont éloignés, rapprochés ou rendus exactement
périodiques par cette influence. Les personnes dont les
repas sont méthodiquement réglés, éprouvent la faim
aux mêmes heures, et l'habitude est chez eux, pour
faire naître cette impulsion instinctive, presque aussi
puissante que le besoin de la réparation qui doit naturellement l'exciter. Au contraire, les hommes très-occu-
pés, ceux qui vivent sans aucune régularité, ne sont excités à prendre des alimens qu'à l'occasion de leur effet
sur les sens explorateurs, ou de la nécessité de leur emploi. Le jeûne, auquel on s'accoutume par degrés, de-

vient insupportable pour ceux qu'une habitude vicieuse porte à prendre incessamment des substances nutritives. Plus on mange souvent et plus fréquemment on ressent le besoin de manger ; la gourmandise et la gloutonnerie font chaque jour des progrès et ne trouvent souvent alors d'autres bornes que la destruction des organes digestifs. Il est donc bien important pour la santé de s'habituer à prendre des alimens sains, en quantité modérée, à des intervalles convenables. Si d'un côté, l'excès de régularité dans les heures des repas offre plusieurs inconvéniens, en raison de la difficulté avec laquelle on supportera désormais les écarts exigés par des circonstances imprévues, si d'un autre, la répétition abusive des ingestions alimentaires est défavorable, en ne permettant jamais, à l'élaboration qui précède, un accomplissement parfait avant la manifestation de celle qui la détériore, des intervalles trop longs, une anomalie constante sont encore beaucoup plus dangereux par leurs effets. Il faut prendre un terme moyen entre ces deux extrêmes.

Sur la soif. — Les considérations dont la faim nous a présenté l'objet s'appliquent également au sentiment que fait naître le besoin des alimens liquides. L'habitude qui peut rendre cet appétit factice, est en même tems susceptible d'affaiblir ou même d'anéantir en partie ce qu'il offre de naturel. On s'accoutume à boire avec autant de facilité qu'à manger. Combien d'intermédiaires ne rencontrons-nous pas entre les sujets qui remplissent continuellement leurs cavités digestives de liquides surabondans, et ceux qui n'en prennent pas même en proportion suffisante pour effectuer les réparations lymphatiques ? Ces deux excès offrent également leurs graves inconvéniens.

Sur l'exploration des alimens. — Il n'est aucun phénomène digestif qui reçoive d'une manière aussi positive les modifications de l'habitude. Si chacun de nous a ses goûts naturels qui le portent plus spécialement vers tel genre d'alimentation , combien de préférences dictées par l'éducation de nos sens , ne se manifestent pas dans le choix des substances nutritives. Combien de matériaux réparateurs solides ou liquides n'auraient jamais fait partie du régime, si l'habitude ou la mode n'avait en quelque sorte réalisé le goût , d'abord entièrement artificiel, qui porte actuellement à les rechercher. La bierre, les fromages passés, les huîtres, le macaroni etc., ont eu besoin de l'influence que nous étudions pour faire surmonter la répugnance inséparable de leur premier aspect. Cette puissance à laquelle tout paraît céder ne borne pas son pouvoir à nous les rendre supportables; souvent , par son intermédiaire, ils deviennent des alimens de prédilection.

Sur la mastication. — L'habitude nous fait bien ou mal triturer les alimens. Les uns emploient à leur mastication un tems quelquefois assez considérable , d'autres mangeant avec précipitation , souvent même avec une sorte de voracité , les font passer dans l'estomac à peine divisés par cette première élaboration. Si l'on considère que ce défaut d'action des organes masticateurs s'accompagne nécessairement d'une insalivation incomplète , on concevra pourquoi chez les premiers, les digestions sont en général parfaites et régulières, alors que chez les seconds, non-seulement les chymifications sont anormales et difficiles, mais encore l'estomac s'altère et se détruit sous l'influence d'un travail pénible auquel il n'est pas destiné par la nature.

Sur la digestion gastro-duodénale. — L'habitude ne paraît pas d'abord exercer une influence notable sur ces phénomènes essentiels ; ainsi nous voyons les enfans digérer aussi bien que les adultes, souvent beaucoup mieux que les vieillards. Mais avec un peu d'attention on s'aperçoit bientôt que le sujet qui vient de naître doit commencer par l'élaboration du lait, aliment qui n'exige pas un grand travail, pour s'élever par le tems et l'habitude à l'emploi des substances dont les conversions digestives sont beaucoup plus difficiles et plus compliquées. Il suffit d'examiner combien de précautions deviennent indispensables, même chez l'adulte, pour changer de régime sans inconvénient; quels alimens, en apparence indigestes, on peut chymifier en se familiarisant par degrés à leur usage, pour sentir jusque dans ces actes physiologiques l'influence remarquable de ce puissant modificateur.

Sur la défécation. — Ce dernier phénomène digestif est encore plus directement soumis à l'habitude. On peut rapprocher, éloigner, suspendre momentanément ou régler avec assez de précision, non-seulement la défécation, mais encore le sentiment du besoin qui la sollicite. Chez les uns, elle s'effectue seulement tous les deux, quatre, dix, quinze ou vingt jours. Chez les autres, elle est habituellement quotidienne, et se manifeste le plus souvent à des heures déterminées. La nature s'accoutume à ces retours calculés du besoin des évacuations alvines, et cette condition artificielle, une fois bien établie, contribue sensiblement à la régularité des autres actions du même ordre, à la liberté des facultés intellectuelles, au maintien de la santé.

§ VII. SYMPATHIES DE LA DIGESTION.

L'observation nous démontre que le développement des sympathies est ordinairement en raison de l'importance et de la généralisation des fonctions dans l'économie vivante; aussi voyons-nous celles de la digestion occuper le premier rang. Cette action physiologique, offrant pour but la nutrition générale, est dès-lors commune à tous les tissus, à tous les organes, à tous les appareils ; s'y trouve d'autant plus directement liée que les viscères, chargés de son exécution, reçoivent leurs nerfs de l'encéphale et des ganglions ; nous observons dès-lors partout les rapports sympathiques les plus positifs et les plus essentiels à connaître, pour l'intelligence des fonctions dans l'état naturel, et pour leur étude approfondie relativement aux altérations morbides qu'elles peuvent offrir.

Si la digestion s'opère avec régularité, si les organes qui l'exécutent sont excités dans une proportion normale, sans irritation, sans réplétion excessive, un bien être intérieur en devient la conséquence, il se répand comme par irradiation sur tous les points de l'économie, favorise le développement des forces physiques et morales, communique un nouvel essort à la pensée, donne au caractère plus d'expansion et d'hilarité. Au contraire, si cette fonction devient languissante, si les organes digestifs ne sont point suffisamment excités et pourvus, la constitution s'affaiblit, le physique et le moral se dégradent ; si l'alimentation est surabondante, si le sujet vit sous l'empire absolu de l'estomac, bientôt l'esprit devient obtus sous une fâcheuse prédominance de la matière. Enfin lorsque cet appareil est continuellement excité sans mesure et sans discrétion par des alimens âcres, animalisés à l'excès, par le thé, le café, les boissons fermentées etc, on le voit progressivement acquérir une irritabilité destructive ; les digestions s'accompagnent alors d'un sentiment intérieur de malaise et d'anxiété, avec exaltation, perversion des facultés intellectuelles et des impulsions de l'instinct ; le caractère se montre soucieux, bizarre, irrégulièrement agité entre les élans d'une gaîté sans motif, et les sombres vapeurs de la plus noire mélancolie; un découragement profond, le dégoût de la vie, le penchant au suicide, tels sont les phénomènes sympathiques de ces fâcheuses dispositions et les conséquences les plus ordinaires d'un régime aussi dangereux. Faut-il s'étonner actuellement du nombre des victimes qui succombent sous leurs propres coups, chez les peuples usés par les abus de la civilisation, irrités au physique par des liqueurs funestes, au moral par la tourmente des passions! Lorsque les faits parlent si près de nous, lorsque des nations voisines, opposées à la nôtre par leurs mœurs, leurs habitudes, nous offrent en même tems, sous ce point de vue, des contrastes aussi frappans, nous serait-il possible de méconnaître encore ces rapports évidens entre les effets et leur cause?

Si les irritations anormales de l'appareil digestif, et par extension, du système nerveux ganglionaire produisent tous ces désordres physiques et moraux, elles deviennent quelquefois aussi les premiers élémens de la célébrité. Combien de grands hommes ont dû leur réputation et leur gloire à ces irritations déterminées soit par des commotions morales, soit par la nature même de l'alimentation. Il n'est pas nécessaire pour trouver des exemples de remonter aux tems antiques; le philosophe de Genève eût-il jamais écrit ces pages immortelles et brûlantes, sans la fièvre sympathique dont il était consumé? l'inimitable tragédien dont notre scène française déplore aujourd'hui la perte récente, nous a lui-même appris le secret de son étonnante supériorité. C'est à l'instant où ses entrailles sont devenues le siége d'irritations violentes et continuelles, qu'il a vu son génie prendre un sublime essort, et que devenu supérieur à lui-même, il a cessé de marcher froidement dans la route commune, en parcourant avec enthousiasme celle de l'immortalité! « Jusqu'alors, nous dit-il, je n'avais senti

« aucun de ces élans extraordinaires; le début de la
« maladie fut pour moi celui de la célébrité. » On s'est
en effet assuré par la nécropsie qu'il a succombé aux
conséquences d'une phlegmasie sur-aiguë des intestins,
qui, d'après les désordres matériels, étaient depuis long-
tems le siége d'une inflammation chronique.

Les sympathies digestives, déjà si remarquables dans
leurs généralités, nous offrent des considérations plus
étonnantes encore lorsque nous en spécialisons les résultats. Ainsi l'abstinence prolongée détermine bientôt un
abattement constitutionnel, une absence de facultés intellectuelles et de sensations. Il ne faut pas attribuer
exclusivement ces effets au défaut de réparation matérielle, puisque l'activité renaît aussitôt que les alimens
ont touché les parois de l'appareil digestif. Il est au contraire évident que l'excitation gastrique est nécessaire
au jeu de l'organisme dont elle entretient l'activité par
l'influence de la sympathie. Nous trouvons ici l'application bien naturelle de l'apologue si plein de sens, inti-
tulé : « *Les membres et l'estomac.* » Voltaire qui sentait
cette vérité, l'exprime de manière à démontrer toute la
futilité d'un homme d'esprit superficiel, tourmenté par
la manie d'expliquer aux autres ce qu'il ne comprend
pas lui-même. « Je n'ai jamais pu concevoir comment
« et pourquoi mes idées s'enfuyaient quand la faim fai-
« sait languir mon corps, et comment elles renaissaient
« quand j'avais mangé. J'ai vu une si grande différence
« entre des pensées et de la nourriture, sans laquelle je
« ne pensais point, que j'ai cru qu'il y avait en moi une
« substance qui raisonnait et une autre qui digérait. »
L'interprétation est erronnée, mais le fait existe; l'influence gastrique se montre partout nécessaire à l'action
des autres appareils, de l'encéphalique plus spécialement; ajoutons que la réciprocité de cette influence devient

également utile, puisque la digestion, comme nous l'avons démontré, s'exerce plus efficacement pendant l'éveil modéré des actions cérébro-rachidiennes, que dans le repos absolu de cette innervation centrale. D'un autre côté, lorsque ces modifications sympathiques dépassent la sphère qui leur est naturellement assignée, leurs effets deviennent essentiellement nuisibles. Le développement trop considérable de l'élaboration intellectuelle, nuit au développement de l'élaboration gastro-duodénale, et *vice versâ*; de telle sorte, comme nous l'avons déjà dit, que l'homme qui digère beaucoup d'alimens, digère peu d'idées, et que celui qui digère beaucoup d'idées, digère peu d'alimens. Si nous considérons actuellement la susceptibilité, la mauvaise humeur, les céphalalgies, les éruptions cutanées etc., souvent produites par la constipation opiniâtre; le sentiment de courbature, de lassiude, les douleurs vagues des membres, les gonflemens articulaires, beaucoup trop souvent confondus avec la goutte, le rhumatisme etc., ordinairement déterminés par une phlegmasie gastro-intestinale, nous sentirons de plus en plus, combien les sympathies digestives exercent d'empire dans l'économie vivante, soit à l'état morbifique, soit à l'état normal, et combien leur étude raisonnée peut offrir d'applications à la pathologie.

§ VIII. ALTÉRATIONS DE LA DIGESTION.

Les principaux phénomènes digestifs peuvent offrir des altérations très-variés et très-nombreuses, qui, sans mériter précisément le titre de maladies, sont d'autant plus utiles à bien apprécier, qu'elles marquent le passage de l'état normal à l'état pathologique; nous les étudierons dans chacun de ces phénomènes en particulier.

GUSTATION. — Le goût et l'appétit qui vient naturellement s'y rattacher, peuvent éprouver les cinq modifications anormales : *augmentation, diminution, perversion, suspension, extinction.* Les unes et les autres se développent tantôt comme lésions essentielles, tantôt comme symptômes d'une autre maladie. *Augmentation.* — Le sujet ne peut alors supporter que les alimens très-doux et presqu'entièrement insipides. Il en résulterait des inconvéniens graves pour la chymification, si les dispositions de l'organe du goût n'étaient ordinairement consécutives à celles de l'estomac, et ne devenaient au contraire un moyen préservatif, un bienfait de la nature. Cette altération nous offre des individus, les uns tourmentés par un appétit insatiable, *boulimie, voracité, gourmandise ;* les autres attirés par la suavité des mets, recherchant plutôt *la qualité* que *la quantité, friandise. Diminution.* —Les alimens sapides, recherchés dans cette circonstance avec prédilection, ne suffisent bientôt plus à l'excitation d'un sens émoussé ; les assaisonnemens sont alors prodigués avec d'autant plus d'inconvéniens que cette altération est presque toujours le symptôme d'un état saburral des cavités digestives, ou d'une phlegmasie de leurs parois. Il n'est rien de plus contraire à la santé que ces inventions de l'art culinaire, et ces médicamens employés, comme on le dit vulgairement, pour exciter l'appétit. Celui-ci ne se *donne* pas, on le répare en détruisant les causes de son abaissement ; c'est ainsi que la diète, les boissons acidules réussissent presque toujours dans ces cas, alors que les épices, les salaisons, la rhubarbe etc. développent ou perpétuent des inflammations gastro-intestinales. *Perversion.* — Les malades sont alors portés vers les substances les moins alimentaires et les plus dégoûtantes : *Pica, malacia.* Cette aberration gustative peut dépendre d'une altération idiopathique de l'estomac ; dans ce

cas les matières ingérées produisent des accidens proportionnés à leurs qualités défectueuses; elle peut être
la conséquence d'une sympathie de ce viscère, comme
on le voit dans plusieurs affections extra-normales de
l'utérus, dans les menstruations pénibles, dans la grossesse etc. ; l'estomac se trouve presque toujours alors
monté à l'unisson des organes explorateurs; appelant en
quelque sorte lui-même l'ingestion de ces substances insolites, il en effectue la chymification, lorsqu'elle est
possible, avec une incroyable facilité. Nous devons particulièrement faire observer, sous le rapport de la médecine légale, que certains sujets dominés par ces appétits bizarres préfèrent quelquefois les objets les plus désagréables tels que le savon, la craie, la suie etc. aux
meilleurs alimens, et que par conséquent la recherche
de ces objets ou de leurs analogues, n'est pas toujours
une preuve de jeûne et d'abstinence. En 1824, aux assi-
ses de la Sarthe, nous avons démontré, dans une occasion de cette nature, l'innocence d'une belle-mère ac-
cusée, avec l'accent de la conviction, d'avoir fait périr
de faim l'un des enfans de l'homme veuf qu'elle avait
épousé. Plusieurs témoins déposent que cet enfant sai-
sissait fréquemment, sur des fumiers, les débris des
fruits, des légumes etc. pour s'en repaître avec avidité.
La rumeur publique avait grossi l'importance de ces
faits, ils avaient semblé concluans. Nous assurons que
cet enfant affecté, comme l'avait démontré la nécropsie ,
d'engorgemens du mésentère et d'entérite chronique,
pouvait avoir en même tems présenté la perversion digestive que nous signalons. Un autre témoin vient convertir nos présomptions en certitude, et dit avoir vu cet
enfant se livrer, d'une main, à ces dégoûtantes recherches,
alors même qu'il tenait, de l'autre, des alimens convenables; l'échaffaudage de l'accusation est ruiné dans sa base

et l'acquittement prononcé à l'unanimité. On conçoit toutes les applications utiles dont ces connaissances peuvent
offrir les moyens. *Suspension.*—On l'observe surtout dans
les inflammations de la muqueuse gastro-pulmonaire,
dans les embarras de l'estomac etc; elle devient une sage
précaution de la nature, pour s'opposer à l'ingestion
d'alimens que ce viscère n'est point actuellement susceptible de chymifier. *Extinction.*—Elle est ordinairement
la conséquence d'une paralysie des nerfs gustatifs. Le
sujet se nourrit alors indistinctement des substances les
plus opposées qu'il prend sans appétit et sans plaisir; la
digestion rentre, sous le rapport des impulsions qui la
sollicitent, dans la catégorie des fonctions les moins importantes ; elle s'effectue avec d'autant plus d'irrégularité, que l'estomac reçoit incessamment des matériaux
nutritifs souvent contraires à ses dispositions actuelles.
Nous connaissons un homme de cinquante ans qui, depuis vingt-cinq, a perdu complétement l'usage du goût
et de l'odorat, consécutivement aux accidens nerveux
déterminés par la morsure d'un serpent. Il mange et boit
avec la plus grande indifférence. Depuis long-tems cette
altération semble jeter la tristesse et l'ennui sur toute
sa vie.

MASTICATION.—Les altérations de cet acte préparatoire sont relatifs aux modifications anormales des organes actifs et passifs, chargés de son exécution, au défaut
d'attention qui doit diriger leurs mouvemens. Ainsi chez
le vieillard dont les muscles sont affaiblis, les dents va-
cillantes ou détruites, les lèvres trop étendues pour l'espace qu'elles mesurent, la masse alimentaire s'échappe
de toutes parts sans être convenablement divisée; chez
les hommes d'un caractère distrait, ou dont la préoccu-
pation porte incessamment sur des travaux difficiles, sur
des affaires importantes, la mastication est à peine effec-

tuée, les alimens arrivent à l'estomac sans avoir été convenablement triturés. Dans tous les cas de ce genre, la chymification est plus lente, plus difficile et moins complète. L'ankylose du maxillaire inférieur détruit également la possibilité de cette élaboration préliminaire. Nous avons observé en 1817, à l'Hôtel-Dieu de Paris, un sujet dans cette condition, qui divisait la plupart des alimens solides au moyen du pouce et d'une dent lanière, après avoir suffisamment ramolli ces alimens par l'insalivation, et les faisait ensuite passer dans la bouche, à travers une ouverture qui résultait de la perte d'une petite molaire. Il employait les jours entiers à ce travail pénible, incapable de remplacer une mastication naturelle. Nous avons également examiné un enfant de trois ans, hydrocéphale et que l'on présentait à la curiosité publique; les dents n'étaient point sorties des alvéoles; il mâchait les alimens solides entre le palais et la langue, après les avoir pénétrés de salive; ces deux surfaces de pression étaient de consistance à peu près cornée, garnies d'aspérités et dès-lors assez propres à ce genre de trituration supplémentaire.

INSALIVATION. —— Elle peut être *augmentée* sans aucun avantage pour la digestion, sous l'influence des mercuriaux et des sialagogues abusivement employés. Elle n'est au contraire jamais *diminuée* très-positivement sans inconvénient majeur pour la chymification; circonstance qui nous explique, en partie, l'indigestibilité des gommeux, des mucilagineux, de tous les alimens insipides, et la nécessité des assaisonnemens employés avec réserve et discrétion. La *perversion* offre également des conséquences fâcheuses; nous étudierons plus spécialement ces modifications anormales à l'article de la sécrétion salivaire.

DÉGLUTITION. —— Elle peut être altérée diversement

dans ses tems principaux. Ainsi les pertes de substance, la paralysie de la langue, du pharynx, la perforation de la voûte palatine, sa division, comme dans le bec de lièvre très-prononcé, la corrosion, l'absence du voile palatin, le gonflement des amygdales, l'inflammation de la muqueuse pharyngienne, l'ulcération, le défaut de l'épiglotte, la paralysie des muscles du larynx, les corps étrangers arrêtés dans l'œsophage, ses contractions anti-péristaltiques, etc, deviennent autant de causes qui peuvent diminuer, suspendre ou pervertir l'exercice de la déglutition en déterminant ces lésions désignées, suivant leur caractère, par les termes de *d'hysphagie, d'engouement, d'hydrophobie* etc., dont les fâcheux effets sont en raison des obstacles qu'elles opposent à l'importation alimentaire, et des sympathies morbides qu'elles excitent vers l'estomac.

CHYMIFICATION.—Les altérations de ce phénomène, portent naturellement soit sur l'action vitale qui constitue son caractère essentiel, soit sur les modifications physiques accessoirement utilisées dans son accomplissement. *Sous le premier rapport*, nous voyons la chymification incomplète ou même suspendue par des agens assez nombreux. Ainsi l'engourdissement, le froid, l'inaction absolue, le sommeil, une impression, une frayeur soudaine, une douleur vive, un travail intellectuel opiniâtre déterminent l'un ou l'autre de ces résultats; la masse alimentaire devient un corps étranger qui fatigue l'estomac et peut occasionner tous les accidens de l'indigestion. *Sous le second rapport*, des renvois partiels ou généraux de cette masse incomplétement chimifiée se manifestent, prenant, en raison des modifications qu'ils offrent, les noms *d'éructations*, de *rapports*, de *régurgitation*, de *rumination* et de *vomissement*.

Éructations. On désigne par ce terme l'expulsion

brusque des gaz développés dans la cavité gastrique. Tantôt ces gaz formés par l'hydrogène ou l'acide carbonique isolément, sont inodores, insipides et n'indiquent pas une altération digestive profonde. Quelquefois ils reproduisent d'une manière plus ou moins désagréable une saveur analogue à celle des alimens; ces renvois prennent alors plus particulièrement le nom de *rapports;* ils indiquent une antipathie spéciale de l'estomac pour les substances ingérées. Enfin ces gaz formés par l'hydrogène carboné, l'acide hydro-sulfurique etc., excitent péniblement l'organe du goût, et signalent, soit une perversion fondamentale dans la digestion, soit une lésion grave des parois gastriques, un squirrhe au pylore, par exemple.

Régurgitation.—On nomme ainsi *le retour lent et gradué des alimens ou du chyme, de la cavité gastrique dans la bouche, sous l'influence des contractions antiperistaltiques de l'estomac, de l'œsophage et du pharynx, indépendamment de l'action des muscles accessoires et sans aucune secousse violente.* Naturel à quelques oiseaux qui l'utilisent, par un instinct admirable, pour alimenter leurs petits, ce phénomène s'unit à plusieurs autres chez certains animaux nommés *ruminans,* doués à cet effet d'une organisation spéciale, pour constituer cette action complexe désignée par le terme de rumination. Peyer, dans une savante dissertation intitulée « *de merycologia, sive de ruminantibus,* » comprend, parmi les ruminans, un assez grand nombre de sujets appartenant aux mammifères, aux oiseaux, aux poissons, aux insectes, aux crustacés etc. Sans aborder, en sortant de notre sujet, toutes les controverses que cette opinion peut soulever, nous ajouterons seulement que le phénomène dont il s'agit est surtout bien remarquable pour le mouton, la chèvre, le bœuf, le chameau etc, dans les-

quels on trouve, comme nous l'avons déjà dit, une qua-
druple cavité gastriqu e : *la panse, le bonnet, le feuillet
et la caillette*. Chez ces animaux, les alimens reçus dans
la première capacité, sont poussés dans la seconde; ra-
mollis, élaborés dans ce trajet, ils remontent vers la
bouche par les contractions anti-péristaltiques de l'œsophage, se trouvent de nouveau soumis à l'insalivation, à
la mastication, descendent par des contractions régulières dans la troisième cavité, passent enfin dans la
quatrième ou s'achève la conversion chymeuse. C'est à
l'ensemble de ces actions diverses qu'il faut particulièrement appliquer le titre de *rumination*. Ce phénomène
rentre évidemment dans les intentions de la nature pour
les animaux dont la substance alimentaire a besoin d'une
élaboration aussi compliquée; en effet, les sujets essentiellement ruminans par organisation, n'offrent point
ce phénomène tant qu'ils se nourrissent de lait, celui-ci
descend alors directement de la bouche dans le troisième
estomac.

La régurgitation, chez l'homme, est toujours au
contraire le résultat soit d'une chymification imparfaite,
soit d'une habitude vicieusement contractée. Ainsi lorsque cette élaboration est pervertie, des matières sucrées
ou légèrement acescentes reviennent par la bouche sans
effort, sans fatigue et sont ou rejetées immédiatement
ou reportées dans l'estomac par la déglutition : c'est plus
particulièrement ce phénomène, essentiellement pathologique dans notre espèce, que, par l'analogie la plus fautive, on nomme *rumination*, du latin *rumex* premier
estomac des herbivores *multigastres*. D'autres auteurs
et notamment Percy distinguent cette altération par le
terme de *mérycisme* du grec μηρυκισμὸς de μηρυκῶ je
rumine. Sans adopter, comme des vérités, les fables et les
mystifications qui constituent la plus grande partie de

l'ouvrage de Martin Schurig sur cette matière, nous ajouterons que les exemples de ces ruminations anormales sont nombreux, mais qu'il ne faudra jamais confondre ces dernières avec celles que présentent naturellement les animaux organisés de manière à les accomplir dans un bnt essentiellement utile. Fabrice d'Acquapendente connaissait un gentilhomme de Padoue qui ruminait involontairement et qui trouvait un plaisir indicible à répéter cette opération dégoûtante. Jean Prévoti lui communiqua l'histoire d'un bénédictin de l'abbaye de Saint-Justin qui se livrait à la même anomalie digestive. Windthier parle d'un Suédois, âgé de quarante-cinq ans, s'isolant après chaque repas afin de se livrer à cette rumination qui faisait son désespoir, bien qu'elle n'eût rien de pénible, et que les alimens rendus à la bouche lui fissent même éprouver la saveur du miel. Un des fils de ce mérycole avait offert cette altération dans sa vingt-quatrième année, et s'était corrigé, par amour-propre, de cette vicieuse habitude, contractée avec une véritable sensualité. Velsch et Slégel ont observé plusieurs fois Edouard Damies qui, ramenant les alimens dans sa bouche, une ou deux heures après leur usage, les soumettait à l'inspection de cette cavité, rejetait la graisse et les substances qui n'avaient pu convenir à son estomac, soumettait de nouveau les autres à la déglutition. Prœvoti, Sennert ont vu des enfans très-jeunes qui ruminaient; ils attribuent ces dispositions précoces à l'imitation, ces enfans ayant été nourris au milieu des chèvres, des vaches etc. Percy connaissait un maître de forge devenu mérycole depuis les effets prolongés d'une violente indigestion. Roucher, Lafosse, Delmas, Haller, ont fait des observations analogues. En général tous les individus affectés de mérycisme, sont maigres, vaporeux, mélancoliques, sujets aux éructations qui, sous le nom de *tic*, deviennent souvent le signe précurseur de la rumination, s'annonçant par une espèce d'ondulation œsophagienne. Il est difficile d'admettre avec certains auteurs, que plusieurs hommes, dans cette circonstance, aient présenté les dispositions *polygastres* des animaux naturellement doués de la faculté d'accomplir cette action. Valsalva, Morgagni, la plupart des médecins très-versés dans l'anatomie pathologique, n'ont jamais rien observé de semblable. Les mérycoles, pour le plus grand nombre, éprouvent une véritable satisfaction à rappeler dans la bouche les alimens incomplétement chymifiés, à les mâcher une seconde fois, avec complaisance, pour les reporter définitivement dans l'estomac; quelques-uns même, lorsqu'ils veulent résister à l'accomplissement de ce phénomène, éprouvent une douleur vers l'épigastre, avec tristesse, inquiétude, anxiété, comme l'observa Roubieu chez le jeune sujet dont il a publié l'observation. Montègre, Gosse de Genève se rapprochent de ces individus par l'habitude contractée d'une sorte de régurgitation volontaire, qu'il ne faut cependant pas confondre avec ces ruminations anormales.

Vomissement. — Nous désignons par ce terme : *l'expulsion brusque des matières contenues dans l'estomac; sous l'influence des contractions anti-péristaltiques de cet organe, de l'œsophage, du pharynx et de plusieurs muscles accessoires.* Cette expulsion est précédée par un sentiment instinctif plus ou moins pénible, indiquant, sous le titre de *nausée*, le développement de ce phénomène anormal; excitant une sorte d'éveil dans les organes chargés de l'effectuer, et les disposant au concours, à l'action simultanée qui seuls peuvent garantir son accomplissement. Ce dernier imprime une secousse plus ou moins violente à l'économie, et ne doit pas, à ces différens titres, se trouver confondu avec la *régurgitation* qui s'opère lentement sans trouble, et sans avoir été positivement annoncée par un sentiment spécial. Les anciens et les modernes ont longuement discuté sur la question de savoir quels sont les agens essentiels du vomissement. Les uns ont considéré l'estomac, les autres l'œsophage, d'autres enfin le diaphragme et les muscles abdominaux comme puissances motrices dans cette occasion, et presque toujours ces différences d'opinions ont présenté l'inconvénient grave d'être soutenues d'une manière trop exclusive. Jusqu'au dix-septième siècle, tous les physiologistes regardèrent l'estomac seul comme organe du vomissement; Haller accrédita cette erreur avec tout le poids de son talent et de sa réputation. Vers la fin de cette époque, François Bayle, Chirac et Duverney, soutinrent l'erreur opposée, en considérant le diaphragme et les muscles abdominaux comme des moteurs absolus pour l'accomplissement de cette action pathologique. Dans ces derniers tems M. Magendie, sans admettre la même idée avec autant d'exclusion, réduit l'influence gastrique au plus faible degré; substitue à l'estomac d'un chien, la vessie d'un autre animal, obtient des vomissemens exclusivement déterminés par les muscles abdominaux et diaphragme. M. Bégin enchérit encore sur les idées de son maître, voit dans l'estomac l'organe le moins nécessaire au phénomène que nous étudions; considère, sous ce rapport, la pression des muscles abdominaux et plus spécialement du diaphragme, comme le plus puissant modificateur. Cette hypothèse éprouve de nombreuses contradictions. MM. Portal et Mingault, par des expériences, M. Bourdon, en conséquence d'un fait pathologique remarquable, ébranlent fortement le système que nous venons d'exposer. En effet, est-il bien rationnel de conclure des résultats obtenus sur des animaux, pendant les tortures d'une opération sérieuse, aux phénomènes qui s'effectuent chez l'homme dans les conditions ordinaires? Lorsque le vomissement est provoqué, dans le plus grand nombre des circonstances, par une excitation directement portée sur l'estomac, ne répugne-t-il pas à la raison de supposer que cet organe, essentiellement irritable et contractile, reste en quelque sorte immobile et passif, tandis que d'autres agissent en conséquence de cette même excitation sans en avoir immédiatement éprouvé l'influence? Les muscles abdominaux et diaphragme étant sous l'empire naturel de la volonté, leurs contractions pouvant être déterminées et modifiées au gré du sujet, si le vomissement se trouvait effectué par ces agens, sans la participation de l'estomac, ne devrait-il pas se manifester volontairement comme la toux, l'expectoration? etc.

La question était dans ce vague, dans cette incertitude, lorsque Béclard entreprend une série d'expériences relatives au même objet, et croit pouvoir en inférer des principes que nous professons aujourd'hui comme résultats des faits et de l'observation : Lors même que l'abdomen est ouvert et le diaphragme paralysé, le vomissement peut encore s'effectuer si l'estomac est appuyé; il n'a jamais lieu dans l'hypothèse contraire. Pendant l'accomplissement de ce phénomène, l'œsophage se contracte violemment et par secousses en imprimant à l'estomac des mouvemens de totalité, en le faisant remonter par l'action des fibres longitudinales qui, du premier, vont s'épanouir sur les courbures du second ; circonstance indiquant toute l'importance de ces déplacemens et nous expliquant les ruptures de l'œsophage, observées pendant l'exécution des vomissemens prolongés. Le diaphragme, les muscles abdominaux sont accessoires dans ce phénomène; l'estomac est beaucoup moins actif qu'on ne l'avait pensé d'abord, mais il n'est pas absolu-

ment inerte; il devient le point d'irradiation sympathique de cette action complexe; lorsqu'il se déchire, c'est
par la pression instantanée des muscles indiqués; accident assez fréquent chez les chevaux, d'après la remarque de M. Dupuy. C'est donc entre les opinions extrêmes
que vient encore s'établir ici la vérité; c'est dans cet
esprit et dans ces principes que nous devons étudier les
causes, le mécanisme et les effets de ce phénomène
extra-normal.

Les causes du vomissement sont directes ou sympathiques; physiques, chimiques ou mentales. *Les causes
directes* agissent immédiatement sur l'estomac, *soit extérieurement*, comme on le voit dans les contusions, les
pressions épigastriques; dans les percussions déterminées par le diaphragme, les muscles abdominaux, pendant les accès de la coqueluche, par exemple; *soit intérieurement*, comme on l'observe sous l'influence des irritations mécaniques occasionnées par la présence des
corps étrangers, insolubles, piquans, dilacérans; par l'ingestion d'alimens réfractaires, par la réplétion excessive
de la cavité gastrique au moyen des substances gazeuses,
liquides ou solides, comme il arrive souvent chez les
gourmands, les ivrognes etc. C'est ainsi que la sensualité
romaine débarrassait l'estomac d'une première alimentation par d'abondantes importations d'eau chaude, pour
se ménager immédiatement les plaisirs d'un second repas;
c'est encore de cette manière que M. Gosse de Genève
sollicitait le vomissement en avalant une certaine quantité d'air atmosphérique. Dans cette catégorie viennent
également se ranger les excitans chimiques, tels que le
tartrite antimonié de potasse, l'ipécacuanha, un assez
grand nombre de poisons etc. *Les causes sympathiques*
peuvent être physiques ou morales. Nous trouvons au
nombre des premières, le pincement des intestins, du pé-

ritoine, la gastrite, l'entérite, la péritonite, la cystite, la néphrite, les calculs rénaux, le chatouillement de la luette, une saveur nauséeuse etc.; parmi les secondes, la vue d'un objet dégoûtant, le souvenir d'un aliment pour lequel on éprouve une antipathie réelle etc. Ces considérations nous démontrent qu'en pathologie le vomissement ne doit jamais être envisagé comme une altération essentielle, mais comme le symptôme d'une autre maladie; observation d'un intérêt majeur dans l'application des moyens thérapeutiques.

Ce phénomène anormal, quelque soit la cause de son développement, se manifeste par une action brusque, violente et simultanée de l'estomac, de l'œsophage, des muscles pharyngiens abdominaux et diaphragme; la langue, les lèvres, le voile du palais etc. sont également employés dans ce mouvement composé; la première se déprime vers sa base, le dernier se relève pour fermer l'ouverture postérieure des fosses nazales; on voit surtout le raccourcissement de l'œsophage et les tractions violentes qu'il fait éprouver à l'estomac; la tension du premier entraîne même quelquefois sa rupture; cet accident, remarqué plusieurs fois en Angleterre, se trouve également confirmé par des faits dans les œuvres de Boerhaave, dans le journal de Dessault etc.; M. Guercent l'observa lui-même en 1826 sur une jeune fille de sept ans, après plusieurs vomissemens convulsifs. Pendant ces pénibles efforts, les matières contenues dans la cavité gastrique sont chassées avec violence par la bouche, quelquefois en même tems par les fosses nazales, si l'élévation du voile palatin ne s'est pas assez promptement effectuée. Plusieurs phénomènes généraux sont liés à ces modifications locales; ainsi, dans le premier tems, mal-aise, inquiétude, anxiété, suspension des grandes fonctions de l'organisme; dans le second, réaction constitutionnelle, excitation du centre à la circonférence, quelquefois transpiration assez forte ; plusieurs auteurs ont même placé les vomitifs au nombre des diaphorétiques. Aujourd'hui l'usage de ces moyens perturbateurs est beaucoup moins préconisé ; on sait en effet qu'ils offrent non-seulement le grave inconvénient d'imprimer aux organes des secousses nuisibles, mais encore de favoriser des congestions vers les appareils centraux de la vie.

Chylification. — De même que la chymification, elle peut être altérée dans ses phénomènes vitaux et dans ses actions physiques. *Sous le premier rapport*, une passion violente, un travail intellectuel opiniâtre, l'exercice d'une fonction très-importante, une douleur vive, une dérivation soutenue etc. diminuent, pervertissent, quelquefois même suspendent complétement la formation du chyle. *Sous le second rapport*, le duodénum peut offrir des contractions anti-péristaltiques, d'où résulte un reflux du chyme, de la bile, du fluide pancréatique vers l'estomac, avec des accidens consécutifs, comme on le voit fréquemment dans la duodénite, l'hépatite, où les vomissemens bilieux, qui se manifestent souvent alors avec tant d'abondance, ne reconnaissent pas d'autre cause ; c'est particulièrement dans cette circonstance que l'aphorisme d'Hippocrate : *vomitus vomitu curatur*, offrirait la plus dangereuse application.

Absorption. — Les altérations qu'elle peut offrir sont relatives aux mouvemens des intestins, à l'action des vaisseaux absorbans, à celle des ganglions mésentériques. *Dans la première modification*, les mouvemens antipéristaltiques peuvent effectuer soit le retour des matières et du chyle dans le duodénum, dans l'estomac, soit l'invagination de l'intestin grêle, maladie très-grave nommée *volvulus ; dans la seconde*, l'atonie des absorbans la sur-

activité des exhalans, produisent des diarrhées séro-chy-
leuses d'autant plus promptement funestes, qu'elles enlèvent à l'économie ses principaux élémens de réparation;
*dans la troisième,*l'inflammation chronique des ganglions,
leur défaut de vitalité rendent l'élaboration chyleuse imparfaite, quelquefois même s'opposent à l'importation
du fluide réparateur dans le sang veineux et déterminent
les mêmes résultats par des moyens différens.

Défécation.—Elle peut être *augmentée* par un grand
nombre d'influences diverses, au milieu desquelles nous
devons particulièrement indiquer, l'inflammation du
gros intestin, le développement extra-normal des sécrétions folliculaire et perspiratoire de sa membrane muqueuse, la trop grande fluidité des alimens, leur action
laxative, celle des purgatifs etc.; il en résulte soit des
besoins fréquens sans évacuation, *ténesme*; soit des selles abondantes, liquides et réitérées, *dévoiement*, dont
la persistance amène bientôt l'épuisement constitutionnel et surtout la prostration des forces. Elle peut être
diminuée par des causes différentes; ainsi l'atonie des
intestins, la sur-activité de l'absorption, le défaut de
sécrétion biliaire ou les anomalies de son excrétion;
les alimens secs, assimilés en totalité, le spasme du
sphincter de l'anus, la paralysie du rectum, des muscles
abdominaux etc. produisent la rétention plus ou moins
prolongée des matières fécales sous le titre de *constipation.* Elle varie de quelques jours à plusieurs mois; affecte plus particulièrement les sujets bilieux, mélancoliques, nerveux; provoque l'irritabilité ganglionaire, l'anxiété, la tristesse, l'ennui, l'incapacité intellectuelle,
souvent la manifestation des boutons, des dartres et de
beaucoup d'autres éruptions cutanées, sans doute en
raison des importations âcres, stercorales, incessamment alors effectuées dans le torrent circulatoire. Enfin

elle est *pervertie*, s'effectue sans participation de la volonté, sous l'influence de la paralysie du sphincter, en constituant la plus dégoûtante infirmité que l'homme puisse présenter.

CHAPITRE DEUXIÈME.

ABSORPTION.

§ Ier. ÉTIMOLOGIE, DÉFINITION, CARACTÈRES, BUT DE L'ABSORPTION.

L'absorption, *absorptio*, de *sorbere*, boire, peut être définie : *aspiration exercée par certains orifices vasculaires sur les matériaux soumis à leur influence, pour les saisir et les importer dans le torrent de la circulation.* Cette action physiologique, essentiellement nutritive, s'exerce pendant toute la durée de la vie; présente pour objet fondamental d'introduire incessamment dans l'organisme des élémens de réparation et d'accroissement. Nous la rencontrons chez tous les êtres vivans depuis la mousse la plus obscure jusqu'à l'homme, depuis l'état embryonaire, jusqu'au dernier terme de la dégradation sénile. Tous les êtres doués de l'existence active ne peuvent en effet se développer, s'entretenir qu'au moyen des corps ambians, et c'est exclusivement par l'absorption que les premiers sont capables de saisir et de s'approprier les molécules des seconds. Dans les végétaux les plus simples, chez les animaux inférieurs, pour les embryons, même dans les espèces du premier ordre, ce phénomène à l'état rudimentaire se rapproche peut être beaucoup de la simple imbibition. Mais à mesure que les individus s'élèvent dans la série des organismes ou par les phases de la vie, nous trouvons l'absorption plus physiologique et plus compliquée; nous la voyons multiplier ses effets, offrir la voie commune par laquelle s'introduisent dans l'économie, les élémens réparateurs des fluides et des solides organiques, les principes délétères, sources d'un grand nombre de maladies, et les médicamens susceptibles de ramener les fonctions à leur état normal. Son siége est partout ; aux surfaces libres, dans les parenchymes, et les dispositions de son appareil, que nous devons actuellement étudier avec soin, deviennent aussi variées que difficiles à bien préciser.

§ II APPAREIL DE L'ABSORPTION.

Les anciens qui n'avaient aucune connaissance de cet appareil, pensèrent que l'absorption était une imbibition organique, effectuée par des pores plus petits extérieurement, plus grands à l'intérieur. Hippocrate, Galien attribuent cette action aux glandes, surtout aux radicules veineuses, dont le mouvement d'aspiration leur paraît assez analogue à la succion buccale. Plus tard, on isole entièrement l'appareil lymphatique du système circulatoire à sang noir, et l'absorption est exclusivement attribuée aux vaisseaux blancs.

Dans notre époque, on fait revivre toutes les idées anciennes avec quelques modifications particulièrement relatives à la tournure des esprits, à la domination actuelle des sciences physiques et chimiques. Ainsi M. Dutrochet revient à la théorie des pores, admet une organisation vésiculeuse particulièrement chez les végétaux, explique l'importation des fluides par une action qu'il nomme *endosmose*, et leur exportation par un phénomène opposé qu'il appèle *exosmose* ; hypothèse ingénieuse que nous examinerons bientôt. M. Magendie , plusieurs autres expérimentateurs également habiles font revivre l'opinion d'Hippocrate et de Galien, soutiennent

l'absorption veineuse. D'autres enfin considèrent les vaisseaux lymphatiques, abondamment distribués à toutes
les parties de l'organisme, comme les seuls agens de ce phénomène dans l'état normal. Delà cette grande question
physiologique dont la solution partage encore les auteurs modernes et que nous devons franchement aborder. Les uns et les autres basant leur manière de voir
sur des faits plus ou moins probans, examinons ces derniers sans partialité.

Partisans de l'absorption veineuse. — *Haller* avance
que chez les ovipares, les poissons, le lièvre marin etc.,
les veines mésaraïques seules viennent s'ouvrir sur l'intestin et que l'absorption est dès-lors exclusivement
exercée par ces vaisseaux. Ce fait anatomique et ses inductions fonctionnelles sont entièrement détruits par les
observations de Hewson et de Monro qui, démontrant
l'existence des vaisseaux lymphatiques chez les poissons
cartilagineux, les ont suivis jusque dans le cerveau.
Swamerdam pique une veine mésentérique pendant la
digestion et voit des stries blanchâtres, qu'il prend pour
du chyle, s'écouler avec le sang. *Boerhaave* fait passer
par les veines, au moyen d'une pression légère, de l'eau
portée dans l'estomac. *Liéberkun* injecte la veine porte
abdominale, aperçoit la matière surgir à la surface muqueuse des intestins. *Mékel* assure que les fluides accu-
mulés dans un réservoir, sortent par les veines correspondantes. *Ruisch* fait observer que dans l'engorgement
des ganglions mésentériques soit par les scrophules, soit
par la caducité, l'importation du chyle est encore effectuée dans le torrent circulatoire; que pour les intestins,
l'absorption est en partie lymphatique, en partie veineuse, mais qu'elle offre exclusivement ce dernier caractère pour tous les autres points de l'organisme. *Flandrin* administre à des chevaux une certaine quantité de

teinture bleue d'indigo; la matière colorante se fait remarquer dans les excrémens , dans l'urine , dans la
bile etc. On n'en rencontre aucun vestige dans les vaisseaux chyleux. Il ingère dans les cavités digestives, l'as-
sa-fétida qui manifeste son odeur seulement pour les
veines du mésentère ; il pratique impunément, sur plusieurs chevaux, la ligature du canal thoracique. *Duverney*, *Astley-Cowper* lient ce même canal chez différens
chiens, la mort ne survient qu'après le quinzième jour.
M. Magendie, sur ces animaux, isole complétement du
reste de l'économie l'un des membres pelviens, à l'exception de la veine fémorale conservée pour seul moyen
de communication; inoculant alors une substance délétère dans la patte correspondante, il voit l'empoisonnement se manifester et pense avoir démontré la réalité
de l'absorption veineuse qu'il n'admet pas toutefois
d'une manière exclusive.

Partisans de l'absorption lymphatique. — *Aselli* en
1622 découvre des vaisseaux blancs sur les animaux
et les désigne par le terme de *veines lactées*. *Weslingius* constate leur existence chez l'homme. *Bartholin*,
Rudbeck démontrent en 1652, la présence d'un grand
nombre de ces vaisseaux, dans plusieurs parties où les
anatomistes n'avaient pas même soupçonné leur présence. *Monro*, *Sténon*, *Hewson*, *Breschet*, *Tiedemann*,
Lauth, *Cruikshank*, *Fohmann* trouvent des absorbans
lymphatiques ouverts sur la muqueuse intestinale dans
les quatre séries des animaux. *William-Hunter* soutient
en 1749 que les vaisseaux lymphatiques sont les seuls
absorbans. Il établit son opinion sur les faits suivans :
Ces vaisseaux présentent la plus grande analogie, pour
ne pas dire une idendité parfaite, avec les absorbans du
mésentère ou vaisseaux lactés. Les ganglions et les canaux lymphatiques sont les premiers et les plus forte-

ment irrités par le mercure, les virus, les poisons etc.
l'extirpation des ganglions, effectuée immédiatement
après le dépôt de ces matières, en prévient l'absorption
dans les points correspondans. La substance des injections extravasée dans les tissus est retrouvée dans les
vaisseaux lymphatiques. *J. Hunter* professe les mêmes
opinions, en raisonnant encore d'après l'expérience. Il
ne voit aucun changement dans les veines mésaraïques
pendant l'absorption digestive. Il ne trouve pas de chyle
dans ces vaisseaux. Du lait injecté dans les veines d'un
animal, auquel on a fait prendre une solution d'indigo,
n'indique point cette couleur qui se manifeste positivement dans les vaisseaux lymphatiques du mésentère.
Cruikshank et Mascagni démontrent, au moyen des faits,
la réalité de l'absorption par les vaisseaux blancs. Dans
les épanchemens, dans la réplétion trop considérable des
réservoirs, les vaisseaux lymphatiques nés de ces diverses parties sont engorgés par les fluides qui s'y trouvent
déposés. *Mascagni* prétend avoir découvert au microscope l'origine isolée de ces vaisseaux, et prouvé que
les membranes séreuses, dans lesquelles on n'avait pas
même soupçonné leur présence, n'ont point d'élément
dont la proportion soit plus considérable. *Mertens*,
l'un des premiers, s'aperçoit que tout le chyle ne traverse pas le canal thoracique, mais qu'une assez grande
proportion est versée directement par les vaisseaux lactés dans les veines azygos, lombaires etc. *M. Dupuytren*,
ayant répété la ligature du canal thoracique sur plusieurs animaux, s'est assuré que la mort ne tardait pas
à se manifester lorsque cette opération avait pour effet
d'empêcher entièrement le passage des injections, de ce
canal, dans le système veineux. Le même praticien a vu
sur une femme, en 1810, les vaisseaux lymphatiques
de la cuisse remplis de pus sous l'influence d'un vaste

abcès développé dans cette partie. *M. Desgenettes* a fait remarquer une lymphe amère en circulation dans les vaisseaux blancs qui naissent du foie. *Sœmmering* a trouvé de la bile dans ces mêmes vaisseaux, et du lait dans ceux de l'aisselle. *M. Cuvier*, en s'appuyant sur des observations positives, n'admet pas l'absorption veineuse chez les animaux d'un ordre supérieur. *Lauth*, ouvre un animal vers la fin de l'absorption digestive, trouve les intestins marbrés, les vaisseaux lactés remplis de chyle ; aussitôt que l'air s'introduit et stimule ces vaisseaux, tout disparaît. N'est-il pas naturel d'en inférer que l'absorption, au moins pour le tube digestif, s'effectue par des lymphatiques, et que ces canaux sont essentiellement contractiles. Cette circonstance échappée à l'investigation des autres physiologistes, est peut-être l'occasion de l'erreur partagée par Flandrin et par quelques vivisecteurs qui prétendent n'avoir jamais rencontré, à l'ouverture des animaux, ni lait, ni chyle dans les vaisseaux blancs.

En résumant tous ces faits, en appréciant leur valeur comparative sans aucune prévention, nous voyons, d'une part, que les auteurs qui soutiennent l'absorption veineuse ont, pour le plus grand nombre, faussé les faits et leurs applications pour la soutenir, et que tous, sans aucune exception, ont raisonné dans l'hypothèse fautive où le canal thoracique offrirait le centre de toute la circulation lymphatique, et deviendrait pour elle ce que les veines caves sont pour la circulation à sang noir. Bientôt nous verrons qu'une telle supposition n'est plus admise par les bons anatomistes, et nous trouverons dans la description naturelle de l'appareil vasculaire blanc, une réponse commune à toutes ces objections, un fait essentiel et destructeur de l'échaffaudage sur lequel se trouve basée, la théorie de l'absorption veineuse exclusivement admise. D'un autre côté, les partisans de l'hypothèse contraire, méritent, pour la plupart, le reproche de n'avoir pas bien saisi l'ensemble de l'appareil lymphatique, et de soutenir cette hypothèse d'une manière trop absolue.

L'appareil absorbant lymphatique a souvent été modifié par les physiologistes, moins d'après les résultats de l'inspection immédiate, qu'en raison de l'idée qui dominait dans l'explication du phénomène principal dont il est chargé. Ainsi la théorie de *l'imbibition* créa des pores, des cellules, un tissu spongieux etc. L'hypothèse de la *capillarité* fit admettre des siphons, des trachées etc. celle de *l'endosmose* et de *l'exosmose*, des vésicules perméables aux fluides circulatoires; la réalité d'une circulation consécutive à cet acte même de *préhension moléculaire*, ne permit plus de révoquer en doute l'existence des vaisseaux appropriés à cette modification vitale; on supposa même à l'origine de ces vaisseaux, lymphatiques pour les uns, veineux pour les autres, un suçoir ou *bouche absorbante* capable de saisir, à la manière d'une ventouse, les matériaux soumis à son influence. Aujourd'hui que la marche des esprits est plus sévère et plus philosophique, au lieu de conclure des phénomènes de la fonction aux dispositions de l'appareil, on cherche avec raison à connaître d'abord la nature, la forme, la constitution de l'instrument, pour s'élever à des notions exactes sur la théorie des actions physiologiques ; dans cette investigation difficile et qui laisse nécessairement encore une assez grande part à l'arbitraire, on s'élève du simple au composé, des végétaux aux animaux, de ces derniers à l'homme. Link, Bell, Duhamel, Comparetti ont vu des vaisseaux sphéroïdes au milieu de la partie ligneuse chez les végétaux. D'après les observations de Tréviranus, Carradori, Senebier, Decandolle, c'est plus spécialement au moyen des extrémités radiculaires que s'effectue l'absorption; les feuilles, particulièrement à leur face inférieure, exercent aussi ce phénomène comme l'ont démontré Haller, Mariotte, Duhamel, Bonnet, Kroker, Humbold, Sprengel etc. Théodore de Saussure, Jaeger, Marcet, Gœppert, Becker, Schreiber, Chuébler, Zeller ont prouvé par l'expérience que ces vaisseaux absorbans ne jouissaient pas de la faculté réellement élective qu'on leur avait accordée, en démontrant sur les plantes, l'action délétère de l'arsenic, de l'acide hydro-cyanique, du dento-chlorure, de mercure, des sels de cuivre, de plomb, des extraits d'opium, de belladone, de ciguë, de noix vomique etc. Tiedemann, ayant vainement cherché des vaisseaux blancs sur les arachnides, les radiaires, les annélides, pense que l'absorption est effectuée chez ces animaux soit par les veines, soit par des lymphatiques immédiatement terminés dans ces dernières. Pour les classes plus élevées, pour l'homme surtout, la découverte du système absorbant, comme celle des autres parties de l'appareil circulatoire, ne s'est faite que d'une manière partielle avec gradation et lenteur. Erasistrate, Galien, Érophile dissèquent des boucs, aperçoivent des amas de vaisseanx blancs qu'ils prennent pour des artères à l'état de vacuité. Beaucoup plus tard Aselli découvre sur des chiens, le plus grand nombre des vaisseaux lactés; Eustache, Pecquet font connaître la nature et les dispositions du canal thoracique; mais il était réservé aux anatomistes modernes d'apprécier exactement l'ensemble de cet appareil; toutefois le plus grand nombre ont commis la faute grave de lui donner ce canal pour centre et pour terme commun, en s'éloignant de la vérité, en fournissant des armes très-puissantes aux partisans de l'absorption veineuse. Pour bien comprendre le système absorbant, nous devons l'étudier à son origine, dans son trajet, à sa terminaison ; renvoyant, pour la description particulière et les caractères de structure, au chapitre de la circulation lymphatique où nous avons suffisamment détaillé son histoire, en le considérant comme agent essentiel de cette même circulation.

Origine. — Les vaisseaux absorbans, quelque soit leur nature et leur disposition, naissent, dans l'organisme, de deux points essentiellement différens. 1° *Des surfaces libres*, 2° *des parenchymes*. Les premiers sont particulièrement relatifs à l'importation, dans le torrent circulatoire, soit des matériaux extérieurs, soit des fluides sécrétés, et présentent, surtout pour la peau, les muqueuses pulmonaire et gastrique, la voie par laquelle s'introduisent en commun les élémens réparateurs, les agens morbides et les moyens thérapeutiques. Les seconds appartenant plus spécialement à la décomposition nutritive, à l'exportation des matériaux intérieurs, offrent en même tems les instrumens de la rénovation moléculaire des tissus, et de la résolution pathologique, si favorable dans les congestions et les engorgemens locaux. Dans toutes ces origines, le vaisseau présente une manière d'être sur laquelle ne s'accordent pas lés auteurs. Ainsi Rudolphi, Mékel prétendent que chacun de ces vaisseaux commence par une petite masse de tissu spongieux ; Liéberkun, par une ampoule érectile; d'autres, par une vésicule suceptible de transudation ; Bichat, par un suçoir nommé *bouche absorbante*, et dont il compare l'action à celle des points lacrymaux, d'une sang-sue, d'une ventouse. Sans caractériser positivement la nature et les formes de ces ouvertures vasculaires, Cruikshank, Hewson, Ribes disent les avoir positivement observées sur les villosités intestinales, particulièrement en y faisant surgir des injections. Il est as-

surément très-difficile de prononcer définitivement entre
ces opinions diverses, chacune d'elles ne pouvant mériter, dans l'état actuel de nos connaissances anatomiques,
d'autre titre que celui d'hypothèse; nous ajouterons cependant que si l'on tient à donner une explication du
phénomène que nous étudions, la supposition de Bichat
nous paraît en même tems la plus naturelle et la mieux
garantie par les inductions anologiques; en effet elle
rend l'absorption organique et vitale; au contraire les
systèmes des spongiosités, des ampoules, des vésicules
en font un phénomène physique d'imbibition, de transudation, d'endosmose; elle se trouve en quelque sorte
exprimée en termes évidens par l'action visible des
points lacrymaux effectuant la préhension d'un fluide
au milieu des mêmes conditions et par un mécanisme
analogue s'il n'est pas identique.

Trajet. — Il est ordinairement flexueux; les vaisseaux
lymphatiques renflés par intervalles marchent sur deux
plans, l'un superficiel et l'autre profond; des communications anastomotiques multipliées établissent les rapports les plus faciles entre ces deux plans, et, pour chacun d'eux, entre les branches dont ils sont formés. C'est
dans ce trajet, que, pour tous les canaux d'un certain
volume et d'une étendue notable, se rencontrent les *ganglions* qu'ils doivent traverser et dont nous avons fait
connaître la nature, la situation et les conditions organiques.

Terminaison. — Elle s'effectue, pour l'appareil lymphatique, dans le système veineux, mais tous les vaisseaux blancs ne se rendent pas directement dans les veines, et nous les avons déjà distingués, sous ce dernier
rapport, en trois ordres principaux. 1° Ceux qui vont
s'ouvrir immédiatement dans ces canaux après un trajet
souvent très-court, et sans perdre leur caractère de

vaisseaux capillaires. Cowper, Tiedemann, Gmelin ont signalé des anostomoses nombreuses entre les vaisseaux chylifères et les veines mésaraïques. Vieussens, Valœus, Rosen, Mékel, Lobstein ont observé cet abouchement dans la veine porte; Alard, Fohmann, Lauth, Béclard, Lippi etc. ont démontré le même fait dans plusieurs autres parties. 2° Ceux qui traversent un ou plusieurs ganglions sous le titre de vaisseaux *afférens*; qui s'en dégagent sous celui de vaisseaux efférens et d'un calibre, d'une étendue beaucoup plus considérables, se terminent également dans le système à sang noir. 3° Enfin, ceux qui parmi ces derniers, vont se rendre dans le canal thoracique et s'aboucher, par son intermédiaire, avec la veine souclavière gauche; disposition plus particulièrement relative aux lymphatiques de l'abdomen, du thorax, et mal à propos considérée par quelques anatomistes comme représentant l'ensemble de l'appareil absorbant.

D'après ces considérations simples et naturelles il n'est plus utile de répondre aux objections que semblaient d'abord constituer les expériences, les raisonnemens spécieux de Mékel, Duverney, Astley-Cowper, Flandrin, Magendie etc. tous les phénomènes d'absorption vont désormais s'expliquer sans qu'il soit nécessaire d'admettre un second ordre de vaisseaux pour en effectuer l'accomplissement. Les partisans les plus zélés de l'action veineuse, entraînés par la force de l'évidence, ne peuvent rejeter entièrement l'action lymphatique; ainsi MM. Gmelin, Tiedemann, Ségalas, Magendie etc. pensent que l'absorption du chyle se fait par la seconde et celle des boissons par la première. Or s'il est démontré que les vaisseaux blancs absorbent, si leur disposition telle que nous l'avons présentée, répond à tous les faits relatifs à ce phénomène, pourquoi faire entrer dans l'appareil absorbant des veines pour lesquelles cette faculté devient au moins douteuse. Nous ne rejetons pas entièrement la possibilité de cette influence , mais nous terminons par cette conclusion dont les faits garantissent la réalité, que l'absorption lymphatique est évidemment prouvée, tandis que l'absorption veineuse est encore en litige.

§ III. MODIFICATEURS DE L'ABSORPTION.

Les physiologistes ont cru, pendant longtems que l'absorption s'affectuait exclusivement sur les corps à l'état liquide; c'est une erreur qu'il faut s'empresser de faire disparaître d'après les faits les plus positifs. Les gaz, les vapeurs, les fluides et les solides paraissent également susceptibles d'entretenir et de modifier l'exercice de cet important phénomène; tous peuvent être saisis par les vaisseaux absorbans, depuis les élémens de l'atmosphère, comme on l'observe dans la respiration , jusqu'aux molécules du tissu osseux, comme on le voit dans sa décomposition nutritive et plus évidemment encore dans la résolution des exostoses. Ainsi , *pour les gaz*, Achard, Nysten, Chaussier ont démontré cette absorption par des injections aëriformes; l'importation de l'oxygène pendant la respiration , la soustraction de l'air dans les parties emphysémateuses, des gaz divers dans la tympanite etc. ne laissent également aucun doute à cet égard. *Pour les vapeurs*, — la grande proportion de l'urine évacuée sous les climats brumeux, et plus particulièrement chez les sujets affectés du diabétes, où l'on voit cette humeur s'élever dans 24 heures au poids de quarante à soixante livres, alors que le sujet ne prend pas au delà de dix à douze livres soit en alimens solides soit en boissons, prouvent évidemment l'absorption très-active de l'eau contenue dans l'atmosphère à l'état vaporeux. *Pour les fluides*, — cette absorption est rendue sensible par l'introduction du chyle, des boissons, du véhicule des humeurs dans le torrent circulatoire. Enfin, *pour les solides,*—elle est évidemment prouvée par les faits les mieux observés; nous voyons disparaître, sous l'influence qu'elle exerce, le thymus, les capsules rénales quelque tems après la naissance; les tumeurs les plus dures par le travail de résolution; des cartilages, des os pendant le cours de certaines perversions nutritives; dans plusieurs cas analogues, M. Desgenettes a trouvé les vaisseaux lymphatiques remplis de phosphate calcaire dans le voisinage de ces parties en décomposition. Chaussier a plus d'une fois observé la disparition, par le travail des mêmes vaisseaux, de plusieurs calculs assez volumineux qu'il avait renfermés dans une plaie sous-cutanée. Bientôt nous verrons les élaborations préparatoires auxquelles ces modificateurs doivent être soumis avant de pénétrer dans le système absorbant.

§ IV. APPÉTIT DE L'ABSORPTION.

L'absorption constituant une fonction exercée dans toute l'économie, ne s'effectuant point au moyen d'un appareil bien positivement circonscrit, pouvant d'ailleurs être suspendue quelque tems sans danger imminent pour l'existence, n'est point ordinairement commandée par un sentiment impérieux. Une anxiété constitutionnelle, une sorte d'inanition générale, de sécheresse dans les tissus, d'empâtement dans les humeurs, sont les modifications principales qui viennent indiquer le besoin du développement d'activité des vaisseaux absorbans, pour enlever à l'économie des élémens hétérogènes et nuisibles, pour lui fournir des matériaux de réparation nutritive et lymphatique. Pour tout ce qui est relatif à l'absorption des fluides extérieurs, ce même sentiment rentre comme principe général, dans l'impulsion instinctive que nous avons désignée sous le titre de soif naturelle.

§ V. ÉTUDE DE L'ABSORPTION.

Pour bien comprendre les phénomènes essentiels de cette action complexe nous les diviserons en trois ordres principaux. 1° *Préparation des modificateurs;* 2° *préhension;* 3° *élaboration, circulation, dépôt de ces derniers.*

1° *Préparation.* — Il est difficile de ne pas admettre, avant l'importation des matériaux qui vont se trouver absorbés, une certaine élaboration préliminaire destinée à favoriser leur introduction dans le système vasculaire chargé de les transmettre au lieu de leur destination; les faits se pressent chaque jour, dans les états physiologique et pathologique, pour démontrer la réalité de cette importante modification. Lorsqu'il s'agit d'en préciser la nature et les agens, l'obscurité se répand encore sur la question en laissant un libre cours aux théories hypothétiques. Cependant il semble tout naturel de penser que cette élaboration est effectuée par l'origine même des vaisseaux absorbans, et qu'elle consiste à ramener les gaz, les vapeurs, les solides vers un moyen terme, vers la fluidité; c'est du moins avec ce caractère que la plupart des matériaux réparateurs sont importés dans le torrent circulatoire; si quelques uns ne sont pas entièrement liquéfiés, comme on l'observe pour certains élémens des humeurs, pour un assez grand nombre de corps inorganiques insolubles dans ces dernières, ils se trouvent alors subdivisés de manière à parcourir les canaux absorbans à l'état de suspension. Ces vérités pren-

dront des caractères évidens si l'on examine avec attention la fluidité que présentent les gaz après leur introduction dans les vaisseaux lymphatiques, l'espèce d'éro-
sion qu'offrent les tendons, les cartilages, les os en partie
détruits par cette absorption éliminatoire.

2° *Préhension.* — Ici viennent se reproduire les théories de l'imbibition, de la capillarité, de l'endosmose et
de l'exosmose. Ainsi Fodéra, de Blainville considèrent le
tissu celluleux comme une sorte d'éponge ; Borelli,
Grew, Delahire, Bradley, Malpighi regardent les petits vaisseaux comme autant de canaux, agissant en vertu
de l'attraction capillaire; Saussure, de Candolle, Senebier, Desfontaines voient au contraire dans l'absoption un phénomène essentiellement vital. Il sera difficile
de ne pas admettre cette opinion physiologique à l'exclusion des systèmes entièrement établis sur les lois de
la physique et de la chimie, si l'on considère que cette
absorption est modifiée dans ses manifestations et dans
ses résultats, suivant l'âge, le tempérament, la constitution, les dispositions normales ou pathologiques, le
calme de l'âme ou la violence des passions. Il serait oi-
seux, dans l'état actuel de nos connaissances, de s'arrêter sérieusement à réfuter des théories aussi directement
opposées à la marche naturelle des phénomènes dont
l'ensemble constitue l'existence active, mais il en est une
que nous devons au moins apprécier dans ses caractères
généraux, afin de préciser les applications qu'il est permis d'en faire à l'absorption étudiée chez les êtres organisés vivans; nous voulons parler de *l'endosmose* et de
l'exosmose dont la découverte appartient à M. Dutrochet, l'un de nos plus judicieux et de nos plus modestes
expérimentateurs.

Endosmose, Exosmose. — En supposant un réceptacle fermé par un diaphragme perméable; toute impor-

tation liquide spontanément effectuée dans ce réservoir, à travers la cloison, prend le nom *d'endosmose*, et toute exportation semblable, dans les mêmes circonstances, reçoit celui *d'exosmose*. En surmontant ce réceptacle d'un tube gradué, l'on forme un instrument capable de faire apprécier, sous le titre *d'endosmomètre*, la force et la vitesse de ce double phénomène. Le diaphragme employé dans ces expériences peut être confectionné soit avec une membrane organique, soit même avec une lame terreuse ; dans l'une et l'autre circonstance, la capillarité de cette cloison devient une condition indispensable. Pour déterminer l'endosmose ou l'exosmose, on plonge l'endosmomètre dans un fluide, après l'avoir en partie rempli d'un autre fluide plus ou moins différent ; dans les deux phénomènes, il s'établit un double courant avec cette particularité que pour l'endosmose, il est plus considérable de l'extérieur dans le réceptacle, qui dès-lors se remplit ; tandis que pour l'exosmose, il se manifeste en proportion inverse, d'où résulte l'évacuation progressive du réservoir. Plusieurs lois, déjà bien généralisées, président à l'accomplissement de cette action complexe. Ainsi : 1° La différence de la densité des deux fluides employés devient cause principale du phénomène que nous étudions. Si le fluide le plus dense est placé dans l'endosmomètre, on obtient *l'endosmose* ; dans l'hypothèse contraire, c'est *l'exosmose* qui se trouve produite. La vitesse et la force de ces deux modifications opposées sont même naturellement en raison des différences de ces densités proportionnelles, qui peuvent effectuer des résultats bien remarquables ; c'est ainsi qu'une endosmose énergique soulève cent-vingt-sept pouces de mercure, poids équivalent à celui de quatre atmosphères et demie. Nous voyons actuellement par quelle raison le sirop de sucre, les solutions gommeuses, les humeurs épaisses de notre économie etc., en opposition avec l'eau naturelle, produisent une endosmose plus ou moins développée. M. Becquerel ayant observé que la rencontre des solides et des fluides entraîne la manifestation de l'électricité, ce dernier agent pouvait être considéré comme le mobile essentiel de l'endosmose; mais d'une part cet effet exige une action chimique entre les fluides et les solides mis en contact, circonstance qui n'existe pas dans les expériences où l'on emploie, par exemple, une membrane organique, une solution mucilagineuse et de l'eau distillée. D'un autre côté MM. Porret et Vollaston ont démontré que l'on produit, par un courant galvanique, le mouvement ascensionnel au travers d'un diaphragme imprégné du même fluide par ses deux faces, et dès-lors que l'on obtient ainsi l'endosmose indépendamment de l'hétérogénéité des liquides mis en rapport; nous venons de voir que le même résultat peut également s'effectuer par l'hétérogénéité sans le concours, au moins appréciable, du galvanisme; d'où l'on doit naturellement inférer que dans l'état actuel de nos connaissances physiques, la différence de la densité des fluides et l'électricité sont les deux mobiles principaux de l'endosmose et de l'exosmose. Il serait difficile d'accorder la même influence à la capillarité, puisque l'expérience démontre que l'élévation de la température diminue l'ascension capillaire, tandis qu'elle augmente sensiblement l'ascension d'endosmose; nous devons par conséquent au lieu de les identifier, considérer ces deux phénomènes comme essentiellement différens. Plusieurs substances deviennent perturbatrices de l'endosmose et de l'exosmose, quelquefois même les suspendent complétement au milieu de toutes les circonstances propres à les favoriser. Parmi ces *neutralisans*, nous citerons plus spécialement les acides sulfurique, hydro-sulfurique, les matières animales en putréfaction. Ces modificateurs arrêtent l'endosmose et l'exosmose par *hétérogénéité*, mais n'exercent aucun empire sur celles que produit le *galvanisme;* nouvelle preuve de la diversité, de l'isolement de ces deux causes principales.

Ces découvertes et ces faits très-curieux sans doute, en les renfermant dans le domaine général de la physique et de la chimie, peuvent-ils nous offrir actuellement des applications utiles, satisfaisantes, relativement aux actions physiologiques? leur auteur a mis toutes la discrétion d'un bon esprit dans la solution de ce problême important; il a tenté seulement des applications pour les êtres rudimentaires, pour les végétaux, sans les indiquer pour les animaux supérieurs, pour l'homme. Des novateurs empressés que nul obstacle n'arrête, pas même l'inconvénient majeur de substituer les lois de la matière inerte aux lois de la vie, ne manqueront pas d'expliquer *l'absorption* et *l'exhalation* par les modifications de *l'endosmose* et de *l'exosmose;* de comparer, dans ses manifestations, *l'hétérogénéité* des humeurs de l'économie animée, à celle des fluides jouissant exclusivement de l'existence passive; d'identifier le *galvanisme* des organes dans l'état physiologique à *l'électricité universelle* etc. Beaucoup plus réservé dans nos emprunts, dans nos inductions analogiques, éprouvant une invincible répugnance lorsqu'il faut conclure des phénomènes de la nature morte, aux phénomènes de la nature vivante, sans rejeter absolument ces applications, nous attendrons pour les admettre que le tems et l'expérience en aient bien positivement établi toute la réalité.

L'action vitale des absorbans, tel nous paraît être le mobile essentiel de l'importation des élémens nombreux qui se trouvent incessamment déposés dans le torrent circulatoire. Par quel mécanisme s'opère cette action?

Là se trouve un mystère jusqu'alors impénétrable, et qui nous oblige de choisir entre plusieurs hypothèses, plus ou moins satisfaisantes, mais qui peuvent bien ne pas être l'expression rigoureuse de la vérité. Soit que l'on admette l'idée des spongiosités capillaires, des vésicules érectiles, soit que l'on adopte celle des bouches absorbantes, agissant à la manière d'une ventouse, il n'en existe pas moins des faits positifs qui doivent servir de flambeau dans cette voie difficile et ténébreuse. Lorsque le modificateur qui se présente aux absorbans n'est point en rapport avec leur sensibilité particulière, il est refusé d'abord, comme l'a fait observer Séguin pour les féces, l'urine, la bile etc. Ce n'est qu'après s'être familiarisés par l'habitude à ces excitations insolites que les vaisseaux prennent la substance qu'ils avaient primitivement repoussée; nous ne devons pas entendre autrement l'action élective de cet appareil d'importation. Lui donner plus de valeur, serait tomber de nouveau dans les erreurs du moyen âge. De même que tous les organes doués de la vie, les extrémités vasculaires ont besoin d'un certain degré d'excitation pour accomplir énergiquement le phénomène qui leur est départi. Si les frictions rendent l'absorption cutanée plus active en soulevant les squammes épidermoïdes, c'est plutôt encore par l'érection vasculaire consécutive qu'elles déterminent ce résultat. Séguin et plusieurs autres physiologistes ont observé que les matières absolument inertes sont prises difficilement, quelquefois même entièrement négligées par les absorbans, alors que certains poisons et plusieurs corps très-excitans, sont introduits dans ces canaux avec une inconcevable rapidité; les mêmes explications s'appliquent également à ces faits. L'action des absorbans lymphatiques s'effectue même encore assez long-tems après la mort des grandes fonctions, après la cessation entière de la circulation sanguine. Ainsi Mascagni l'a vue s'exercer pendant six heures pour les enfans, et pendant vingt-quatre pour les adultes. M. Desgenettes substituant dans ses expériences, l'encre de chine à l'encre ordinaire, a trouvé l'absorption s'effectuant encore après soixante heures, même chez des sujets très-jeunes. Valentin a rencontré du chyle trente-six heures et même trois jours après la mort dans les vaisseaux lactés. Ces faits et beaucoup d'autres que nous pourrions citer viennent encore à l'appui de *l'absorption lymphatique*, en démontrant que *l'absorption veineuse*, qu'il est sans doute permis de supposer, ne présente aucune utilité réelle, et que dès-lors on ne voit pas en conséquence de quel principe, la nature, constamment si simple dans ses moyens, aurait affecté deux appareils à l'exercice d'une fonction qui peut librement s'exécuter avec un seul.

Quelque soit l'obscurité dont s'environne l'acte essentiel de la préhension absorbante, sa réalité, ses caractères vitaux n'en restent pas moins démontrés. Sur l'accomplissement de cet acte physiologique reposent la réparation des pertes organiques solides et fluides, la rénovation du sang noir, la formation du sang rouge par l'hématose, l'importation des principes morbifiques, des vices constitutionnels, des virus, des poisons et des médicamens, l'exportation des molécules vieillies dans l'économie vivante et qui doivent se trouver expulsées par l'élimination nutritive. Au nombre des surfaces libres, incessamment en rapport avec les modificateurs étrangers de l'absorption, nous devons particulièrement noter les muqueuses pulmonaire, digestive et la peau. C'est à peu près exclusivement par ces trois voies que s'établissent nos rapports matériels avec l'univers extérieur. *Par la première*, nous absorbons l'oxygène qui, pendant la respiration, donne au sang les caractères in-

dispensables au développement de la chaleur et de la vie;
nous recevons en même tems les miasmes, les gaz plus
ou moins nuisibles qui détériorent l'atmosphère, et c'est
plus particulièrement ainsi que nous sommes frappés de
ces funestes épidémies qui portent souvent au loin l'é-
pouvante et la mort. *Par la seconde*, nous saisissons le
chyle, produit essentiellement rénovateur du sang, les
fluides qui, sous le titre de boissons, doivent plus spécialement réparer nos pertes lymphatiques, enfin le plus
grand nombre des médicamens et des poisons importés
dans l'organisme. *Par la troisième*, la plupart de ces
absorptions peuvent avoir lieu. Celle des gaz, des fluides est démontrée par les expériences de Bichat, de Dumas; celle des poisons, des virus par l'observation de
chaque jour; celle des médicamens par les nombreux essais de MM. Alibert, Pinel, Duméril, Séguin, Cruikshank etc. Ce genre de médication, très-employé chez les
Arabes, s'est trouvé de nos jours en quelque sorte rap-
pelé dans la thérapeutique par Chiarenti, Brera, Chré-
tien etc, sous les titres successifs de méthodes *iatralep-
tique*, *eïspnotique*, *endermique*, etc. Si l'on pouvait
douter encore du caractère essentiellement physiologique de l'absorption, il suffirait, pour dissiper toutes les
incertitudes à cet égard, de faire observer que cette fonction, de même que toutes les actions vitales, peut être
augmentée, diminuée, pervertie, suspendue par des
influences morales entièrement étrangères aux lois physiques et chimiques. C'est un point sur lequel nous
reviendrons en traitant des altérations générales de cette
même fonction.

Elaboration, *circulation*, *dépôt*. — introduits dans
les absorbans, les élémens soumis à cette importation
circulent dans ces vaisseaux par un mécanisme que
nous avons décrit, et parviennent soit directement, soit

par l'intermédiaire des ganglions, dans le système veineux. Il est impossible de ne pas voir que ces ganglions et les canaux lymphatiques dont ils sont en grande partie formés, exercent un travail d'élaboration sur ces mêmes élémens. On n'admettra pas sans doute avec Malpighi que les premiers sont autant de petits cœurs destinés à favoriser la circulation lymphatique, il est trop évident qu'ils en deviennent au contraire l'un des principaux obstacles, comme le démontrent les engorgemens dont ils sont fréquemment affectés; mais on reconnaîtra que ces petits corps traversés, avec lenteur, par les fluides absorbés qui vont en parcourir les nombreux circuits, leur font éprouver des modifications physiologiques susceptibles de les rapprocher des substances animales, et de commencer en quelque sorte leur identification aux tissus dont ils doivent effectuer la réparation et l'accroissement.

§ VI. INFLUENCE DE L'HABITUDE SUR L'ABSORPTION.

On croira peut être, d'après un examen trop superficiel, que l'absorption, en vigueur dès l'animation du germe, plus énergique et plus active chez l'enfant que chez le vieillard, s'effectuant naturellement et sans éducation, doit se trouver entièrement affranchie du pouvoir de l'habitude; mais en considérant cet objet avec plus d'attention, on sentira, même sur la fonction qui nous occupe, toute l'influence d'un aussi puissant modificateur. En effet, l'expérience nous démontre à chaque instant que telle substance repoussée d'abord par les vaisseaux absorbans, en raison de ses propriétés insolites, les habitue par degrés à son contact et se trouve définitivement saisie par eux. C'est ainsi que les parties âcres et salines des excrémens, de l'urine, après avoir excité l'antipathie de ces vaisseaux, leur deviennent moins désagréables, sont pris par leur action et reportés dans l'organisme ou leur présence exerce bien souvent les plus funestes ravages. D'un autre côté, l'économie s'accoutume à résister aux agens délétères dont elle est environnée; l'air des marais, des prisons, des hopitaux, des laboratoires de chimie etc., n'exerce qu'une faible action sur les individus graduellement habitués depuis long-tems à son influence, alors qu'il produit des maladies graves, souvent mortelles chez les sujets qui le respirent avec crainte et pour la première fois.

§ VII. SYMPATHIES DE L'ABSORPTION.

Le système absorbant entretient avec tous les autres des relations beaucoup plus étendues et plus intimes qu'on pourrait le supposer d'abord. Si l'on réfléchit que tous les tissus de l'organisme reçoivent leurs matériaux réparateurs par son action et par son intermédiaire, on pressentira bientôt non seulement la multiplicité de ces rapports, mais encore les raisons fondamentales sur lesquelles ils viennent s'établir, soit dans l'état normal, soit dans l'état pathologique. L'appareil d'absorption éprouve bien fréquemment l'influence des lésions morbides présentées par les tissus avec lesquels il se trouve en communication. Ainsi, l'inflammation de la muqueuse urètrale produit des bubons à l'aine; une simple ulcération à la peau des pieds détermine des engorgemens lymphatiques vers le même point; un panaris au doigt, un cancer au sein amènent le gonflement des ganglions sous-axillaires; le catarrhe bronchique entraîne souvent la phlegmasie des ganglions pulmonaires; la phlogose des intestins, du péritoine occasionnent fréquemment l'irritation des ganglions mésentériques; la plupart des inflammations profondes, et surtout les lésions organiques des principaux appareils de l'économie vivante enrayent ou pervertissent les absortions; la peau devient sèche, aride; la soif habituelle et difficile à calmer; les exhalations continuant alors, on conçoit le développement des œdèmes et des hydropisies consécutives dont s'accompagnent le plus ordinairement ces graves altérations, arrivées à leur dernière période, et menaçant les grandes fonctions d'un anéantissement irrévocable; on explique ainsi naturellement pourquoi les anomalies de l'absorption deviennent presque toujours, dans ces funestes circonstances, le symptôme précurseur d'une mort plus ou moins prochaine.

§ VIII. ALTÉRATIONS DE L'ABSORPTION.

L'absorption est susceptible d'offrir les quatre modifications pathologiques : *augmentation*, *diminution*, *perversion*, *suspension*, et ces altérations exercent ordinairement une influence très-marquée sur toute l'économie.

1° *Augmentation.* — Elle est plus spécialement déterminée par les pertes lymphatiques abondantes, comme on le voit dans les diarrhées séreuses, le diabètes etc. L'absorption extérieure est alors tellement active qu'elle fait les frais de ces énormes déperditions, jusqu'au terme où, succombant sous l'influence de l'épuisement que cette exaltation doit entraîner, elle abandonne l'économie à la destruction certaine qui doit suivre la prolongation d'un état aussi fâcheux. La privation des alimens, des excitans internes; les passions tristes, la crainte, le sommeil, la convalescence des maladies graves, toutes les influences qui portent les forces vitales vers l'intérieur, qui déterminent un mouvement de la circonférence au centre, augmentent sensiblement l'activité de l'absorption périphérique. C'est pour cette raison qu'il est très-dangereux de se livrer au sommeil, ou même de s'arrêter à jeun dans les lieux où l'atmosphère est altérée par des miasmes putrides et délétères; c'est ainsi que la terreur qui précède les épidémies, que le découragement qui les accompagne, rendent la contagion plus facile, plus générale et plus désastreuse; tandis que l'intrépidité, le courage et la confiance en deviennent les meilleurs préservatifs. Combien d'éloges ne méritent pas les médecins philantropes qui bravant avec magnanimité les dangers de ces fléaux destructeurs, s'inoculèrent publiquement la matière morbifique, afin de relever les esprits abattus au milieu d'une population entière. Les auteurs de semblables faits n'ont plus besoin d'archives, leur nom se trouve dans toutes les bouches et leur souvenir dans tous les cœurs.

2° *Diminution.* — Elle peut être produite par des influences opposées. Ainsi la surabondance des fluides importés dans le torrent circulatoire, l'habitation des lieux bas, humides, marécageux, la débilité nutritive, l'abus des liqueurs alcoholiques, des boissons chaudes, la gaité, le courage, l'espérance, toutes les passions expansives, toutes les influences qui déterminent un mouvement du centre à la circonférence, deviennent les causes les plus ordinaires de cette modification. Nous expliquons dès-lors facilement la rareté des épidémies dont nos armées souffrirent dans leurs excursions lointaines, en les comparant au grand nombre de celles qui ravagent incessamment les peuples dégradés par la superstition et le despotisme.

3° *Perversion.* — Inconnue dans son essence; elle est évidente et souvent très-fâcheuse dans ses résultats. C'est ainsi que nous la voyons s'effectuer; 1° sur des matières excrémentitielles et les rapporter dans l'organisme avec des inconvéniens nombreux; 2° sur des foyers sanieux et gangréneux, en produisant, dans toute l'économie, un véritable empoisonnement interne, d'autant plus inévitablement funeste, que la source en devient intarissable lorsqu'elle se trouve inhérente à la constitution du sujet; 3° sur les tissus eux-mêmes, en déterminant ces cancers destructeurs, ces ulcères phagédéniques, ces absorptions matérielles qui font disparaître les solides organisés, depuis la membrane molle et pulpeuse, jusqu'aux parties calcaires des os.

4° *Suspension.*—Il est bien rare de l'observer en même tems dans toute l'économie vivante; le plus souvent elle se manifeste partiellement sous l'influence de certaines phlegmasies. L'engorgement, l'empâtement de la partie lésée devient la conséquence nécessaire de cette altération. L'absorption ne s'anéantit pas immédiatement après la mort des grandes fonctions; cet acte physiologique survit à tous les autres, quelquefois même pendant un tems assez long. Déjà la circulation sanguine et l'exhalation ont cessé depuis plusieurs heures, que l'absorption s'exerce encore. Cette vérité d'observation nous explique naturellement plusieurs phénomènes cadavériques d'une assez grande importance. Ainsi la disparition des ecchymoses légères, des congestions, des épanchemens sanguins, séreux, qui se trouvent déterminés par les phlegmasies suraiguës, ne laissent bien souvent aucune trace à la nécropsie; tandis que les infiltrations sanguines déterminées après la mort, par la seule position des parties, ne s'effacent jamais avant le développement de la putréfaction, et ne présentent pas même ce premier degré de résolution que l'on observe presque toujours dans les sugillations déterminées pendant la vie. Distinction essentielle relativement à la médecine légale. C'est encore par l'exercice ultérieur de l'absorption, que nous trouvons, sur le cadavre, les tissus diminués de volume, ridés, les cornées affaissées etc.

CHAPITRE TROISIÈME.

NUTRITION.

§ Ier. ÉTYMOLOGIE, DÉFINITION, CARACTÈRES ET BUT DE LA NUTRITION.

La nutrition, τρέψις, des Grecs, *alitura, nutritio, assimilatio, secretio nutritïva*, des Latins, doit être définie : *action vitale et moléculaire des tissus organiques sur les élémens réparateurs pour les assimiler à leur propre substance.* Cette fonction considérée par Entt « comme un acte générateur continué dans chacun des êtres animés » n'est autre chose qu'une véritable sécrétion dont le résultat définitif est le solide organisé vivant, et la manifestation d'une quantité variable de chaleur développée dans cet acte physiologique. La plus indispensable et la plus universellement répartie aux corps doués de l'existence active, cette élaboration se rencontre non seulement dans toutes les économies de cet ordre, mais encore dans tous les appareils, les organes et les tissus de ces économies; vivre et jouir de l'exercice actuel de ce phénomène, sont deux conditions absolument identiques. Rudimentaire, en quelque sorte réduite à l'imbibition, à l'assimilation immédiate chez les êtres inférieurs, la nutrition s'agrandit et se complique dans la série des organismes, en s'élevant par degrés de la moisissure à l'arbre, de l'infusoire à l'animal supérieur, de ce dernier à l'homme. Seul acte vital des premiers, elle présente chez les autres le complément de toutes les fonctions offrant pour but l'accroissement et la réparation de l'individu. Nous ajoute-

rons même que toutes les actions physiologiques se
trouvent également sous sa dépendance. En effet, si les
phénomènes de relation extérieure ne sont pas aussi directemeut liés à l'activité nutritive, leur maintien n'en
est pas moins subordonné à l'exercice régulier de cet
acte essentiellement conservateur.

Il semblerait, en considérant des faits aussi positifs,
que l'on n'aurait jamais du mettre en question la réalité
de l'élaboration nutritive, des mouvemens de composition et de décomposition qui la constituent. Cependant
il s'est rencontré, dans toutes les époques de la science,
des esprits assez prévenus pour se mettre, sous ce rapport, comme sous beaucoup d'autres, en opposition directe avec l'imposante majorité des physiologistes les
plus judicieux. Un auteur, même de nos jours, a nié
l'existence de la nutrition par cela seul que les traces du
tatouage ne disparaissent jamais. Nous ajouterons, pour
toute réponse, qu'il serait aussi conséquent de ne plus croire
à l'absorption, en voyant une balle, par exemple, séjourner au milieu de nos tissus pendant toute la vie. Si nous
ne possédions point les expériences de Galien et de plusieurs autres investigateurs habiles, ne verrions-nous
pas également dans les modifications fondamentales que
subissent les organes pendant les principales phases de
la vie, sous les différentes influences pathologiques etc.,
des preuves incontestables de l'exercice positif du phénomène que nous étudions. Pénétrés de ces vérités fondamentales, plusieurs écrivains ont été jusqu'à reconnaître une force particulière attachée à cet acte important. Galien la nomme, *facultas nutrix*, *formatrix*;
Buffon, *puissance du moule intérieur*; Bacon, *motus assi-
milationis*; Harvey, *Facultas vegetativa*; Wolf, *vis es-
sentialis*; Blumenbach, *nisus formativus*; Tiedemann,
force plastique, *force de nutrition qui domine les affi-*

nités chimiques etc. Sans admettre un agent spécial pour l'exercice de ce phénomène commun, nous pensons que la cause essentielle de ses manifestations réside, comme celle de toutes les actions physiologiques, dans le développement de la faculté vitale. On ne substituera pas sans doute à ces idées simples et naturelles, celle des physiciens qui font consister la nutrition dans l'usure mécanique des molécules sous l'influence des frottemens; celle des chimistes qui la regardent comme une acidification, une combinaison de l'oxygène du sang rouge avec les organes, une véritable combustion; d'après Reil,« comme une cristallisation organique » etc.

§ II. APPAREIL DE LA NUTRITION.

L'appareil chargé de l'élaboration des élémens réparateurs n'est point uniforme dans l'économie vivante. Il s'y trouve universellement répandu sans offrir aucune circonscription locale. Cet appareil est représenté par chaque tissu propre, et diffère dès-lors pour les parties de l'organisme, sous le rapport de la composition physique et des propriétés particulières qui président à leur action. Ainsi les diversités matérielles et vitales que nous rencontrons entre un os, un muscle, un tendon, une membrane muqueuse etc, constituent celles qui distinguent les appareils nutritifs de ces différens systèmes. La connaissance de ces instrumens d'élaboration repose donc tout entière sur celle de la structure intime et spéciale des élémens constitutifs de cette économie vivante. Ainsi le canevas propre, souvent nommé *parenchyme*, des nerfs, plus particulièrement du système ganglionaire, quelquefois de l'encéphalique, des vaisseaux artériels, veineux, ou lymphatiques seulement, l'élément cellulaire ou générateur, pour lier ces parties, nous offrent les principes formateurs des tissus dont les modifications essentielles sont relatives à l'arrangement à la proportion variable de ces matériaux constituans. La sensibilité latente, la contractilité involontaire insensible, telles sont les propriétés vitales qui président à la nutrition; des solides pour effectuer le travail secrétoire, des fluides pour en offrir les modificateurs assimilables, telles sont les conditions nécessaires à l'accomplissement de cette fonction importante.

§ III. MODIFICATEUR DE LA NUTRITION.

Dans cette catégorie viennent se ranger naturellement les substances capables d'offrir aux différens tissus de l'économie vivante des élémens de réparation et d'accroissement. M. Magendie semble refuser ces caractères aux matériaux qui ne contiennent pas d'azote; ou du moins il prétend que ces derniers pris seuls deviennent incapables de fournir aux frais de l'organisme chez les animaux. Nous l'avons déjà dit, les expériences qui servent à motiver cette opinion ayant été faites sur des chiens, on pouvait au plus en inférer des principes applicables aux carnivores. Nous savons en effet que les ruminans et beaucoup d'autres espèces vivent très-bien du produit digestif des fruits des plantes et des graines dans les quels on ne rencontre pas d'autres élémens que l'oxigène, l'hydrogène et le carbone. En conséquence de leurs effets particuliers, d'après leur valeur nutritive, ces modificateurs peuvent être divisés en quatre séries principales. 1° *Fluides venus de l'intérieur.*—Absorbés sur la peau, sur les muqueuses gastro-intestinale et bronchique, portés dans le torrent circulatoire sans avoir éprouvé l'élaboration digestive, ces élémens sont en général peu susceptibles de concourir au phénomène commun de la réparation, à moins qu'ils n'aient été directement puisés dans le règne animal; tels sont plus spécialement le lait, les bouillons de viandes etc., que l'on doit dès-lors préférablement employer lorsqu'il s'agit de nourrir par simple absorption. Quelques physiologistes ont même pensé que ces derniers pouvaient momentanément suppléer le sang rouge dans ses fonctions. Ainsi Lower rapporte qu'un jeune homme, sur le point de succomber exsangue, après des hémorragies artérielles excessives, dut sa conservation à des jus de viandes immédiatement importés; le résultat de ses dernières déperditions sanguines offrait la saveur, la couleur et l'odeur de cet aliment. Le malade guérit et devint athlétique. Les autres matériaux de ce premier ordre, tels que l'eau, le cidre, la bière, le vin etc., remplissant à peine l'indication nutritive, bornent leurs effets particuliers, le premier surtout, à la réparation du véhicule des humeurs circulatoires; les autres, à l'excitation plus ou moins utile des appareils organiques. 2° *Fluide produit par la digestion.* — Cet élément nutritif nommé *chyle* est de tous les modificateurs étrangers le plus essentiellement réparateur du sang, et, par une conséquence nécessaire, doit être envisagé comme le mieux approprié aux besoins sans cesse renaissans de l'organisme. 3° *Fluides en dépôt sur les surfaces libres.* — Versés par les exhalans, par les follicules ou par les excréteurs glanduleux, ces fluides se trouvent en partie repris par les absorbans, en partie éliminés comme dépuratoires de l'économie. La seconde portion, dont l'expulsion entière paraît indispensable au maintien de l'état normal, prédomine dans plusieurs de ces fluides qui deviennent ainsi plus spécialement *excrémentitiels.* Telles sont l'urine, les mucosités, la sueur etc. La première partie au contraire semble destinée à rentrer dans le torrent dés humeurs pour concourir puissamment au phénomène de la nutrition; elle est comparativement beaucoup plus considérable dans quelques-uns de ces mêmes fluides qui prennent alors plus particulièrement le caractère de *récrémentitiels*, comme on le voit pour la synovie, la sérosité, la graisse etc. *4° Fluides produits par la dissolution des molécules organiques en décomposition.* — Ces molécules détachées des tissus après avoir vieilli dans l'économie, devant être éliminées et remplacées par des molécules de nouvelle formation, peuvent encore, dans certains cas d'extrême nécessité, se trouver assimilées une seconde fois et réparer les pertes qu'entraîne incessamment la vie. C'est alors que le sujet existe avec sa propre substance et que survient cet excès d'animalisation manifestée par l'acrimonie des humeurs, l'irritabilité morbifique des tissus, la disposition aux phlegmasies de mauvais caractère, aux affections scorbutiques, charboneuses, cancéreuses etc. Quelque soit la source de ces divers élémens nutritifs, déposés dans le sang noir par la circulation effectuée de la circonférence au centre, ils sont portés avec le sang rouge ou le sérum, sous des formes appropriées, et par la circulation opérée du centre à la circonférence, vers les organes qu'ils doivent accroître ou réparer.

§ IV. Appétit de la nutrition.

Si nous considérons la nutrition isolément dans un appareil, le sentiment instinctif qui la réclame n'est pas très-positivement exprimé. La souffrance de cet appareil, l'affaiblissement de son action, la rupture de l'harmonie entre les phénomènes vitaux, surtout si cet appareil est important, deviendront les seuls caractères appréciables de ce besoin de la réparation. Mais si nous envisageons ce phénomène dans l'économie toute entière, alors cet appétit se trouve accusé par un sentiment aussi général que le besoin qu'il sert à caractériser. On voit d'abord se manifester une sorte d'impatience, d'anxiété, d'irritation constitutionnelles, suivies par une impression vague d'inanition, de faiblesse et d'épuisement, d'apathie morale et physique. Lorsque ce besoin n'est pas satisfait, tous les organes semblent frappés d'une langueur profonde ; les fonctions les plus importantes à la vie sont graduellement réduites vers un abaissement qui met l'existence individuelle en problême, jette le trouble dans toute l'économie ; sollicite consécutivement une réaction générale de l'organisme qui semble faire un dernier effort dans l'intention de resaisir ses propriétés vitales toujours sur le point de s'échapper. Sous plusieurs rapports, ce sentiment paraît s'identifier à celui de la faim dans le but commun de la réparation organique. Il suffit d'examiner les animaux et l'homme soumis à toutes les influences des privations alimentaires, pour comprendre cette lutte insuffisante mais énergique, de l'organisme expirant par défaut de réparation moléculaire. C'est alors surtout que l'absorption extérieure paraît doubler d'activité pour s'approprier tous les corps ambians, et suppléer, par ces matériaux imparfaits, aux véritables modificateurs de l'accroissement et de l'entretien constitutionnels. C'est particulièrement dans ces fâcheuses dispositions que le sujet vit aux dépens de soi-même et, se consumant en frais sans compensation, arrive à la mort par les nombreux degrés du marasme et de l'épuisement.

§ V. ÉTUDE DE LA NUTRITION.

Les physiologistes ont imaginé des hypothèses plus ou moins ingénieuses pour expliquer le mécanisme de l'élaboration nutritive. Quelques-uns considérant les fluides circulatoires et le sang plus particulièrement, chez les animaux supérieurs, comme un réservoir général des molécules organiques déjà constituées, ont vu successivement, dans ce phénomène, une simple filtration, une précipitation chimique, une agrégation, une attraction élective des particules du solide vivant sur celles des humeurs; l'action d'un ferment particulier, une espèce de triage au moyen des pores différens par leurs dimensions et leur forme; ou, d'après la supposition de Boerhaave, par des vaisseaux décroissans. Tiédemann admet aussi, dans le fluide qu'il nomme *suc formateur*, les élémens des diverses parties végétales, mais encore sans caractères positifs de structure. D'autres ont parlé d'une coagulation de la lymphe par la chaleur dans les mailles du tissu cellulaire, et de l'organisation ultérieure de ces concrétions par des pressions diverses, comme pour les fausses membranes et pour les kystes accidentels. M. Dutrochet regarde la nutrition dans les plantes comme une intercalation de cellules plus petites et déjà formées, au milieu de cellules plus grandes représentant la base inamovible du parenchyme essentiel. Dans l'état actuel de nos connaissances physiologiques, la plupart de ces théories n'ont plus besoin de réfutation. Mais il importe beaucoup de ne pas confondre, avec des phénomènes physiques et chimiques, une modification essentiellement vitale; avec les résultats moléculaires et communs de la matière inerte, les produits substantiels et particuliers de la matière soumise aux lois de l'animation. Aussi regrettons-nous que des physiologistes qui, presque toujours, ont si bien compris les secrets de l'existence active, aient cherché à substituer, sous ce dernier rapport, aux simples agrégations, les combinaisons effectuées sous l'influence des affinités, cherchant, par une distinction subtile à donner plus de consistance à cette hypothèse en désignant l'ensemble de ces actions spéciales par le terme de *chimie vivante*, et consacrant ainsi, par les expressions les plus incompatibles, des erreurs qu'ils ont eux-mêmes combattues avec un talent supérieur.

Pour apprécier convenablement ce travail d'assimilation intime dans les corps organisés, nous devons nous élever des faits particuliers les mieux établis, aux considérations d'ensemble. Deux ordres de matériaux sont naturellement employés dans ce phénomène complexe : *les uns de composition, les autres de décomposition.* Deux actions principales viennent le constituer par leur succession plus ou moins régulière : *le mouvement d'assimilation, et le mouvement d'élimination,*

Les matériaux de composition sont indirectement apportés aux solides organiques par les absorbans ; *les matériaux de décomposition* se trouvent exportés par les mêmes vaisseaux ; tous sont déposés dans le système veineux leur rendez-vous commun. Les premiers sanguifiés, les seconds en partie renouvelés par la respiration, passent dans le système artériel qui les distribue à tous les appareils, à tous les organes, à tous les tissus. Les uns et les autres sont, en proportions différentes, assimilés par la nutrition, soustraits à l'économie par les sécrétions, qui deviennent ainsi le complément nécessaire de cette action fondamentale des organismes vivans. *Pour les végétaux*, les matériaux de composition se trouvent puisés dans le sol par les *spongioles* radiculaires ; en quantité peut être beaucoup plus considérable dans l'air ambiant par les agens d'absorption des tiges et des feuilles. Ainsi Bayle, ayant planté une branche de saule dans un vase rempli de terre exactement évaluée, s'est assuré que l'élévation de l'arbre au poids de cent-soixante-cinq livres, n'avait occasionné, pour la terre, qu'une déperdition de deux onces. Ainsi l'eau des arrosemens et surtout l'air atmosphérique avaient offert les deux sources principales, nous pourrions presque dire exclusives des élémens nutritifs, le sol n'ayant présenté qu'un moyen de support et de filtration. *Pour les animaux*, surtout à mesure que l'on s'élève aux ordres supérieurs, l'atmosphère donne plutôt des élémens de perfectionnement et de rénovation, que des principes essentiels de constitution matérielle. C'est plus spécialement par le chyle que ces derniers sont fournis, et sur la muqueuse digestive qu'ils se trouvent saisis par l'absorption. La lymphe, le sang noir seront également employés à la réparation, à l'accroissement de l'organisme. Toutefois les uns et les autres ont besoin, pour effectuer ces résultats, d'éprouver une élaboration préparatoire dont nous avons déjà fait connaître les caractères généraux, et que nous allons actuellement présenter avec quelques détails sous le titre d'*hématose*, en distinguant bien, contre l'opinion de quelques auteurs, cette action préliminaire du phénomène essentiel de la nutrition.

L'HEMATOSE, — αἱματωσις, des grecs, *sanguificatio* des Latins, considérée dans sa véritable nature doit être définie : *Conversion de la lymphe et du chyle en sang rouge par diverses modifications vitales.* — Nous ne comprenons pas le sang noir dans cette catégorie. En effet son retour à l'état de sang artériel est bien plutôt une simple *rénovation* qu'une hématose complète. D'après les expériences de Godwin, de Bichat et de plusieurs autres physiologistes, cette rénovation est entièrement effectuée dans les capillaires des poumons et sous l'influence exclusive de la respiration. Il n'en est pas de même pour l'hématose de la lymphe et du chyle. Nous trouvons encore ici des dissidences parmi les auteurs, sous le rapport du siège et de la nature d'un phénomène aussi mystérieux. *Le Gallois* plaçait le foyer principal de la sanguification dans le point de l'appareil circulatoire ou se coufondent la lymphe , le chyle et le sang noir ; il attribuait particulièrement ce phénomène à la collision des trois fluides par l'action du cœur et des gros vaisseaux. *Godwin* et *Bichat* ont considéré les poumons comme les seuls agens de l'hématose. La plupart des physiologistes modernes pensent, avec raison, que le domaine de cette action vitale n'est pas aussi étroitement circonscrit. Il suffit en effet d'observer le cours de la lymphe et du chyle, de réfléchir aux circonstances principales qui doivent modifier la nature de ces fluides, même avant leur entrée dans les capillaires des poumons, pour voir, dans ces actions préliminaires, un travail d'hématose dont la respiration devient le complément. Plusieurs partisans de cette opinion la faussent par des interprétations erronées , en établissant que les actes de la sanguification étrangère à l'influence bronchique s'effectuent pendant la projection du sang rouge dans les innombrables divisions du système capillaire général. C'est une erreur de fait ; ainsi Mascagni , Cullen , Hunter , Deyeux n'ont jamais trouvé de chyle dans le sang artériel au-delà du système capillaire des poumons ; on ne voit nullement de quelle manière une simple action, transitoire par les veines pulmonaires, le cœur gauche , l'aorte et ses divisions, pourrait imprimer à la lymphe , au chyle même un premier degré d'hématose ; enfin, il est assez prouvé que le sang rouge devient noir dans les capillaires généraux , en fournissant aux frais de la nutrition et des sécrétions , pour que l'on répugne à l'exercice d'un phénomène absolument opposé dans le même siége et sous l'influence des mêmes lois. Il nous semble donc assez positivement démontré par les faits et le raisonnement , que l'hématose commence à l'origine même des absorbans, qu'elle est continuée par l'action de ces vaisseaux, par celle de leurs ganglions, par les veines, et qu'elle s'achève et se perfectionne dans les capillaires pulmonaires sous l'influence indispensable de la respiration centrale chez les animaux supérieurs et chez l'homme.

Si nous recherchons actuellement la nature et le mécanisme de cette importante modification, nous verrons combien il existe encore ici d'incertitudes à dissiper. Quelques physiologistes, ne trouvant entre le chyle et le sang d'autre différence que celle de la couleur, ont envisagé cette modification comme l'objet essentiel, pour ne pas dire exclusif, de l'hématose. En faisant l'histoire du premier de ces fluides, nous avons suffisamment démontré combien il diffère du second. Les chimistes ont expliqué cette coloration par l'action de l'oxygène. Fourcroy, Deyeux, Vauquelin l'attribuent au changement du phosphate blanc de fer en phosphate rouge, par addition d'une certaine proportion de soude qui s'empare de l'acide pendant que l'oxygène sur-oxyde le métal. Ces théories opposées aux lois de la vitalité se trouvent complétement détruites par les expériences de MM. Brande, Thénard, Berzélius et Denis, prouvant la nature animale de la matière colorante du sang. S'il est assez bien démontré que le chyle, dans son hématose complète, revêt progressivement les caractères de la gélatine, de l'albumine et de la fibrine, il serait assez raisonnable de penser que la lymphe est le moyen terme, la transition de ce même chyle au sang rouge, et que la *lymphose*, effectuée sous les mêmes conditions et sous les mêmes influences, présente en quelque sorte le premier degré de la *sanguification*. Les faits et l'expérience viennent démontrer assez positivement la réalité de ces principes. Il suffit d'examiner le chyle, comme

nous l'avons pratiqué bien des fois , depuis son entrée
dans les vaisseaux lactés , jusqu'au terme de son cours
dans le canal thoracique, pour se convaincre de l'importance des changemens qu'il a déjà subis en perdant
sa matière grasse , en devenant plus limpide , plus albumineux , en prenant par degrés les caractères de la
lymphe , soit par l'action vitale de l'appareil qu'il vient
de traverser , soit par son mélange, en proportions variables avec le fluide auquel il paraît destiné à s'identifier. La lymphe bien constituée, le chyle déjà sur le
point d'arriver à cette modification complète, passent
dans le système veineux ; ils sont encore modifiés dans
ce nouvel appareil, probablement par l'action organique
de ce dernier , et bien évidemment par leur mélange
avec le sang noir, qui nécessairement doit animaliser la
lymphe , comme celle-ci avait elle-même influencé le
chyle. En effet, si l'action des solides sur les fluides,
et de ces derniers sur les premiers n'est pas douteuse,
celle des fluides entre eux nous paraît également positive. De même que nous avons déjà vu les alimens revêtir progressivement les caractères de l'animalité, non
seulement par l'influence vitale de l'estomac , de l'intestin duodénum etc., mais encore par leur union à la salive, aux sucs gastrique , pancréatique , à la bile etc.,
de même aussi nous observons le chyle s'élevant par
degrés dans cette nouvelle carrière , peut-être autant
par son alliance avec la lymphe et le sang noir, que
par les élaborations successsives des absorbans , des
ganglions et des veines. Ces trois fluides, poussés par le
cœur droit, arrivent dans le système capillaire des poumons. C'est là plus particulièrement que s'achève et se
perfectionne l'hématose de la lymphe et du chyle, c'est
là que s'opère exclusivement la rénovation du sang veineux par l'action de l'oxygène, et par l'influence orga-

nique des poumons. Les élémens communs au chyle, à la lymphe, au sang rouge, tels que *l'albumine*, la *matière phosphorée blanche*, la *fibrine*, les *différens sels*, le *fer* sont produits par les actions successives de la digestion et de la nutrition ; mais le principe essentiel et propre du sang, *l'hématosine* est exclusivement formé par l'influence respiratoire ; ses matériaux existent dans la lymphe et dans le chyle, mais ils ne peuvent se combiner sans cette influence et sans l'intervention de l'oxygène immédiatement porté sur les fluides qu'il doit ainsi modifier. Quelle est la nature intime de cette hématose et de cette rénovation ? Nous allons prouver qu'elle est essentiellement vitale, et qu'on ne doit pas la confondre avec celle des modifications purement physiques ou chimiques. Deux mouvemens, l'un d'*assimilation*, l'autre d'*élimination* constituent la nutrition proprement dite, nous devons les étudier isolément pour en mieux apprécier l'ensemble.

1° *Mouvement d'assimilation.* — Le sang rouge, poussé par le ventricule gauche dans toutes les divisions artérielles, arrive directement aux organes, pour les uns, avec sa matière colorante propre, comme on le voit dans les muqueuses, la peau, les muscles etc., pour les autres, à l'état de sérum incolore, comme on l'observe pour les tissus blancs. Dans l'une et l'autre circonstances, par son mouvement et son influence particulière, il excite les solides vivans et les provoque à l'accomplissement des phénomènes qui leur sont départis. Au milieu de ces derniers il développe, comme base et comme principe des autres modifications vitales, comme acte essentiel et commun à tous les sytèmes organiques, l'élaboration nutritive et réparatrice dont il fournit en même tems les matériaux élémentaires. Plusieurs conditions sont indispensables à l'accomplissement parfait de de ce travail conservateur. 1° L'influence normale de l'innervation , surtout de celle des ganglions plus spécialement relative à la nutrition ; 2° l'activité régulière de la circulation centrale et périphérique ; 3° le jeu, l'harmonie des exhalans et des absorbans ; 4° la souplesse, la perméabilité naturelle des tissus ; 5° l'état physiologique de la partie qui se nourrit ; 6° le consensus , l'équilibre organique et fonctionnel de toutes les divisions principales de l'économie. Au milieu de ces conditions, le solide vivant réagit sur les molécules fluides qui lui sont apportées , les combine , les élabore à sa manière , les identifie à sa propre substance , tantôt pour effectuer son accroissement , tantôt pour opérer seulement la réparation exigée par le mouvement continuel d'élimination. Quels sont le mode essentiel , la nature intime de cette combinaison , de cette élaboration nutritive ? Là se trouve un mystère que nous rencontrons également dans toutes les autres actions purement organiques ; nous pouvons apprécier les modifications principales de ce phénomène , acquérir la certitude qu'il rentre complétement dans le domaine de la vie , mais nous ignorons la cause première , la raison fondamentale de ses manifestations. Jamais cette raison , cette cause première ne seront dévoilées pour les esprits sévères qui ne confondent pas , avec l'expression de la vérité , les illusions des théories même les plus spécieuses.

La nutrition est une véritable sécrétion réparatrice au moyen de laquelle chaque tissu fait, avec les élémens qui lui sont apportés, des molécules identiques à celles de sa propre substance, le sang rouge devient, par ses trois parties essentielles, un réservoir commun dans lequel sont puissés les matériaux nutritifs. Ainsi 1° le véhicule *aqueux* maintient la fluidité nécessaire des humeurs ; ses déperditions sont aisément réparées au moyen des boissons du même ordre. 2° Les élémens en solution et notamment *la fibrine*, *l'osmazome*, *l'albumine*, *les matières phosphorées*, *les sels* etc., nourrissent directement les systèmes musculaire, nerveux, osseux, fibreux etc., ces élémens sont plus spécialement renouvelés par le chyle. 3° Les matériaux en suspension, mais avant tout *l'hématosine*, ont pour usage essentiel de provoquer l'exercice de l'innervation et de la vitalité. Leur déficit est particulièrement comblé par l'action de l'oxygène sous l'influence de la respiration effectuée par l'intervention des propriétés vitales ; cette élaboration sécrétoire fournit le solide organisé vivant pour dernier résultat, avec des modifications plus ou moins profondes relativement à l'âge, au sexe, au tempérament, à la constitution, aux états normal ou pathologique, aux tissus particuliers, au genre de vie, à la profession, au régime, à la température ambiante, au climat etc., ces propriétés offrant naturellement des variétés nombreuses, diversifiées dans les conditions principales des êtres doués de l'existence active. Nous verrons bientôt quel jour ces principes simples et physiologiques, suffisans pour démontrer l'essence vitale de la nutrition, viendront naturellement jeter sur la théorie positive des lésions organiques.

De cette assimilation du fluide circulatoire par le solide vivant, à la simple combinaison chimique de ces deux corps, il existe déjà bien de l'intervalle, et cependant la nutrition n'est point entièrement renfermée dans ce phénomène. On doit y joindre l'action éliminatrice chargée d'enlever incessamment à l'organisme des élémens vieillis et qui doivent se trouver avantageusement remplacées par des élémens nouveaux, destinés à rajeunir les appareils, à renouveler utilement leur force et leur activité. Si les caractères vitaux de la nutrition pouvaient encore être mis en doute, il suffirait pour les démontrer complétement, de faire observer que les corps doués de l'existence active présentent cette élaboration complexe à l'exclusion de tous les autres, et qu'elle est commune à chacun de ces corps organisés, mais seulement pendant la durée temporaire de leur animation. D'un autre côté l'embryon gélatineux, homogène, exclusivement soumis aux lois physiques et chimiques, pourrait-il, en vertu d'affinités uniformes, développer dans sa constitution ultérieure ces tissus, ces organes, ces appareils si naturellement diversifiés chez l'animal et chez l'homme arrivés au complément de leur accroissement normal? N'est-il pas au contraire évident qu'imprégnée, en quelque sorte, par la puissance vitale pendant l'instant de la fécondation, cette petite masse embryonaire s'accroît, perd insensiblement son apparente homogénéité, s'organise en systèmes nombreux et différenciés, par le développement progressif de cette puissance capable, en raison de sa nature, des modifications les plus variées, et par conséquent des résultats les plus hétérogènes et les plus compliqués. Aussi voyons-nous la nutrition dans les différentes séries des êtres organisés, chez les divers individus appartenant à la même espèce, offrir, sous le rapport de son activité, des développemens proportionnés à celui des propriétés de la vie. Lorsque ces facultés sont obscures et sans variété, l'élaboration nutritive devient homogène et bornée dans ses produits. Au milieu des dispositions contraires elle présente la plus grande richesse, et la diversité la plus remarquable dans ses effets. Il est maintenant facile de comprendre pourquoi cette fonction s'accomplit avec plus de perfection et de rapidité sous l'influence de la jeunesse, des exercices modérés, du tempérament sanguin, d'une constitution robuste, d'un climat sec et frais, des passions gaies etc., que sous l'empire de la vieillesse, de l'inaction, du tempérament lymphatique, d'une constitution débile et vicieuse, d'un climat froid et brumeux, des passions tristes et concentrées etc.

Les chimistes ont diversement apprécié la nature des modifications effectuées par la nutrition dans les élémens soumis à son influence particulière. Ainsi les uns prétendent que dans ce travail la matière passe graduellement par les conditions du minéral, du végétal et de l'animal. Les autres que ce même travail diminue la proportion de l'hydrogène et du carbone des matériaux réparateurs, en augmentant celle de l'azote. Plusieurs soutiennent que cette élaboration à le pouvoir de créer un assez grand nombre de corps. Rondelet nourrit des poissons, pendant trois ans, avec de l'eau pure ; ils prennent un accroissement assez remarquable et contiennent beaucoup d'azote. Vauquelin ayant calculé bien exactement la quantité de phosphate, de carbonate de chaux et de silice contenus dans l'avoine employée comme aliment exclusif d'une poule, retrouve ces mêmes sels en proportion plus considérable, et la silice en moins grande quantité dans la fiente évacuée, dans la coquille des œufs éliminés pendant la durée de l'expérience. M. Magendie nourrit des chiens avec plusieurs substances dépourvues d'azote, et voit ces animaux périr vers le trente-sixième jour. Ces expériences contradictoires nous prouvent que l'on ne doit pas admettre ici des principes exclusifs ; les circonstances de l'élaboration nutritive pouvant entraîner des modifications matérielles qui dans un système absolu présenteraient des oppositions inexplicables, là où nous rencontrons seulement des diversités de condition. Du reste nous abandonnons bien volontiers des spéculations ardues et contestables, elles nous feraient pénétrer dans le domaine insignifiant des conjectures que nous éviterons toujours d'exploiter. Il existe des faits, des résultats beaucoup plus positifs, plus constans et sur lesquels nous devons particulièrement fixer notre attention. Dans la nutrition le sang rouge devient noir, de même que dans la respiration le sang noir devient rouge. Sous ce rapport nous trouvons antagonisme entre ces deux fonctions, et nous voyons les capillaires des poumons opposés, dans leur influence, aux capillaires généraux. C'est ainsi que l'activité de l'hématose concourt au développement des conversions nutritives par la quantité du sang artériel, chargé d'en provoquer l'accomplissement et d'en offrir les matériaux essentiels. C'est particulièrement en effet dans la grande proportion de l'hématosine, formée par l'action respiratoire, qu'il faut placer le véritable développement et la richesse principale du sang rouge. D'après les remarques de M. Denis, auquel nous devons un bon travail sur ce fluide circulatoire, il existe une proportion assez rigoureuse entre la quantité absolue de ce dernier et la mesure comparative de l'hématosine. Ainsi l'expérience démontre, sous ce rapport, que le sang moitié moins abondant, par exemple, dans l'anémie que dans la pléthore, contient deux fois plus d'hématosine au second état qu'au premier.

2₀ *Mouvement d'élimination.*—En même tems que des molécules nouvelles se trouvent assimilées aux tissus organiques, des molécules anciennes et qui semblent usées par excès d'animalisation, sont enlevées à ces mêmes tissus, rejetées hors de l'économie vivante ou leur séjour présenterait désormais d'assez graves inconvéniens. C'est à l'action des vaisseaux absorbans que cette élimination est confiée. Les particules matérielles altérées par le tems et les modifications physiologiques, liquéfiées par l'élaboration préparatoire de ces vaisseaux, rentrent dans le torrent de la circulation ou leurs élémens primitifs avaient été puisés. Les unes, surtout dans l'absence des matériaux extérieurs, sont de nouveau comprises dans le travail d'assimilation, les autres exportées au moyen des sécrétions épuratoires. De même que le mouvement de composition, l'action éliminatrice est un phénomène essentiellement vital. Nous trouvons les preuves incontestables de cette seconde assertion dans les faits nombreux sur lesquels repose toute la réalité de la première. C'est aux dispositions spéciales, aux proportions relatives de ces deux mouvemens opposés que viennent se rattacher ; comme l'effet à sa cause, les modifications fondamentales de l'organisme vivant. Ainsi lorsque le *mouvement d'assimilation* prédomine sur le *mouvement d'élimination*, on voit s'effectuer non seulement la réparation des pertes, mais encore l'augmentation des tissus, des organes, des appareils. C'est la disposition nutritive de l'enfance qui doit en même tems renouveler ses molécules organiques, augmenter leur nombre et fournir aux frais de l'accroissement dans toute l'économie ; c'est dans les âges suivans la cause prochaine de la pléthore locale ou générale. Lorsque *ces deux mouvemens* sont en équilibre parfait, la réparation substantielle est opérée sans augmentation ni diminution appréciable ; telles sont les conditions normales de l'âge viril. Enfin, lorsque le *mouvement d'élimination* l'emporte sur le *mouvement d'assimilation*, la réparation devient insuffisante, le nombre des molécules organiques diminue dans une proportion relative à ce défaut d'harmonie. Nous voyons ici les dispositions de la vieillesse, pendent laquelle tout l'organisme s'use graduellement et se détruit sous les influences qui d'abord, avec des modifications opposées, avaient effectué son accroissement. Cette rupture d'équilibre à l'avantage du mouvement d'élimination, est le premier pas vers la mort naturelle.

La révolution qui s'opère incessamment dans les tissus est-elle complète ? Après un tems, que Bernouilli porte, dans notre espèce, à trois ans, d'autres à cinq, quelques uns à sept, le sujet ne conserve-t-il plus, aucun vestige de son organisme primitif ? ou bien chacun de ces tissus , arrivé au terme de son accroissement, offre-t-il une base invariable, un parenchyme fondamental dans lequel viennent se succéder les molécules de nouvelle et d'ancienne formation ? nous avons médité les expériences des physiologistes, nous en avons entrepris quelques unes relativement à cette grande question, mais, nous devons l'avouer, sans trouver dans les unes et dans les autres aucune preuve assez positive pour effectuer la solution du problême, avec cette conviction qu'entraîne la vérité suffisamment exprimée. Toutefois, la direction particulière des mouvemens d'assimilation et d'élimination qui s'exercent exclusivement d'après l'épaisseur des parties sans atteindre leur longueur, alors quelles ont acquis le développement normal , semblent donner beaucoup d'avantage à l'hypothèse d'un parenchyme invariable , sur celle d'une rénovation complète.

La nutrition possède le privilége exclusif de former des substances organiques. Nous ne pouvons regarder comme des objections à cette règle positive la prétention de certains chimistes qui disent avoir fait *de l'huile* en versant une proportion déterminée d'acide sulfurique sur de la fonte noire; *de la graisse*, en élevant, jusqu'au rouge cerise, un mélange d'hydrogène, d'acide carbonique, et d'hydrogène percarburé ; *du sucre*, par le séjour de l'amidon au milieu d'une certaine quantité d'acide sulfurique étendu d'eau. Ces faits sont curieux, sans doute, mais quel physiologiste pourrait les considérer comme probans avec une si faible consistance, et dans une question aussi profonde que diversement controversée.

La fonction qui nous occupe ne borne pas ses effets

à l'accroissement, à la réparation de l'organisme ; elle développe incessamment, dans l'économie, cette chaleur particulière à tous les êtres vivans, et qui devient en même tems l'une des conditions fondamentales et l'un des caractères essentiels de l'existence active. Nous devons dès lors, sous le titre de calorification, présenter l'histoire d'un phénomène inséparable de l'élaboration nutritive, et dans l'exposition duquel on a trop souvent confondu la source de la chaleur vitale, avec les moyens de son développement et de ses manifestations.

CALORIFICATION.

La calorification, θέρμανσις, θερμασία des grecs, *calorificatio* des latins, de *calorem facere*, développer de la chaleur, doit être définie : *action organique par laquelle tous les êtres vivans entretiennent incessamment, dans leur économie particulière, une température propre, indépendamment des modifications atmosphériques, et sous l'influence des réactions spéciales de la vitalité.* Avant d'exposer la théorie de cet important phénomène, établissons les considérations essentielles qui viennent se rattacher au produit normal de son accomplissement.

Le calorique, envisagé par les anciens comme l'une des propriétés de la matière, par quelques physiciens modernes, comme une vibration spéciale de l'atmosphère, d'après le plus grand nombre, est un fluide impondérable, invisible à l'état ordinaire, lumineux, apercevable dès qu'il se trouve concentré dans un autre corps ou mu avec assez de vitesse, appréciable par le toucher et par la dilatation qu'il effectue dans les autres substances matérielles ; transmis en rayons divergens par émission ou par réflexion ; tendant incessamment à l'équilibre entre les différens corps soumis aux mêmes influences, placés dans un milieu commun ; pouvant s'unir à ces mêmes corps aux divers états de combinaison ou de simple mélange ; obéissant, dans le premier cas, à l'affinité, s'identifiant aux molécules avec lesquelles il est mis en contact, ne manifestant point alors sa présence à l'action exploratrice des sens, de là sa dénomination de *calorique latent* ; dans le second, s'interposant entre les molécules sous l'influence de l'agrégation, et conservant, dans cette circonstance, les propriétés apparentes qui le caractérisent, il prend le nom de *calorique sensible*. Tous les corps de la nature ont plus ou moins d'affinité pour le calorique ; ce n'est qu'après l'avoir neutralisée qu'il peut s'accumuler dans ces corps d'une manière appréciable soit par le thermomètre, soit par le toucher. Ainsi la matière absorbe d'abord toute la chaleur qu'elle peut combiner en vertu de son affinité spéciale ; cette faculté porte le nom de *capacité pour le calorique* ; elle est d'autant plus développée qu'un corps peut rendre latent une plus grande proportion de ce fluide impondérable. Les corps, en raison de leur nature ou de leur disposition, saisissent et cèdent le calorique avec plus ou moins de promptitude et de facilité ; cette propriété, désignée par le terme de *conductrice*, présente également de nombreuses modifications dans les corps distingués, sous ce rapport, en *bons et mauvais conducteurs du calorique*.

Universellement répandu, ce fluide invisible joue le plus grand rôle dans la nature, c'est lui qui semble animer la matière inerte, qui la maintient dans les états liquide et vaporeux ; qui vivifie les corps organisés, développe leurs germes reproducteurs, entretient la circulation indispensable aux mouvemens organiques. Quelques physiciens ont même ajouté qu'il pourrait bien être la cause immédiate de la vie ; nous pensons qu'il en devient plutôt un résultat chez les êtres doués de l'existence active. Si nous cherchons actuellement par quel mécanisme il est produit, ou mieux développé dans les corps, nous verrons quelles différences présentent, sous ce rapport, les économies universelle et vivante.

Dans l'économie universelle, ce fluide impondérable n'est point formé, il s'y trouve seulement dégagé de ses combinaisons ; de *latent* il devient *sensible*. Ainsi, dans le briquet pneumatique, la condensation de l'air, par une pression subite met en liberté des quantités variables de calorique lumineux ; dans la combustion rapide, l'oxygène passant de l'état gazeux à l'état solide, cède instantanément tout le calorique jusqu'alors nécessaire pour le maintenir à ce premier état. Ainsi la percussion, le frottement, la combustion, les circonstances relatives aux transformations des gaz, des vapeurs en liquides, et de ces derniers en solides, nous offrent à peu près les causes principales du développement de la chaleur dans le vaste laboratoire de l'univers.

Pour l'économie vivante, la production du calorique n'a plus rien de semblable dans son principe et dans ses résultats. C'est en vain que l'on chercherait avec les physiciens et les chimistes à soumettre l'accomplissement normal de ce phénomène aux lois de la matière. Cette question offrant la plus grande importance, non-seulement relativement à la physiologie, mais encore sous le rapport d'un grand nombre d'applications thérapeutiques, nous devons en baser la solution sur des principes incontestables, en procédant par les faits et l'observation. Le premier et le plus évident qui se présente est la réalité de la température propre à chacun des êtres organisés vivans.

Tout corps organisé doué de la vie jouit d'une chaleur propre, indépendamment des circonstances qui

l'environnent. Sa température , ordinairement supérieure à celle des milieux ambians, s'entretient dans un
équilibre parfait en résistant, par une action spéciale,
soit à l'importation, soit à l'exportation extra-normales
du calorique. Les exemples viennent se présenter surabondamment pour démontrer la réalité de ces grands
principes physiologiques. Ainsi, pendant les froids de
l'hiver, lorsque la température atmosphérique s'abaisse
à huit ou dix degrés au-dessous de zéro, le thermomètre,
dont la boule est placée dans un trou pratiqué au tronc
d'un arbre vivant, marque bientôt plusieurs degrés au-
dessus de ce même point. Sous l'influence des grandes
chaleurs de l'été, lorsque le thermomètre, placé dans
l'air extérieur, s'élève à vingt ou trente degrés, celui que
l'on emploie dans l'expérience que nous venons de citer,
se maintient a peu près au même point que dans le cas
précédent. Au milieu des rigueurs de la saison, on voit,
dans une ruche habitée, se maintenir une chaleur a peu
près uniforme et suffisante pour entretenir la vie de ces
insectes et prévenir la congélation de leur miel déjà de-
posé dans les rayons. Hunter ayant plongé des poissons
dans une eau sur le point de passer à l'état de glace, la
vit conserver, autour de ces animaux, toute sa fluidité
pendant qu'ils vécurent, et se congeler aussitôt que la
mort les eut frappés. L'oiseau, protégé par son plumage
et par les branches dégarnies de l'arbre sur lequel il repose, conserve, au milieu des neiges et des frimas, une
température de quarante à cinquante degrés ; enfin l'homme recouvert par de simples vêtemens, peut, au moyen
d'un exercice approprié, braver impunément la rigueur
des climats hyperboréens, et présenter une chaleur de
trente-six degrés au milieu des causes d'un refroidissement profond et continuel. Ces faits, et tous ceux que
nous pourrions encore énumérer, démontrent jusqu'à

l'évidence que les corps organisés, par cela même qu'ils vivent, présentent nécessairement une température propre, affranchie des modifications ambiantes, et que leur calorique ne se trouve ni communiqué, ni transmis par les corps extérieurs, mais développé dans leur économie particulière, sous une influence dont nous devons chercher à pénétrer le mystère et l'obscurité. Des hypothèses plus ou moins spécieuses ont encore été successivement imaginées pour expliquer ce phénomène essentiel de la vitalité ; les unes sont relatives au siége particulier qu'il présente, les autres à la nature du mécanisme de son accomplissement.

Siége de la calorification.—Les anciens la plaçaient dans le cœur, dont Hippocrate considérait les oreillettes comme deux soufflets activant la combustion dans les ventricules, envisagés comme foyer de cette opération chimique. Descartes regardait celle-ci comme une ébullition ; Vanhelmont, Sylvius, Vieussens comme une effervescence etc., quelques physiologistes et plusieurs physiciens modernes prétendent que la calorification s'opère exclusivement dans les poumons, et qu'elle se trouve dèslors essentiellement liée à la respiration. Ils fondent cette opinion sur un fait vrai, mais dont les inductions sont erronées. La chaleur vitale est, comme ils le font observer, d'autant plus élevée chez les individus que leur système respiratoire offre plus d'étendue. Si nous formons en effet trois classes d'animaux, d'après la quantité proportionnelle du sang qui traverse les poumons ou leurs analogues dans un tems donné, de manière à se trouver mis en contact avec l'oxygène atmosphérique, nous voyons : 1° *les reptiles*, dont la respiration *est inférieure à l'unité*, c'est à dire chez lesquels, seulement une partie du sang traverse les organes centraux de la respiration, en parcourant le cercle circulatoire, offrir une température naturelle de 20° c. ; 2° *l'homme* et *les animaux* qui s'en rapprochent[1] le plus sous ce dernier rapport, dont la respiration *est égale à l'unité*, c'est à dire, chez lesquels toute la masse du sang traverse les organes respirateurs sur un point du même cercle, présenter une chaleur normale de 36° à 37° c. ; 3° *les oiseaux*, dont la respiration *est supérieure à l'unité*, c'est à dire chez lesquels non seulement tout le sang traverse les poumons dans un segment du cercle circulatoire, mais encore se trouve mis en contact avec l'oxygène dans plusieurs autres cavités splanchniques et dans les canaux médullaires des os, élever le thermomètre jusqu'à 50° c.

Ces faits sont incontestables, mais il est erroné d'en inférer qu'il faut attribuer le développement immédiat du calorique à la respiration, en plaçant dans les poumons le siége exclusif du premier de ces phénomènes. En effet chez l'homme, par exemple, nous trouvons que les viscères respiratoires sont au reste de l'organisme :: 1 : 25. Or si la température de toutes les parties du corps marquant 36° c., les poumons étaient le foyer central de l'irradiation calorifique, leur chaleur s'éleverait à 900° c. Chez les animaux d'un rang inférieur et plus spécialement chez les végétaux, qui n'offrent aucun organe central de la respiration, la température devrait être seulement communiquée par les milieux ambians, tandis que l'observation démontre qu'elle en est absolument indépendante. D'un autre côté la calorification est également en raison assez positive de la nutrition *et vice versá*. De telle sorte qu'il devient impossible de ne pas admettre une influence réciproque entre deux actions physiologiques aussi directement influencées l'une par l'autre. Il est évident, comme nous le prouverons bientôt, que l'on s'est mépris dans les résultats attribués, sous ce rapport, à la modification respiratoire, et que l'on

n'a pas bien entendu les conditions principales du développement de la chaleur dans l'économie vivante. La
respiration concourt puissamment à la calorification,
mais seulement, comme nous le démontrerons, en préparant le sang rouge qui doit en présenter le modificateur essentiel; c'est pendant l'acte même de l'élaboration
nutritive, que le calorique se trouve dégagé dans chacun
des tissus organiques, avec une instabilité qui prouve
assez la nature vitale de ce phénomène commun à tous les
êtres doués de l'existence active. Pour exprimer de suite
les vérités relatives à cette première question, nous ajouterons que le siége de la calorification se trouve : 1° *dans
les capillaires des poumons*, pour tout ce qui tient aux
modifications indispensables du sang, à l'espèce d'apro-
visionnement qu'il fait du calorique destiné à toute l'économie ; 2° *dans les capillaires généraux*, pour tout ce
qui appartient au dégagement, aux manifestations de la
chaleur vitale.

Un fait observé par le plus grand nombre des physiologistes, et que nous aurons bientôt l'occasion de constater, vient imprimer le cachet de l'évidence à la démonstration de cette vérité fondamentale. Chez les
mammifères, le fœtus présente ordinairement une température supérieure à celle de sa mère. Or la respiration
n'existe point chez ce dernier, il se nourrit du même sang
que celle dont il occupe l'utérus; mais nous voyons la
circulation plus rapide, la nutrition plus active chez ce
même fœtus. Pourrait-on maintenant chercher ailleurs
que dans ces deux phénomènes, dans le second plus particulièrement, l'agent essentiel de la calorification vitale ?

Mécanisme de la calorification.—Les physiologistes,
les physiciens et les chimistes ont encore imaginé des
hypothèses pour expliquer le mode producteur du calo-

rique dans les organismes doués de la vie. L'une des plus étranges, est celle de M. de la Rive professeur à genève, publiée en 1820 par la société de physique et d'histoire naturelle de cette localité. L'auteur voyant les courans galvaniques dirigés par un tube de métal rempli d'eau, produire une forte chaleur tant que ce fluide contient du calorique interposé, conclut, par induction, que la chaleur animale se développe également sous l'influence des courans analogues ; les nerfs d'une part et les artères de l'autre formant, dans leurs points de communication, les élémens de la pile, et le dégagement de cette chaleur continuant tant que le sang rouge offre de l'oxygène à l'état de mélange. Une supposition aussi complétement opposée aux lois vitales porte avec soi la plus ample réfutation. Parlerons nous de l'effervescence du sang dans le cœur, d'après l'opinion de Sylvius et de Vanhelmont ; de l'ébullition indiquée par Descartes ; de la fermentation admise par Vieussens ; de la solidification de l'oxygène dans les poumons, soutenue par Mayow ; de la combustion reconnue par Lavoisier, Laplace etc., hypothèse établie sur la propriété que présente un animal de foudre, dans le calorimètre, d'autant plus de glace qu'il forme, par la respiration, plus d'acide carbonique dans un tems donné ; du frottement réciproque des molécules sanguines entre elles, avec les parois vasculaires, théorie fondée par Douglass et Boerhaave ; de l'innervation spinale d'après les idées de MM. Chaussat et Brodie ; enfin de la solidification du sang pour former les organes, opinion émise par Bichat, Josse etc. ? Toutes ces théories déjà fortement ébranlées par les progrès de la science n'ont plus besoin d'une réfutation spéciale, elles seront complétement ruinées par l'exposition naturelle et simple du phénomène que nous étudions. Nous accorderons seulement ici une attention particulière à la plus spécieuse, à celle qui fait consister les manifestations de la chaleur dans le changement d'état que présentent les fluides circulatoires pendant la nutrition.

La matière, en passant par les états solide, liquide, gazeux ou vaporeux, absorbe, à chaque transition, 77° c. de calorique rendu latent de sensible qu'il était d'abord ; par une conséquence nécessaire, à chacune des transitions inverses, la matière dégage 77° c. du même calorique devenu sensible de latent qu'il se trouvait alors. Plusieurs physiologistes ont ajouté : « Ce qui se passe dans l'économie « universelle, doit s'effectuer également sous ce rapport « dans l'économie vivante; la solidification des humeurs « pour constituer des tissus par l'élaboration nutritive « explique dès-lors positivement la calorification vitale. » Tout paraît évident, tout semble rigoureusement démontré dans cette hypothèse qui n'est, en résultat, qu'une fausse application de principes vrais en eux-mêmes. Ainsi la température de l'homme et des animaux est toujours la même quels que soient les alimens dont il font usage ; dans la théorie que nous combattons, elle devrait s'élever en raison de la fluidité de ces élémens réparateurs, et le sujet valétudinaire qui se nourrit exclusivement de bouillons et de lait, présenter un développement de chaleur plus considérable que l'individu robuste, employant à son alimentation du pain, des légumes féculans et des chairs compactes ; les végétaux qui se réparent et s'accroissent à peu près entièrement avec des liquides et des gaz, offriraient alors une température naturelle bien supérieure à celle des animaux. Ce que nous disons pour les substances nutritives destinées à la confection des humeurs de l'organisme, vient s'appliquer encore à ces humeurs qui doivent constituer les tissus vivans ; et nous verrions un bien plus grand développement de calorique par l'intermédiaire d'un sang abreuvé de sérosité, que sous l'influence de celui qui, plus rapproché de l'état solide, contiendrait une proportion bien supérieure d'hématosine et des principaux élémens en suspension. D'un autre côté, si, *dans le mouvement d'assimilation*, les gaz et les fluides sont changés en solides, ne voyons-nous pas, *dans le mouvement d'élimination*, les solides convertis en fluides, en gaz ; pendant toute la durée de l'époque stationnaire où l'économie s'entretient au même état, sans accroissement ni diminution, les développemens du calorique ne se trouveraient-ils pas exactement équilibrés par ses absorptions, et l'organisme, sans calorification réelle, dès-lors abandonné à toutes les modifications de la température ambiante ? Il est donc évident que dans tous les corps doués de l'existence active, la production de la chaleur ne doit pas être attribuée à ces changemens d'état incessamment présentés par leurs élémens constituans, et qu'il faut chercher, dans un autre ordre de phénomènes, des idées vraies relativement à la théorie physiologique dont nous allons baser actuellement l'exposition sur des faits incontestables.

Si nous embrassons d'un même coup-d'œil les phénomènes essentiels de la vie, nous voyons *l'innervation, la respiration, la circulation, la nutrition, la calorification* marcher, à l'état normal, par un enchaînement invariable, et dans une proportion constante. Toutes les fois que *l'innervation, la respiration, la circulation* sont *augmentées, diminuées, suspendues* ou *perverties, la nutrition* ne tarde pas à présenter les modifications plus ou moins graves de *l'augmentation*, de *la diminution*, de *la suspension* ou de *la perversion*. Lorsque la *nutrition* se trouve soumise à ces aberrations qui l'éloignent diversement des conditions de l'état normal, aussitôt la *calorification* offre, dans ses altérations pathologiques, des nuances, des modifications identiques. Pour simplifier cette grande loi physiologique, et lui donner les caractères les plus évidens, pour y trouver une base invariable au milieu des nombreuses difficultés du problême à résoudre, nous les réduirons aux deux conditions fondamentales de *l'augmentation* et de *la diminution*; appuyé sur les faits, nous arriverons par la force du raisonnement à des notions positives et vraies.

Toutes les circonstances qui rendent *l'innervation*, *la respiration*, *la circulation*, *la nutrition* plus actives, provoquent, dans un tems donné, *le dégagement d'une plus grande quantité de chaleur vitale*, et cette augmentation est toujours dans la proportion assez rigoureuse d'un effet à sa cause. Ainsi l'enfance et l'adolescence, plus spécialement, le tempérament sanguin, la constitution robuste, l'usage modéré des boissons spiritueuses, des alimens excitans et nutritifs, la respiration d'un air pur, les exercices musculaires généraux et soutenus, les passions expansives et violentes etc. sont autant de causes qui développent, avec plus ou moins d'énergie, les fonctions que nous venons d'énumérer. L'observation de chaque instant ne démontre-t-elle pas que sous les mêmes influences, la masse du calorique produit dans l'économie vivante, soumise à ces modifications temporaires, augmente constamment dans une proportion absolument semblable? D'un autre côté, les dispositions et les agens qui produisent une diminution notable dans l'exercice de ces fonctions, abaissent, en raison d'une mesure à peu près identique, les manifestations de la chaleur dans l'organisme vivant : tels sont les résultats habituels de la vieillese, du tempérament lymphatique, de la constitution faible et cacochyme, de l'usage des boissons mucilagineuses, des alimens insipides et peu nutritifs, de la respiration d'un air brumeux, peu riche en oxygène, du repos absolu, des passions tristes et concentrées etc.

Il existe donc un enchaînement naturel et constant entre *la calorification* d'une part, et de l'autre, *l'innervation*, *la respiration*, *la circulation*, *la nutrition*. Le premier de ces phénomènes est donc inhérent aux autres, ou pour mieux dire, il devient la conséquence et le résultat de ces influences, de ces causes réunies, puisque leur développement détermine le sien, et que la destruction des ces derniers actes physiologiques arrête complètement la reproduction de la chaleur vitale. Cette grande loi, basée sur des vérités positives devient le fondement inébranlable de la théorie naturelle que nous appliquons à la calorification. Nous verrons désormais, dans nos explications, s'identifier, en preuves concordantes, les résultats obtenus par des expérimentateurs habiles, et qui d'abord avaient semblé contradictoires, parceque les points d'appui sur lesquels on faisait porter l'histoire des manifestations de la chaleur vitale, ne se trouvaient point assez largement établis.

La calorification, comme nous venons d'en fournir les preuves évidentes, offre l'une des conséquences finales de *l'innervation*, de *la respiration*, de *la circulation*, et de *la nutrition*. Toute la question se réduit dès-lors à préciser d'abord, dans ce résultat complexe par ses causes, la part que chacun des actes physiologiques indiqués prend incessamment à l'exercice du phénomène commun ; ensuite à bien distinguer, en établissant la nature particulière de ce phénomène, les influences accessoires et les modifications essentielles relativement à la production du calorique vital. Afin de procéder avec ordre dans cette investigation difficile, nous étudierons successivement ces modifications et ces influences.

Innervation. — Elle exerce naturellement sur la calorification l'influence la plus positive. Nous voyons cha-

que jour les concentrations du *raptus* innervateur sur
une partie de l'organisme, y déterminer une exaltation
momentanée de la chaleur vitale ; comme on l'observe
surtout chez les sujets irritables, à l'époque de la puberté, vers l'âge critique, dans les névralgies. C'est particulièrement à la face, aux pieds, aux mains que ces *bouf-
fées de calorique* se font sentir, ou plus exactement
que les *courans caloriféres*, se trouvent établis avec énergie pendant ces modifications pathologiques. D'un autre côté, ces mêmes concentrations amènent, dans les
points éloignés, un refroidissement notable, ou mieux,
un ralentissement prononcé dans les courans indiqués.
Nous en trouvons la preuve dans le sentiment glacial
dont s'accompagnent certaines perversions nerveuses,
dans le frisson périphérique dont se trouve précédée la
fièvre d'accès etc. L'expérience démontrant que chez un
animal décapité le refroidissement devient plus rapide
si l'on pratique l'insufflation pulmonaire, Brodie, Chaussat et plusieurs autres physiologistes ont considéré les
centres nerveux comme les foyers essentiels de la calorification ; quelques-uns même ont été jusqu'à soutenir
que les poumons, loin de présenter ce caractère, étaient
au contraire destinés à rafraîchir le sang. Nous indiquerons la source de ces deux erreurs fondamentales, en
précisant les influences de la respiration dans la production normale de la chaleur organique. Sir Évrard Home
attribue la chaleur animale surtout à l'influence des nerfs
et des ganglions. Des expériences faites sur le bois des jeunes daims prouvent que si l'on coupe, d'un côté, les filets
nerveux qui s'y distribuent, la chaleur baisse de quatre
à six degrés comparativement à celle du côté sain. L'équilibre normal se rétablit à mesure que la cicatrisation
s'opère. Nous pensons de même que l'innervation joue
nécessairement un rôle essentiel dans l'accomplissement

du phénomène que nous étudions ; mais ce rôle, qui nous semble étranger à la production immédiate du calorique, nous paraît exclusivement relatif à l'état d'érection et de vitalité que l'influence innervatrice peut entretenir à différens degrés dans les tissus où va s'opérer la calorification ; c'est en quelque sorte une action physiologique préparatoire, mais indispensable à celles qui doivent ultérieurement s'effectuer.

Respiration. — Ici les influences deviennent déjà plus positives, moins éloignées ; nous verrons qu'elles n'ont pas toujours été bien interprétées par les auteurs. Il serait erroné de considérer les poumons comme des foyers de calorification immédiate. L'objet essentiel de leur action n'est point le dégagement du calorique pour toute l'économie vivante, mais seulement une modification préparatoire à ce phénomène général et commun aux êtres qui jouissent de l'existence active ; aussi le voyons-nous s'exercer dans la série des organismes, depuis le végétal rudimentaire jusqu'à l'homme, et par conséquent chez les individus qui n'offrent pas d'appareil respiratoire central, comme chez ceux qui présentent les poumons les plus vastes et les mieux constitués : toutefois son développement se trouve naturellement gradué des premiers vers les seconds, de manière à faire sentir l'influence de la respiration sur les manifestations de la chaleur vitale, en démontrant, d'un autre côté, l'erreur de ceux qui considèrent les poumons ou leurs analogues, dans l'organisme, comme des foyers principaux ou même exclusifs, d'où s'effectue l'irradiation calorifique pour toutes les parties de ce dernier. La respiration a pour but de rendre au sang veineux, de donner au chyle, à la lymphe, les caractères indispensables à la nutrition, a la calorification ; ainsi, dans cet acte important, quel que soit son appareil, son mode particulier

d'exercice, l'hématose du chyle, de la lymphe, la rénovation du sang noir, pour les animaux d'un ordre
supérieur, donnent au sang rouge tous les matériaux
qui doivent être employés dans la nutrition, la calorification et les sécrétions; pour les végétaux et les animaux
inférieurs, cette influence respiratoire produit, avec les
mêmes intentions, des modifications semblables dans le
fluide circulatoire, chargé de fournir aux frais de ces
trois élaborations successives. Nous l'avons démontré
pour la première, cherchons à le prouver pour la seconde, bientôt nous en ferons autant relativement à la
troisième.

De même que la lymphe, le chyle et le sang noir sont
incapables d'entretenir la nutrition, de même ces fluides
sont impropres à la calorification dans les organismes
supérieurs, avant d'avoir acquis les qualités du sang
rouge par l'hématose et la rénovation respiratoires. C'est
même en raison du développement et de la perfection
de ces élaborations préparatoires que s'améliore et
s'agrandit la production de la chaleur vitale. C'est donc
particulièrement dans ces deux modifications, *hématose*
et *rénovation* du sang noir que nous devons chercher
l'explication des influences pulmonaires dans l'accomplissement du phénomène que nous étudions. MM. de
Saissy, Desprez, Pelletan, parmi les phycisiens; Berger,
Delaroche, Edwards au nombre des physiologistes, nous
semblent les plus rapprochés de la vérité, relativement à
cet objet, et c'est avec confiance que nous mettrons
leurs travaux et leurs idées à contribution.

Dans chaque respiration, trois à six centièmes d'oxygène disparaissent et sont remplacés par une égale proportion d'acide carbonique. Dans vingt-quatre heures
sept-cent-cinquante décimètres cubes du premier de ces
gaz, paraissent employés à la formation du second. Mais

il serait erroné de penser, avec plusieurs chimistes, que c'est exclusivement dans les poumons que s'opère cette combinaison, puisque l'animal auquel on fait respirer seulement de l'azote ou de l'hydrogène expire également de l'acide carbonique ; celui-ci n'est donc point entièrement produit dans les bronches ; nous prouverons bientôt qu'il se développe surtout dans l'acte même de la nutrition. Déjà M. Desprez avait observé que dans la respiration, il disparaît une partie de l'oxygène atmosphérique non représentée par l'acide carbonique expiré. Il pense que l'excédent du premier gaz est porté sur l'hydrogène pour former de l'eau. Ce n'est pas non plus dans les poumons qu'il faut placer le siége exclusif de cette combinaison, nous en trouverons encore la plus grande partie dans l'élaboration nutritive. En admettant l'hypothèse contraire sur ces deux points essentiels, on a faussé les applications d'une théorie vraie dans son principe fondamental. John Davy nous a d'ailleurs prouvé que la capacité du sang rouge pour le calorique, n'est pas aussi supérieure à celle du sang noir, pour le même agent, que l'ont supposé Crawfort et Black ; de telle sorte qu'il devient absolument impossible d'expliquer pourquoi la température des poumons n'est pas beaucoup plus élevée que celle des autres organes, dans l'hypothèse ou la combustion du carbone et de l'hydrogène, pour former l'acide carbonique et l'eau rendus par l'expiration, s'effectuerait exclusivement dans les divisions bronchiques. Ainsi l'acte respiratoire nous paraît concourir à la calorification par trois phénomènes principaux. 1° *L'importation de l'oxygène dans le sang, son identification par l'hématose*, en donnant au fluide circulatoire la faculté de céder ultérieurement cet oxygène pendant les combinaisons intra-organiques sécretoires et nutritives. 2° *La transformation du sang noir en sang rouge ;* d'où résulte une absorption de calorique dans les bronches, le sang artériel offrant un peu plus de capacité pour ce modificateur que le sang veineux ; une disposition à céder ce calorique dans les organes où doit s'établir la transformation inverse. 3° *L'exportation de l'acide carbonique et de l'eau* formés dans tout l'organisme pendant cette conversion du sang rouge en sang noir. Des expériences très-exactes de M. Desprez nous semblent prouver que cette importation bronchique de l'oxygène explique , d'après nous en y joignant l'élaboration nutritive ultérieure, les neuf dixièmes de la chaleur animale développée dans un tems donné. N'est-il pas ensuite bien naturel de penser que les absorptions du même gaz aux surfaces libres de la muqueuse digestive et de la peau sont plus que suffisantes pour fournir aux frais du dixième que n'alimente pas la respiration.

Circulation. — Dans cette fonction importante , la coopération calorifique prend un nouveau degré d'évidence et d'accroissement. Chez les animaux supérieurs, le ventricule gauche , en possession d'un sang rouge oxygéné, plus riche en calorique , d'abord par une élévation réelle de température , ensuite par une capacité supérieure à celle du sang noir, pousse avec énergie le premier de ces fluides par les artères dans les dernières divisions périphériques du système capillaire général ; de telle sorte que le choc circulatoire, les qualités spéciales du sang rouge provoquent tous les appareils , tous les organes, tous les tissus à l'élaboration nutritive, à la calorification, en leur fournissant les matériaux essentiels à l'exercice normal de ce double phénomène. Il est dès-lors facile d'apprécier positivement les modifications que doivent entraîner les anomalies circulatoires dans la production du calorique vital, bien que la circulation ne soit encore ici qu'un phénomène accessoire et pré-

parateur. Le repos soutenu, les alimens aqueux, mucilagineux, l'indifférence, l'ennui, la syncope, toutes les
circonstances qui ralentissent naturellement les mouvemens du cœur amènent un abaissement proportionnel
dans les manifestations de la chaleur animale; tandis que
les exercices prolongés, les alimens azotés, les boissons
spiritueuses, la colère, les autres exaltations morales,
un violent accès fébrile et toutes les causes qui développent l'énergie, l'activité du centre circulatoire entraînent
une production si considérable de cette même chaleur
qu'elle a besoin d'être dépensée par la vaporisation des
fluides perspiratoires, alors beaucoup plus abondamment
sécrétés. C'est encore d'après les mêmes lois que nous
apprécions, sous le rapport de la puissance calorifique,
les différences fondamentales de la jeunesse et de la caducité, de la pléthore et de l'anémie générales.

Nutrition.—C'est évidemment dans tous les tissus de
l'organisme que l'on doit placer le siége de la calorification; c'est dans l'élaboration nutritive qu'il faut en chercher la condition et le phénomène essentiels; les faits et
le raisonnement conduisent également à ce résultat. C'est
pendant la nutrition pour tous les organes, pendant les
sécrétions pour quelques-uns, que le sang rouge perd ses
caractères et revêt ceux du sang noir. A cette modification évidente, incontestable se rattache le développement
continuel de la chaleur vitale; puisque cette modification
est précisément la transition d'un fluide plus chaud, offrant plus de capacité pour le calorique, dans un fluide
moins élevé en température et d'une capacité inférieure
pour le gaz indiqué. D'après ces inductions simples et
naturelles, nous comprendrons, en traitant des altérations de l'élaboration nutritive, comment *l'augmentation, la diminution, la perversion, la suspension* de
cet acte physiologique *augmente, diminue, pervertit*

et *suspend* la calorification. Nous entendrons surtout, ce qui devient inexplicable dans tout autre système, comment ces anomalies calorifiques peuvent à l'instar des anomalies de la nutrition, et consécutivement à ces dernières, se manifester dans un point circonscrit de l'économie vivante, chacun des tissus présentant la raison du développement essentiel de sa nutrition et de sa chaleur normales. Si l'on pouvait douter encore de la réalité de cette vérité fondamentale autour de laquelle viennent se ranger tous les faits relatifs à la production du calorique vital, nous rapporterions les résultats de plusieurs expériences que nous croyons avoir faites le premier, et qui nous semblent démontrer jusqu'à l'évidence que l'acte immédiat de la calorification, se trouve *dans l'élaboration nutritive* à l'exclusion de *l'innervation, de la respiration et de la circulation centrales* qui n'en présentent que les phénomènes accessoires et conditionnels. Nous croyons d'ailleurs avoir suffisamment démontré la survivance de la circulation capillaire et de la nutrition aux grandes fonctions de l'organisme et notamment à celles que nous venons d'énumérer. En fournissant les preuves palpables des mêmes dispositions pour la calorification, nous aurons détruit sa dépendance absolue, relativement à ces fonctions, et constaté sa liaison avec les phénomènes vitaux que l'on voit survivre d'abord et s'éteindre ensuite avec elle. Tels sont l'objet et le résultat des expériences que nous indiquons.

Nous prenons deux animaux, deux lapins, deux pigeons par exemple, du même âge, du même sexe, placés dans les mêmes conditions ; leur température, qui doit se trouver exactement la même pour l'expérience, est appréciée au moyen d'un thermomètre placé dans le rectum, et soigneusement notée sous le titre de *température naturelle*. L'un des animaux est asphyxié par suspension des phénomènes mécaniques de la respiration ; après vingt-quatre heures, et lorsque le refroidissement cadavérique semble complet, cet animal est déposé dans une étuve précisément au degré de *la température natu-relle*, et lorsqu'il est pénétré par cette chaleur factice, dans ses parties les plus profondes, que le thermomètre, placé dans le rectum de ce cadavre, marque à l'unisson de celui qui se trouve maintenu dans le rectum de l'animal vivant, ce dernier est également asphyxié. Il ne s'agit plus actuellement que d'observer, sur les instrumens laissés en place, au milieu d'une chaleur ambiante moyenne, la diminution comparative et graduée que vont présenter les deux températures identiques par leur élévation, mais essentiellement différentes par leur nature, la première étant communiquée, physique ; la seconde vitale et développée. Dans ces dispositions nous avons constamment vu le refroidissement d'abord plus considérable pour l'animal artificiellement chauffé, n'établir ultérieurement l'équilibre entre les température *factice et naturelle*, qu'après un tems suffisant pour l'anéantissement complet des phénomènes vitaux de la circulation capillaire et de l'élaboration nutritive. Pour mieux faire apprécier la valeur de ces expériences dans la solution du problême qui nous occupe, nous rapporterons ici l'un des résultats obtenus dans ces expériences. La suivante a pour objet deux pigeons de la même couvée, comptant deux mois d'éclosion. Toutes celles que nous avons faites au milieu des mêmes circonstances, nous ont fourni des résultats à-peu-près identiques ; seulement nous avons observé que chez les animaux dont l'enveloppe dermoïde se trouvait moins protégée par les abris naturels, on voyait la différence du refroidissement se prononcer plus positivement encore à l'avantage de la chaleur physiologique.

THERMOMÈTRES DE RÉAUMUR APPRÉCIANT :

		1° La température de l'air ambiant.	2° La température artificielle.	3° La température naturelle.
	Heures. Minutes.			
8 novem. 1830.	2 du soir.	9 1/2 . .	32 1/2 .	32 1/2 .
	2 15.	. . . . .	31 . . .	31 . . .
	2 30.	. . . . .	29 1/3 .	29 1/3 .
	2 45.	. . . . .	27 1/3 .	27 2/3 .
	3 . . .	9 1/4 . .	25 1/2 .	26 1/3 .
	3 15.	. . . . .	24 . . .	24 2/3 .
	3 30.	. . . . .	22 1/2 .	23 1/3 .
	3 45.	. . . . .	21 1/4 ,	22 1/4 .
	4 . . .	8 3/4 . .	19 5/6 .	21 . . .
	5 . . .	8	16 . . .	17 1/2 .
	7 . . .	7 1/2 . .	11 1/2 .	13 1/2 .
	10 . .	7	8 1/2 .	11 . . .
9 novembre.	7 du matin.	6 1/2 . .	7 . . .	7 . . .
	9 . . .	6 3/4 . .	6 3/4 .	6 3/4 .

Les résultats de ces expériences, que les physiologistes peuvent aisément répéter, nous démontrent positivement que la température ne s'abaisse pas également pour deux cadavres, dont l'un ne possède qu'un calorique d'emprunt, et qu'il est dans l'impossibilité de réparer, et dont l'autre est doué d'une chaleur individuelle qu'il est encore en mesure de soutenir dans certaines proportions. Expliquera-t-on la différence, en disant que le calorique naturel adhère plus aux corps dans lesquels il s'est développé, que le calorique artificiel transmis à ces derniers ? Une telle distinction nous paraît un peu subtile. En accordant même quelque valeur à cette influence, on ne doit pas y chercher l'agent principal de la modification que nous venons de signaler, surtout lorsque nous voyons, comme dans l'exemple qui précède, l'abaissement de la température s'effectuer d'abord d'une manière uniforme dans ces deux cadavres, circonstance qui ne devrait pas se rencontrer pour l'hypothèse indiquée, mais qui s'explique tout naturellement dans la théorie que nous exposons. Il reste donc évidemment démontré qu'une certaine quantité de calorique est encore développée dans l'organisme, après la mort des grandes fonctions. Or, dans les exemples cités, *l'innervation*, *la respiration*, *la circulation centrales* sont absolument anéanties; *la circulation capillaire et la nutrition* persistent seules, et conservent, la dernière surtout, le privilége exclusif d'effectuer immédiatement cette production de la chaleur animale. Frappé de stupeur au moment de l'extinction de ses phénomènes principaux, l'organisme paraît d'abord sans réaction ; mais bientôt rassemblant un reste de vitalité sur le point de s'éteindre, il se réveille et lutte encore pendant quelques instans, au moyen de ses actions intimes, contre les funestes agens d'une destruction irrévocable. Nous trouvons les faits dans une harmonie parfaite avec ces explications.

En résumant toutes les considérations analytiques d'un phénomène aussi complexe, nous voyons *l'innervation*, *la respiration* et *la circulation* accorder, comme actes préparateurs, leur puissante intervention au développement du calorique dans l'organisme vivant ; *la première*, en déterminant l'éveil et l'entretien de l'existence active ; *la seconde*, en formant un sang doué d'une plus grande capacité pour le calorique, et plus riche en oxygène indispensable aux combinaisons ultérieures; *la troisième*, en stimulant tous les tissus par l'impulsion du sang , par ses caractères chimiques et physiologiques, en leur transmettant des matériaux d'accroissement et de réparation; nous trouvons enfin *l'élaboration nutritive* déterminant la calorification d'une manière essentielle et directe par quatre moyens principaux : 1° la combinaison de l'oxygène et du carbone, pour former l'acide carbonique; 2° la combinaison de l'oxygène et de l'hydrogène, pour constituer l'eau ; 3° la transformation du sang rouge , plus chaud, en sang noir, qui l'est moins ; 4° la même transformation du premier de ces fluides offrant plus de capacité pour le calorique, dans le second, dont cette capacité devient inférieure. Au milieu de toutes ces modifications vitales , nous voyons s'effectuer, sous la même influence, un dégagement de chaleur suffisant aux besoins de l'organisme dans l'état normal.

D'après les physiciens , la seule combinaison de la masse d'oxygène importé chaque jour, avec la proportion relative de carbone indispensable pour former l'acide carbonique exporté dans le même tems., suffirait pour fournir, sous ce rapport, aux frais de l'organisme. Ainsi, dans vingt-quatre heures cette quantité d'oxygène combinée à trois cent quatre-vingts grammes de carbone , pour constituer cet acide carbonique , dégage deux mille huit cent cinquante-huit unités de calorique. Or, dans un intervalle semblable , terme moyen , deux kilogrammes de perspiration cutanée, sept cent soixante-dix-sept grammes de transpiration pulmonaire enlèvent , en se vaporisant, seize cent cinquante-huit unités de chaleur; il reste par conséquent, douze cents unités de ce même calorique pour les autres besoins de l'économie. En supposant que ce premier moyen soit réellement incapable , dans les circonstances habituelles , de remplacer toutes les déperditions de la chaleur animale, nous en avons signalé trois autres qui concourent incessamment à la production du même résultat. Après avoir établi sur des faits positifs le siége, la nature et le mécanisme de la calorification dans l'organisme vivant, nous devons nous élever à deux considérations importantes relativement à cette fonction : 1° *la propagation*, 2° *l'équilibre* naturel de la chaleur physiologique.

1° *Propagation du calorique vital.* — Développé dans l'organisme, d'après la théorie que nous avons exposée, le calorique vital se transmet aux corps environnans par quatre modes principaux : 1° *Conductibilité,*— plusieurs circonstances diminuent beaucoup la valeur de ce premier moyen, ainsi les abris artificiels ou naturels à l'homme, aux animaux ; le refroidissement de la peau qui la rend inactive et comme paralysée momentanément. 2° *Vaporisation de la matière des perspirations pulmonaire et cutanée,* — diversifié dans ses influences en raison de la température extérieure, de l'état hygrométrique de l'air etc., ce mode soustrait à l'économie des proportions considérables de chaleur, et devient incessamment une cause puissante de refroidissement. 3° *Échauffement de l'air dans les cavités bronchiques,* — lorsque l'atmosphère, comme on l'observe dans les pays froids, et même dans nos régions tempérées, se trouve au-dessous de la chaleur animale, en pénétrant dans les canaux aériens par l'inspiration, en y séjournant quelques instans, elle doit nécessairement enlever une certaine proportion de calorique à l'organisme, d'après la tendance naturelle, sous ce rapport, de tous les corps à l'équilibre parfait. 4° *Rayonnement,* — établi sur le même principe, il tient à la différence de chaleur que présente actuellement l'homme, l'animal ou le végétal comparativement aux autres corps environnans. Il est modifié par la couleur, et plus ou moins entièrement détruit par les vêtemens qui ne touchent pas immédiatement la peau. Sous le rapport de la propagation de cette chaleur vitale, il existe un point neuf d'une grande importance, et déjà signalé par MM. Desprez et Pelletan, nous voulons parler *des courans calorifères*, dont la théorie d'un intérêt majeur, va se trouver encore mieux placée dans les considérations suivantes.

2° *Équilibre de la chaleur vitale.* — Les êtres organisés, doués d'une existence active, développant un calorique propre sous l'influence de leurs actions physiologiques, offrent en même tems la faculté remarquable de se maintenir dans une température à peu près uniforme, indépendamment des dispositions thermométriques présentées par les milieux ambians ; toutefois lorsque ces dispositions ne dépassent point certaines limites que nous indiquerons, au-delà desquelles cet équilibre est détruit avec imminence pour la vie des sujets qui se trouvent dans ces conditions extra-normales. Salomé, J. Hunter, Schrank, Senebier et plusieurs autres physiologistes ont démontré la réalité de ce principe, contrairement à l'opinion de Fontana, de Treviranus, en faisant observer que les arbres supportent, sans accident, un froid passager de 25° c. dans les régions hyberboréennes ; une chaleur de 35° c. sous la zone torride ; que leur température moyenne entre les extrêmes est plus élevée que celle de l'air atmosphérique pendant l'hiver, plus basse au contraire pendant l'été. Maraldi, Réaumur, Hubert, Martine, Swamerdam ont prouvé cette vérité pour les insectes. Ils ont vu sous un air à 0° c. le thermomètre monter à 20° c. dans une fourmilière, à 30° c. au milieu d'un essaim de mouches à miel. On a pendant long-tems ignoré cette faculté remarquable des êtres organisés vivans, et les erreurs professées à cet égard par Boerhaave prouvent assez que ces notions fondamentales sont la propriété des physiciens et des physiologistes modernes. C'est depuis 1748 seulement que les remarques faites par Lining, à Charlestown ; par Adanson, au Sénégal ; par Henry Ellis, en Géorgie, que l'on a signalé d'une manière positive les premières vérités qui sont devenues la base des travaux importans entrepris, sur cette matière, par Franklin, Tillet, Duhamel, Fordyce, Banks, Solander, Blagden, Dobson, De Saissy, Berger, Delaroche, Edwards etc. Tous les animaux ne jouissent pas également de cette faculté conservatrice d'une température uniforme au milieu des circonstances variables dont ils sont environnés. Il existe ici des différences très-remarquables sous le rapport des espèces et des âges.

Relativement aux espèces. — On peut établir comme règle générale, souffrant à peine quelques exceptions, dans la série des êtres doués de l'existence active, que cette faculté d'une température indépendante, sous l'influence des modifications thermométriques extérieures, s'accroît par degrés, à mesure que l'on s'élève des organismes, à vitalité douteuse, vers ceux qui présentent l'innervation, la respiration, la circulation, la nutrition, les perspirations pulmonaire et cutanée dans tous leurs développemens. Les animaux *hibernans* au nombre desquels nous devons particulièrement noter la marmotte, le loir, la chauve-souris, le hérisson, le lérot, et dont Spallanzani, Prunelle, Hunter, de Saissy nous ont particulièrement fait connaître les dispositions spéciales sous le rapport que nous étudions, sont à peu près les seuls qui ne rentrent pas dans cette loi commune. Incapables de soutenir les influences d'une basse température, on les voit s'engourdir à l'invasion des hivers, et passer toute cette longue saison, en quelque sorte réduits à la torpeur, à l'existence végétative que présentent fréquemment les animaux à sang froid. La soustraction du calorique n'est pas toutefois la seule cause de ce phénomène remarquable. MM. Edwards et de Saissy, le premier sur des chauve-souris, le second sur des marmottes, ont démontré, par l'expérience, que les animaux *hibernans* se refroidissent beaucoup plus facilement que les autres, et qu'il est possible d'effectuer artificiellement cette hibernation, surtout en y faisant concourir la privation des alimens, des excitations innervatrices et la suspension graduée de la respiration.

Il ne faut pas confondre avec cette propriété de conserver une température uniforme dans les circonstances moyennes du calorique ambiant, la faculté de vivre au milieu des conditions extrêmes de la chaleur, et surtout après avoir éprouvé, dans sa température individuelle, soit un abaissement soit une élévation considérables. Ici la gradation dèvient inverse, et les organismes vivans paraissent d'autant moins susceptibles de s'éloigner sans mortification de l'unité moyenne de leur température naturelle, qu'ils sont plus compliqués par leur structure et plus élevés dans la série des êtres. Ainsi les expériences de MM. Berger et Delaroche, faites sur eux-mêmes, prouvent qu'il serait difficile de supporter une élévation de chaleur supérieure à 5° ou 6° c. ; celles qu'ils ont continuées sur les animaux à sang chaud, démontrent que ces derniers meurent après une augmentation de 7° à 8° c. de leur température normale ; les expériences contraires donnent à peu près des résultats identiques par un abaissement semblable du calorique au-dessous du même point de départ, en indiquant assez positivement ici la circonscription dans laquelle peuvent s'effectuer les modifications de la température sans occasionner la mort. Chez les animaux à sang froid, et même chez les hibernans, ces limites sont beaucoup plus éloignées. Ainsi les mêmes expérimentateurs, ayant placé dans une étuve à 65° c. ; un chat, un lapin, un pigeon, un bruant, une grenouille, tous périrent à l'exception de cette dernière. D'autres observations de ces auteurs prouvent que les vertébrés à sang froid, ne sont morts qu'après s'être élevés au-dessus de 40° c. ; ou bien abaissés vers 4° ou 6° c. ; de telle sorte qu'il existe pour les variations possibles de la chaleur vitale, seulement un intervalle de 14° à 16° c. chez les vertébrés à sang chaud ; tandis qu'il se trouve porté de 34° à 36° c. chez les animaux à sang froid. Il est aisé de pressentir les résultats curieux que l'on obtiendrait en appliquant le même genre d'investigation à toute la série des êtres animés, depuis la plante rudimentaire jusqu'à l'homme. Ainsi d'après Tiedemann la température des végétaux, des arbustes et des arbres surtout descend quelquefois au-dessous de 0° c. ; et s'élève au-dessus de 18° ou 20° c. Quelles dispositions étonnantes sous ce rapport, n'offrent pas surtout les animaux hibernans ? Dans l'expérience de M. de Saissy la marmotte offrant naturellement 35° c. de chaleur, a pu descendre et se maintenir à 5° c. ; non seulement sans danger pour la vie, mais encore sans aucune altération notable dans la santé ; en calculant actuellement ce qu'elle aurait acquis au-dessus du terme normal par des modifications opposées, on voit quel champ considérable pourraient ici parcourir les variations de la température organique sans occasionner la mort.

Relativement aux âges.—On avait cru pendant longtems que les jeunes individus offraient une faculté calorifique supérieure à celle des sujets pubères. M. Edwards a rectifié cette erreur, par des expériences qui nous semblent assez positives, et des quelles il résulte que, chez les animaux à sang chaud, l'activité de la calorification s'accroît progressivement de la naissance à l'âge adulte; dans tout son développement pendant la période stationnaire, ce phénomène éprouve des modifications importantes aux deux extrêmes de la vie sous le rapport que nous examinons. Pendant l'existence intra-utérine, le nouvel être présente ordinairement une température plus élevée que celle de sa mère ; Davy l'a trouvée supérieure d'un degré sur un agneau, d'un demi-degré sur cinq enfans naissans ; plusieurs physiologistes ont fait des observations semblables. Chez le vieillard l'activité calorifique baisse d'une manière lente et graduée jusqu'à la mort naturelle. Il est aisé de trouver la raison physiologique de tous ces faits. Pendant la vie fœtale nous voyons la circulation plus active, la nutrition plus développée, le nouvel être devant alors non-seulement réparer ses pertes mais encore présenter un accroissement assez rapide, entraînant tout naturellement un plus grand dégagement de chaleur vitale. A la naissance la respiration d'abord incomplète, ensuite la perspiration cutanée plus abondante nous offrent, la première, un obstacle à la calorification parfaite, la seconde, une cause de refroidissement plus considérable. Ces deux influences, dont le résultat commun est une manifestation moins positive du calorique animal, ne peuvent s'affaiblir qu'avec les progrès de l'âge et ne disparaissent bien complétement que vers l'adolescence. A cette époque et pendant la virilité, les fonctions vitales et nutritives jouissant de toute leur mesure et de toute leur force, la calorification est à son apogée ; ses effets paraissent d'autant plus puissans qu'ils ne sont pas alors contrebalancés par des modifications aussi réfrigérantes. Enfin chez le vieillard l'innervation, la respiration, la circulation, la nutrition, enrayées par les obstacles successifs de la décrépitude, ne permettent qu'un développement très-borné de la chaleur animale dont le défaut de production se ferait encore plus péniblement éprouver, si la diminution proportionnelle des perspirations pulmonaire et cutanée, rendant les soustractions de cette chaleur moins abondantes, ne rétablissait une sorte d'équilibre et de compensation. La nature a de même balancé les inconvéniens que nous avons signalés chez les jeunes sujets; si nous les voyons, d'une part, éprouver plus facilement les influences des soustractions ou des importations de calorique, nous les trouvons, d'un autre côté, moins profondément affectés par ces influences qui ne leur deviennent pas aussi directement funestes qu'aux sujets plus avancés en âge. D'après tous ces faits et toutes les inductions positives qu'ils peuvent offrir, nous voyons dans les organismes supérieurs, chez les animaux à sang chaud, la vie s'entretenir entre deux limites assez rigoureusement établies sur l'échelle thermométrique de 26° à 44° c. Pour lutter avantageusement contre les modifications qui l'entraineraient au-delà de ces limites, l'économie vivante à besoin de résister à deux influences opposées : *à l'importation du calorique extérieur; à la soustraction de la chaleur naturelle.* Nous devons actuellement apprécier la réalité, la valeur de ces deux facultés physiologiques.

Résistance à l'importation du calorique extérieur. — La vie ne peut se concilier, dans les organismes, au-delà de certaines élévations de leur température. Cette première disposition varie, comme nous l'avons fait observer, suivant les espèces et les âges. Mais ces organismes, doués de l'existence active, possèdent la faculté bien remarquable de résister, pendant un certain tems, aux importations d'un calorique étranger. Franklin paraît avoir le premier fait observer cette particularité physiologique. Il s'aperçut, pendant un jour très-chaud, que le calorique de l'atmosphère s'élevait à 37°, 77.c., alors que le sien propre s'arrêtait à 35°, 55. c. Une remarque aussi curieuse devint le signal des nombreux essais qui, depuis cette époque, ont jeté le plus grand jour sur la théorie naturelle de la calorification. Blagden consacra le même principe relativement aux animaux vertébrés à sang froid, susceptibles de s'élever à la température des plus fortes chaleurs de l'été par importation du calorique ambiant. Ayant placé, pendant cette saison, le réservoir d'un thermomètre, dans la bouche d'une grenouille, il vit le mercure baisser de plusieurs degrés. Dans cet état de choses, il fallait expérimenter pour savoir le point thermométrique auquel un organisme donné peut résister; pour apprécier le tems de cette résistance, et les moyens sur lesquels elle se trouve naturellement établie. C'est à des recherches d'un aussi grand intérêt que nous avons particulièrement vu concourir les physiologistes et les physiciens déjà cités. Nous observerons, dans ces expériences nombreuses, que les élévations de la température seront d'autant moins long-tems et facilement supportées que les milieux ambians s'éloigneront davantage de l'état gazeux, et qu'ils seront meilleurs conducteurs du calorique. Nous en trouverons la double raison dans une importation plus prompte, plus directe et plus considérable; dans un obstacle plus ou moins puissant, présenté, par ces milieux, à l'exercice de la faculté vitale, dont les efforts s'opposeraient plus ou moins efficacement à cette importation. 1° *Solides.*—Si nous considérons les effets produits sur nos parties sensibles à l'occasion de l'application topique d'un métal par exemple, entretenu seulement à 40 degrés, nous comprendrons qu'il nous serait impossible de supporter quelques instans, sans danger, l'influence de cette application immédiatement et généralement effectuée. 2° *Liquides.*--Le Monnier s'étant placé dans une eau thermale de Barège marquant 45° c. ; n'y put séjourner que huit minutes, éprouvant alors des étourdissemens et la plus pénible anxiété. M. Edwards expérimentant sur des reptiles dans l'eau à 40 c.; a toujours vu ces animaux succomber après deux minutes d'immersion, bien que la tête fut maintenue dans l'air libre pour assurer la respiration pulmonaire. 3° *Vapeurs*. M. Delaroche, placé dans un bain de vapeur aqueuse dont la température s'éleva graduellement de 37°, 5 c., à 51°, 25 c., fut obligé d'en sortir après dix minutes. M. Berger, dans un bain semblable, porté de 41°, 25 c., à 53°, 75 c., ressentit après douze minutes et demie une soif intense, des vertiges, un affaiblissement général, qui le forcèrent à discontinuer l'expérience. Des grenouilles ont supporté pendant cinq heures l'action de vapeurs semblables élevées à 40 degrés. 4° *Gaz.*—Dans l'air atmosphérique sec, les élévations de la température peuvent être beaucoup plus considérables sans occasionner momentanément d'aussi graves accidens. Banks, Fordyce, Blagden, Solander ont supporté quelque tems, une chaleur de 79° c.; M. Berger resta pendant sept minutes au milieu d'une atmosphère à 109°, 48 c. ; et Blagden pendant huit minutes sous une influence de 115°, 55 c. ; Tillet et Duhamel assurent qu'une jeune fille séjourna devant eux, pendant douze minutes, dans un four chauffé à 128°, 75 c. et qu'elle n'en fut pas sensiblement incommodée. Nous lisons dans les mémoires de l'academie des sciences que deux autres jeunes filles purent soutenir, sans accidens graves, pendant quelques minutes, une température de 150° c. En supposant même quelques erreurs dans ces évaluations thermométriques, il n'en est pas moins évidemment démontré que nous pouvons supporter momentanément des augmentations très-considérables dans la chaleur extérieure, sans élévation notable de la température qui nous est propre. Les mêmes vérités sont confirmées par l'expérience pour les animaux à sang chaud et pour les vertébrés à sang froid.

Si nous cherchons actuellement à déterminer par quel moyen les êtres organisés vivans et plus spécialement les animaux supérieurs peuvent résister à l'importation du calorique ambiant, l'expérience et le raisonnement nous offrent *les perspirations pulmonaire et cutanée* comme agens essentiels de cet équilibre et de cette opposition. Nous savons déjà que le passage d'un corps de l'état fluide à l'état vaporeux exige l'absorption de 77 degrés de chaleur entièrement combinée dans cette modification. C'est précisément sur ce principe physique incontestable que se trouve basée la théorie de cette même opposition. Ainsi deux circonstances relatives aux perspirations indiquées, peuvent en quelque sorte proportionner cette absorption du calorique extérieur à l'imminence de son importation dans l'économie vivante : 1° *l'augmentation d'activité de ces perspirations,* 2° *la liberté plus entière de la vaporisation de leurs produits.* Aussi toutes les fois que ces deux conditions peuvent acquérir leur parfait développement, l'organisme résiste avec avantage à l'élévation de la température artificielle ; dans l'hypothèse contraire, l'économie succombe immédiatement à l'accumulation de la chaleur factice. Nous expliquons dès-lors facilement par quelle raison les animaux qui transpirent beaucoup, résistent plus énergiquement à cette élévation du calorique ; pourquoi l'organisme s'échauffe bien plus rapidement dans l'eau, même à l'état vaporeux ; dans un air stagnant, humide que sous l'influence d'une atmosphère sèche incessamment renouvelée ; sous des vêtemens épais que dans un état de nudité complète. C'est par une conséquence naturelle de ces lois et de ces intentions primordiales, relatives à la conservation des êtres organisés vivans, que nous voyons ces perspirations pulmonaire et cutanée s'activer dans la proportion de la chaleur ambiante, comme on l'observe dans les régions équatoriales, pendant les étés brûlans. Les boissons très-chaudes amènent des résultats semblables, c'est ainsi qu'elles deviennent essentiellement diaphorétiques. Ces mêmes intentions et ces mêmes lois ne sont pas seulement applicables à l'accumulation de la chaleur communiquée, elles appartiennent également à l'augmentation du calorique produit; ainsi la transpiration est plus considérable dans l'exercice que dans le repos, chez le sujet sanguin pléthorique, dont les fonctions vitales et nutritives offrent un grand développement, que chez l'individu nerveux, anémique, dont la nutrition, la circulation, la respiration sont incomplètes et bornées; dans l'enfance, que dans la caducité; coïncidences qui démontrent en même tems l'enchaînement et la réalité des principes que nous avons établis sur la calorification.

Nous savons combien est considérable le refroidissement du corps en sortant d'un bain chaud, tant que s'effectue la vaporisation qui mouille de toutes parts l'enveloppe dermoïde. Cette observation est devenue la source de plusieurs applications utiles. C'est ainsi que l'on conserve les boissons fraîches sous une atmosphère brûlante, en les renfermant dans un vase entouré de linges humides. On a même confectionné, sous le nom d'*alcarazaz*, des receptacles poreux, laissant continuellement transsuder une certaine proportion du fluide qu'ils contiennent; fournissant d'autant plus à l'évaporation que l'air ambiant est plus chaud, et conservant ainsi, par une disposition qui les rapproche en quelque sorte des animaux, sous ce dernier rapport, un degré thermométrique souvent bien inférieur à celui de l'atmosphère dont ils sont environnés. MM. Delaroche et Berger,

pour démontrer la puissance de la vaporisation dans le
maintien de la température , sous l'influence d'une chaleur plus forte , ont renfermé dans une étuve sèche ,
variant de 52°, 5, à 61°,25 c., un alcarazaz, une éponge
mouillée, l'un et l'autre élevés de 38 , 12 , à 40, 93 c.,
une grenouille à 21 , 25 c.; après un quart d'heure, les
trois corps étaient à peu près en équilibre à 37, 18, c.
Ainsi l'éponge et l'alcarazaz avaient baissé d'un degré, .
tandis que la grenouille avait monté de seize ; ils con-
servèrent cette chaleur pendant à peu près deux heures,
se maintenant, par la seule évaporation, à quinze degrés
au-dessous de la température ambiante. C'est en conséquence des lois dont nous venons d'exposer les applications principales, que les poissons qui ne transpirent jamais périssent assez promptement dans l'eau chauffée
seulement à 30 ou 40 c. C'est par un subterfuge puisé
dans ces considérations positives, que les hommes prétendus incombustibles en imposent à la crédulité du
vulgaire.

L'organisme vivant peut soutenir cette lutte violente
sans danger pendant quelques instans , mais lorsqu'elle
se prolonge il succombe même à des influences beaucoup
moins énergiques dans leurs manifestations. Ainsi , dans
nos climats tempérés , nous voyons parfois le moisson-
neur , haletant sous le poids de la fatigue, succomber instantanément par excès de calorification. Ces funestes
accidens sont beaucoup plus fréquens encore dans les
régions équatoriales. Le journal de physique rapporte,
qu'en 1743 , 11,400 personnes de tout âge moururent
à Pékin , sous l'influence d'une température qui s'éleva,
pendant quelques jours, de 37°, 50 à 44°, 50 c. Dobson,
dans ses expériences, parle d'un jeune homme qui demeu-
ra pendant vingt minutes dans un air à 98°,88 c. ; son
pouls, qui battait naturellement 75 fois par minute, pré-

sentait déjà 164 pulsations dans le même intervalle. MM. Delaroche et Berger paraissent avoir supporté les plus grandes élévations de chaleur que l'homme puisse atteindre sans danger imminent. La température de M. Delaroche étant ordinairement de 36°, 56 c. s'éleva de 5 degrés après 8 minutes, sous l'influence d'une atmosphère sèche, à 87°, 5 c. ; de 3°, 12 c., après 17 minutes par l'action d'un bain de vapeur graduellement porté de 37°, 5 à 48°, 75 c. Des expériences analogues ayant été faites sur les animaux à sang chaud ont fourni des résultats à peu près identiques, en prouvant que la mort surviendrait, chez l'homme, après une élévation de 7 ou 8 degrés centigrades au-dessus du terme moyen que nous trouvons, pour ce dernier, de 36°, 12 c., dans l'âge adulte, et pour les enfans nés depuis un ou deux jours, de 34°, 75 c. Les symptômes produits par cette augmentation artificielle de la chaleur organique sont l'accélération du pouls, de la respiration, l'augmentation des perspirations pulmonaire et cutanée, la céphalalgie, la prostration des forces, la soif, l'anxiété générale, etc.

Résistance à la soustraction de la chaleur vitale. — De même que la vie ne comporte point des élévations de température bien supérieures à celles du moyen terme de la chaleur normale dans les êtres animés, de même nous la voyons s'éteindre par l'influence d'un abaissement trop considérable de cette même température au-dessous du point indiqué. Nous avons reconnu par l'expérience le phénomène qu'emploient les organismes pour lutter contre le premier de ces fâcheux résultats, il nous reste maintenant à rechercher celui qu'ils peuvent opposer au second, en procédant toujours d'après les faits et l'observation. Nous croyons avoir suffisamment démontré que le développement de la chaleur vitale se rattache directement *à la nutrition* comme phénomène

immédiat ; *à l'innervation , à la respiration , à la circulation*, comme phénomènes préparateurs. Il nous serait dès-lors permis d'en inférer que l'augmentation proportionnelle et graduée des mêmes fonctions présente
la raison essentielle de cette faculté que manifestent les
corps vivans de résister aux soustractions du calorique ,
en maintenant leur température propre au milieu des
abaissemens de la température ambiante. Mais l'expérience doit marcher avant le raisonnement , et, sur ce
point, les faits naturels parlent avec tous les caractères
de l'évidence. Frictionnez au moyen de la neige, plongez
dans l'eau froide, exposez à l'air glacé une partie quelconque de l'enveloppe dermoïde, un sentiment pénible, un
premier degré de torpeur et d'engourdissement se feront
d'abord éprouver , avec décoloration de cette partie ,
abaissement superficiel de sa température normale. Tel
sera l'effet immédiat de ces deux réfrigérans sur un point
de l'organisme doué de la vie. Mais bientôt la scène
change entièrement, et l'on voit se développer, dans un
ordre qu'il est important de préciser avec soin, des phénomènes opposés à ceux qui s'étaient manifestés d'abord.
La peau devient plus sensible qué dans l'état normal ,
par une irradiation nerveuse plus énergiquement et plus
localement effectuée ; elle rougit par une augmentation
du mouvement circulatoire vers ce point ; elle se gonfle
sous l'influence d'une élaboration nutritive plus considérable; c'est alors seulement que la calorification s'effectue
plus activement , et que la température se rétablit à son
degré naturel , souvent même le dépasse , beaucoup
moins toutefois qu'on l'imaginerait , en jugeant d'après
la sensation de brûlure dont cette même partie devient
alors le siége , circonstance que nous expliquerons en
traitant des *courans calorifères*. Tel sera l'effet de la ré
sistance vitale dans la circonstance indiquée. Cet effet

deviendra d'autant plus évident et positif dans ses manifestations que le sujet de l'expérience offrira plus de force et d'énergie constitutionnelles. Ainsi, par l'action du froid extérieur , *l'innervation , la circulation , la nutrition, la calorification* locales avaient été diminuées, ou même suspendues en suivant cette gradation naturelle, c'est dans le même ordre qu'elles sont rétablies ou même augmentées par la réaction vitale. Dans l'une et l'autre circonstances , *la calorification* est modifiée la dernière, comme dépendance et comme résultat des trois autres fonctions. On doit sentir quel nouveau degré d'évidence ressort encore ici des faits , relativement à la théorie d'après laquelle nous expliquons le développement de la chaleur vitale. Nous venons d'exposer le mode particulier de résistance physiologique opposée à l'invasion locale du froid; c'est à peu près le seul que présentent les organismes bornés aux phénomènes de la nutrition , de la circulation , de la respiration et de l'innervation diffuses. Étudions actuellement cette résistance appliquée à des aggressions plus générales, et soutenue par des économies douées de l'innervation, de la respiration et de la circulation centrales ; nous verrons s'agrandir et se perfectionner ses moyens et ses manifestations.

Lorsque l'homme et les animaux supérieurs ont à lutter contre les influences générales et graduées des refroidissemens atmosphériques, ils développent instinctivement l'activité de *l'innervation, de la respiration, de la circulation* centrales *et de la nutrition,* par tous les moyens que la nature, pour les seconds, que la nature et l'art, pour le premier, leur ont permis d'employer dans les circonstances de cette impérieuse nécessité. C'est ainsi que nous voyons une tendance irrésistible aux mouvemens partiels et généraux, un développement remarquable d'activité chez tous les êtres sensibles et motiles, soumis aux modifications d'un froid incapable de produire immédiatement la torpeur et la mort. C'est ainsi que l'homme, dans les mêmes circonstances, ajoute encore, aux heureux effets des exercices appropriés, les résultats non moins puissans de l'usage des alimens solides, excitans, nutritifs et surtout empruntés au règne animal, celui des boissons alcoholiques en proportion modérée etc. ; les dispositions contraires peuvent entraîner les plus funestes conséquences. D'après ces principes aussi simples que naturels et féconds en applications utiles, Solander, traversant les parages glacés du détroit de Magellan, sauva presque tout son équipage en défendant sévèrement à ses matelots de s'abandonner aux douceurs d'un sommeil perfide et le plus souvent mortel, par le défaut de calorification suffisante pour fournir aux frais de semblables déperditions. Le calorique développé sous l'influence des moyens principaux que nous venons d'indiquer, se conserve beaucoup mieux dans l'économie, compense bien plus avantageusement l'action du froid extérieur, que la chaleur communiquée par nos foyers artificiels, et le rustique laboureur qui s'exerce au milieu de la campagne, souffre moins des rigueurs de la saison, que le frêle citadin immobile et respirant à peine dans l'air épais et vicié de ses magnifiques salons.

Nous trouvons dès-lors un exercice habituel aussi nécessaire pour éviter les inconvéniens du froid prolongé, que le repos absolu pour s'opposer entièrement à ceux de la chaleur. Ainsi l'expérience démontre que l'état ordinaire de l'atmosphère, dans une région, modifie positivement les habitudes, le régime, les usages, les mœurs des peuples qui s'y rencontrent. Cette vérité paraîtra dans toute son évidence en comparant l'habitant du nord actif, industrieux, passant toute sa vie dans l'exercice de la pêche de la chasse, vivant du produit journalier de ses travaux, mangeant impunément des chairs faisandées ou du poisson déjà fermenté, buvant avec avantage des liqueurs spiritueuses, au musulman paresseux, engourdi par la molesse et l'inaction, se nourrissant d'alimens doux, et consumant sa triste existence nonchalamment étendu sur un tapis, en fumant la pipe ou mâchant de l'opium.

L'économie vivante soutient l'agression du froid pendant quelque tems sans inconvénient notable, mais lorsque cette influence est prolongée, des accidens graves et même la mort peuvent se manifester. Les différences que nous avons signalées relativement à l'importation du calorique extérieur, se reproduisent ici dans la soustraction de la chaleur vitale sous le point de vue des modificateurs ambians qui déterminent l'une et l'autre. Ainsi, toutes choses égales dans le nombre des points de notre enveloppe cutanée, mis en contact avec ces corps, nous en supportons d'autant moins facilement les abaissemens de température qu'ils se rapprochent davantage de l'état solide. Il existe également, pour ces modificateurs, trois circonstances bien importantes à noter dans leur action réfrigérante. 1° *La propriété conductrice du calorique*, comme on le voit dans la comparaison d'un métal et d'un fragment de bois sec. 2° *La grande facilité à passer, sous l'influence de la chaleur, de l'état solide à l'état liquide, et de celui-ci à l'état vaporeux*, comme il est aisé de s'en convaincre en appliquant sur une partie de la peau, avec des températures égales, de l'eau et du mercure congelés, de l'eau et de l'éther à l'état liquide. L'absorption instantanée des 77° c. de calorique nécessaires pour le passage de l'état solide à l'état liquide et de ce dernier à l'état de vapeur, nous explique l'énorme soustraction de chaleur produite par le mercure, par l'éther, et le danger de ces applications. 3° *Le renou-vellement continuel des corps réfrigérans.* Il suffit de prendre un bain froid, de séjourner dans un air très-agité sous l'influence d'un grand abaissement dans la température atmosphérique, pour savoir combien les mouvemens effectués dans le premièr, et les déplacemens continuels, éprouvés par le second, augmentent le refroidissement. Le célèbre capitaine Parry, dans son voyage aux contrées hyperboréennes, observa que les hommes de l'expédition étaient moins incommodés en se promenant au milieu d'un air calme à 17°, 77 au-dessous de zéro, que par l'influence d'un vent même léger, lorsque le thermomètre ne marquait que 6°, 66 c au-dessous de la glace fondante. Ici le mouvement de l'atmosphère équivalait dans ses effets à 11 degrés d'abaissement dans la température. Fisher, chirurgien du même bord, assure qu'ils supportaient mieux, dans la première circonstance, un froid de 46°, 11 c.; qu'un froid de 17°, 77 c., dans la seconde. La différence, produite par le déplacement aérien s'élevait dans cette occasion à 29 c. ; l'augmentation dans l'abondance et la rapidité des soustractions du calorique nous explique aisément ces mêmes différences.

Après avoir lutté plus ou moins énergiquement contre ces diverses causes de refroidissement, l'organisme vivant éprouve un abaissement gradué dans sa température normale, si l'action de ces causes devient assez intense et surtout assez prolongée. Cet abaissement d'autant plus grave qu'il affecte des êtres plus élevés dans l'échelle zoologique et plus complétement développés, ne peut descendre pendant quelque tems au-dessous de zéro dans aucun sujet, depuis la mousse obscure jusqu'à l'homme, sans entraîner l'extinction vitale, toute circulation des fluides ainsi congelés devenant absolument impossible. Aussi ne voyons nous plus aucune végétation sous les glaces éternelles des poles. Tiedemann dit qu'en 1826, la température des arbres est descendue à 10° c. au-dessous de zéro, sans congélation de ces derniers ; tandis que dans les étés brûlans elle peut monter à 20° c. sans danger imminent. Ces faits ont besoin de confirmation. Senebier, Lamarck, Saussure ont vu les fleurs des plantes élever, par leur calorique developpé, le thermomètre de 26, 11° c. à 30, 56 c. ; ils attribuent cet effet à la combinaison de l'oxygène et de l'acide carbonique. Chez les animaux à sang froid, et parmi les animaux à sang chaud, pour *les hibernans*, la vie peut s'entretenir encore au milieu des abaissemens les plus remarquables de la température organique, il n'en est plus de même chez les animaux supérieurs. Ainsi les expériences de M. de Saissy et de plusieurs autres physiologistes, nous démontrent qu'un reptile, une marmotte peuvent exister avec une chaleur propre de 4° à 5° c. au-dessus de zéro, tandis que l'homme, les oiseaux et la plupart des mammifères, succombent aussitôt que leur température descend à 26° ou 28° c. Les funestes effets de ces refroidissemens s'annoncent par des baillemens, des pandiculations, un engourdissement général, une sorte d'apathie morale et physique, la tendance au repos, à l'assoupissement, alors d'autant plus perfide qu'il n'est pas sans charme et sans quelque douceur. Aussi pour le voyageur, égaré dans les sentiers couverts de neiges, au milieu d'une atmosphère glacée, l'invasion du sommeil devient presque toujours le premier pas vers la mort. C'est de la circonférence au centre que s'effectue cette influence destructive, et les limites les plus reculées de l'organisme sont en même tems les premières envahies par la congélation.

D'après toutes les considérations que nous venons d'établir sur la chaleur vitale des êtres organisés en général et de l'homme en particulier, nous voyons ce dernier, objet spécial de notre étude, présenter une température moyenne de 36°, 12 c. ; que M. Douville, d'après les expériences qu'il vient de faire tout récemment dans l'intérieur de l'Afrique, prétend plus élevée de deux dégrés chez les nègres que chez les blancs ; supérieure chez les sujets stupides et pendant l'insolation immédiate etc. ; la conserver quelque tems sans variations très-notables et par le bienfait des résistances que nous avons indiquées, dans un intervalle thermométrique de 15o° c. pour l'atmosphère ambiante, et de 14° à 16° c. pour les élévations et les abaissemens qu'il peut supporter dans la sienne propre, sans danger imminent pour la vie. L'histoire de ces modifications de la chaleur physiologique nous conduit naturellement à celle des *courans calorifères*, dont l'exposition raisonnée jettera le plus grand jour sur l'ensemble de cette grande fonction, sur la théorie de plusieurs maladies très-graves, et sur beaucoup d'applications thérapeutiques du premier intérêt.

COURANS CALORIFÈRES. — Pour les corps bruts, la transmission du calorique d'un point vers un autre se fait par propagation dans les molécules successives ; elle est en raison de l'accumulation de la chaleur sur ce premier point, et de la propriété conductrice des parties intermédiaires au second. Chez les êtres organisés vivans, chez l'homme, que nous allons plus particulièrement étudier sous ce rapport, ce n'est plus par simple irradiation que s'effectuent les mouvemens du calorique ; on ne voit pas ce modificateur, comme dans la barre métallique, rougie par l'une de ses extrémités, présenter une accumulation parfois très-considérable dans ce foyer d'émission, pour s'affaiblir toujours d'une manière très-sensible à mesure que l'on s'approche de l'extrémité directement opposée ; c'est par des mouvemens très-variables, très-irréguliers, soumis à des modifications incalculables d'avance, qu'il se dirige, avec plus ou moins d'activité, vers telle ou telle partie, sous des influences, avec des résultats absolument étrangers aux dispositions de la matière sans vitalité. C'est à ces mouvemens divers que nous accordons le nom de *courans caloriféres*. Au milieu de cette instabilité, de ces vicissitudes continuelles , nous pouvons cependant établir plusieurs lois fondamentales relativement : 1° *aux causes qui déterminent ces courans ; 2° à la manière dont ils s'établissent ; 3° aux circonstances qui les favorisent ; 4° aux effets qu'ils occasionnent ; 5° aux illusions sensitives qu'ils font naître ; 6°* enfin , *à l'emploi de plusieurs agens thérapeutiques*, et dont leur connaissance approfondie peut seule diriger convenablement *l'application*.

1°. *Causes déterminantes.* — On peut les rattacher à peu près toutes à l'opposition des températures , soit de l'extérieur comparé à l'intérieur , soit de telle région relativement à telle autre. Dans cet état de choses , les courans caloriféres sont constamment produits par des circonstances qui détruisent l'équilibre général , et que nous réduisons à deux principales : 1° au développement d'une proportion plus considérable de chaleur organique ; 2° à la soustraction d'une grande quantité de calorique vital par les agens extérieurs.

2° *Établissement.* — C'est toujours des points les plus élevés en température , vers ceux qui se trouvent soumis au refroidissement , que se manifestent les courans caloriféres. Si la chaleur intérieure augmente, celle de l'extérieur conservant le même degré , si l'extérieur se trouve soumis au refroidissement, l'intérieur n'éprouvant aucune modification naturelle, dans ces deux circonstances, les courans s'établissent de l'intérieur à l'extérieur, mais avec cette différence importante que, dans

le premier cas, l'impulsion est directe , peu susceptible
d'épuisement ; c'est en raison de son exubérance dans
l'économie que le calorique tend à l'exportation. Dans le
second , cette impulsion est indirecte , souvent insuffisante ; c'est en conséquence du refroidissement extérieur,
et pour en faire les frais , que la chaleur vitale abandonne l'organisme. Nous trouvons les exemples de ces
manifestations pour l'une dans l'économie de l'homme
robuste soumis à des exercices violens ; pour l'autre ,
dans l'état d'une partie que l'on a plongée, pendant quelques instans, au milieu d'une eau glacée. Lors au contraire que la température s'élève à la périphéric , soit
naturellement , soit artificiellement ; lorsque les parties
centrales sont refroidies par l'une ou l'autre de ces influences , les courans calorifères s'effectuent de l'extérieur vers l'intérieur. Si l'équilibre s'établit dans l'économie , soit par absence de déperdition , soit par défaut
de production assez énergique , l'organisme , sans excitation et sans mobile, paraît languir dans l'inaction.

3° *Circonstances favorables.* — Il ne suffit pas que
des oppositions de température se trouvent effectuées
pour que les courans calorifères s'établissent avec rapidité. Les organes centraux de l'innervation , de la respiration, de la circulation doivent offrir un développement
normal , une énergie suffisante ; il est essentiel qu'ils
n'aient pas été frappés de stupeur et d'engourdissement.
Le refroidissement extérieur , s'il a pénétré profondément, ne détermine plus ces mouvemens calorifères , et
cette activité qui les accompagne ; il produit l'assoupissement et la mort ; enfin l'organisme tout entier a besoin
d'offrir une constitution saine et vigoureuse. Nous voyons
dès-lors pourquoi les apoplectiques, les phthisiques, les
sujets affectés d'atrophie cardiaque, les rachitiques, les
scrophuleux, les scorbutiques, les cacochymes, les con-

valescens d'une maladie longue et douloureuse ne supportent pas bien les influences du froid ambiant. Si nous ajoutons que la plupart de ces individus n'offrent jamais les perspirations pulmonaire et cutanée d'une manière franche et complète , nous expliquerons en même tems leur impuissance à résister aux effets de la chaleur atmosphérique , lorsqu'elle présente une certaine élévation.

4° Résultats. — Ils sont particulièrement relatifs : *1° à l'excitation vitale des appareils organiques ; 2° à la réparation du calorique enlevé par les réfrigérans étrangers ; 3° à l'accumulation de la chaleur dans le point refroidi, si la même dépense et la même soustraction ne continuent pas de s'effectuer.* La connaissance exacte de ces trois modifications physiologiques présente les plus importantes applications à l'hygiène, à la pathologie. *La première*—nous offre les tissus, les organes , les appareils dans une activité, dans un développement d'énergie proportionnés à la rapidité, à la liberté des courans calorifères. Ainsi jamais un organisme donné, toutes choses égales d'ailleurs, ne présente plus d'élévation, de force et d'extension dans ses actes, qu'à l'instant où les courans le traversent avec le plus de promptitude et de facilité, la chaleur se trouvant alors abondamment produite à l'intérieur, dépensée, soustraite au dehors dans une mesure proportionnelle, incapable d'exiger des frais excessifs et d'entraîner un épuisement gradué. Nous voyons le prototype de cette modification chez l'homme jeune, robuste, bien nourri, exerçant convenablement toutes ses facultés physiques sous l'influence d'un froid sec et modéré. Jamais au contraire cet organisme n'offre moins de ressort , de développement et de puissance dans ses phénomènes vitaux , qu'au moment où les courans calorifères sont le plus près possible de l'immobilité absolue ; la production et la dépense étant presque nulles. Nous en trouvons la preuve chez le sujet valétudinaire, placé dans une atmosphère dont la température se rapproche assez de la sienne pour ne pas exciter une déperdition notable de la chaleur développée dans son économie. *La seconde* — nous présente la réparation du calorique soustrait à l'organisme, par les agens extérieurs, d'autant plus active, plus complète et mieux soutenue, que les courans calorifères sont plus largement et plus rapidement établis ; que leur entretien repose naturellement sur des appareils plus forts par leur constitution, plus énergiques dans leur vitalité ; les dispositions contraires amènent des résultats essentiellement différens. Nous expliquons dès-lors avec facilité pourquoi l'homme vigoureux lutte avantageusement et d'une manière prolongée contre les influences du froid extérieur par le secours de l'exercice et d'une bonne alimentation, alors qu'il cède bientôt à l'action destructive de ce modificateur dans le repos, le défaut de réparation nutritive, et surtout lorsque les appareils centraux de l'innervation , de la circulation et de la respiration sont frappés d'engourdissement et d'inertie, par les effets du sommeil, des alcoholiques et des narcotiques abusivement employés ; pourquoi l'homme, d'une organisation frêle, délicate, vicieuse, et dont l'âme est faiblement trempée, supporte, à peine quelques instans, les agressions des réfrigérans étrangers, et ne tarde pas à succomber après une résistance imparfaite et momentanée. *La troisième* — nous montre une augmentation de la température organique ; toutefois avec des élévations thermométriques beaucoup moins considérables qu'on le penserait d'abord, en se laissant abuser par des illusions sensitives que nous allons bientôt signaler. Ces élévations sont réelles comme nous l'avons démontré ; nous les rapportons à deux causes principales : 1° à l'exaltation extra-normale de la calorification, les déperditions de la chaleur vitale restant à l'état ordinaire ; 2° à la suspension plus ou moins entière de ces déperditions, la calorification s'effectuant dans la mesure naturelle. On conçoit tous les dangers qui doivent accompagner les manifestations énergiques de ces deux influences réunies ; suivons l'enchaînement des faits. Un exercice général et soutenu, l'usage des viandes excitantes et des boissons alcoholiques sans abus, une passion forte, expansive, un violent accès fébrile, sans aucun changement particulier dans les circonstances extérieures, augmentent la température organique dans une proportion que nous avons trouvée d'un à trois degrès centigrade. Cette élévation thermométrique deviendrait beaucoup plus considérable et plus funeste dans ses résultats, si le développement proportionnel des perspirations pulmonaire et cutanée, par une merveilleuse précaution de la nature médicatrice, n'enlevait à l'économie cet excès de calorique produit. Aussi voyons-nous ces perspirations notablement accrues dans les circonstances indiquées. Aussi le malade affecté d'une fièvre ardente et soutenue, conserve-t-il un sentiment intérieur et pénible de chaleur générale, si la peau reste sèche vers la fin de l'accès ; tandis qu'une sensation d'allégement et de bien-être constitutionnels suivent immédiatement les sueurs plus ou moins abondantes que l'on voit ordinairement survenir dans cette occasion. L'influence prolongée d'un air humide et chaud, l'immersion dans un bain dont la température est à peu près égale à celle du sang, l'application des vêtemens épais et surtout imperméables à la sueur, tels que les toiles et les taffetas gommés, sans modification notable de la calorification normale, élèvent également la température vitale, et produiraient encore des effets plus marqués et plus graves, si l'espèce de langueur et d'inertie imprimées à tout l'organisme, par le défaut d'activité des courans calorifères, ne produisaient bientôt une diminution proportionnée de la calorification naturelle. Enfin si les deux influences que nous venons de signaler se réunissent dans un même sujet, si la production d'une grande quantité de chaleur vitale coïncide avec l'impossibilité de son exportation par les moyens naturels et même artificiels de refroidissement, alors on voit la température s'élever d'une manière plus ou moins promptement destructive. Ainsi bien souvent le coursier, dont la marche est précipitée sous un ciel brûlant, périt immédiatement par cette influence. L'homme sain, pendant un exercice animé, le sujet malade, soumis à la violence d'un accès fébrile, ne supporteraient pas, sans imminence d'une mort prochaine, l'action d'une atmosphère embrâsée, des vêtemens susceptibles d'empêcher entièrement l'évaporation des fluides perspiratoires. Nous savons avec quelle impatience et quels inconvéniens sont prolongées les applications des cataplasmes trop chauds sur une partie vivement enflammée. Nous comprenons actuellement le sentiment d'ustion, le développement d'une phlegmasie, souvent même de l'escarrification dont un point de l'organisme peut devenir le siège, lorsqu'il s'est momentanément trouvé soumis à l'influence d'un réfrigérant énergique. En effet, lorsqu'une soustraction considérable de chaleur est opérée subitement dans une région de l'économie, les courans calorifères s'y précipitent rapidement de toutes les autres divisions ; si la cause du refroidissement cesse immédiatement et sans gradation, le mouvement des courans accumule, dans cette région, des proportions de calorique variables et surabondantes, avec les accidens progressifs de l'inflammation et de la brûlure. Déjà l'on avait remarqué le fait, on savait que l'action d'un froid excessif produit des résultats analogues à ceux de l'ustion véritable ; mais on était loin de saisir l'identité de ces deux phénomènes que l'on regardait comme des actions diamétralement opposées par leur nature, seulement analogues dans leurs effets. Nous croyons pouvoir avancer aujourd'hui que ces deux actions sont absolument semblables par le fait. Ainsi la mortification produite par le mercure congelé, mis en contact avec une partie de la peau , celle que détermine l'application du fer incandescent au même tissu, ne sont autre chose que deux brûlures ; celle-ci produite par l'importation et l'accumulation du calorique étranger au moyen des courans établis de l'extérieur à l'intérieur ; l'autre, déterminée par une forte localisation de la chaleur propre sous l'influence des courans mis en activité de l'intérieur vers l'extérieur. Nous verrons bientôt combien ces notions sont indispensables dans l'action raisonnée du froid comme agent thérapeutique.

5° *Illusions sensitives.*—Lorsque la température organique se trouve notablement élevée par l'une des causes que nous venons d'énumérer, un sentiment de chaleur plus ou moins vif nous avertit de ce changement , et nous engage à borner la calorification, à solliciter l'intervention des réfrigérans appropriés. Dans les abaissemens de cette même température, une impression de froid plus ou moins pénible nous fait naturellement chercher tous les moyens de rétablir la chaleur vitale dans son état normal. Cette impression est évidemment ici *l'appétit*, le sentiment instinctif qui nous avertit du besoin d'un calorique, soit physiologiquement produit, soit artificiellement importé dans notre économie ; l'autre, *la satiété* qui nous éclaire sur les inconvéniens de cette production ou de cette importation prolongées au même degré. C'est entre ces deux régulateurs que nous sommes dirigés dans le maintien d'une température appropriée aux besoins de notre économie. Ces impressions, l'une de froid, l'autre de chaleur, suffisantes pour les avertissemens opposés dont nous parlons, deviennent essentiellement fautives lorsqu'il s'agit de préciser le degré d'élévation ou d'abaissement de la chaleur, et nous entraînent sous ce rapport dans les plus grandes illusions. Ainsi, après un exercice violent et prolongé, pendant l'intensité d'un accès fébrile, tout l'organisme paraît brûlant; si nous plongeons momentanément les mains dans la neige elles deviennent bientôt le siége d'un sentiment analogue à celui que produirait l'eau bouillante ; lorsqu'une partie de la peau s'enflamme avec violence, elle fait éprouver une impression semblable à celle que déterminerait l'application du fer incandescent etc., dans toutes ces modifications la chaleur vitale paraît, d'après le sentiment qui s'éveille, dans un état d'extrême accumulation ; d'après le thermomètre, seul appréciateur infaillible pour ce genre d'investigation positive, elle est seulement élevée de trois à quatre degrés au-dessus du point moyen de la température normale. Si nous cherchons actuellement la cause de ces illusions remarquables, nous la trouvons aisément dans l'ignorance des effets que produisent *les courans calorifères* sur la sensibilité générale de nos parties. Accoutumés, par le défaut de notions suffisantes, à n'apprécier que les augmentations ou les diminutions de la température organique, nous laissons passer inaperçus les résultats que doivent nécessairement entraîner le ralentissement ou l'accélération de ces courans. Nous croyons pouvoir établir, comme vérité physiologique bien démontrée par l'expérience, que les sensations de chaleur ou de froid dont nos organes deviennent le siége, sont en raison non-seulement de l'élévation ou de l'abaissement de leur température actuelle, mais encore, et plus spécialement peut-être, de la rapidité ou de la lenteur des courans calorifères par lesquels ils sont traversés. Pour le premier cas en effet, une grande masse de calorique les pénètre dans un tems déterminé ; pour le second, des dispositions contraires se manifestent. Sous la première influence, l'accumulation n'a lieu que dans l'hypothèse où la soustraction du calorique n'est plus en mesure de sa formation ; bientôt alors on voit la vie s'éteindre par un degré de chaleur qu'elle n'est pas capable de supporter ; sous la seconde, un froid assez incommode peut se manifester alors même que la température est encore à 34° ou 35° c., si la production et la soustraction de la chaleur physiologique sont presque nulles, si parconséquent *les courans calorifères* se trouvent réduits à la stagnation à peu près complète. Nous voyons déjà se dérouler toutes les conséquences de ces notions positives relativement à la physiologie, à l'hygiène, à la pathologie.

6° *Application de la théorie des courans calorifères.*— Le système que nous avons développé dans ces considérations, et dont MM. Desprez et Pelletan nous ont offert les premiers élémens, s'applique de la manière la plus satisfaisante et la plus vraie à tous les phénomènes de la calorification, soit dans l'état normal, soit dans l'état pathologique ; à l'emploi des modificateurs les plus importans, soit sous le rapport de l'hygiène, soit relativement à la thérapeutique raisonnée. Ne voulant pas sortir de notre sujet, nous établirons seulement des généralités sur les conditions essentielles qui doivent régler exactement l'emploi de la chaleur et du froid pour ces deux circonstances principales.

Dans toutes les applications de la chaleur et du froid, soit à l'homme sain, soit à l'homme malade, nous ne devons jamais perdre de vue ces deux lois fondamentales.

1° *Les courans calorifères sont accélérés par l'accroissement de la calorification vitale et par l'augmentation
du refroidissement extérieur.* 2° *les organes éprouvent,
toutes choses égales d'ailleurs, une excitation proportionnée à la rapidité des courans calorifères par lesquels ils sont traversés.* En partant de ces principes simples et généraux, nous raisonnerons désormais avec précision toutes les influences des deux modificateurs puissans que nous allons étudier.

Relativement à la chaleur. —Il est facile de comprendre, *sous le rapport de l'hygiène,* que l'air dont la température présente une certaine élévation, que les vêtemens, les bains chauds etc., conviennent aux enfans,
aux sujets valétudinaires. Aux premiers, par le danger
d'exciter dans leur économie, naturellement irritable,
des courans calorifères trop actifs ; aux seconds, en raison des faibles déperditions de calorique dont ils peuvent,
sans danger, supporter les frais. *Relativement à la thérapeutique médicale,* on devra dans les applications topiques, faites sur les tissus enflammés, se rapprocher autant que possible de la chaleur du sang, afin de ralentir,
de neutraliser même les courans calorifères ; en s'élevant
au-dessus, on les détermine de l'extérieur à l'intérieur ;
en s'abaissant au-dessous, on les appèle du centre à la
périphérie ; dans les deux cas, avec le grave inconvenient
d'augmenter encore l'inflammation que l'on se propose
de combattre. Ainsi toute médication locale, immédiate,
plus chaude ou plus froide que la partie phlogosée, deviendra nécessairement plus nuisible qu'utile.

Relativement au froid. —L'influence constitutionnelle
de ce modificateur n'a pas toujours été bien appréciée.
Elle était surtont mal comprise par ceux qui conseillaient
l'emploi de l'air et des bains froids pour *fortifier* les enfans d'une organisation naturellement frêle et délicate.

Sans doute, sur des sujets robustes et vigoureux, dont les appareils centraux, par des réactions énergiques, fournissent librement aux frais des déperditions effectuées, ces deux modificateurs, en activant les courans calorifères, favorisent encore le développement de la force native, donnent à l'organisme plus de vivacité, plus d'extension dans ses mouvemens divers. Il suffit, pour s'en convaincre, d'examiner les actions physiologiques de ces individus accomplies pendant les froids modérés de l'hiver, consécutivement à l'emploi d'un bain froid dans lequel surtout ils ont pu se livrer aux différens exercices de la natation ; et ces mêmes fonctions exécutées après l'immersion prolongée dans l'eau tiède, sous le poids d'une chaleur accablante, pendant les jours brûlans des étés. Sur des sujets grêles et valétudinaires, les effets de ces modificateurs sont diamétralement opposés. L'agacement nerveux se manifeste d'abord, l'épuisement général ne tarde pas à survenir. Il est aisé d'en trouver la raison, d'une part, dans l'irritation que les courans calorifères, plus ou moins accélérés, déterminent sur un organisme naturellement impressionnable et mobile ; de l'autre, dans les efforts excessifs que doit faire ce dernier pour combler incessamment le déficit qu'entraînent des pertes bien supérieures aux produits de la réparation. Que l'on examine avec attention les sujets nerveux et débiles dans une atmosphère tempérée, dans un air glacial, après l'influence régulière des bains tièdes, après l'action des bains froids, on sentira toute la justesse et toute l'importance de ces applications. Il est actuellement bien facile d'expliquer par quelle raison les individus robustes et vigoureux sont encore tonifiés par le froid, débilités par la chaleur ; tandis que les sujets frêles et délicats se trouvent au contraire fortifiés par la seconde, affaiblis par le premier. Si nous descendons actuellement de ces considérations générales aux applications topiques, nous trouverons également des objets du plus grand intérêt.

Les effets thérapeutiques des réfrigérans locaux , employés sous le titre de *révulsifs*, ont déjà beaucoup exercé les médecins observateurs, dans tous les pays et dans tous les tems. Précisant leur usage à l'une des maladies les plus graves de l'homme, *à l'encéphalite*, si nous ouvrons les archives de l'art , pour consulter les résultats et les opinions sur cet objet, nous voyons, à côté des plus belles guérisons, les effets les plus évidemment funestes; en regard de la confiance et des éloges les mieux exprimés , les critiques , l'abandon les moins ménagés dans leur exclusion. Ne cherchons point ailleurs que dans le défaut de connaissances relatives à la théorie du refroidissement organique, dans l'irrégularité de son emploi, les causes de ces dissidences et de ces oppositions entre des praticiens également habiles. Avant de posséder les unes, avant d'effectuer l'autre , d'après des règles positives , nous avons appliqué les réfrigérans souvent avec succès, quelquefois avec désavantage; éclairé par l'expérience et le raisonnement , ces applications nous ont constamment semblé favorables, et parfois merveilleuses dans leurs effets. Pour les bien comprendre , et pour en assurer le succès , revenons au principe fondamental.

Toutes les fois qu'un réfrigérant très-énergique se trouve appliqué sur l'une de nos parties sensibles, et que cette application est passagère, deux résultats importans ne tardent pas à se manifester : 1° *L'accélération des courans calorifères de tous les points vers le siége du refroidissement ;* 2° *l'accumulation d'une quantité plus ou moins considérable de chaleur dans ce même siége.* Le premier de ces effets est produit par la différence considérable qui s'établit instantanément entre la température de la partie soumise à l'expérience, et celle des autres divisions de l'organisme ; le second , par le défaut de soustraction du calorique surabondamment dirigé vers cette partie , la cause réfrigérante ayant été subitement enlevée , l'impulsion des courans calorifères, déterminée par l'action momentanée de cette cause, ne pouvant pas s'arrêter immédiatement après sa destruction. C'est dans l'intelligence raisonnée de ces deux principes essentiels, que les lois générales, sur lesquelles reposent naturellemement les applications thérapeutiques du froid, doivent trouver leur base inébranlable. Dès-lors, pour ne pas sortir de l'exemple choisi , en couvrant immédiatement le crâne avec la glace pilée, dans le cours d'une encéphalite , en suspendant ces influences locales pendant quelques heures , pour les reprendre ensuite , on détermine l'activité des courans calorifères , précisément vers l'encéphale , et consécutivement, l'accumulation de la chaleur dans les organes dont il est formé. Ces deux résultats contraires à ceux que l'on voulait obtenir développent encore l'irritation , et rendent quelquefois mortelle une phlegmasie qu'il eût été possible de guérir en évitant ces influences nuisibles. Avec des inconvéniens aussi graves , l'usage du froid ne devrait jamais entrer dans la thérapeutique médicale , et nous comprenons actuellement les motifs de ceux qui l'ont entièrement proscrit. Toutefois cette exclusion n'est pas fondée, puisqu'elle porte à faux, non point sur l'usage raisonné de ce moyen, mais entièrement sur un vice d'application. Deux circonstances principales rendent les effets du refroidissement nuisibles : 1° *Son influence trop subite*, 2° *les intermittences de son action* ; il faut les éviter, et ce moyen puissant conservera désormais toute son efficacité. Nous y parvenons d'une manière bien simple. Voici les règles invariables qu'il faut suivre dans toutes ces médications : 1° *Graduer insensiblement l'abaissement de la température du réfrigérant dans son application ; 2° continuer celle-ci pendant toute la maladie , sans aucune interruption même instantanée ; 3° élever, par degrés inappréciables, cette même température , lorsque l'ablation du réfrigérant doit être effectuée.* Ainsi , dans les premiers momens de l'application , on devra successivement employer à des intervalles d'une ou deux heures , suivant les dispositions du sujet , l'eau à la température de l'atmosphère , l'eau de puits, la neige, la glace; continuer celle-ci pendant toute la durée du traitement , et dans les derniers instans de cette application , changer progressivement , aux mêmes intervalles dans les transitions , la glace , l'eau de puits, l'eau à la température atmosphérique, pour supprimer ensuite cette même application. En procédant ainsi , les courans calorifères ne seront point activés dangereusement par les organes phlogosés ; ces derniers , au contraire, éprouvant un refroidissement lent et gradué , tomberont dans un état de torpeur et d'engourdissement qui dimiminueront et paralyseront même souvent les efforts destructeurs du mouvement inflammatoire. C'est alors seulement que ce refroidissement profond se trouve obtenu , que l'on doit compter sur les heureux effets du moyen que nous indiquons; c'est également par la continuité d'un état semblable , que l'on peut garantir ultérieurement son efficacité , soit pour empêcher l'invasion d'une phlegmasie , soit pour combattre une inflammation déjà survenue.

Les principes et les règles que nous venons d'établir sont applicables à toutes les modifications hygiéniques et thérapeutiques du froid, soit locales , soit générales ; ils nous dirigeront toujours, avec discernement et succès, aussi bien dans le traitement d'un diastasis des ligamens, d'une *entorse*, que dans celui d'une encéphalite et d'une asphyxie par submersion. Ils nous expliqueront , dans le premier cas , les inconvéniens positifs d'un refroidissement opéré sans mesure , détruit sans raisonnement ; dans le second, les dangers imminens d'une importation de chaleur trop promptement effectuée; dans l'une et l'autre circonstance , les funestes effets des courans calorifères mal dirigés, et leur influence en quelque sorte merveilleuse lorsqu'ils se trouvent soumis à des lois plus naturelles et plus physiologiques. Il est aisé de pressentir les développemens utiles que l'on peut actuellement donner à cette idée fondamentale; nous y reviendrons dans la pathologie.

§ VI. INFLUENCE DE L'HABITUDE SUR LA NUTRITION.

Cette fonction aussi régulière, souvent même plus active chez l'enfant que chez le vieillard, paraît, au premier aspect, s'affranchir du pouvoir de l'habitude. En la considérant avec plus d'attention , sous le point de vue de ses perfectionnemens et des circonstances qui peuvent l'activer ou la ralentir dans sa marche, on voit que ce modificateur exerce encore sur elle un pouvoir assez étendu. Ainsi nos tissus, nos organes et nos appareils, en acquérant de l'accroissement , semblent apprendre à se reconstituer avec plus d'avantage et de perfection. Il suffit pour s'en convaincre, de comparer les organes mous, informes et boursouflés des sujets très-jeunes, aux organes fermes, élastiques, et bien constitués des sujets adultes. Faisant abstraction de la vieillesse où l'économie paraît déjà marcher vers sa destruction, nous pouvons dire que plus un organe exerce la nutrition, plus il devient apte à ce phénomène qui s'y perfectionne par degrés.

Si nous examinons actuellement les circonstances qui modifient le plus directement l'élaboration nutritive, nous voyons les influences de l'habitude se manifester plus positivement encore. C'est ainsi que l'exercice journalier, les passions ordinairement expansives et gaies rendent la nutrition plus active et plus parfaite, alors que les passions tristes et concentrées, le repos absolu diminuent sa valeur et son développement. Sous l'influence d'un air sec et pur, d'une alimentation bien choisie, d'une constitution robuste et saine, l'action assimilatrice est libre, facile et complète. Au milieu d'un air brumeux et miasmatique, dans les conditions nuisibles d'un régime insalubre, d'une mauvaise organisation, d'une résorption ichoreuse ou même purulente, cette fonction menacée profondément, s'habitue quelquefois à ces fâcheuses dispositions, et les supporte sans des inconvéniens aussi graves que ceux dont on pouvait d'abord craindre les effets destructeurs. Voyez l'homme heureux qui vit paisiblement dans l'aisance, environné d'une atmosphère salubre, partageant ses loisirs entre les travaux et les délassemens de la campagne, son teint frais, épanoui, son embonpoint modéré, la fermeté de ses tissus etc., annoncent des actes nutritifs réguliers et faciles. Considérez au contraire le sujet que tourmente incessamment une ambition démésurée, que rongent les chagrins et les ennuis, qui se consume dans les travaux du cabinet, qui languit dans l'exercice des professions sédentaires, dans la mollesse, l'apathie morale et physique, au milieu d'un air stagnant et corrompu, tantôt il présente les fâcheux symptômes du marasme, d'une décrépitude prématurée, tantôt il offre un embonpoint fictif, qui n'est autre chose qu'un état de bouffissure générale caractérisée par l'empâtement, l'infiltration des tissus, l'altération des traits et la pâleur générale, signes positifs de la perversion et de l'inactivité des facultés nutritives ; cependant, au moyen de l'habitude, il parvient à surmonter un aussi grand nombre d'agens funestes, et sous l'influence d'une réparation qui devient moins imparfaite, prolonge quelquefois son existence au-delà du terme que ces dispositions paraissaient devoir assigner à sa durée.

Les effets que nous signalons pour toute l'économie vivante se développent également dans un tissu, dans un organe, dans un appareil, par des causes plus étroitement bornées relativement à leur action. Ainsi lorsque l'un d'eux se trouve, comparativement aux autres, plus exercé dans cette économie, on le voit se nourrir davantage, acquérir un volume extra-normal; dans l'hypothèse contraire, il s'étiole et s'atrophie. C'est ainsi que l'on peut aisément distinguer les individus exerçant telle ou telle profession mécanique, à la prédominance des parties plus spécialement employées. Ne trouvons-nous pas en effet les épaules très-développées chez les hommes habitués à soulever des fardeaux pesans, chez les menuisiers; les bras, chez les boulangers; les jambes, chez les danseurs; le cerveau, chez les poëtes, les littérateurs, les mathématiciens etc.; le foie, les intestins, chez les gourmands; le cœur, chez les hommes incessamment agités par des passions violentes etc. Dans toutes ces modifications spéciales et localisées, l'augmentation d'activité rend la nutrition surabondante et plus complète; en conséquence de cette nouvelle disposition, l'organe prend insensiblement des dimensions, une énergie plus considérables, une tendance à l'exercice des fonctions qui lui sont départies. On voit dès-lors s'établir un cercle vicieux avec enchaînement réciproque des causes, des effets; le terme ordinaire de cette rupture d'harmonie constitutionnelle est l'hypertrophie de l'organe ainsi modifié. On conçoit que dans les altérations analogues, le repos de ce dernier, l'activité des autres, deviennent la première condition pour prévenir ou détruire ces maladies. L'inaction absolue produit des résultats opposés. C'est en conséquence de ce principe qu'une partie frappée de paralysie ne tarde pas à s'atrophier. On pourrait croire peut être que cette lésion nutritive dépend plutôt du défaut de sensibilité, que de l'absence de motilité ; mais cette opinion ne devra plus être soutenue, si l'on fait observer que le repos sans paralysie produit absolument les mêmes effets. Ne voyons nous pas, chaque jour, un membre maintenu, pendant long-tems, dans une immobilité parfaite, pour le traitement d'une fracture, d'un ulcère profond etc., tomber dans le marasme et l'étiolement plus ou moins complets ; revenir ensuite à ses dispositions primitives, lorsque, rentré dans l'état normal, il a repris, pendant quelque tems, les exercices habituels. Il résulte naturellement de ces considérations que le mouvement organique est le premier de tous les moyens pour combattre l'atrophie lorsqu'elle est encore susceptible de guérison.

§ VII. SYMPATHIES DE LA NUTRITION.

Effectuée sous le voile du mystère, dans les profondeurs invisibles de l'organisme, cette fonction semblerait, au premier aspect, ne devoir entretenir aucune sympathie notable ; mais il n'en est pas ainsi. Lors par exemple qu'une dent se trouve affectée de carie, la dent parallèle est presque toujours envahie sympathiquement par la même altération ; si l'un des yeux s'enflamme, il n'est pas rare d'observer dans l'autre le développement consécutif d'accidens semblables. Vers l'époque de la puberté, dans la grossesse, dans certaines maladies où la matrice acquiert un volume extra-normal, on voit ordinairement les glandes mammaires prendre un accroissement proportionnel à celui de l'utérus, sans autre influence que celle des rapports qui lient ces organes ; c'est par la même raison que le squirrhe et le cancer de ces glandes sont plus fréquens, vers l'âge critique chez la femme, que dans toute autre époque de la vie. Il serait aisé de multiplier ici les exemples, s'il n'était pas suffisamment démontré que, dans l'économie vivante, les connexions de la sympathie font sentir leurs effets sur la nutrition comme sur toutes les autres actions physiologiques.

§ VIII. ALTÉRATIONS DE LA NUTRITION.

Commune à tous les tissus de l'organisme vivant, la nutrition peut offrir les diverses modifications des désordres pathologiques. Ces altérations sont d'autant plus importantes à bien apprécier, qu'elles présentent le point fondamental du plus grand nombre des *lésions organiques*. Leurs effets portent non-seulement sur la constitution du solide vivant, mais encore sur la nature, les proportions de la chaleur vitale, nouvelle preuve de l'espèce d'identité qui s'établit naturellement entre la calorification et l'élaboration nutritive.

1° *Augmentation.* — Les causes qui la déterminent peuvent agir en même tems sur tout l'organisme, ou n'affecter qu'une partie de son ensemble. Dans le premier cas, elles produisent la pléthore, l'hypertrophie constitutionnelles ; dans le second, la pléthore, l'hypertrophie locales, avec des inconvéniens d'autant plus fâcheux que cette rupture d'équilibre est plus considérable, et que les organes lésés remplissent des fonctions plus essentielles au maintien de la vie. *Au nombre des causes générales*, nous devons plus spécialement noter la jeunesse, le tempérament lymphatico-sanguin, les exercices bor-

nés, l'absence des travaux intellectuels et physiques,
l'éloignement des passions, des inquiétudes et des soins
importans, l'habitation d'un climat tempéré, l'abondance, la succulence des alimens etc.; c'est au milieu de
ces conditions que l'on rencontre ordinairement les sujets remarquables par leur corpulence et leur embonpoint, dispositions fâcheuses qui conduisent plus ou
moins directement aux apoplexies, aux inflammations,
à la polysarcie dont elles offrent alors bien souvent le premier degré. *Parmi les causes locales*, nous signalerons
particulièrement l'exercice habituel d'un appareil, d'un
organe à l'exclusion des autres. C'est presque toujours
ainsi que nous voyons se développer les hypertrophies
digestive, pulmonaire, cardiaque, encéphalique etc.,
avec des inconvéniens notables pour la santé, quelquefois même avec les plus grands dangers pour la conservation individuelle. Le plus sûr moyen de rétablir convenablement l'harmonie primitive consiste à placer l'organisme, en général, et l'appareil lésé, en particulier,
dans les circonstances opposées à celles qui sont venues
déterminer ces funestes prédominances. En conséquence
de ces principes simples et naturels, on doit conseiller,
dans le strabisme, l'inaction de l'œil fort; dans l'hypertrophie du cœur, le repos et le calme parfait; dans celle
du cerveau, l'éloignement des travaux intellectuels et
l'exercice musculaire; dans la pléthore générale et dans
la polysarcie, les travaux corporels et les alimens peu
nutritifs etc. *La calorification* suit, dans ses développemens, l'augmentation de l'élaboration nutritive. Mais
l'accumulation de la chaleur, soit dans une partie, soit
dans tout l'organisme, n'est jamais en mesure de la sensation qu'elle produit, comme on l'observe surtout pendant les phlegmasiès violentes où l'augmentation de la
sensibilité locale, et la rapidité des courans calorifères

deviennent, d'après les considérations que nous avons exposées, les deux sources principales de cette illusion.

2° *Diminution.* — De même que l'augmentation, elle peut affecter l'économie tout entière ou porter sur un seul organe. Ici les influences contraires à celles que nous venons d'examiner produisent des modifications opposées. Ainsi la respiration d'une atmosphère peu riche en oxygène, l'usage d'alimens insuffisans et peu nutritifs, la vieillesse, le tempérament lymphatique, l'inaction, l'ennui, les passions tristes etc., sont les causes les plus ordinaires qui frappent la nutrition générale dans ses bases, font descendre la constitution de l'organisme au-dessous du type normal, en déterminant les degrés successifs de ces *cachexies*, de ces *cacochymies* plus ou moins promptement destructives, et dont le véritable traitement se trouve dans une bonne alimentation, la respiration d'un air pur, les passions gaies, les exercices modérés etc. Quant à l'abaissement nutritif dans un organe en particulier, il dépend ordinairement du défaut plus ou moins absolu d'activité ; l'équilibre est encore détruit ; cet organe affaibli dans ses phénomènes vitaux, comme dans ses réparations matérielles, ne se trouve plus en harmonie relativement aux autres ; d'où résultent nécessairement, dans l'économie, des désordres proportionnés à l'importance de la fonction compromise. Ainsi le défaut d'exercice du cœur entraîne son affaiblissement et celui de la circulation centrale; l'in-action de l'estomac, par le fait même d'une alimentation insuffisante, produit l'atonie de ce viscère, avec toutes les conséquences de son incapacité digestive. L'absence ordinaire des excitations intellectuelles, après avoir déterminé graduellement l'atrophie de l'encéphale, conduisent bien souvent à l'idiotisme. Exercer avec mesure et discrétion ces organes placés au-dessous de l'état normal; tel est, dans presque toutes les circonstances, le seul moyen de rétablir convenablement l'harmonie détruite par les modifications opposées. *La calorification* éprouve une diminution d'activité proportionnelle sous l'influence des mêmes causes ; mais ici l'engourdissement de la sensibilité, le ralentissement des courans calorifères produisent encore des illusions, en indiquant au sujet qui se trouve dans ces dispositions particulières un abaissement de la température bien inférieur à celui qui se manifeste réellement.

Perversion.—Cette altération qui porte sur la nature même de l'élaboration nutritive nous sera probablement toujours inconnue; c'est exclusivement par ses résultats que nous l'apprécions. Dans cette modification, le travail nutritif qui peut être en excès, en défaut, se trouve dénaturé dans son principe; les produits qu'il concourt à former n'offrent plus les caractères qu'ils présentaient dans l'état normal. Ainsi pervertis dans leurs propriétés et dans leur constitution, les appareils n'exécutent plus tous les phénomènes qui leur sont départis avec la même perfection et la même régularité ; ces lésions organiques roulent par conséquent dans un cercle vicieux dont les tissus affectés ne peuvent désormais sortir, du moins par les secours d'une thérapeutique raisonnée. L'essence de la lésion est inconnue, les indications à remplir demeurent indéterminées et rentrent dans le domaine de l'empirisme ou de la nature, qui seule devient capable de les guérir par des modifications contraires à celles qui les ont produites. Ces perversions peuvent être constitutionnelles ou locales. Dans le premier cas, la respiration d'un air froid, humide, vicié par des miasmes, l'abus des alimens farineux, des crudités, le tempérament lymphatique, une mauvaise constitution originelle etc. , sont

les causes essentielles de ces altérations dont les principaux modes, variés en raison des circonstances de leur
développement, ont reçu les noms de *constitutions scrophuleuse*, *dartreuse*, *scorbutique*, *cancéreuse* etc. Dans
le second, quelquefois des dispositions générales, plus
souvent des irritations locales physiques ou chimiques prolongées, amènent des perversions variables sous les titres
divers de tumeurs anomales, de carcinômes, de boutons
cancroïdes etc.; altérations désignées par les pathologistes, sous le titre commun de *lésions organiques*; se
rattachant plus ou moins directement, soit à quelque
disposition constitutionnelle vicieuse, soit à des inflammations prolongées par des moyens intempestifs, soit à
ces deux causes réunies; dans tous les cas, émanant
immédiatement de la perversion du travail nutritif. C'est
ainsi que le cancer, par exemple, se trouve produit sous
l'influence exclusive d'une mauvaise organisation, ou
par une irritation circonscrite; dans le premier cas, l'altération est générale avant de présenter un siége particulier; dans le second, elle est locale avant de s'étendre
à toute l'économie; dans l'une et l'autre circonstance,
elle offre pour caractère fondamental une perversion
nutritive plus ou moins profonde et signalée par les modifications anormales du solide organisé vivant, élaboré
dans ces dispositions pathologiques. On sent toute l'importance de ces principes et de ces distinctions que la
nature de notre sujet ne nous permet pas de développer
davantage. Nous ajouterons seulement que dans ce genre
de maladies, écueil des praticiens qui raisonnent, les véritables agens thérapeutiques sont précisément ceux qui
peuvent modifier la nature même des propriétés vitales,
pour les ramener, sous ce rapport, à leur type normal.
Comment apprécier l'essence de cette indication ? celle
des agens susceptibles de la remplir ? Voilà, d'après nous,

le mystère de la science ; voilà cette question fondamentale que les esprits sages, ennemis des vaines théories, laisseront probablement toujours sans réponse ! *La calorification* participe également à ces désordres, elle peut indépendamment de son augmentation ou de sa diminution offrir des altérations qui modifient sa nature ; ainsi nous voyons la chaleur animale devenir *mordicante* pendant le cours d'un érysipèle, d'un *zona* etc. ; *halitueuse* dans le phlegmon ; *âcre prurigineuse* dans les dartres etc. ; caractères non seulement appréciables pour celui qui les présente, mais encore sensibles à l'exploration du toucher.

Suspension. — Cette altération, heureusement assez rare, produite par la compression des nerfs, des vaisseaux, par le froid, les contusions, les commotions etc., s'observe cependant quelquefois dans l'état pathologique désigné par le terme *d'asphyxie locale.* Elle est facile à reconnaître aux signes extérieurs d'une mort apparente, et plus spécialement à la pâleur, à l'insensibilité, à la suspension de la calorification, au refroidissement plus ou moins considérable que présente la partie lésée. C'est alors qu'il est essentiel de ranimer la vitalité, de rétablir la circulation capillaire, la nutrition et consécutivement les manifestations de la chaleur organique ; mais avec la sage précaution de graduer insensiblement l'activité des courans calorifères, soit par communication, de l'extérieur à l'intérieur, soit par développement, de la circonférence au centre ; les tissus frappés de stupeur étant incapables de résister aux influences désorganisatrices de ces courans brusquement établis, et n'ayant point alors à leur disposition les moyens d'effectuer la dépense proportionnelle du calorique, pour en éviter les funestes accumulations. C'est particulièrement ici que viennent s'appliquer, avec la plus grande utilité, les lois que nous avons développées relativement à cet objet important.

Extinction partielle. — On doit la considérer comme le dernier terme de l'existence active dans les organes qui la présentent, et qui rentrent désormais sous l'empire exclusif des puissances physiques et chimiques ; recevant et cédant le calorique à la manière des corps inertes, obéissant avec plus ou moins de facilité aux lois générales et communes de la décomposition.

CHAPITRE QUATRIÈME.

SÉCRÉTIONS.

Nous savons de quelle manière et par quelles voies sont apportés à l'économie vivante les élémens extérieurs qui doivent concourir à son accroissement, à sa réparation ; nous connaissons l'élaboration chargée d'effectuer ces deux résultats ; il nous reste maintenant, pour compléter l'histoire des fonctions nutritives, à préciser le travail qui, sous le titre de *sécrétion*, élimine de cette économie des matériaux arrivés à l'excès d'animalisation, et forme des humeurs utilement employées aux besoins de l'organisme, dans l'accomplissement de plusieurs phénomènes essentiels. Pour exposer un sujet de cette importance avec la méthode et la clarté qu'il exige, nous étudierons d'abord les sécrétions en général, nous passerons ensuite à leur examen particulier.

DES SÉCRÉTIONS EN GÉNÉRAL.

La sécrétion, διάκρισις des grecs, *colatio humorum ; segregatio*, *secretio* des latins, de *segregare*, *secer-*

nere, séparer, considérée d'une manière générale, doit être définie : *action vitale des organes sécréteurs sur les fluides qui leur sont apportés, pour en extraire et combiner les matériaux d'une humeur qui n'existait pas avant cette élaboration.* Le but essentiel de cet ordre de phénomènes est d'enlever à l'économie vivante les molécules organiques détachées par le travail d'élimination nutritive, et qui ne doivent plus être assimilées dans l'état normal; d'épurer les humeurs, et particulièrement le sang, des matériaux hétérogènes, acrimonieux ou nuisibles, qui peuvent s'y trouver importés sous l'influence de l'absorption; aussi rencontrons-nous fréquemment ces principes dans la lymphe, presque jamais dans le sang. M. Dupuytren ayant injecté, sans accident, jusqu'à deux onces de bile, chaque jour, dans les veines d'un chien, le sang de l'animal, analysé quelques instans après par M. Thénard, n'offrait aucune trace de cette humeur sécrétée. Il paraît impossible de communiquer la syphilis, le vaccin, l'hydrophobie, la variole par l'inoculation du sang, tandis que la lymphe, la salive, le mucus et les autres fluides analogues peuvent servir de véhicule à ces altérations. L'épuration sécrétoire est quelquefois immédiate, et dans tous les cas elle devient évidente. Ainsi, lorsque nous mangeons des asperges, par exemple, deux heures après, les urines en expulsent le principe âcre, en donnant une odeur fétide. Lorsque nous séjournons quelque tems dans un amphithéâtre, ou dans tout autre lieu semblable, les gaz, rendus par l'anus, ont une odeur cadavéreuse analogue à celle des miasmes absorbés par l'enveloppe dermoïde et par la muqueuse des bronches. C'est ainsi que l'usage des moules non lavées amène souvent une éruption vésiculeuse analogue à l'urticaire; que l'abus des salaisons, des épices, des viandes fumées, des fromages passés etc. rend l'urine ou les sueurs âcres, irritantes , et que, dans certains cas où les épurations languissent , on voit survenir des irritations rénales , vésicales , des dartres , des teignes rebelles , des boutons irréguliers , et beaucoup d'autres éruptions cutanées etc. On sent dès-lors que les sécrétions se trouvent, par leur objet, opposées à la digestion, à l'absorption ; *les secondes* préparent, introduisent dans l'économie soit des élémens nouveaux susceptibles de réparer les pertes organiques , et de reconstituer le solide vivant par l'intermédiaire de la nutrition , soit des fluides pour servir de véhicule aux humeurs, soit enfin des élémens irritans ou vénéneux , capables d'entraîner les plus graves désordres, ou même d'anéantir la vie ; *les premières* séparent, des matériaux à conserver , les molécules vieillies, les humidités sur-abondantes et les principes délétères , pour les éliminer ultérieurement de cette même économie. On conçoit dès-lors que les sécrétions doivent s'exercer dans tout organisme où l'on rencontre les manifestations rudimentaires de la vitalité ; aussi, de même que l'homme nous offre *la sueur*, *l'urine*, *la salive*, *la bile etc.*, de même aussi les végéteux nous présentent *la gomme*, *la résine*, *les sucs vénéneux*, *caustiques*, *amers*, comme produits de ces élaborations particulières. En constituant le principal moyen d'épuration des organismes vivans, ces fonctions ont encore pour usage de préparer des humeurs essentielles à l'accomplissement de plusieurs phénomènes conservateurs des individus , *la salive*, *la bile*, *le suc pancréatique etc.* ; reproducteurs des espèces , *le sperme*, *l'ovarine etc.*

MODIFICATEURS DES SÉCRÉTIONS.

Les élémens des fluides sécrétés sont fournis , pour les végétaux , par *la sève*, que l'on doit considérer comme le sang dans ces organismes ; pour un grand nombre d'animaux inférieurs, par *la lymphe* ; pour les animaux supérieurs, pour l'homme, par *la lymphe*, *le sang rouge*, et même très-probablement par *le sang noir*. Les caractères particuliers de ces trois modificateurs ont été suffisamment exposés dans l'histoire de leur circulation spéciale. Une grande question vient se présenter ici : les matériaux des fluides à sécréter sont-ils contenus, déjà formés, dans la lymphe, le sang rouge et le sang noir ? Abordons franchement toutes les difficultés d'une discussion qu'il n'est plus permis de laisser dans le vague et dans l'obscurité dont on l'a presque toujours environnée.

La plupart des physiologistes anciens ont pensé, même encore aujourd'hui, plusieurs modernes soutiennent que les humeurs sécrétoires sont déjà formées dans les fluides en circulation, et que la sécrétion n'est dès-lors autre chose, comme son nom l'indique assez positivement, qu'une *séparation*, une *action élective* des organes chargés de cette opération, sur les modificateurs qui leur sont apportés. Haller lui-même a prétendu que ces humeurs circulaient par avance dans le sang et la lymphe ; une hypothèse aussi fautive est devenue la base de sa théorie sur les déviations de ces mêmes humeurs. Chirac, Dumas, Prévost, Ségalas, sur des chiens auxquels on avait enlevé les reins, ont trouvé de *l'urée* dans le sang, alors que celui des animaux de cette espèce, qui n'avaient pas été soumis à la même opération, ne présentait aucune trace de cet élément fondamental de l'urine. L'expérience plusieurs fois répétée sous nos yeux, avec des résultats différens, en la supposant plus identique relativement à ses effets, ne prouverait nullement la préexistence des matériaux de cette humeur dans le sang, puisqu'ils devraient s'y rencontrer aussi bien avant qu'après l'extirpation des reins ; observation également applicable à toutes les autres humeurs, à tous les autres organes de sécrétion.

Comhaire a fait sur cet objet important plusieurs essais qui nous semblent dignes de fixer l'attention. Le canal de l'urètre ayant été lié sur plusieurs animaux, ils répandirent bientôt une odeur ammoniacale par la transpiration cutanée ; les matières expulsées par le vomissement offrirent le même caractère ; on y rencontra de l'urine chez quelques uns. Premier résultat qui démontre la réalité des déviations urinaires par la muqueuse digestive et par la peau. Les reins ayant été complétement extirpés sur d'autres animaux, et le canal de l'urètre maintenu dans son état de liberté ; aucune quantité d'urine ultérieurement formée ne passa dans la vessie, les produits des vomissemens et de la perspiration dermoïde, n'offrirent pas même l'odeur ammoniacale. Second résultat qui prouve que les reins sont les seuls organes sécréteurs de l'urine, et que cette humeur ne se trouve pas dans le sang antérieurement à leur action. Ce que nous disons des reins, l'expérience le prouve également pour tous les organes de la même catégorie ; chacun a sa nature particulière et son action spéciale. Par une conséquence nécessaire, chacun élabore son fluide propre. Si d'un côté nous observons une différence remarquable entre *la sérosité*, *le muçus*, *l'urine*, *la bile*, *le lait* etc., ne rencontrons nous pas la même diversité de structure et de propriétés vitales entre la *séreuse*, *la muqueuse*, *le rein*, *le foie*, *la glande mammaire* etc.? Ces oppostiions sont telles que le fluide élaboré par l'un de ces organes produirait sur les autres des irritations plus ou moins funestes, comme il est aisé de s'en convaincre en injectant de la bile dans les reins, de l'urine dans le péritoine etc. Ici les lois naturelles se trouvent établies d'une manière si positive qu'aucune maladie des appareils, aucune perversion des phénomènes sécréteurs, aucune altération de l'économie vivante ne peuvent rendre les organes de cette économie susceptibles d'élaborer l'une des humeurs connues qui leur soit naturellement étrangère, alors que sous les mêmes influences, ils parviennent à former des fluides anormaux. Ainsi, quelles que soient les circonstances physiologiques et pathologiques dont l'organisme puisse être environné, jamais le foie ne sécrétera *d'urine* ; le rein, *de bile* ; la glande mammaire, de *sperme* ; le testicule, *de lait* etc.. Jamais d'un autre côté, les organes morbifiquement créés dans cette même économie, un kyste accidentel, un polype etc. ne donneront naissance aux produits que nous venons d'énumérer ; tandis que dans l'état inflammatoire, les uns et les autres pourront fournir *du pus, de l'ichor, de la sanie* etc. Sans doute il est incontestable que de nombreuses déviations humorales peuvent s'effectuer dans l'organisme vivant; ainsi l'on a vu l'urine en conséquence de l'obstruction de ses canaux excréteurs, s'échapper abondamment par l'anus, les mamelons, les conduits salivaires, les exhalans cutanés séreux; s'accumuler dans le péritoine, dans l'arachnoïde; produire l'apoplexie comme Boerhaave dit l'avoir observé ; mais dans cette circonstance, et dans toutes les perversions analogues, n'est-il pas évident que l'humeur déviée n'éprouve, dans son cours, des aberrations semblables, qu'après avoir été formée par son organe propre, saisie par les absorbans dans ses canaux afférens ou dans son réservoir, transmise au torrent circulatoire, et delà dirigée vers les parties qui s'opposent le moins à son excrétion. Ainsi toute économie qui n'offrira pas *un foie, des salivaires, un pancréas, des reins, des mamelles, des testicules,* ne présentera jamais un atome *de bile, de sa-*

live, de suc pancréatique, d'urine, de lait, de sperme.
Au contraire tout organisme pourvu de ces glandes, si leurs canaux efférens se trouvent exactement liés, pourra nous offrir chacune de ces humeurs dans la lymphe, dans le sang, au milieu des appareils les plus étrangers à leur formation. C'est évidemment par la confusion des accidens de *l'excrétion* avec ceux de *l'élaboration sécrétoire,* que l'on s'est appuyé sur les déviations humorales pour fonder l'hypothèse fautive que nous combattons. Les élémens de ces humeurs sont contenus dans les fluides circulatoires qui doivent les porter aux organes sécréteurs, mais ils s'y trouvent isolés, sans liaison, sans aucun des caractères spéciaux qu'ils présenteront immédiatement après le travail de ces organes, et dont la préexistence à cette élaboration est un fait complétement erroné, qui ne doit plus servir de base à la théorie des sécrétions.

D'après M. Denis, *l'oxygène, l'hydrogène, l'azote, le carbone, le soufre, le phosphore, le calcium, le sodium, le potassium, le chlore, le magnésium, le fer* s'unissent en diverses proportions, sous l'influence vitale, pour constituer les fluides et les solides organiques ; avant cette élaboration ils appartiennent exclusivement à la chimie générale et n'offrent en rien les caractères des humeurs et des tissus vivans. D'après le même physiologiste, le sang présente pour élémens, en suivant l'ordre de leurs proportions respectives : 1º *l'eau,* 2º *l'hématosine,* 3º *l'albumine,* 4º *la graisse phosphorée rouge,* 5º *l'hydro-chlorate de soude,* 6º *de potasse,* 7º *la fibrine,* 8º *l'osmazôme,* 9º *la cruorine,* 10º *la soude,* 11º *le carbonate de chaux,* 12º *le phosphate de chaux* 13º *l'oxyde de fer,* 14º *le phosphate de magnésie,* 15º *la graisse phosphorée blanche.* Ces élémens combinés en proportions différentes par la vitalité des organes forment les tissus et les humeurs de l'économie. Avant le travail nutritif et sécrétoire, ils n'offraient aucun caractère essentiel des uns et des autres. Ainsi l'on ne doit pas chercher davantage, dans les fluides circulatoires, du lait, de la bile, de l'urine, du sperme tout formés, antérieurement à l'action de la mamelle, du foie, du rein, du testicule, que des tissus muqueux, séreux, cutané, fibreux indépendamment de l'influence assimilatrice de ces mêmes tissus ; dans l'hypotèse que nous attaquons les uns et les autres devraient également s'y rencontrer. Pour les sécrétions comme pour la nutrition, les élémens des humeurs et des solides organiques, se trouvent nécessairement dans les fluides circulatoires qui deviennent ainsi leur modificateur particulier, mais il n'existe pas plus d'identité entre ces élémens et les produits qu'ils servent à former, qu'entre les principes chimiques simples d'un corps et ce même composé. Autant vaudrait par conséquent avancer que l'eau qui contient d'une part *la soude*, et de l'autre *l'acide sulfurique* isolés, sans combinaison, présente *le sulfate de soude*, antérieurement à l'action des affinités qui doit le constituer, que d'admettre dans les fluides circulatoires la préexistence des humeurs sécrétées, indépendamment de l'élaboration vitale des organes particuliers chargés d'en opérer la formation.

Ces principes établis, il nous reste à préciser d'une manière générale et positive, la nature et les véritables caractères de cette élaboration physiologique. Ici viennent se présenter des hypothèses, des théories que nous rangeons sous trois titres : 1° *mécaniques*, 2° *chimiques*, 3° *vitales*, et dont nous devons examiner les bases fondamentales.

1° THÉORIES MÉCANIQUES. — Au nombre de ces hypothèses que les physiciens ont beaucoup trop multipliées, nous distinguerons plus spécialement les suivantes : *la pression de l'organe sécréteur, l'action des cribles, celle des vaisseaux décroissans, l'influence de la forme et des divisions vasculaires.* Nous verrons que chacune de ces théories porte avec soi sa réfutation.

Pression de l'organe sécréteur. — Les mécaniciens, parmi lesquels on cite à regret le nom du célèbre Haller, comparent les glandes à des éponges dans lesquelles se trouvent déposés les fluides sécrétés, et ne voient dans les phénomènes dont nous parlons qu'une simple compression de ces glandes avec issue de l'humeur qui s'y trouvait renfermée. La sécrétion salivaire, plus particulièrement, leur a fourni le motif de cette application fautive. L'écoulement de la salive est plus abondant lors de la mastication. C'est un principe vrai dont les mécaniciens ont tiré la conséquence la plus erronée, lorsqu'ils ont ajouté que l'on devait attribuer ce résultat aux pressions effectuées par le maxillaire inférieur ; tandis que l'excitation des glandes, par cette cause physique beaucoup trop exagérée, mais surtout celle que produisent les alimens sur les orifices des canaux excréteurs, nous en expliquent physiologiquement la manifestation. D'un autre côté, cette hypothèse n'indique nullement l'élaboration intime que nous recherchons ; elle suppose l'humeur déjà formée dans l'organe, et devient une explication très-défectueuse de l'excrétion de cette humeur.

Action des cribles. — Descartes, Borelli comparent les organes sécréteurs à des cribles dont les ouvertures présenteraient, pour chacun de ces organes, une forme et des dimensions appropriées aux dimensions, à la forme de l'humeur qu'il doit naturellement élaborer. Dans cette supposition, les molécules de ces humeurs triangulaires, carrées, arrondies, ovoïdes, polygonales viennent se présenter aux *cribles organiques*, et chacun d'eux laisse passer les molécules appropriées à ses orifices. Il suffit, pour détruire entièrement cette hypothèse, de faire observer qu'elle suppose la préexistence des humeurs à sécréter dans les fluides circulatoires ; que, d'après la remarque de Glisson, toutes les ouvertures normales de nos tissus ont la forme arrondie ; que, suivant la judicieuse réflexion de Pitcairn, l'organe sécréteur dont *le crible* offrirait les mailles les plus larges sécréterait à lui seul toutes les humeurs, en laissant passer indistinctement des molécules inférieurs en volume aux dimensions de ses orifices particuliers. M. Fodera cherche à ressusciter cette ancienne erreur, en considérant les perspirations vitales comme des transudations. L'état actuel de la science nous dispense de réfuter plus amplement ces deux modifications d'une même théorie.

Action des vaisseaux décroissans. — Cette hypothèse, basée sur la théorie de Boerhaave relative à la circulation, attribue l'élaboration sécrétoire à l'influence physique de la diminution des vaisseaux conoïdes, et leur travail devient identique à celui que Descartes et Borelli voulurent attribuer aux pores organiques. Les mêmes objections se reproduisent ici ; nous trouvons dans cette supposition les inconvéniens majeurs d'une fausse conséquence, découlant avec effort d'un principe également erroné.

Forme des divisions vasculaires. — Plusieurs anatomistes ayant fait remarquer les dispositions *circulaire*, *stellée*, *solaire*, *spirale*, *ondulée*, *rameuse*, par lesquelles se terminent les vaisseaux artériels, des physiologistes ont cru pouvoir en inférer une théorie générale des sécrétions, et les différencier d'après ces modifications de l'arbre circulatoire à sang rouge. En supposant même dans chacun de ces organes sécréteurs l'une ou l'autre de ces dispositions propres, en négligeant les belles expériences de Bichat qui démontrent le défaut d'influence de la direction des vaisseaux, relativement au cours des fluides par lesquels ils sont traversés, on pourrait tout au plus y rattacher une manière d'être particulière dans la circulation ; jamais elles n'expliqueraient les spécialités du travail sécrétoire qu'elles n'ont pas même le pouvoir de ralentir ou d'accélérer.

2° THÉORIES CHIMIQUES. — A l'époque où la physique et la chimie semblèrent devoir envahir toutes les sciences dans leurs immenses progrès, l'histoire des sécrétions ressentit profondément cette fâcheuse atteinte, et fut complétement dénaturée par les hypothèses dont nous allons esquisser le tableau. Nous les rattacherons à quatre chefs principaux : *Fermentation entre les principes des fluides circulatoires ; ferment particulier à chaque appareil ; préexistence du fluide sécrété dans l'organe sécréteur; attraction déterminée par les densités comparatives des organes sécréteurs et des fluides sécrétés.* Nous allons voir combien ces théories étrangères aux lois physiologiques se trouvent éloignées de la vérité.

Fermentation entre les principes des fluides circulatoires. — Willis et Vanhelmont ont prétendu que les fluides, chargés d'apporter aux organes les matériaux de leur élaboration particulière, éprouvent, en parcourant ces derniers, les mouvemens intestins d'une véritable fermentation qui constitue le travail sécrétoire et produit l'humeur qui doit en résulter. Il serait aisé de renverser une pareille hypothèse dans son principe, nos fluides circulatoires n'éprouvant aucune décomposition chimique tant qu'ils sont en mouvement dans leurs canaux sous l'influence vitale. En accordant ce principe essentiellement erroné, comment en soutenir les inductions ? Si l'élaboration sécrétoire est effectuée sous l'influence des propriétés chimiques , ses produits doivent se montrer avec identité ; or , les humeurs de cette catégorie sont essentiellement différentes entre elles , et chacune de ces humeurs varie positivement dans les états normal et pathologique. Pourrait-on jamais confondre la bile avec le lait , ce dernier avec la sueur ; voudrait-on garantir l'uniformité du mucus, de l'urine chez un homme sain , chez un sujet affecté de catharre et de diabètes sucré ? Cette hypothèse fausse dans son principe , le devient donc également dans ses conséquences.

Ferment particulier à chaque organe sécréteur. — Helmontius et Pascal , zélés partisans de la fermentation, sentirent la force des objections faites à celle que l'on admettait dans les fluides vivans, et crurent y répondre, en supposant, pour chaque appareil d'élaboration sécrétoire, un *ferment* particulier susceptible de provoquer des combinaisons et de confectionner des humeurs propres à chacun de ces appareils. Il serait difficile de voir , dans cette modification de la première hypothèse, autre chose que les illusions d'une imagination systématique. Où se trouve la preuve d'un ferment particulier dans les organes sécréteurs ? En supposant même la réalité de cet être mystérieux , comment inférer de sa présence la détermination d'un mouvement intestin précisément en rapport avec ce dernier par sa nature et par ses produits? ne savons nous pas au contraire, que telle ou telle espèce de fermentation ne dépend nullement des qualités du ferment qui la sollicite, mais bien plutôt de la composition spéciale des substances qui l'éprouvent. Ainsi quelque soit l'agent provocateur qui favorise leur décomposition, les matières animales se putréfient , le principe mucoso-sucré se transforme en alcohol , et ce produit, joint au mucus, forme ultérieurement l'acide acétique. En faut-il davantage pour anéantir les théories basées sur la fermentation, sur les attractions chimiques, relativement aux fonctions dont nous recherchons la nature.

Préexistence du fluide sécrété dans l'organe sécréteur. —Leibnitz et Winslow prétendirent qu'il existait à la naissance, dans chaque appareil de sécrétion, une certaine quantité de l'humeur qu'il doit ultérieurement élaborer sous des proportions plus considérables ; que ce fluide en réserve agissait par une sorte d'affinité purement élective sur les matériaux des fluides circulatoires, pour en extraire un produit absolument identique à sa composition. Cette hypothèse, erronée dans son principe et dans ses conséquences, n'est qu'une subtilité facile à renverser. D'abord elle suppose la préexistence des humeurs sécrétées dans les modificateurs qui doivent en fournir les élémens ; ensuite rien ne démontre la présence des fluides innés en réserve dans les organes sécréteurs ; il suffit au contraire d'examiner les reins chez le fétus, les testicules chez l'enfant, les glandes mammaires avant la puberté, pour s'assurer très-positivement que l'on ne trouve alors aucune trace d'urine, de sperme ou de lait dans ces organes. Enfin, si la sécrétion était un résultat de cette attraction chimique, invariable dans sa nature, elle devrait offrir constamment les mêmes produits ; altérée dans ses effets, on ne la verrait plus revenir à l'état normal, puisque le fluide en réserve, plus ou moins vicié, devrait constamment attirer un fluide identique. Or, nous savons que les humeurs sécrétées offrent des différences bien positives chez l'enfant et chez le vieillard, dans l'état normal et sous l'influence des conditions pathologiques ; nous voyons chaque jour les secrétions, altérées par les maladies, reprendre leurs dispositions primitives lorsque ces troubles organiques sont dissipés ; une plus ample réfutation devient par conséquent inutile.

Attraction déterminée par les densités comparatives des organes sécréteurs et des fluides sécrétés. — Newton pose en principe qu'il existe une attraction particulière entre les solides et les fluides les plus rapprochés par leurs densités respectives ; partant de ce point, il ajoute que les solides les plus denses ont une affinité réelle pour les liquides analogues ; harmonie qui se rencontre également pour les extrêmes opposés et pour les nombreux intermédiaires des premiers et des seconds. Faisant ensuite, aux sécrétions, l'application de cette hypothèse physique, il prétend que les organes sécréteurs les plus compactes s'approprient, en vertu de cette attraction élective, les parties les plus épaisses des fluides circulatoires, et que les viscères les plus poreux s'emparent des matériaux les plus tenus. Peu digne du génie de son auteur, cette hypothèse, contestable par son principe, est essentiellement erronée par ses inductions. En effet, dans la théorie qu'elle sert à fonder, les organes les plus compactes devraient élaborer les humeurs les moins denses, *et vice versâ.* Or, le rein est plus compacte que le foie ; la glande lacrymale, que le testicule ; la parotide, que les amygdales etc. ; cependant la bile est plus épaisse que l'urine ; le sperme, que les larmes ; les mucosités, que la salive etc. Si nous avons accordé quelques momens à l'examen des théories physiques et chimiques relatives aux sécrétions, c'est uniquement en raison de l'importance des auteurs qui les ont imaginées, et du poids que des noms célèbres pourraient encore leur donner aujourd'hui. Hâtons-nous de rentrer dans le sentier de la vérité, après avoir parcouru celui de l'erreur, pour la réfutation de ces hypothèses fautives.

3° THÉORIE VITALE. — Stahl qui considérait l'âme, dans l'économie vivante, comme premier mobile de toutes les actions physiologiques, expliqua les sécrétions par l'influence de cet agent invisible sur chacun des organes sécréteurs en particulier. Si l'on comprend, sous ce titre collectif, l'ensemble des propriétés et des forces vitales, on voit l'opinion de Stahl marquer déjà le passage de l'erreur à la vérité, répudier l'importation monstrueuse des lois physiques dans le domaine des êtres animés. Si l'on exprime au contraire par le nom d'âme le principe immatériel, constituant la partie la plus noble et la plus belle de l'homme, cette hypothèse, alors enveloppée dans le vague de l'imagination, remplace une théorie positivement vitale, par une vaine subtilité métaphysique. Arrivons àdes i dées plus saines, à des principes vrais sur la nature et le mode particulier des élaborations sécrétoires.

La sécrétion, avons nous dit, *est l'action vitale des organes sécréteurs sur les fluides qui leur sont apportés, pour en extraire et combiner les matériaux d'une humeur qui n'existait pas avant cette élaboration.* Nous ajouterons que ce phénomène physiologique est à la bile, au lait, à l'urine etc., ce que la chylification est au chyle, la respiration au sang rouge, la nutrition au solide vivant. Nous avons démontré la nature vitale de la nutrition, de la respiration, de la chylification, celle des sécrétions est encore plus facile à prouver.

Nous défions à jamais les mécaniciens, les chimistes et les physiciens, de confectionner, par tous les moyens réunis de leurs arts physiques, chimiques et mécaniques, l'humeur sécrétée la plus simple dans sa composition, employant tel fluide circulatoire qu'ils voudront choisir dans l'économie vivante. Cet appel nous semble d'autant moins encourageant que ceux mêmes qui d'abord avaient prétendu faire du chyle par ces moyens, n'ont jamais annoncé l'espérance des mêmes résultats pour la sérosité, la sueur, la bile, le lait, l'urine etc.

Si les sécrétions étaient mécaniques, physiques ou chimiques, effectuées par des forces invariables dans leur nature et dans leur influence, elles donneraient des résultats identiques par leur composition, dans chacun des organes sécréteurs, et ne présenteraient que des modifications relatives à la quantité de ces produits. Or, l'observation de chaque jour nous démontre que l'urine, par exemple, subit des changemens continuels et profonds sous le rapport des âges, du tempérament, de l'alimentation, des passions de l'âme, de l'exercice, du repos, des maladies etc. Dans l'état de santé, sans aucune cause appréciable d'altération, les fluides sécrétés offrent encore des caractères si variables dans les mêmes organes, sous l'influence des mêmes conditions, qu'à peine rencontrons-nous deux analyses chimiques de ces fluides qui nous signalent une identité parfaite, soit dans le nombre, soit dans les proportions relatives de leurs principes constituans.

La ligature ou la section de tous les nerfs qui se ramifient dans un organe sécréteur, suspendent constamment cette fonction ; l'humeur fournie par cet organe, s'il est unique dans l'économie, cesse bientôt de s'y manifester.

Tous les modificateurs susceptibles d'élever, d'abaisser ou de pervertir l'action vitale des organes sécréteurs, produisent en même tems l'augmentation, la diminution et la perversion des humeurs sécrétées. Les influences morales sont également très-positives relativement à ces élaborations. Ainsi les passions tristes et concentrées dénaturent la bile ; un emportement de colère, chez la nourrice, détériore si profondément les qualités du lait, que l'enfant qui le prend alors, éprouve bien souvent des vomissemens ou des convulsions, comme nous l'avons observé plusieurs fois.

En résumant les faits essentiels et positifs qui se rattachent directement aux sécrétions considérées d'une manière générale, nous voyons que ces élaborations, quelle que soit leur simplicité, nécessitent la réunion des conditions suivantes : 1° la présence d'un organe sécréteur distinct ; 2° celle d'un fluide circulatoire mis en contact avec cet organe, et renfermant les élémens du fluide à sécréter ; 3° l'intégrité des nerfs, des vaisseaux et du tissu propre de cet appareil ; 4° la régularité de l'influence physiologique particulière à ce dernier. Il est dès-lors impossible de ne pas reconnaître dans les modifications sécrétoires une action purement vitale ; mais quelle est la nature intime de cette action ? Là doit s'arrêter l'observateur sévère qui ne veut pas substituer l'imagination au raisonnement, et multiplier le nombre des vaines théories dont la science est déjà beaucoup trop embarrasée.

Quelques auteurs ont prétendu que les fluides, particulièrement destinés aux sécrétions, éprouvaient une sorte d'élaboration préparatoire, en traversant les vaisseaux qui vont se rendre à l'organe sécréteur. Dumas adoptant cette idée reconnaît à la périphérie de ces appareils, ce qu'il qualifie du titre *d'atmosphère glanduleuse*, et dans le domaine de laquelle cette modification préliminaire est effectuée. Cette opinion n'est peut-être pas absolument invraisemblable, mais où sont les preuves suffisantes pour lui donner l'importance d'une vérité physiologique ? En terminant ces considérations sommaires, nous devons ajouter que les humeurs sécrétées sont conduites, au lieu qui leur est assigné, par une ou plusieurs actions organiques désignées sous le terme collectif *d'excrétion*. Ce phénomène, différant essentiellement dans chacune des principales variétés de la grande fonction que nous étudions, se trouvera naturellement exposé dans l'histoire des particularités qui vont actuellement former l'objet de notre étude.

DES SÉCRÉTIONS EN PARTICULIER.

Pour donner à l'histoire des sécrétions en particulier toute la précision qu'elle exige, nous devons les diviser en plusieurs catégories. Différentes bases de classification viennent s'offrir : 1° *La nature chimique des humeurs sécrétées.*—Elle présente les graves inconvéniens de n'être point physiologique, de rapprocher des sécrétions essentiellement différentes sous toutes les autres conditions, et de n'avoir elle-même rien de positif, puisque les caractères physiques et chimiques de ces fluides, sont remarquables par la plus grande instabilité. 2° *Les usages de ces humeurs.* — Cette base est mieux appropriée à la science de la vie, mais elle établit des rapports entre les fluides les plus opposés, et d'ailleurs chacun de ces fluides, n'étant presque jamais borné à l'accomplissement d'un seul phénomène dans l'économie vivante, il en résulterait la plus grande confusion pour les groupes formés d'après cette indication. 3° *Dispositions des organes sécréteurs.*—Ce caractère nous paraît en même tems le plus invariable par sa nature, le mieux approprié à notre objet et surtout le plus favorable aux généralités physiologiques et pathologiques dont cette histoire nous fournira l'occasion ; c'est par conséquent à ce dernier que nous accorderons la préférence.

En étudiant avec soin les organes sécréteurs, depuis les plus simples jusqu'aux plus composés, nous les voyons se réduire à trois formes principales, que l'on peut considérer comme les trois degrés d'une même constitution, de plus en plus compliquée : 1° *Le simple entrelacement des vaisseaux exhalans ;* 2° *la disposition folliculeuse ;*

3° *l'organisation glanduleuse proprement dite*. D'après ces formes, nous distinguerons les sécrétions eu trois classes principales : 1° *Perspiratoires*, 2° *folliculaires*, 3° *glandulaires*; et nous les exposerons dans trois sections isolées.

Les appareils sécréteurs de ces trois catégories nous offrent une gradation remarquable dans leur complication. Ainsi, pour la première, nous trouvons les vaisseaux exhalans seuls ; pour la seconde, ces vaisseaux, plus les follicules, dans lesquels ils se ramifient ; pour la troisième, ces mêmes vaisseaux, ces follicules, un parenchyme particulier qui les réunit et leur mérite le nom de glande. Plus l'appareil est composé, plus le fluide qu'il forme doit être élaboré, par conséquent différent des modificateurs chargés d'en fournir les matériaux constituans. Ainsi, la sérosité, la synovie, la sueur etc. offrent encore beaucoup d'analogie avec le sérum du sang ; l'humeur sébacée, les mucosités etc., s'en éloignent davantage ; l'urine, le lait, la bile etc., n'ont plus aucun trait de ressemblance avec ces fluides circulatoires. Cette harmonie, ces rapprochemens entre les propriétés plus spéciales du produit, et la complication de l'organe chargé de le confectionner, semblent jeter un certain jour sur l'histoire générale de cet ordre d'actions physiologiques.

SECTION PREMIÈRE.

SÉCRÉTIONS PERSPIRATOIRES.

Nous comprenons sous ce titre les sécrétions qui s'opèrent aux surfaces libres, sans autre appareil que des vaisseaux capillaires diversement ramifiés. Les auteurs ne s'accordent pas sur la nature et la disposition de ces vaisseaux. Haller et plusieurs anatomistes pensent qu'ils sont représentés par les dernières divisions artérielles. D'autres, ajoutant à cette idée, prétendent qu'ils offrent un grand nombre de pores latéraux par lesquels s'effectue la perspiration. Bichat et la plupart des modernes admettent l'existence d'un ordre particulier de vaisseaux, émanant des capillaires artériels sous le nom *d'exhalans*, offrant une texture et des propriétés spéciales, ne livrant passage, dans l'état normal, qu'à des fluides blancs et plus ou moins rapprochés des caractères généraux de la sérosité. Ces trois opinions ayant pour objet des parties invisibles, il sera toujours impossible de porter anatomiquement une décision irrévocable sur la préférence que l'on doit accorder à l'une d'entre elles. Dans cet état de choses, nous adopterons l'opinion de Bichat comme plus vraisemblable, et se prêtant mieux à l'explication des phénomènes sécréteurs. Nous pensons qu'il existe un système exhalant, particulièrement affecté à l'élaboration des fluides perspirés, offrant une structure et des propriétés spéciales pour chaque appareil dont il fait partie. Les différences que nous rencontrons sous ces principaux rapports entre les vaisseaux exhalans de la peau, des muqueuses, des séreuses, des synoviales etc., nous expliquent celles qui distinguent la sueur, le fluide perspiratoire muqueux, la sérosité, la synovie etc. Tel est l'appareil probable des sécrétions perspiratoires que les anciens nommaient *transudations*, et que plusieurs modernes ont décrites sous le titre *d'exhalations*. C'est par l'action vitale de ces vaisseaux que les humeurs de cet ordre sont élaborées et bientôt produites au lieu de leur destination par la tonicité de ces derniers, dans lesquels on voit se confondre et s'identifier en quelque sorte les phénomènes de la sécrétion et ceux de l'excrétion. Ces fluides sont déposés, les uns, sur des surfaces en communication avec l'extérieur, plus ou moins promptement expulsés au dehors et vaporisés ; les autres, dans plusieurs cavités sans ouverture, où nous les voyons repris par l'absorption. Nous indiquerons leurs usages particuliers dans l'examen des spécialités. Au nombre de ces dernières, nous devons particulièrement noter les perspirations : 1° *Cutanée*, 2° *muqueuse*, 3° *séreuse*, 4° *synoviale*, 5° *cellulaire*, 6° *médullaire*, 7° *oculaire*, 8° *vasculaire*. Chacune d'elles va maintenant fixer isolément notre attention.

1° PERSPIRATION CUTANÉE.

§. I. DÉFINITION, CARACTÉRES, BUT. — Nous décrivons sous le titre de perspiration cutanée, l'exhalation qui s'opère incessamment à la surface extérieure de l'enveloppe dermoïde, chez le plus grand nombre des corps organisés vivans, et dont le produit s'échappe tantôt sous forme de vapeurs, *perspiration insensible*, tantôt à l'état liquide, *sueur* ; différence exclusivement relative aux circonstances physiques de l'évaporation, et non point à la nature de l'humeur sécrétée, comme l'avaient pensé quelques physiologistes anciens. Cette fonction, d'un intérêt majeur dans les organismes où nous remarquons son plus grand développement, remplit des indications très-importantes au nombre desquelles nous devons plus spécialement noter : 1° *l'épuration générale de l'économie* ; 2° *l'opposition au desséchement de l'enveloppe cutanée* ; 3° *le maintien de la chaleur vitale dans un équilibre normal* ; aussi, verrons-nous ses altérations influencer plus ou moins profondément toute la constitution.

§. II. APPAREIL. — Il est représenté pour les végétaux dont il forme la principale disposition sécrétoire, par des vaisseaux qui viennent s'ouvrir à la périphérie des tiges, et plus spécialement encore à la face supérieure des feuilles. Tréviranus les croit sphéroïdaux et terminés par des petits renflemens glandiformes. Chez les animaux et particulièrement chez l'homme, ces exhalans sont ramifiés obliquement sous l'épiderme criblé d'un grand nombre de petits orifices, au lieu d'offrir, comme l'avaient avancé quelques anatomistes, une superposition d'écailles régulièrement imbriquées, à la manière de celles des poissons. Chez ces derniers, l'existence d'un appareil perspiratoire est complétement niée par un grand nombre de naturalistes. On en conçoit d'ailleurs en partie l'inutilité, d'après la nature du milieu dans lequel ils doivent nécessairement exister.

§. III. MODIFICATEUR. — Le sang rouge, et plus particulièrement le sérum, qui forme son véhicule, paraît être le modificateur chargé d'exciter les exhalans cutanés, et de leur fournir les matériaux de la sécrétion qu'ils doivent effectuer. Aussi voyons-nous les changemens de composition que ce fluide circulatoire peut éprouver, en occasionner d'assez remarquables dans la nature même de la sueur. C'est en produisant l'importation d'élémens irritans ou trop animalisés que l'usage habituel des salaisons, des épices, des viandes faisandées etc. rend la transpiration plus odorante, plus acrimonieuse, et quelquefois assez corrosive pour occasionner le développement des inflammations et des exanthèmes cutanés.

§. IV. APPÉTIT. —Toutes les fois que la perspiration cutanée se trouve diminuée, suspendue quelque tems, on voit bientôt apparaître des symptômes qui font apprécier les inconvéniens de ces anomalies, et le besoin d'exercer la fonction qu'elles affectent. Un sentiment d'anxiété, d'impatience dans tout le système nerveux, une chaleur âcre et sèche à la surface dermoïde, un prurit incommode, une sorte de pesanteur et d'apathie générales nous offrent l'ensemble des impressions qui vont se confondre dans la sensation instinctive attachée à la nécessité de l'accomplissement de cette perspiration, et qui disparaissent pour faire place au bien-être constitutionnel, aussitôt que cette indication est remplie; comme il est facile de s'en convaincre, en examinant les heureux effets d'une sueur modérée, terminant un violent accès fébrile.

§. V. ÉTUDE.—La perspiration cutanée s'effectue par l'action spéciale et physiologique des exhalans de la peau sur les élémens du sang rouge qui leur sont transmis par les divisions artérielles, pour en extraire le fluide connu sous le nom de *sueur*. Ce fluide est transparent, incolore, d'une odeur variable, assez ordinairement ambrée, d'une saveur muriatique, rougissant le tournesol, tachant en jaune les tissus blancs et la plupart des étoffes qui s'en trouvent habituellement imprégnées. Il contient, *d'après M. Thénard*,—de l'eau, comme véhicule plus ou moins abondant; une assez grande proportion d'acide acétique libre, du chlorure, du phosphate de chaux, des hydrochlorates de potasse et de soude, des traces d'oxyde ferrugineux et de matière animale. *D'après Berzélius*, —de l'eau, de l'acide lactique, du lactate de soude, des chlorures de sodium, de potassium, une matière animale combinée. *D'après M. Anselmino*,—de l'eau pour dissolvant; comme parties constituantes sur 100;—osmazôme, chlorures de soude et de chaux, 48;—acide acétique, acétate alkalin. 29;—matière salivaire, sulfates de soude et de potasse, 21;—sels calcaires, 2; du mucus, de l'albumine, du fluide sébacé, de la gélatine, se mêlent presque toujours à cette humeur en proportions très-variables. C'est à la présence de ces matières et des parties salines qu'il faut attribuer les dépôts terreux que l'on observe sur la peau des sujets qui vivent dans l'incurie.

Ces dépôts exigent le renouvellement du linge, l'usage fréquent des lotions et des bains. Ayant analysé ce dépôt, Vauquelin et Fourcroy l'ont trouvé presqu'entièrement formé de phosphate calcaire. La matière animale est celle qui produit à peu près entièrement l'odeur particulière de la sueur dans les différentes espèces animales, et même dans chaque sujet d'une espèce déterminée. C'est d'après cette odeur spéciale, que le chien chasseur connaît, à la voie, l'animal dont il cherche les traces ; de telle sorte qu'on le voit reculer si cet animal est féroce et dangereux, poursuivre avec adeur si ce dernier n'est qu'un gibier timide. C'est d'après la même indication que le chien domestique suit son maître à la piste, même après plusieurs heures de passage. Cette odeur offre encore des variations relatives à l'âge, au tempérament, au sexe, à la nature des alimens, des médicamens, aux états normal et pathologique, à tout ce qui peut exercer une influence profonde sur les fonctions nutritives. On parle d'un aveugle qui distinguait à l'odorat les écarts de sagesse auxquels s'abandonnait par fois sa fille. Nous savons que dans l'ictère, la transpiration prend l'odeur du musc ; dans les scrophules, celle d'un mucilage acescent ; dans le scorbut, celle de l'hydrogène sulfuré ; dans les derniers instans de la plupart des maladies funestes, celle de la vieille marée, des substances animales en putréfaction etc., caractères expressifs qui doivent tenir le premier rang parmi les moyens diagnostiques d'un grand nombre d'affections morbides, et qui se trouvent expliqués par les analyses chimiques. Ainsi M. Orfila nous a démontré deux fois la présence de la bile dans la sueur des ictériques. Celle qui se trouve exhalée dans les fièvres dites *putrides* offre de l'ammoniaque d'après Déyeux et Parmentier. Dans la *fièvre laiteuse,* elle présente un acide libre, d'après Bertholet etc. On conçoit l'influence que ces différentes émanations peuvent exercer dans le rapprochement des sexes ; on sait tout ce que les auteurs ont écrit sur *l'atmosphère de la femme* ; on voit avec quel soin la coquetterie s'environne de parfums artificiels pour suppléer, affaiblir ou masquer l'odeur naturelle.

La perspiration cutanée, sans cesse en action dans l'état physiologique, ne s'exerce pas au même degré dans les divers instans. Un grand nombre de circonstances peuvent, sans altération morbifique notable, en augmenter ou bien en diminuer le développement. Des expériences très-variées, ont été faites pour apprécier les causes, les résultats et les influences de ces modifications remarquables. Il suffit de nommer Sanctorius, Hales, Gorter, Keill, Rye, Lining, Robinson, Lavoisier, Séguin, Chaussier, Edwards, pour juger la valeur et l'importance des observations qu'elles ont fait naître. Avant de nous engager dans cette investigation difficile, nous croyons devoir insister sur une distinction qui n'a point été suffisamment approfondie, sans laquelle cependant il devient absolument impossible d'arriver à des notions exactes. On ne doit jamais confondre : 1° *la formation* de l'humeur perspiratoire ; 2° *la vaporisation* de ce même produit. Les causes modificatives de la première ne sont pas toujours celles de la seconde, les unes propres à l'individu sont plus spécialement relatives à la sécrétion ; les autres, particulières aux circonstances extérieures, se rapportent surtout à l'excrétion. Dans les premières, on trouve des dispositions qui n'appartiennent qu'aux êtres organisés vivans ; dans les secondes, on voit des influences communes à tous les corps de la nature.

1° *Relativement à la sécrétion.* — On peut établir en thèse générale que toutes les circonstances qui viennent

activer la circulation et surtout les courans calorifères
du centre à la circonférence, produisent une augmentation plus ou moins notable de la perspiration cutanée,
dans l'hypothèse où ce développement n'est entravé par
aucune cause extérieure. Au nombre de ces modificateurs
nous devons spécialement ranger les exercices généraux
et soutenus, les passions violentes, les boissons chaudes
et diaphorétiques etc. ; toutes les influences qui ralentissent la circulation cardiaque, les courans calorifères,
ou qui les dirigent plus spécialement de la circonférence
au centre, occasionnent au contraire une diminution positive dans cette même perspiration. Tels sont particulièrement le repos, les passions tristes et profondément
cachées, les boissons aqueuses, froides etc.

2° *Relativement à l'excrétion.* —Surgissant à la surface de l'épiderme en rosée très-fine, la sueur doit naturellement être enlevée par l'air ambiant qui la réduit
à l'état vaporeux. Sous ce dernier rapport, nous admettons en principe que cette excrétion et les pertes qu'elle
entraîne, sont d'autant plus considérables, toutes choses
égales d'ailleurs, que les dispositions atmosphériques favorisent davantage cette conversion gazéiforme, et d'autant plus bornées que ce dernier phénomène trouve, dans
l'air ou dans les objets extérieurs, des obstacles plus positifs à son accomplissement. Nous pouvons réduire à six
principales toutes les circonstances extérieures de ces
modifications : 1° le degré de perméabilité des vêtemens
2° le poids de l'atmosphère ; 3° sa température ; 4° son
humidité ; 5° son agitation ; 6° la présence d'un milieu
liquide. En consultant l'expérience, nous trouvons ces
pertes sensiblement augmentées par l'absence des vêtemens, par la légèreté, la chaleur, la sécheresse et les
mouvemens de l'air ; notablement diminuées, par les vêtemens imperméables, la pesanteur, le froid, l'humi-

dité, la stagnation de l'atmosphère, l'immersion dans l'eau. D'après les observations de M. Edwards, on peut admettre que ces variations opposées dans leurs effets sont à peu près, terme moyen, pour les rapports de la plus faible à la plus forte perspiration dermoïde :: 1 : 6.

Ces distinctions positives, entre *la sécrétion* et *l'excrétion* perspiratoires que nous étudions, donnent la facilité d'apprécier à leur juste valeur tous les faits qui viennent se rattacher à cette importante fonction, et tous les résultats obtenus par nos plus habiles expérimentateurs. On s'est habitué depuis long-tems à considérer les sueurs abondantes comme l'expression du plus grand développement de l'exalation dermoïde ; c'est un préjugé qu'il est actuellement aisé de combattre. Si nous soutenons, pendant quelque tems, un exercice général, sous l'influence d'un soleil brûlant, d'un air sec, incessamment agité, recouverts de vêtemens légers, nous faisons, en poids, dans un tems donné, des pertes énormes; les circonstances favorables à *la sécrétion*, à *l'excrétion*, se trouvant réunies. Cependant la peau n'est pas alors baignée par la transpiration. Si nous passons immédiatement dans un appartement obscur, au milieu d'une atmosphère plus froide, plus humide et stagnante, si nous observons un repos absolu, bientôt les sueurs coulent abondamment sur toutes les parties de l'enveloppe cutanée. Prétendrait-on que, dans ce nouvel état, l'exhalation dermoïde est plus active ; ce serait une erreur, puisque les influences contraires à la sécrétion, à l'excrétion agissent actuellement de concert, et que nous perdons beaucoup moins en poids, dans un tems déterminé. Ces dispositions se prononcent bien davantage, si nous séjournons au milieu des modifications indiquées ; la transpiration se trouve même quelquefois tellement suspendue, qu'il en peut résulter les conséquences les plus funestes à la conservation de l'organisme. N'est-il pas tout naturel d'attribuer ici l'augmentation considérable des sueurs, non point au développement de la sécrétion qui se trouve au contraire diminuée ; mais aux divers obstacles alors apportés à la vaporisation de l'humeur perspiratoire.

Les variations nombreuses de l'exhalation cutanée, plus spécialement relatives aux grandes circonstances que nous avons indiquées, le sont encore aux divers tems de la digestion, au sommeil, à la veille, et nous offrent, dans la révolution diurne, plusieurs modifications intéressantes. Un grand nombre d'essais ont été faits dans l'intention de préciser les déperditions effectuées par cette voie.

Sanctorius, doué d'une patience qui sans doute rencontrera peu d'imitateurs, mais privé des moyens indispensables que la chimie pneumatique a mis à notre disposition, employa trente années à peser exactement et comparativement tous ses alimens solides et liquides, tous les excrémens qu'il rendait à ces deux états. Il reconnut, au milieu de résultats nombreux, variés, mais d'une exactitude peu satisfaisante, qu'un homme adulte revient à peu près au même poids, toutes les vingt-quatre heures, quelle que soit la masse des substances alimentaires employées à sa nutrition ; perdant alors, par les différentes excrétions, un poids absolument semblable à celui des alimens ingérés. Il estime que cette élimination s'effectue, pour les trois huitièmes, par les déjections alvines, urinaires ; pour les cinq huitièmes, par la transpiration. Ainsi, d'après ses calculs, sur huit livres d'alimens liquides ou solides, cinq sont dépensées par les perspirations extérieures, trois par l'excrétion urinaire et la défécation ; quarante-quatre onces par la première, quatre seulement par la seconde. Il est évident que ces expériences n'offrent aucune précision, et même aucune valeur dans le problême à résoudre. En effet, les déperditions perspiratoires ne sont pas seulement relatives à la transpiration dermoïde, elles comprennent encore l'exhalation pulmonaire, dont les résultats sont très-considérables ; plusieurs excrétions folliculaires, telles que celles de la peau, des muqueuses bronchique, nazale, digestive, urinaire etc., se trouvent également confondues avec les autres produits dans cette estimation collective. Gorter, Keill, Robinson, Lining, Dodard, Lavoisier, Séguin, Edwards ont senti l'insuffisance de ces essais, et les ayant répétés, sous des latitudes opposées, ont obtenu des résultats différens, en démontrant la diversité de ces rapports et de ces proportions, suivant l'âge, le tempérament, les états normal et pathologique, le genre de vie, le régime, la saison, le climat etc. Ainsi, Robinson dit, qu'en Écosse, la perspiration cutanée devient à l'urine, dans la jeunesse, :: 1340 : 1000 ; dans la vieillesse, :: 967 : 1000. Gorter indique à peu près les mêmes dispositions pour la Hollande. Lining assure que, dans la Caroline méridionale, on voit la transpiration prédominer pendant cinq mois de chaleur, ensuite la sécrétion urinaire pendant sept mois de froid humide. Keill dit au contraire que la seconde l'emporte ordinairement sur la première. Dodard prétend qu'en France l'exhalation de la sueur est d'une once par heure ; qu'on la trouve aux excrémens solides :: 7 : 1 ; à toutes les excrétions :: 12 : 15. Sauvages nous apprend que, dans le Midi, sur 60 onces d'alimens, 5 sont dépensées par les fèces, 22 par l'urine, 33 par la perspiration cutanée. M. Edwards fait judicieusement observer que, dans un intervalle trop court, il est difficile de bien apprécier les modifications de ce phénomène physiologique, en raison des fluctuations nombreuses qu'il présente incessamment entre l'augmentation, la diminution et l'état stationnaire, mais qu'en prolongeant l'expérience à cinq ou six heures, on observe, au milieu de ces variations contraires, une diminution positive et graduée.

M. Séguin, comprenant la nécessité d'isoler autant que possible, dans ses essais, les perspirations dermoïde et pulmonaire, s'enveloppa d'un sac imperméable, n'offrant aucune communication avec l'extérieur, ne présentant qu'une seule ouverture dont la circonférence était soigneusement collée à celle de la bouche, et parvint aux résultats suivans : — 1° L'homme adulte, sain, ayant complété son accroisssement, revient au même point, après 24 heures, sans que la proportion des alimens, les variations atmosphériques impriment à la régularité de ces retours des modifications appréciables. — 2° Si la proportion de la perspiration cutanée s'accroît, celle des excrétions urinaire et stercorale diminue. — 3° Les digestions imparfaites ou pénibles augmentent l'exhalation dermoïde. — 4° La quantité des alimens solides n'influe pas sensiblement sur cette exhalation. — 5° Immédiatement après le repas, la transpiration cutanée se trouve au *minimum*. — 6° Pendant le développement du travail de chymification et de chylification, cette élaboration sécrétoire est au *maximum*, et paraît, comparativement au terme moyen, plus considérable de deux grains, par minute. — 7° La perte la plus abondante, qui s'effectue par cette voie, semble de 32 grains, par minute; de 3 onces 2 gros 48 grains, par heure; de 5 livres, par jour. — 8° L'évacuation la moins forte est de 11 grains, par minute; de 1 once 1 gros 12 grains, par heure; de 1 livre 2 onces 4 gros, par jour. — 9° Immédiatement après le repas, le *maximum* est de 19 grains, par minute; le *minimum*, de 10 grains. — 10° La perspiration cutanée se trouve soumise à des modifications très-sensibles, relativement à l'énergie des exhalans, à la faculté dissolvante de l'air ambiant. — 11° La perte moyenne des perspirations extérieures est de 18 grains, par minute, 11 pour la peau, 7 pour la muqueuse bronchique.

— 12° D'après l'étendue comparative des membranes dermoïde et pulmonaire, l'exhalation de la seconde est proportionnellement plus considérable que celle de la première.

Il est aisé de voir, dans ces expériences, qu'en pesant le sujet qui s'y trouve soumis, dabord avec le sac vide, ensuite avec le sac plein ; qu'en estimant, d'un autre côté, la quantité précise de l'urine, des féces et des matières mouchées, expectorées, dont ne parle pas M. Séguin, nous trouvons, pour différence du poids des alimens solides et liquides, positivement celui de la perspiration pulmonaire, et que dès-lors ces mêmes expériences présentent beaucoup plus de valeur que celles qui les ont précédées. Mais on doit sentir, en même tems, qu'elles sont encore bien incapables d'offrir des résultats aussi rigoureux qu'on pourrait l'imaginer d'abord. En effet, sans parler des influences nombreuses qui peuvent modifier absolument ou relativement les perspirations pulmonaire et cutanée, les excrétions alvine, urinaire et toutes les autres élaborations sécrétoires de l'économie, rendant à jamais, dans ces recherches, toute appréciation exacte à peu près impossible, n'est-il pas évident que l'exhalation dermoïde ne doit plus s'effectuer avec la même activité dans le sac imperméable, puisque la peau se trouve constamment dans un bain liquide, que l'évaporation est entièrement suspendue ; n'est-il pas également certain qu'une assez grande proportion de la sueur, en contact obligé avec les absorbans, doit se trouver importée dans le torrent circulatoire. Arrêtons-nous donc à ces résultats approximatifs, et ne cherchons point des estimations absolues dans un ensemble d'actions si complexes et naturellement d'une aussi grande instabilité.

La perspiration cutanée remplit, dans tous les organismes, et plus particulièrement chez l'homme, des indications du premier ordre. Nous les rattacherons à trois objets principaux : 1° *A l'épuration.* — Sous ce premier rapport, elle semble débarrasser l'économie des principes âcres, plus ou moins irritans, qui se trouvent importés dans le sang noir, en conséquence de la décomposition nutritive, des perversions morbifiques, ou des absorptions effectuées aux surfaces extérieures. Aussi voyons-nous sa régularité contribuer positivement au maintien de la santé ; son défaut de liberté provoquer le développement des boutons anormaux, des furoncles, des dartres etc. C'est en conséquence des mêmes principes qu'elle offre le moyen critique le plus essentiel et le plus fréquemment employé dans un grand nombre d'altérations graves. Elle sert également à l'excrétion d'une certaine quantité d'acide carbonique, et la peau devient ainsi, comme nous l'avons déjà fait observer, un organe accessoire des poumons. 2° *A l'équilibre de la chaleur vitale.* — En employant, pour se réduire en vapeurs, tout le calorique surabondant qui se trouve produit dans l'organisme, ou qui tend à pénétrer de l'extérieur, la matière de la perspiration dermoïde forme, comme nous croyons l'avoir prouvé, le premier moyen qui s'oppose à l'élévation extra-normale de la chaleur physiologique. 3° *A la finesse du tact.* — L'enveloppe cutanée, maintenue par cette exhalation dans un état de souplesse habituelle, se trouve ainsi favorablement disposée à l'exercice de ses phénomènes sensitifs, lorsqu'il s'agit d'apprécier des modifications tactiles délicates. Aussi, le vieillard, dont la peau conserve ordinairement un premier degré de sécheresse et d'aridité, n'offre-t-il qu'un toucher plus ou moins imparfait.

§ VI. INFLUENCE DE L'HABITUDE.—Les effets de ce modificateur sont très-positifs, et surtout essentiels à noter pour les applications thérapeutiques. On s'accoutume à l'exercice d'une perspiration abondante par l'usage ordinaire des vêtemens chauds, des boissons tièdes, et des bains à la température du sang ; on s'habitue, sous des influences opposées, à l'abaissement continuel de cette même perspiration. Aussi conseillons-nous aux sujets affectés de catarrhes, de rhumatismes, les vêtemens de laine, les eaux thermales, et les boissons chaudes ; mais seulement alors que ces individus sont dans la position d'éviter les transitions brusques de l'atmosphère ; dans l'hypothèse contraire, cette augmentation habituelle de l'exhalation cutanée présenterait plus d'inconvéniens que d'avantages, en raison des répercussions plus considérables qu'elle favoriserait. Ainsi, l'on ne traite pas un rhume, chez le citadin qui peut s'environner, dans ses appartemens, d'une température douce, uniforme, comme chez l'habitant de la campagne, que la nécessité contraint à s'exposer à toutes les vicissitudes, à toutes les intempéries des saisons. Il faut toujours, dans cette circonstance, pour l'état normal, comme pour l'état pathologique, observer un moyen terme entre deux extrêmes également nuisibles.

§ VII. SYMPATHIES.—Au milieu des rapports généraux qui lient toutes les sécrétions, il en existe quelques-uns plus particuliers, qui rapprochent la perspiration cutanée des exhalations séreuse, muqueuse, de l'élaboration urinaire etc., de telle sorte que la première ne peut diminuer sans que les autres n'augmentent, et *vice versâ*. C'est en conséquence de ces relations que nous trouvons la peau sèche dans les hydropisies, les diarrhées, le diabètes etc. ; les selles rares , l'urine , la sérosité presque nulles dans la suette etc. Nous verrons bientôt le parti que l'on peut tirer de ces connaissances dans les applications thérapeutiques.

§ VIII. ALTÉRATIONS.—Les anomalies de la perspiration dermoïde, produisant des accidens plus ou moins graves dans tout l'organisme, doivent être exposées avec quelques détails. Elles comprennent les quatre modifications principales.

1° *Augmentation.* — Elle peut être locale ou générale, et, dans chacune de ces modifications, se manifester d'une manière active ou passive.

Augmentation locale. — Il n'est pas rare d'observer des sueurs partielles dans certaines maladies , et même sans altération notable; mais il existe, sous ce rapport, des différences fondamentales entre les deux états que nous venons de signaler. *État actif.* — Il est toujours la conséquence d'une sur-excitation des exhalans dans un point circonscrit. C'est ainsi qu'un frottement répété, que l'application des cantharides sur une partie de la peau, nous offrent les extrêmes de cette augmentation, depuis le premier degré de l'exaltation perspiratoire, jusqu'à la vésication complète, signalant dans sa marche toutes les nuances de cette exaltation : picotemens, chaleur, sentiment de cuisson, rosée légère , soulèvement de l'épiderme dont les ouvertures ne suffisent plus à l'exportation de la sueur produite , formation de la vésicule , résorption , affaissement de la tumeur , desquamation de l'épiderme. Telle nous paraît être la théorie naturelle de la vésication active , quelle que soit la cause de son développement. *État passif.* — Il résulte ordinairement de l'atonie des exhalans, qui laissent *transsuder*, en quelque sorte , l'humeur perspiratoire. Aussi la peau , loin de se montrer chaude , rouge , animée ,

comme dans l'augmentation active , est au contraire glaciale, pâle et flétrie ; l'humeur exhalée paraît visqueuse
et sans chaleur ; de-là , ces termes expressifs de *sueurs
grasses , froides etc.*, qui se manifestent surtout à la face,
à la poitrine , aux pieds, aux mains etc. , comme on le
voit dans la syncope, dans les grandes concentrations vitales , et dans les désordres fonctionnels qui menacent
directement l'existence.

Augmentation générale. — Elle peut également présenter les deux modifications que nous venons de faire
observer. *État actif.* — C'est le plus ordinaire. Constamment produites par l'excitation extra-normale de tout
le système exhalant cutané , ses manifestations s'accompagnent d'une agmentation notable dans la chaleur, la
rougeur et la turgescence périphériques. La sueur qui s'é-
chappe, offrant également une température élevée , ne
tarde pas à se vaporiser. On observe plus spécialement
cette augmentation vers le terme des accès fébriles , surtout lorsqu'ils sont franchement intermittens ; pendant les
crises d'un assez grand nombre de maladies inflammatoires ; sous l'influece d'un exercice violent ; dans les
transports de la colère etc. ; elle est presque toujours
alors un bienfait de la nature, dont il faut seconder les
intentions , sans jamais en exagérer les résultats. *État
passif.* — Il est heureusement assez rare , doit être envisagé , dans le plus grand nombre des circonstances ,
comme un symptôme fâcheux , souvent même comme
l'un des signes précurseurs de la mort. Il porte en effet
les caractères de l'atonie cutanée , de la destruction prochaine ; la peau, sans chaleur et sans vitalité, couverte
d'une pâleur cadavéreuse, exhale une sueur froide, grasse,
visqueuse , et d'autant plus adhérente , qu'elle est peu
susceptible de vaporisation. On remarque plus particulièrement cette altération dans les consomptions qui ter-

minent le plus grand nombre des maladies graves et chroniques ; dans les derniers degrés du scorbut, des scrophules, de la phthisie pulmonaire etc.

2° *Diminution.* — La perspiration dermoïde est susceptible d'offrir un abaissement assez notable pour occasionner, dans l'économie, des accidens plus ou moins fâcheux. Un grand nombre de pleurésies, de catarrhes, d'angines, de gastro-entérites etc., ne reconnaissent pas d'autre principe que la *diminution* brusquement survenue dans cette élaboration sécrétoire, ou, comme on le dit moins exactement, que la *répercussion* de la sueur; nous ne pensons pas, en effet, avec les humoristes exclusifs, qu'un transport de cette matière soit opéré vers l'organe affecté de phlegmasie, dans les circonstances ordinaires de ces manifestations pathologiques. D'un autre côté, pendant le cours d'un grand nombre d'inflammations intérieures, avec concentration de la vitalité, dans les affections cancéreuses, les suppurations abondantes, le diabètes etc., la peau devient sèche, terreuse, en offrant une disposition consécutive, qui paraît à son tour capable d'entretenir les altérations qui l'avaient elle-même déterminée. Du reste, cette modification peut être locale ou générale, reconnaître des causes, produire des effets relatifs à ces deux circonstances.

3° *Perversion.* — La perspiration cutanée peut éprouver des altérations variées dans sa nature, et qu'il est facile de constater par celles dont les qualités normales de l'humeur exhalée sont alors susceptibles. La sueur, en conservant ses caractères essentiels, se trouve altérée seulement dans quelques-unes de ses propriétés. Ainsi, dans les affections scrophuleuses, chez la femme, pendant la menstruation, dans les jours qui suivent l'accouchement, elle devient acide, et prend une odeur aigre, plus ou moins désagréable. On la voit presque entièrement aqueuse dans le tétanos, les convulsions, l'hystérie, dans la plupart des affections nerveuses; elle est ammoniacale, ambrée dans les inflammations des appareils urinaire, digestif, hépathique etc. Quelquefois on la trouve complétement dénaturée, faisant place à d'autres fluides sécrétés ou circulatoires. Ainsi, *le sang* est parfois transmis à l'extérieur par une véritable perspiration locale ou générale, active ou passive. Les pétéchies, les taches scorbutiques ont été considérées comme un résultat de cette altération ; nous l'avons observée plusieurs fois, et notamment chez une jeune fille de la Salpêtrière, dont les menstrues fluaient exclusivement par l'une des pommettes. On rapporte également que deux sœurs, après s'être échauffées au bal, furent prises d'une sueur de sang très-copieuse. *L'urine* se dévie quelquefois par les exhalans cutanés, son excrétion naturelle étant suspendue, comme on le voit dans la fièvre dite urineuse. La sueur exhale, dans cette anomalie, une odeur fortement ammoniacale. *Le lait*, chez les nouvelles accouchées, semble également s'échapper avec la matière de la perspiration dermoïde, lorsque ses canaux efférens enflammés lui refusent un passage facile par la voie naturelle. Il est assez convenable d'admettre cette opinion, en observant le caractère acescent des émanations cutanées, alors absolument identique à celui des vapeurs qui s'élèvent du lait arrêté dans ses propres excréteurs. *La bile* concourt aussi quelquefois à cette perversion, dans les phlegmasies, les engorgemens hépathiques, l'ictère etc. Elle donne à la perspiration des teintes verdâtres ou safranées, assez fortes pour tacher le linge. M. Orfila, sur deux sujets, l'a positivement rencontrée dans la sueur. Dans tous ces cas, les humeurs que nous venons d'énumérer, sécrétées par leurs organes respectifs, ont été reportées dans le torrent circulatoire par les absorbans, et présentées aux exhalans de la peau, modifiés dans leurs propriétés, pour effectuer cette élimination pathologique. On doit surtout combattre ces déviations excrétoires, en rétablissant le cours des fluides sécrétés, par leur voie naturelle.

4° *Suspension.* — Cette altération, assez rare, s'observe cependant quelquefois sous l'influence d'un froid rigoureux, d'une terreur soudaine, au début d'une violente inflammation, pendant le frisson des fièvres intermittentes etc.; la peau se trouve alors sèche, avec froid glacial ou chaleur âcre et mordicante, suivant les causes de cette perversion, toujours accompagnée par l'anxiété profonde, et l'imminence d'accidens plus on moins graves.

2° PERSPIRATION MUQUEUSE.

§. I. Définition, caractères, but. — Nous examinons, sous le titre de perspiration muqueuse, l'exhalation qui s'effectue à la surface libre de toutes les membranes du même nom. Cette exhalation a pour but général et commun d'humecter les parois du système qui nous offre l'organe des relations intérieures, comme la peau nous a présenté celui des rapports extérieurs. L'un et l'autre avaient besoin de rencontrer, dans le produit normal de cette élaboration, un moyen protecteur contre les nombreux modificateurs à l'action desquels ils se trouvent exposés, par ces rapports et ces relations. Cette boration physiologique remplit ensuite plusieurs indications spéciales que nous signalerons dans chacune des divisions principales du même tissu.

§. II. Appareil. — Il est représenté par l'ensemble des vaisseaux capillaires, qui, sous le nom *d'exhalans muqueux*, viennent s'ouvrir à la surface villeuse de ces membranes, sous l'épiderme, que sa ténuité rend très-douteux pour un assez grand nombre d'anatomistes. Il ne faut pas confondre cet appareil avec celui qui se déploie dans les follicules, et dont nous parlerons ailleurs ; ils sont aussi différens par leurs dispositions et leur vitalité, que par l'humeur dont chacun d'eux effectue la sécrétion. Il existe, à la surface des muqueuses, comme à celle de la peau, deux ordres de sécrétions, les unes perspiratoires, les autres folliculaires.

§. III. MODIFICATEUR. — Nous pensons qu'il est fourni, comme pour l'exhalation dermoïde, par le sérum du sang avec lequel cette humeur perspiratoire muqueuse offre beaucoup d'analogie. Quelques auteurs considèrent le sang rouge lui-même, comme agent de cette sécrétion, hypothèse qui, d'ailleurs, en la supposant fondée, ne change rien à la théorie de l'élaboration que nous étudions.

§. IV. APPÉTIT.—L'appareil exhalant muqueux, formé de plusieurs divisions complétement isolées et dans une indépendance mutuelle, ne pouvait se trouver soumis à l'influence d'un régulateur commun ; le sentiment de chaleur et d'anxiété générales qui se manifeste lorsque cette perspiration est exigée, devient à peu près le seul caractère de l'appétit que nous indiquons ; ceux des spécialités qu'il est susceptible d'offrir sont relatifs aux fonctions dont chacune des membranes muqueuses présente un accessoire plus ou moins puissant.

§. V. ÉTUDE.—Sécrété par les vaisseaux exhalans dans toutes les parties du système que nous examinons, le fluide perspiratoire muqueux offre des caractères fondamentaux, identiques pour toutes ces parties, et, dans chacune d'elles, plusieurs variétés relatives à leurs propriétés spéciales, à leurs phénomènes propres. Considéré d'une manière générale, ce fluide présente beaucoup d'analogie avec le sérum du sang. Il est ténu, diaphane, plus pesant que l'eau distillée, d'un blanc sale, quelquefois légèrement bleuâtre, d'une odeur faible, douce, nauséabonde, insipide ou faiblement salé ; formé de muriates, de phosphates à base de potasse et de soude, d'albumine, il contient presque toujours un peu de mucilage en dissolution dans la grande quantité d'eau qui sert de véhicule à ces divers matériaux. Cette humeur perspiratoire, incessamment exhalée aux surfaces muqueuses, humecte ces dernières, concourt à l'épuration générale, et remplit, comme nous le verrons, des usages particuliers dans chacun des appareils dont ces membranes constituent l'un des élémens essentiels.

§. VI. Influence de l'habitude.—L'exhalation muqueuse, comme toutes les autres sécrétions, éprouve assez positivement cette influence. Développée, d'une manière soutenue, dans les principales divisions de cet appareil, elle conserve encore cette grande activité lors même que l'action des stimulans, qui l'entretenait à ce degré, ne s'exerce plus avec la même puissance. A cet état, l'économie l'emploie comme émonctoire, et surtout comme annexe de la perspiration dermoïde. C'est alors que la suppression instantanée de ces écoulemens, par des moyens intempestifs, expose à des conséquences d'autant plus facheuses que cette habitude est plus ancienne et plus largement établie. Nous en trouvons la preuve dans les répercussions du coryza, de la diarrhée séreuse, de l'asthme humide etc.

§. VII. Sympathies.—La perspiration muqueuse, envisagée dans son ensemble, est directemeut liée par ces rapports, à l'exhalation cutanée séreuse, à la sécrétion urinaire. C'est à cette réciprocité d'influence qu'il faut attribuer la facilité, la fréquence des inflammations, du flux *séro-muqueux* par les répercussions de la sueur ; la diminution, l'épaississement de l'urine pendant le cours de ces mêmes altérations ; la guérison des hydropisics, des maladies cutanées chroniques, des dartres, des éruptions anomales, de la suette etc., par l'emploi continué des laxatifs.

§. VIII. Altérations.—L'exhalation muqueuse peut offrir toutes les modifications pathologiques. 1° *Augmentation.*—Nous en trouvons des exemples dans les catarrhes nazal, pulmonaire à leur début ; dans les diarrhées séreuses, dont les produits sont quelquefois énormes ; dans les vomissemens de la même nature qui signalent certaines perversions gastriques. Nous avons vu des sujets rendre, par cette voie, plusieurs litres d'une matière aqueuse et transparente, sans aucune ingestion liquide, susceptible d'en augmenter la proportion. 2° *diminution* —On l'observe souvent au début des violentes inflammations muqueuses, dans la sécheresse de ces membranes, indépendamment d'aucune phlogose appréciable. 3° *Perversion.*—Il n'est pas rare de voir, pour les muqueuses, comme pour la peau, des déviations sanguines, bilieuses, urineuses, lactées etc. Ces perversions sont même plus fréquentes dans les perspirations des premières, que dans l'exhalation de la seconde. Mais il en est une qui semble se rattacher plus essentiellement à la nature de l'humeur *séro-muqueuse,* et dont l'importance morbifique doit plus spécialement fixer l'attention. Cette humeur, sous l'influence de certaines modifications inflammatoires, devient quelquefois tellement albumineuse, présente une disposition si grande à la concrétion, qu'elle se condense à l'intérieur des canaux muqueux, se moule sur leurs formes, prend une apparence d'organisation rudimentaire qui fait donner à ces produits le nom de *fausses membranes.* Rejetées au dehors, elles ont été plus d'une fois confondues avec des débris du tissu muqueux, avec une portion de l'es-

tomac, des intestins etc. C'est à cette perversion qu'il
faut particulièrement attribuer les concrétions de *l'angine
aqueuse*, les fausses membranes de la dyssenterie, du
croup etc.

La perspiration muqueuse ne doit pas être bornée,
dans son histoire, aux considérations générales du mode
sécrétoire, de la nature et des usages du fluide sécrété ;
plusieurs dispositions spéciales nous obligent à l'étudier
isolément dans *la conjonctive*, *la pituitaire*, *les muqueuses auditive, mammaire, génitale, urinaire, digestive et pulmonaire*, où nous la verrons surtout présenter
des considérations importantes.

1° *Conjonctive*. — Mêlée partout aux larmes, depuis
l'origine des canaux afférens de la glande lacrymale jusqu'à la terminaison du canal nazal sous le cornet inférieur, l'humeur perspiratoire de la conjonctive, d'une
transparence complète, humecte cette membrane, prévient
son desséchement, son irritation par l'air ambiant, favorise les mouvemens respectifs du globe oculaire et des
voiles palpébraux. Elle est *augmentée* dans l'ophthalmie
séreuse; *diminuée* ou même *suspendue* par l'ophthalmie
sèche, au début des violentes inflammations de cette
partie. Elle peut être *pervertie* dans sa nature ou par le
mélange du sang, de la bile etc.

2° *Pituitaire*. — L'humeur exhalée par cette membrane, la garantit des influences nuisibles de l'air inspiré ;
dissout les molécules odorantes, et maintient, dans la
muqueuse olfactive, la souplesse nécessaire au développement de l'odorat. Cette élaboration sécrétoire est *augmentée* vers le début du coryza, dans plusieurs lésions
graves, aux approches de la mort; *diminuée*, quelquefois
suspendue par l'invasion d'une phlegmasie très-intense de
la pituitaire, pendant l'arachnitis, l'encéphalite etc. ;
pervertie, de manière à produire autour des narines, à

la lèvre supérieure, une sorte d'éruption ou d'érysipèle croûteux. Elle devient assez fréquemment sanguine, comme on le voit dans l'épistaxis.

3° *Muqueuse auditive.* —— La caisse du tympan reçoit un prolongement de la pituitaire, qui verse continuellement, dans cette cavité moyenne de l'audition, un fluide perspiratoire, chargé de maintenir les parties qu'elle contient, dans un état favorable aux usages qui leur sont départis. *L'augmentation* produit les différens degrés de l'hydropisie du tympan ; *la diminution* entraîne la sécheresse de cette cavité ; *la perversion* amène des épanchemens sanguins, purulens etc. ; toutes ces altérations occasionnent des anomalies auditives, telles que *la paracousie, le tintouin, la surdité etc.*, souvent alors ignorées dans leur véritable cause. La membrane de l'oreille interne, dont la nature n'a point encore été positivement déterminée, que nous considérons comme appartenant aux muqueuses, fournit un fluide incolore, transparent, léger, nommé *lymphe de Cotunni.* Cette humeur baigne incessamment le nerf acoustique, présente le double avantage de rendre ce dernier susceptible de recevoir les plus faibles vibrations, et de lui communiquer, par des oscillations liquides, et par conséquent inoffensives, les ondes sonores qui doivent agir sur lui. Les différentes altérations de cet acte perspiratoire amènent, dans l'audition, des désordres dont les causes ne sont pas ordinairement bien appréciées. Pinel a fait observer que la plupart des surdités séniles étaient occasionnées par l'absence de cette humeur et par le desséchement du nerf acoustique.

4° *Muqueuse mammaire.* —— La membrane qui revêt l'intérieur des canaux galactophores présente également une exhalation assez active, surtout pendant le travail d'allaitement. Elle s'unit à l'humeur sécrétée, par les mamelles , rend sa fluidité plus considérable , et son excrétion plus facile. *Augmentée* pendant le cours des phlegmasies légères de ces glandes , *diminuée*, quelquefois même *suspendue*, vers le début de leurs inflammations violentes , elle se trouve *pervertie* de manière à fournir du sang. Nous avons observé plusieurs fois une femme de trente ans, assez bien menstruée par cette voie.

5° *Muqueuse génitale.* — *Chez la femme*, dans les trompes utérines, cette perspiration favorise l'ascension du sperme, vers les ovaires, l'importation de l'œuf dans la matrice, après la fécondation. Dans cet organe, dans le vagin , plus spécialement , elle protège contre les irritans extérieurs , et facilite la copulation. Sensiblement *augmentée*, après l'accouchement, elle forme, en grande partie , la matière de l'écoulement , qui se manifeste alors, sous le nom de *lochies*. Dans l'inflammation chronique de l'utérus, ou du vagin , elle concourt à la production du flux , communément désigné par le terme de *fleurs blanches*. On l'observe encore chez un grand nombre de sujets , plusieurs jours avant et après la menstruation. Elle est *diminuée*, pendant l'invasion des phlegmasies intenses de ces parties ; souvent *pervertie* jusqu'à l'exhalation sanguine. Celle-ci paraît naturellement , sous le nom de *flux menstruel*, plus ou moins régulièrement, tous les mois , depuis la puberté jusqu'à l'âge de retour. Chez certaines femmes, l'utérus devient le siége d'une perspiration gazeuse , dont les produits s'échappent quelquefois avec explosion. Nous avons eu l'occasion d'observer deux fois ce phénomène remarquable, chez une jeune personne très-nerveuse, pendant la durée d'une métrite chronique ; chez une dame très-forte , sous l'influence d'un polype utérin ; les gaz traversaient le col de cet organe, en produisant de véritables détonations. *Chez l'homme*, cette perspiration liquéfie le sperme dans les conduits séminifères, dans les vésicules, en favorise constamment l'excrétion. Par son *augmentation*, cette humeur fait partie de la matière blennorrhagique ; elle est *diminuée*, parfois *suspendue*, vers le début, lorsque cette inflammation se manifeste avec intensité.

6° *Muqueuse urinaire.* — Le produit de l'exhalation, effectuée dans cet appareil, se mêle continuellement à l'urine, en la rendant plus fluide, en affaiblissant les caractères irritans de cette humeur. *Augmentée*, dans le catarrhe vésical ; *diminuée*, parfois *suspendue*, lors des premiers symptômes d'une cystite violente ; cette exhalation est assez fréquemment pervertie, de manière à livrer passage au sang, à la bile, au lait, au pus, à des gaz qui s'échappent avec explosion par l'urètre etc.

7° *Muqueuse digestive.* — Elle offre, dans sa perspiration, des particularités relatives à chacune de ses principales divisions. 1° *Dans la bouche.* — Le produit de cette exhalation, pour les conduits salivaires, se mêle au fluide sécrété par leurs glandes, en favorise l'excrétion ; sur la membrane palatine, en s'unissant à la salive, au mucus, il facilite beaucoup la gustation, l'insalivation, l'articulation des sons etc. Au nombre de ses altérations, on observe rarement la perspiration sanguine. 2° *Dans le pharynx et l'œsophage.* — Cette exhalation normale sert à la déglutition. Son *augmentation* constitue fréquemment l'angine séreuse ; sa *diminution* est une cause de dysphagie ; sa perversion est peu commune. 3° *Dans l'estomac.* — La perspiration de cette cavité digestive est ordinairement très-abondante, surtout immédiatement après l'ingestion des alimens solides ; aussi, trouvons-nous les artères du ventricule, proportionnellement bien supérieures, par le nombre et le volume, à celles de toutes les autres divisions du tube alimentaire. C'est au produit de cette exhalation que, sous le nom de *suc gastrique*, plusieurs physiologistes, et notamment Spallanzani, Leuret, Lassaigne, Gmelin, Tiedemann etc., ont fait jouer le principal rôle dans le phénomène essentiel de la chymification. Opinion absolue que plusieurs auteurs ont repoussée par des opinions également trop exclusives. *L'augmentation* morbifique de cette perspiration s'observe dans les vomissemens séreux abondans ; *la diminution* se manifeste quelquefois dans la gastrite, la gastralgie, et devient une cause assez commune d'indigestion ; *la perversion* se montre dans es régurgitations des fluides âcres, brûlans, offrant la saveur du fromage pourri, de la vieille marée etc., altérations qui se rattachent plus spécialement à la gastrite chronique, au squirrhe du pylore, et peuvent occasionner l'hématémèse, des émanations gazeuses très-variées et prenant l'odeur des excrémens, de l'acide hydro-sulfurique etc. *4° Dans le duodénum.* — Cette perspiration a pour objet de fluidifier le chyme, de favoriser la chylification, en se mêlant à la bile, au suc pancréatique. Ses altérations offrent des résultats analogues à ceux que nous venons de signaler. *5° Dans l'intestin grêle.* — Ce produit de la perspiration constitue *le suc intestinal* de quelques physiologistes. Sans lui donner trop d'importance, relativement à l'acte fondamental effectué dans cette cavité digestive, nous pensons qu'il sert très-utilement, en s'unissant au chyle, pour favoriser son absorption ; en se mêlant aux matières fécales, pour faciliter leur excrétion ultérieure. Son *augmentation* produit ces diarrhées séreuses, quelquefois si considérables, si promptement funestes ; sa *diminution* entraîne souvent des constipations opiniâtres ; sa *perversion* occasionne quelquefois le méléna ; très-fréquemment des exhalations gazeuses, tantôt expulsées par la bouche, par l'anus, tantôt reprises par les absorbans, tantôt enfin accumulées en proportions plus ou moins considérables, et formant les divers degrés de *la tympanite intestinale*, comme on l'observe surtout chez les sujets nerveux, mélancoliques, chez les femmes vaporeuses etc. 6° *Dans le gros intestin.* — Le fluide exhalé sert particulièrement à liquéfier les matières excrémentitielles, à favoriser directement la défécation. Dans son *augmentation*, il produit aussi la diarrhée séreuse ; dans sa *diminution*, la constipation plus ou moins prolongée ; dans sa *perversion*, la dyssenterie, les expulsions gazeuses par l'anus etc.

8° *Muqueuse pulmonaire.*—Cette exhalation offre naturellement deux produits différens, l'un gazeux, l'autre fluide. *Produit gazeux.* — Il est représenté par l'acide carbonique rendu pendant l'expiration, et sert d'émonctoire au sang noir pour sa rénovation complète. *Produit fluide.* — Excrété sous forme de vapeur avec le précédent et l'air expiré, ce produit paraît analogue à celui des autres perspirations muqueuses. MM. Edwards et Breschet pensent, d'après les expériences qu'ils ont publiées, que cette exhalation bronchique se trouve notablement excitée « par l'inspiration qui appelle du centre à la circonférence. » Déjà M. Barry avait fait observer que ce phénomène respiratoire suspend l'absorption dans le même point. Sans rejeter l'influence de cette condition physiologique sur la perspiration pulmonaire, il nous est impossible d'en admettre la nécessité, lorsque nous voyons les autres sécrétions du même ordre s'effectuer indépendamment de cet auxiliaire. Toutefois cette perspiration s'oppose au desséchement, à l'irritation des bronches ; elle concourt au maintien de l'équilibre dans la chaleur vitale, et remplit, pour la muqueuse pulmonaire, tous les usages de l'exhalation dermoïde, relativement à la peau. L'une et l'autre semblent même destinées, sous ce dernier rapport, à se remplacer naturellement. Ainsi

MM. Delaroche et Berger, ayant recouvert toute l'enveloppe cutanée d'un vernis imperméable à la sueur, perdirent un poids égal à celui qu'ils avaient vu disparaître au milieu des circonstances normales. *A l'augmentation* de la perspiration bronchique viennent se rattacher l'asthme humide, le catarrhe séreux ; à sa *diminution*, la sécheresse et l'aridité que ressentent les malades au début d'une violente inflammation pulmonaire ; à sa *perversion*, la production d'une matière âcre qui provoque la toux ; l'exhalation d'un sang rouge et vermeil, *hémoptysie* ; l'émanation des gaz plus ou moins fétides habituellement expirés par certains individus etc.

3° PERSPIRATION SÉREUSE.

§.I. DÉFINITION, CARACTÈRES, BUT.—Cette exhalation offre pour caractère distinctif de s'effectuer à la surface libre de plusieurs membranes minces, diaphanes, représentant des sacs sans ouverture, et décrites sous le nom de *séreuses*. L'objet essentiel de cette perspiration est d'humecter les parties contiguës de ces membranes, d'en prévenir l'adhérence et d'en favoriser les glissemens ; comme le démontre la suspension de cette élaboration spéciale que suit immédiatement leur adhésion inflammatoire. L'exhalation que nous étudions présente encore pour utilité, de laisser en réserve une humeur d'autant plus avantageuse à la réparation des pertes supportées par les fluides circulatoires, qu'elle offre plus d'analogie avec le sérum du sang ; il est peu d'organes centraux aux fonctions desquels cette exhalation ne se rattache pas assez directement, le système chargé de l'effectuer occupant les trois cavités splanchniques, et fournissant, à chacun de ces viscères, une enveloppe commune plus ou moins étendue.

§. II. Appareil. — Il est devenu l'objet d'assez nombreuses contestations. Lower le plaçait dans les ganglions lymphatiques sous le titre de *glandes conglobées.* D'autres admirent des vaisseaux particuliers, naissant du canal thoracique ; Duverney, Malpighi, des glandes multipliées dans l'épaisseur des séreuses ; Haller attribue cette perspiration aux extrémités artérielles. Aujourd'hui la grande majorité des physiologistes considère les vaisseaux exhalans, qui viennent s'ouvrir à la surface libre du tissu séreux, comme les agens essentiels de cette même sécrétion. Déposée dans une cavité sans communication extérieure, la sérosité ne peut en sortir que par la voie des absorbans, de telle sorte que l'on doit, pour cette perspiration, voir , dans les exhalans, des organes d'élaboration et des vaisseaux afférens ; dans le sac membraneux , un réservoir ; et dans les absorbans, des canaux excréteurs. Chaque tunique séreuse, exactement isolée des autres divisions du même appareil, peut-être considérée comme un organe indépendant ; nous en distinguons cinq principales : dans le crâne et son prolongement rachidien , *l'arachnoïde* ; dans le thorax , *le péricarde, les plèvres* ; dans l'abdomen , *le péritoine ;* extérieurement, dans le scrotum, *la tunique vaginale.* On pourrait ajouter *l'amnios*, dans les parois de l'œuf.

§. III. Modificateur. — Plusieurs physiologistes le placent dans le sang rouge ; nous croyons qu'il est représenté par le sérum de ce dernier, avec lequel on voit l'humeur de cette perspiration offrir la plus grande analogie.

§. IV. Appétit.—Il n'est signalé, dans cette fonction, par aucun sentiment commun et centralisé. Chaque membrane séreuse, en raison de son isolement, porte, en elle-même, les caractères du besoin de cette perspiration, et les partage avec l'organe dont elle fait plus spécialement partie. C'est ainsi qu'une sensation locale, plus ou moins pénible, une douleur pongitive, mobile, un état de gêne, d'anxiété, surtout pendant les déplacemens de cet organe, indiquent ordinairement le défaut d'exhalation dans les principales divisions du système séreux.

§. V. ÉTUDE. — Identique, sous le rapport du travail d'élaboration et du fluide sécrété, dans toutes les membranes séreuses, cette perspiration s'effectue par l'action vitale des vaisseaux exhalans de ces membranes sur le sérum du sang rouge. Constituée, par cet acte physiologique, l'humeur, sous le titre de *sérosité*, versée dans la cavité de la membrane, y remplit l'objet de sa destination, pour se trouver ensuite saisie par les absorbans, après un séjour variable, et rentrer par l'intermédiaire du système veineux, dans le torrent circulatoire. Cette humeur est transparente, incolore, peu sapide, inodore, plus pesante que l'eau distillée, neutre dans l'état physiologique; offrant, au milieu d'un véhicule aqueux très-abondant, une certaine proportion d'albumine, de mucus gélatiniforme, de matière fibrineuse, d'hydrochlorates, de sous-carbonates, de sous-phosphates de potasse et de soude, d'une matière animale, favorisant beaucoup sa putréfaction, lorsqu'elle est séparée de l'économie vivante; en partie coagulable par la chaleur, caractère qu'elle doit surtout à l'albumine; en partie incoagulable, par sa matière gélatiniforme; différant du sérum, d'après Bostock, par une moins grande proportion d'albumine et d'eau. Prise dans les ventricules encéphaliques d'un sujet affecté d'arachnitis, analysée par M. Lassaigne, cette humeur a présenté, sur 1,000 parties : eau, 987, 5 ; — albumine, traces de matière grasse et d'osmazôme, 8 ; — hydrochlorates de soude et de potasse, sous-carbonate, sous-phosphate de soude, 3 , 5 ; — phosphate de chaux, 1.

La composition de ce fluide exhalé peut offrir, comme nous le verrons, des modifications assez importantes, et relatives aux perversions de l'élaboration sécrétoire.

§. VI. INFLUENCE DE L'HABITUDE .— Cette perspiration, la moins susceptible d'éprouver les modifications de l'habitude, ne s'en trouve cependant pas entièrement affranchie. Ainsi, lorsqu'elle a, pendant quelque tems, dépassé la mesure de son activité naturelle, on la voit, même après avoir été ramenée à son type normal, offrir une tendance remarquable à le dépasser; de telle sorte que, si la guérison des hydropisies est déjà très-difficile, il devient moins facile encore de soustraire entièrement le sujet aux récidives de cette fâcheuse altération.

§. VII. SYMPATHIES. — La perspiration séreuse offre des relations spéciales avec les exhalations muqueuse et dermoïde ; moins directement avec la sécrétion ururinaire ; aussi, les hydropisies, bien souvent produites par la suppression de la perspiration, des exanthèmes cutanés, des diarrhées, de l'élaboration rénale, sont-elles en même-tems guéries, dans le plus grand nombre des circonstances, par les diaphorétiques, les purgatifs et les diurétiques.

§. VIII. ALTÉRATIONS. — Pour en bien comprendre la facilité, les accidens, les indications et les moyens thérapeutiques, il est essentiel de ne jamais perdre de vue que l'intégrité de la perspiration séreuse, en raison des dispositions de l'appareil chargé de son exécution, dépend non seulement de la régularité d'action des vaisseaux exhalans, mais encore de l'harmonie qui doit naturellement exister entre ces derniers et les absorbans.

1° *Augmentation.* — La surabondance de la sérosité se manifeste sous plusieurs influences, quelquefois diamétralement opposées; lorsque l'action des exhalans s'élève au-dessus de l'état normal, celle des absorbans restant la même; ou bien encore, lorsque le travail des absorbans se trouvant diminué, celui des exhalans conserve son état naturel. Dans ces deux états, l'exhalation devenant supérieure à l'absorption, la sérosité s'accumule en mesure de ce défaut d'équilibre, et produit ainsi *l'hydropisie*. On la nomme *active*, dans le premier cas, sa cause essentielle étant l'excitation des exhalans; *passive*, dans le second, l'influence qui la produit se rattachant surtout à la diminution d'énergie des absorbans; distinction d'un intérêt majeur dans l'histoire de ces graves altérations. 2° *Diminution*. — Elle se manifeste lorsque les absorbans offrent une action supérieure à celle des exhalaus qui conserve ses dispositions ordinaires; ou bien, lorsque les exhalans diminuent sensiblement d'activité, les absorbans n'éprouvant aucune modification. Dans ces deux circonstances, les surfaces libres des séreuses desséchées s'irritent, s'enflamment, et peuvent même contracter des adhérences, qui deviennent souvent le premier degré de certaines identifications organiques. Cette altération sécrétoire est également *active*, dans le premier état; *passive*, dans le second; ou, si l'on veut encore, de même que *l'augmentation*, dans le premier cas, *relative*; dans le second, *absolue*. 3° *Perversion*. — Dans un grand nombre de phlegmasies, la sérosité devient tellement albumineuse, qu'elle se coagule en couches plus ou moins épaisses; lesquelles tantôt s'organisent en fausses membranes, qui nous offrent le principe des adhérences graduées, que l'on voit alors s'établir entre les feuillets séreux; tantôt se détachent, et suspendues en flocons blanchâtres, au milieu de l'humeur sécrétée, lui donnent beaucoup d'analogie d'aspect avec le petit lait non clarifié. C'est à cette modification qu'il faut attribuer l'erreur qui faisait rapporter, dans la péritonite puerpérale, à des congestions lactées, les grumeaux albumineux, que l'on rencontre également dans cette inflammation , produite par toute autre cause , même chez l'homme. On observe encore, dans les membranes , des perspirations purulentes, sanguines, des déviations urineuses etc. , toujours alors très-graves. Dans une hydropisie ascite , M. Coldefy-Dorhs a vu le sérum extrait par la ponction , gluant , contenant de l'albumine colorée, une matière sucrée, un corps gras saponifiable, du mucus , des atomes de soufre , d'acide hydrocyanique , des hydrochlorates de soude et de chaux. M. Dublanc , dans un cas semblable, a trouvé la sérosité formée, sur 500 parties : d'eau , 351, 9 — d'albumine 145 ; — de soude 0 , 7 ; — de gélatine , 1 ; — de sel commun 1 , 4. 4° *Suspension.* — Elle se manifeste, le plus ordinairement, au début des phlegmasies intenses, avec sécheresse des feuillets séreux , dont les frottemens occasionnent alors ces douleurs pongitives , que l'on voit presque toujours survenir à l'invasion des péritonites , des pleurésies , des péricardites suraiguës etc.

Après avoir considéré les caractères généraux de l'exhalation, dans tout le système séreux , nous devons étudier ses modifications spéciales , dans les principales divisions de ce dernier , en indiquant les particularités qu'elles présentent relativement *à l'arachnoïde , aux plèvres , au péricarde , au péritoine , à la tunique vaginale , à l'amnios.*

1° *Arachnoïde.* — Pour l'encéphale , cette humeur entretient la liberté , prévient l'irritation des parois ventriculaires ; *son augmentation* extra-normale produit *l'apoplexie séreuse , l'hydrocéphale.* Pour le rachis, elle présente le fluide *cérébro-spinal ,* admis par quelques auteurs , comme une humeur particulière, destinée , surtout chez le vieillard , à maintenir l'encéphale dans un volume uniforme , et susceptible de remplir exactement la capacité de son réceptacle. Les opinions relatives à cet objet ont besoin d'être confirmées par des faits plus positifs et plus nombreux. *L'accumulation* de ce fluide prend le nom d'*hydro-rachis*.

2° *Plèvres.* — La perspiration de ces membranes entretient l'humidité de leur surface libre, favorise leurs glissemens réciproques dans le jeu des poumons ; son *augmentation* détermine *l'hydro-thorax*.

3° *Péricarde.* — Cette exhalation, niée d'abord par Hippocrate, Schéider, Dionis, Bauhin, ultérieurement démontrée, pour tous les animaux doués d'un cœur, par Haller, Duverney etc., fut attribuée à des vaisseaux émanés du canal thoracique, au thymus, aux ganglions bronchiques, à des glandes imaginées dans le péricarde ; comme toutes les autres, elle est effectuée par le travail des vaisseaux exhalans séreux. Elle favorise indirectement les mouvemens du cœur. *Son augmentation* constitue *l'hydro-péricarde*.

4° *Péritoine.* — Dans cette vaste cavité, la perspiration séreuse garantit la liberté des frottemens occasionnés par les mouvemens nombreux et variés des organes qu'elle renferme, par les ampliations et les resserremens alternatifs de plusieurs d'entre eux ; elle prévient leurs adhérences mutuelles. *Son augmentation* est désignée par le terme d'*hydropisie ascite*.

5° *Tunique vaginale* — Cette exhalation favorise les déplacemens des testicules. *Son augmentation* reçoit le nom d'*hydrocèle*.

6° *Membrane amnios.* — Offrant la transparence, la ténuité, l'organisation des séreuses ; formant, comme ces dernières, un sac sans ouverture, la membrane amnios peut en être rapprochée sous le rapport de l'élaboration sécrétoire dont elle est naturellement le siége. Cette perspiration suit, en effet, les mêmes lois, et donne, en résultat, une humeur, connue sous le titre d'*eau de l'amnios*. Moins diaphane que le fluide séreux, elle offre un aspect louche, faiblement lacté, une odeur douce et nauséabonde; plus pesante que l'eau distillée, elle verdit légèrement les couleurs bleues végétales, et se trouve ordinairement formée d'eau en grande proportion, d'une petite quantité d'albumine, de soude, d'hydrochlorate de soude, de phosphate et de carbonate de chaux, d'une matière caséiforme, et, d'après Berzélius, Vauquelin et Buniva, d'un acide qu'ils nomment *amniotique*, et que M. Lassaigne croit plutôt relatif à l'humeur de l'allantoïde. Particulier à l'existence intra-utérine du fœtus, le fluide perspiratoire de l'amnios a pour objet de protéger ce dernier contre les agressions extérieures, et de favoriser la diversité de ses mouvemens.

4° PERSPIRATIONS SYNOVIALES.

§. I. DÉFINITION, CARACTÈRES, BUT. — Nous désignons par ce terme, l'exhalation qui s'effectue naturellement à la surface libre des membranes destinées, sous le nom de *synoviales*, aux articulations mobiles, aux gaînes tendineuses, présentant beaucoup d'analogie, par leur disposition et leur structure, avec celles que nous venons d'étudier. Cette exhalation a pour objet essentiel de favoriser les mouvemens articulaires et le glissement des tendons; aussi la rencontrons-nous partout où ces mouvemens offrent une certaine étendue; aussi, la liberté des uns et des autres se trouve-t-elle sensiblement compromise, lorsque cette même exhalation est suspendue quelque tems, ou même notablement diminuée.

§. II. APPAREIL. — Les auteurs ont émis des opinions bien différentes sur la nature de l'organe chargé de cette élaboration. Ainsi, Clopton, Havers ont considéré , comme des glandes synoviales , ces paquets cellulo-graisseux , que l'on rencontre dans le voisinage des grandes articulations , et notamment, au fond de la cavité cotyloïde. Ces corps n'offrent absolument rien de glanduleux , et nous les avons toujours vus réduits à la trame cellulaire par l'ébullition ; on ne les trouve pas d'ailleurs auprès des petites articulations et des gaînes tendineuses, dans lesquelles s'effectue cependant la sécrétion de la synovie. Haller et Desault pensaient que cette même sécrétion n'était autre chose qu'une transsudation de la moëlle , dans les cavités articulaires , à travers l'extrémité poreuse des os longs. D'abord, il n'existe pas même d'analogie de composition et d'aspect entre ces deux fluides; ensuite, la transsudation est un phénomène purement cadavérique , et dès-lors inadmissible au nombre des fonctions de l'organisme;vivant; cette hypothèse n'expliquerait nullement l'exhalation synoviale étrangère aux grandes articulations. Il est aujourd'hui suffisamment démontré que l'appareil de la perspiration qui nous occupe, se trouve naturellement dans les vaisseaux exhalans des membranes du même nom. Ces membranes peuvent être divisées en trois catégories. Synoviales : 1° *Des articulations*; 2° *des gaînes tendineuses*; 3° *Sous-cutanées , sous - aponévrotiques* ; ces dernières ont encore été décrites sous le titre de *bourses synoviales*.

§. III. Modificateur. — Il nous semble représenté par le sérum du sang rouge; quelques auteurs l'ont placé dans ce fluide lui-même , circonstance qui d'ailleurs ne changerait absolument rien à la théorie de cette élaboration sécrétoire.

§. IV. Appétit. — L'isolement complet des membranes synoviales détruit toute possibilité d'un sentiment général et commun , attaché à l'ensemble des perspirations relatives au système que nous examinons. Chacune de ces membranes porte en soi la sensation particulière qui sollicite l'activité de son exhalation propre. Un sentiment de pesanteur, de gêne, de roideur ou même d'angoisse, plus ou moins vive, pendant les mouvemens des parties revêtues par ces tuniques, indiquent positivement, dans ces dernières, le besoin d'une perspiration suffisamment développée.

§. V. ÉTUDE. — Cette perspiration dont les caractères fondamentaux sont absolument semblables dans toutes les parties du système synovial, pour le mode sécrétoire et pour le fluide sécrété, résulte évidemment de l'action vitale des vaisseaux exhalans particuliers à ces membranes, sur le sérum du sang qui leur est apporté. L'humeur que produit cette élaboration, déposée dans les sacs indiqués, sous le nom de *synovie*, remplit un usage physique, en favorisant, par sa viscosité, le jeu des parties qu'elle sert à lubrifier ; elle représente, pour la mécanique animale, exactement l'huile dont nous recouvrons, dans nos machines, les parties plus spécialement exposées aux frottemens. Reprise, après un séjour variable, par les vaisseaux absorbans, elle se trouve ensuite reportée dans le torrent circulatoire. Ici, comme pour les membranes séreuses, l'action excrétoire est encore exclusivement confiée aux agens de l'absorption, et sa régularité par conséquent établie sur l'harmonie parfaite qui doit exister entre ces agens et ceux de l'exhalation normale.

La synovie est un fluide blanc, jaune, ou verdâtre, visqueux, plus pesant que l'eau distillée, assez analogue pour l'aspect au blanc d'œuf, semi-transparent, d'une odeur nauséabonde et spermatique, d'une saveur légèrement salée, acquérant une plus grande fluidité par l'action des acides qui précipitent constamment alors une matière filandreuse ; devenant gélatineuse par le

repos, reprenant son premier état, perdant sa viscosité
par le dépôt de la matière qui semble recéler cette propriété particulière. Offrant, au microscope, des grumeaux
de forme irrégulière, nageant dans un véhicule, à peu
près comme pour la sérosité, mais en proportion plus
considérable. M. de Blainville explique ainsi la disposition visqueuse de la synovie ; mais nous voyons, dans un
grand nombre d'altérations, la première de ces humeurs
présenter des grumeaux très-nombreux, sans jamais acquérir ce caractère propre à la seconde. *L'humeur plastique* du même auteur, produite par une exhalation
morbifique, destinée à la cicatrisation des plaies, ne serait-
elle pas plutôt un fluide intermédiaire à ces produits
perspirés qu'il n'est plus permis de confondre aujour-
d'hui ? Quelle que soit la valeur de ces conjectures, la
synovie contient, d'après Lassaigne et Boissel, une grande
quantité d'albumine, une matière grasse, une matière
animale soluble dans l'eau, de la soude, des hydrochlorates de soude et de potasse, du phosphate et du carbonate de chaux. Margueron, sur 106 parties, chez le bœuf,
a trouvé : eau, 80, 46 ;—albumine, 4, 52 ; —matière
fibreuse, albumine modifiée, 11, 86 ; — hydrochlorate
de soude, ou peut-être chlorure de sodium, 1, 75 ; —
carbonate de soude 0, 71 ;—phosphate de chaux, 0,70.
Vauquelin a rencontré à peu près les mêmes principes
sur celle de l'éléphant, et de plus une matière animale
particulière, coagulable par les acides et l'alcohol, précipitant par le tannin.

Plusieurs physiologistes ont voulu rapprocher, identifier même la synovie et la sérosité. Mais la première
diffère de la seconde : 1° par sa nature plastique et visqueuse ; par l'absence ordinaire des flocons albumineux,
caséiformes, si fréquemment rencontrés dans la sérosité ;
3° par la dégénération qui paraît propre à la synovie,

d'après Margueron, et qui lui donne l'aspect de la gelée de groseilles rouges etc.

§. VI. INFLUENCE DE L'HABITUDE. — Elle est assez positive dans cette perspiration. Ainsi, lorsque les membranes articulaires sont excitées par des exercices violens et journaliers, elles contractent, par degrés, l'habitude favorable de sécréter une grande quantité de synovie, pour favoriser le développement des mouvemeus exigés. Cette modification est si positive, qu'elle entretient l'exhalation dans le même degré, quelque tems encore après le passage immédiat au repos absolu ; aussi, l'absorption ne suivant pas les mêmes lois, et diminuant aussitôt dans la proportion de ce changement d'état, on voit souvent alors survenir des hydarthroses par cette rupture d'équilibre ; comme nous l'avons bien des fois observé sur les militaires, admis dans nos hôpitaux, après une marche forcée. La guérison est effectuée naturellement ici par le rétablissement normal de l'harmonie primitive entre les exhalans et les absorbans. Des résultats contraires sont produits par les modifications opposées ; l'inaction habituelle des articulations entraîne leur sécheresse par défaut de perspiration synoviale ; cause principale des difficultés que nous éprouvons à mettre en mouvement un membre condamné depuis long-tems à l'immobilité.

§. VII. SYMPATHIES.—L'exhalation synoviale se trouve plus particulièrement liée à celles de la peau, de la muqueuse digestive ; aussi les répercussions de la sueur, les gastro-entérites sont-elles fréquemment suivies des hydarthroses, bien souvent même des inflammations articulaires décrites sous la dénomination beaucoup trop vague de rhumatisme, et presque toujours mal traitées par les médecins qui ne savent pas en reconnaître la cause ou les complications dans la sympathie spéciale que nous venons de signaler.

§. VIII. Altérations. — Un équilibre naturel entre l'action des exhalans et celle des absorbans synoviaux étant ici, comme pour les séreuses, absolument indispensable relativement à la régularité de l'excrétion, la quantité du produit sécrété doit offrir des variations, aussitôt que cet équilibre est notablement rompu. 1° *Augmentation.*—Lorsque l'exhalation augmente l'absorption restant à l'état ordinaire, lorsque l'absorption diminue l'exhalation n'éprouvant aucun changement, il en résulte accumulation de la synovie dans l'articulation affectée ; maladie connue sous le nom *d'hydarthrose*; *active*, dans le premier cas ; *passive*, dans le second, et dèslors nécessitant des médications opposées. 2° *diminution.* — Elle est produite, soit par l'augmentation d'activité des absorbans, celle des exhalans restant à l'état normal ; soit par l'abaissement d'énergie des exhalans, celle des absorbans conservant son intégrité. Dans ces deux cas, il survient une sécheresse plus ou moins prononcée des surfaces articulaires ; altération, *active*, dans le premier cas ; *passive*, dans le second; offrant bien souvent une prédisposition à l'ankylose, et devant toujours être soumise à des moyens curatifs opposés dans leur action. Ce principe, commun à toutes les maladies analogues des synoviales et des séreuses, n'est point encore assez généralement apprécié ; circonstance qui nous explique tout le vague et toute l'incertitude qui semblent environner le diagnostic et le traitement des hydropisies. 3° *Perversion.* — Dans certaines inflammations articulaires, on observe des altérations de la synovie qui changent entièrement sa nature. Plusieurs fois nous l'avons rencontrée gélatineuse, épaisse, rougeâtre ; souvent elle devient plus concrescible, s'organise en fausse membrane, et présente ainsi le premier degré des adhérences qui peuvent conduire à l'ankylose complète. Enfin, dans un assez grand nombre de circonstances, nous avons trouvé du pus remplaçant l'humeur synoviale chez les sujets morts de phlegmasies arthritiques. *4° Suspension.*—Elle se manifeste surtout au début des inflammations suraiguës du tissu synovial ; d'où naissent, en grande partie, les douleurs intolérables que le plus léger mouvement suffit alors pour occasionner ; on l'observe encore dans le repos absolu des articulations ; c'est dans cette circonstance qu'il faut en prévenir les fâcheux résultats, par des mouvemens gradués avec discrétion ; précepte surtout bien essentiel dans le traitement des fractures, du panaris etc.

5° PERSPIRATION CELLULAIRE.

Nous comprenons sous ce titre les exhalations effectuées dans le tissu générateur dont l'ensemble, commun à tout l'organisme, se trouve désigné, dans les auteurs, par le nom de système cellulaire ; offrant chez l'homme et chez un grand nombre d'animaux, deux variétés , *le séreux et l'adipeux ;* ce qui nous oblige à considérer isolément leurs perspirations, avec d'autant plus de raison, que les produits en diffèrent essentiellement par des caractères physiques et chimiques particuliers.

PERSPIRATION CELLULAIRE SÉREUSE.

§. I. Définition, caractères, but.—Nous désignons par ce terme l'exhalation qui s'opère dans les interstices du tissu cellulaire filamenteux ; elle offre pour caractère propre, de s'effectuer dans presque toutes les parties de l'organisme ; ses usages deviennent ainsi communs aux différens appareils de l'économie vivante, soit en les entretenant dans un état de liberté, souvent indispensable aux fonctions qui leur sont confiées, soit en leur offrant dans les circonstances difficiles des élémens d'accroissement et de réparation.

§. II. APPAREIL. — Il est représenté par les vaisseaux exhalans du tissu cellulaire filamenteux. Celui-ci forme une trame blanche, assez résistante, enveloppant les organes dans toutes leurs divisions; fournissant, à chacun d'eux, une atmosphère propre qui les isole dans leur contiguité, mais qui devient, en même tems, un intermédiaire susceptible d'établir entre eux des relations plus ou moins intimes dans les différens états physiologiques et morbides. Il serait assez difficile d'apprécier positivement les divisions moléculaires des organes auxquels peut s'étendre ce tissu ; toutefois il paraît démontré qu'il forme la base fondamentale du plus grand nombre, puisque la macération les réduit presque tous à ce même tissu. Plusieurs faits pathologiques très-curieux viennent à l'appui de cette opinion et prouvent également, sinon l'identité, au moins l'analogie incontestable des systèmes cellulaires séreux et synovial. Après certaines luxations non réduites, il s'établit souvent des fausses articulations mobiles, et dans lesquelles s'organisent, aux dépens du tissu celluleux, une synoviale, une capsule fibreuse. Dans les kystes accidentels, on voit se former, avec ce même tissu, des membranes, offrant la texture et la disposition des séreuses. Nous rencontrons surtout cette variété du tissu cellulaire, à l'exclusion plus ou moins entière du système adipeux, dans les parties de l'organisme où la graisse, par son accumulation, aurait pu déterminer des accidens assez graves; ainsi, dans le crâne, le rachis, aux lèvres, aux paupières, aux parties génitales, autour des vaisseaux etc. Dans cette espèce de réseau, toutes les aréoles sont naturellement en communication, comme le démontrent l'extension de l'emphysème qui, de local, peut devenir universel, et d'une manière bien positive encore, l'insufflation de l'air effectuée dans les boucheries pour faciliter l'ablation de la peau chez les animaux. Ruisch pratiquait cette opération sur les enfans nés morts et dans un état de marasme, pour les présenter sous un aspect moins repoussant. Des marchands de mauvaise foi n'ont pas craint de recourir à ce moyen sur des bœufs, des chevaux, des moutons etc., pour les parer d'un volume et d'un embonpoint empruntés. Enfin, d'après le rapport de Haller, un père fut assez barbare pour effectuer des insufflations semblables sur ses propres enfans, dans l'intention de simuler, chez eux, des hydrocéphales, des ascites etc., avec l'espérance d'émouvoir la compassion publique par, cet odieux subterfuge.

§. III. MODIFICATEUR.—Il semble assez positivement démontré que les exhalans celluleux puisent les élémens de leur sécrétion dans le sérum du sang rouge, ce dernier ne les pénétrant pas avec ses globules colorés, au milieu des conditions de l'état normal.

§. IV. APPÉTIT.—Lorsque cette perspiration est suspendue, les tissus paraissent momentanément frappés de sécheresse et d'étiolement. Le jeu des organes est difficile; un sentiment général de malaise et d'anxiété, résultat de ces fâcheuses dispositions, indique le besoin de cette élaboration sécrétoire.

§. V. ETUDE.—A peu près identique dans toutes les parties du système cellulaire filamenteux, cette exhalation, effectuée par les vaisseaux perspiratoires de l'appareil qu'il sert à former, produit une humeur très-analogue à la lymphe, au sérum du sang, à la sérosité. Ténue, blanche, diaphane, peu sapide, à peu près inodore, formée d'eau en grande proportion, d'albumine et de quelques sels, elle humecte la trame celluleuse, entretient l'élasticité, la souplesse que ce tissu doit naturellement présenter, et se trouve ensuite reprise et portée dans le torrent circulatoire.

§. VI. Influence de l'habitude.—L'homme, qui pendant long-tems a vécu sous l'influence des causes les plus susceptibles d'entraîner une sorte d'anasarque par suractivité de la perspiration cellulaire, conserve ces dispositions au milieu des modificateurs opposés, en démontrant que la sécrétion dont nous faisonsl'histoire est également soumise à la puissance de cette action commune.

§. VII. Sympathies. — En relation avec tous les systèmes organiques, l'appareil de l'exhalation cellulaire n'offre aucune sympathie spéciale. Aussi voyons-nous l'œdème passif devenir le symptôme plus ou moins fâcheux de la plupart des lésions viscérales profondes et chroniques: l'anasarque trouver des moyens dérivatifs, également puissans, dans les diaphorétiques, les purgatifs, les diurétiques etc.

§. VIII. Altérations. — Elles nous offrent les quatre modifications principales et peuvent se manifester localement ou dans toute la constitution. 1° *Augmentation.* — Elle est occasionnée par le développement fonctionnel des exhalans, celui des absorbans conservant son intégrité ; on la nomme alors *active* ; la chaleur, la douleur, la rénitence élastique des parties, qui ne conservent pas l'impression du doigt, rendent constammment sa distinction facile. Quelques auteurs la désignent par le terme *d'œdème actif,* lorsqu'elle est très-bornée ; de *leucophlegmasie,* lorsqu'elle devient 'générale. Cette augmentation peut encore se rattacher à l'abaissement d'activité des absorbans, celle des exhalans étant naturelle. Dans ce cas l'infiltration séreuse est *passive ;* on la reconnaît au froid, à la mollesse, à l'empâtement des tissus lésés, conservant long-tems l'impression du doigt qui les touche; luisans et diaphanes, ils ne font ordinairement éprouver aucune douleur. Cette maladie prend le titre *d'œdème passif*, lorsqu'elle est locale, et celui *d'anasarque*, lors qu'elle affecte la plus grande partie de l'organisme. Cet infiltration est presque toujours le symptôme le plus fâcheux des phlegmasies chroniques, des engorgemens, des dégénérations affectant les principaux viscères de l'économie vivante ; elle indique ordinairement un affaiblissement général, une débilité nutritive profonde, et lorsqu'elle s'empare surtout des parties supérieures, elle devient un funeste présage, la déclivité ne pouvant point alors expliquer sa manifestation. 2° *Diminution.*—Elle est plus ordinaire dans les pays secs et chauds que dans les contrées humides et froides ; il suffit, pour s'en convaincre, de comparer les tissus rigides et fermes du Canadien aux chairs succulentes et molles de l'Anglais. Elle peut être *active*, c'est-à-dire occasionnée par l'augmentation d'énergie des absorbans, les exhalans n'éprouvant aucun changement ; on l'observe dans tous les âges, dans toutes les constitutions, sous l'influence de la diète prolongée. Elle devient *passive* lorsqu'elle dépend d'un abaissement notable dans l'action des exhalans, les absorbans restant à l'état normal ; elle affecte alors plus spécialement la vieillesse, les tempéramens lymphatiques, et se trouve occasionnée, soit par la décrépitude naturelle, soit par l'atrophie morbifique. 3° *Perversion.*—Assez fréquente, cette altération peut effectuer la production des fluides anormaux qui viennent remplacer l'humeur séreuse. Ainsi nous voyons, dans le tissu cellulaire, du pus, c'est le cas le plus fréquent ; du sang, dans les ecchymoses, les taches scorbutiques, les pétéchies etc. ; des matières variables, comme on l'observe dans les tumeurs anomales etc. ; enfin de la bile, de la sueur, de l'urine, du lait seulement alors déviés par cette exhalation.

PERSPIRATION CELLULAIRE ADIPEUSE.

§. I. Définition, caractères, but. — Nous décrivons, sous ce titre, l'exhalation qui s'opère dans les vésicules du tissu adipeux, et dont l'objet essentiel est de maintenir la souplesse des organes, de rendre leurs formes plus gracieuses en arrondissant mollement les contours, et faisant disparaître, surtout chez la femme, les duretés des saillies osseuses et musculaires ; d'offrir particulièrement aux organes délicats des coussinets élastiques, sur lesquels ils reposent et se meuvent sans craindre aucun froissement dangereux ; de présenter à toute l'économie des moyens de réparation organique, lorsqu'elle ne peut rien obtenir de l'extérieur.

§. II. Appareil. — Les auteurs ont longuement discuté sur la nature de cet appareil ; les uns ont admis des glandes que l'anatomie ne démontre pas ; les autres, au milieu desquels se rencontre Haller, ont prétendu « que « la graisse, primitivement formée dans le sang, sur- « nageait à la surface de la colonne, en vertu de sa lé- « gèreté spécifique, et transsudait par les pores latéraux « des artères. » Il suffit, pour détruire une hypothèse aussi fautive, de faire observer que la graisse ne se trouve point dans le sang rouge ; que la transsudation est un phénomène cadavérique ; enfin, que, dans cette hypothèse, les accumulations graisseuses devraient surtout avoir lieu entre les tuniques artérielles, tandis que c'est précisément le point où l'on n'en rencontre jamais. Il est évident qu'il faut placer l'appareil de cette élaboration sécrétoire dans les vaisseaux exhalans du tissu cellulaire adipeux. On a pensé, jusqu'à ces derniers tems, que les systèmes cellulaires séreux et graisseux ne différaient que par la forme, le premier se trouvant dispo-

sé en filamens aréolaires, et le second , en lamelles constituant des cellules , qui toutes communiquaient les unes
avec les autres ; Haller , Bichat lui-même , partageaient
cette erreur. Malpighi , Swamerdam , les premiers , eu-
rent l'idée d'une organisation vésiculeuse. Béclard a développé cette opinion , en démontrant que le système
adipeux se présente sous la forme de petits corps obronds,
offrant le volume d'un pois ou d'une noisette , placés au
milieu du tissu cellulaire , pouvant être divisés , par la
dissection , en grains qui paraissent, au microscope, formés d'un nombre incalculable de vésicules , dont le diamètre égale à peu près la cinquantième partie d'une
ligne. Ces vésicules et les grains qu'elles forment par
leur ensemble pédicellés au moyen des vaisseaux qui vont
s'y distribuer, se rapprochent assez , dans leur union
commune , des dispositions générales d'une grappe de
raisin , de telle sorte que la structure du tissu adipeux
n'offre point les conditions loculaires , mais bien plutôt
un arrangement analogue à celui des fruits de l'oranger
et du citronnier.

§. III. MODIFICATEUR. — C'est encore dans le sérum
du sang rouge que les exhalans adipeux nous semblent
puiser les élémens de l'élaboration qui leur est confiée.
M. de Blainville pense « que la graisse est fournie par le
« sang noir , et qu'elle est exhalée à travers les parois
« des veines ; » il se fonde sur la manière dont cette humeur est distribuée, dans les épiploons, sur le trajet de
ces vaisseaux ; et prétend l'avoir vue découler de la veine
jugulaire, sur le cadavre d'un éléphant. En laissant à ce
fait la réalité que lui donne son auteur, il prouve tout
au plus que la graisse , prise par les absorbans , dans
les vésicules où l'avaient déposée les exhalans, s'est trouvée conduite au sang veineux avec les autres matériaux
absorbés , mais il n'indique nullement que le sang noir

soit le modificateur de cette perspiration, encore moins que les veines puissent être considérées comme agens de cette élaboration sécrétoire.

§. IV. Appétit. — Le sentiment qui nous avertit du besoin de la sécrétion graisseuse, parle dans tout l'organisme, dont le marasme, l'étiolement et la rigidité produisent une sorte d'anxiété, de malaise constitutionnels, d'autant moins précisément exprimés, qu'ils deviennent plus superficiels et plus généraux.

§. V. Étude. — Les vaisseaux perspiratoires du tissu adipeux saisissent, dans le sérum du sang rouge, des élémens qu'ils élaborent de manière à former une humeur particulière, généralement désignée par le nom de *graisse*. On la trouve identique dans toutes les parties de cet appareil, indépendamment de la nature des organes voisins; elle diffère essentiellement de tous les autres fluides sécrétés, double circonstance qui nous indique positivement l'action vitale des exhalans indiqués, comme la cause de cette élaboration, et nous démontre la réalité des propriétés spéciales départies à ces vaisseaux.

La graisse, στέαρ des Grecs, *adeps* des Latins, envisagée surtout chez l'homme et chez plusieurs animaux, tels que le porc, le mouton etc., est une humeur blanche, quelquefois jaunâtre, ce qu'elle doit à des élémens étrangers; plus ou moins consistante, onctueuse, fusible, d'après sa composition, terme moyen, de 15 à 25 c.; d'une saveur douce et fade; inodore, pour certaines espèces, agréablement ou péniblement odorante, chez d'autres; caractère qu'elle paraît emprunter, d'après M. Chevreul, au mélange de certaines substances analogues à *la phocénine*, à *la butyrine*, à *l'hircine etc.* Plus légère que l'eau, insoluble dans ce véhicule; peu soluble dans l'alcohol froid; beaucoup plus dans les huiles fixes ; neutre , pouvant se rancir par l'action de l'air et de la lumière ; très-inflammable, se comportant à la manière des huiles ; formant des savons, en se combinant avec les alcalis ; offrant, au microscope, des granules polyèdriques , enveloppés d'une membrane très-mince, diaphane, qui laisse écouler son fluide lorsqu'on la déchire. Cette humeur prend différens noms suivant les caractères qu'elle présente naturellement, et surtout d'après l'espèce animale qui la fournit ; c'est *l'huile* des poissons , le *suif* du mouton , l'*axonge* du porc etc. D'après MM. Bérard, de Saussure etc., la graisse a donné, par l'analyse , sur 100 parties :

	oxygène.	hydrogène.	carbone.	azote.
Graisse des cétacées.	5. 478.	.12 862.	81. 660.	o
—— de porc . . .	9. .66.	.21	34. 69.	o
—— de mouton.	.14. . .	.24 . .	. 62.	o

On voit dès-lors que cette matière sécrétée ne contient jamais d'azote, caractère qui la distingue essentiellement des autres substances animales. D'après les travaux importans de M. Chevreul, sur la graisse, nous la voyons formée par deux élémens principaux : la *stéarine* et l'*oléine*. La première est blanche , insipide , fusible au-dessus de 44° c. , soluble dans 55 fois 1/2 son volume d'alcohol bouillant. La seconde est incolore , d'une saveur douce , fusible à 4° , soluble dans 32 fois son volume du même véhicule. Elles donnent à l'analyse , sur 100 parties :

	oxygène.	hydrogène.	carbone	azote.
Stéarine.	9 . 434.	11 . 770.	78 . 776.	o
Oléine	9 . 987.	11 . 422.	78 . 566.	o

C'est plus spécialement aux proportions relatives de ces deux élémens que les graisses doivent leurs caractères particuliers de solidité ou de fluidité , sous une température moyenne, comme il est aisé d'en obtenir la preuve, en comparant, sous ce rapport, l'huile de baleine au suif. En traitant la graisse par les alcalis, sous l'influence du calorique, M. Chevreul a vu se former des acides *stéarique*, *margarique*, *oléique* et de la *glycérine*, découverte qui précise beaucoup la théorie des saponifications. MM. Bussy et Lecanu, dans leurs travaux sur cette matière, ont prouvé que l'on obtient, par la distillation, des produits beaucoup plus nombreux qu'on ne l'avait pensé d'abord. Outre les caractères généraux que nous venons d'énumérer, la graisse en présente encore de particuliers, suivant les espèces, les âges, les tempéramens, les états normal et pathologique, la saison, le climat, le genre d'alimentation etc. Ainsi, nous la trouvons plus ferme, plus blanche, dans les mammifères, les jeunes sujets, les sanguins, pendant la santé, l'hiver, dans les pays froids, sous l'influence d'un régime animal et végétal nutritifs, que chez les poissons, dans la vieillesse, le tempérament lymphatique, les maladies prolongées, les étés humides, les pays chauds, une diète exclusivement animale, féculente ou lactée. Cette humeur perspiratoire ne se rencontre point chez l'homme, pendant les premiers mois de son existence fœtale. Dans la série nombreuse des vertébrés, on voit ses quantités s'affaiblir à mesure que la proportion du sang diminue. Lorsque ce dernier fluide n'existe pas, on ne rencontre plus de graisse. Celle-ci remplit, dans l'économie, plusieurs usages importans : les uns sont relatifs à l'agrément des formes, les autres, à l'exercice d'un grand nombre d'organes, aux besoins plus ou moins impérieux de la réparation.

Sous le premier rapport, quelle souplesse et quels gracieux contours ne ménage-t-elle pas dans les dispositions organiques, en faisant disparaître les inégalités des

rides cutanées, les saillies musculaires et les protubé-
rances des os ? La fraîcheur, l'embonpoint modéré de la
jeunesse, rapprochés du marasme, de l'étiolement de la
caducité, font assez ressortir les avantages de ce premier
emploi.

Sous le second rapport, la graisse forme, autour des
organes délicats, un ou plusieurs coussins qui les soutiennent mollement, et favorisent les mouvemens divers
exigés par leurs fonctions, et dès-lors exécutés sans commotions et sans froissemens. Nous en trouvons des exemples pour les intestins, le cœur, les yeux etc. Étendue,
par couches d'épaisseur variable, entre les différens
faisceaux musculeux dont elle effectue l'isolement, son
interposition et son élasticité rendent leurs contractions
plus indépendantes et plus faciles. Doublant, presque
partout, l'enveloppe dermoïde, elle concourt, avec cette
membrane, à protéger les organes sous-jacens contre les
agressions extérieures. Toutefois, il ne faut pas, avec
quelques auteurs, appliquer ici la propriété qu'elle offre
d'être mauvais conducteur du calorique, à garantir le
sujet des impressions pénibles du froid, en la considérant comme une sorte de fourrure destinée à cet usage,
surtout dans les régions glaciales, où les animaux offrent
cette humeur en grande proportion sous la peau. En
effet, la sensation désagréable que produit l'air ambiant, par exemple, sous une basse température, siégeant particulèrement dans cette membrane, se trouve
dès-lors indépendante, par sa position et par sa nature,
des accumulations graisseuses qui peuvent avoir lieu sous
le derme. Nous trouvons des hommes frileux aussi bien
chez les sujets corpulents que chez les individus maigres;
il ne faut pas, dans cette circonstance, attribuer à l'influence de la graisse, des résultats qui sont à peu près

exclusivement relatifs à la susceptibilité de l'enveloppe cutanée.

Sous le troisième rapport, cette humeur, déposée dans les vésicules du système adipeux, devient un véritable aliment en réserve, que les vaisseaux absorbans peuvent saisir et porter dans le torrent circulatoire, pour effectuer la réparation du sang, et servir ultérieurement, sous l'influence des élaborations nutritives, à reconstituer l'organisme, lorsqu'il se trouve, comme on le dit vulgairement, dans la nécessité de vivre aux dépens de sa propre substance. C'est ainsi que nous voyons la marmotte, le loir, la chauve-souris, le lérot et les autres animaux hibernans, chargés, avant la saison rigoureuse, d'une graisse abondante, passer tout ce tems, engourdis par le sommeil, tapis dans une retraite obscure, sans prendre aucun aliment réparateur, et se réveillant dans un état de maigreur extrême, vers les premiers jours du printems, après avoir exclusivement vécu par l'absorption de cette humeur nutritive, amassée pendant l'automne. Dans les maladies graves, où la diète absolue devient quelquefois indispensable, le sujet perd de son embonpoint, dans une proportion relative à la durée, à l'activité de cette alimentation spéciale. Nous expliquons dès-lors facilement l'avantage des sujets gras pour supporter l'abstinence, et leur sobriété naturelle, en supposant qu'ils ne s'abandonnent pas aux impulsions d'une sensualité factice.

§. VI. INFLUENCE DE L'HABITUDE. — Elle est assez positive, relativement à la perspiration graisseuse. Ainsi, lorsque l'économie vivante, au milieu des circonstances appropriées, a graduellement contracté les dispositions à la polysarcie, l'organisme les conserve ultérieurement, et quelquefois au milieu des modificateurs les plus opposés. C'est en raison de cette influence de l'habitude que les sujets qui veulent maigrir par le régime, par l'abus des acides etc., n'obtiennent ce résultat qu'en substituant un état pathologique à l'état normal.

§. VII. SYMPATHIES. — L'exhalation adipeuse offre des rapports assez particuliers avec les perspirations séreuse, muqueuse et dermoïde. Aussi voyons-nous les hydropisies, les diarrhées, la suette etc., diminuer assez promptement l'embonpoint. Aucune sympathie n'est en même tems plus remarquable et mieux déterminée que celle qui rapproche cette exhalation et la sécrétion spermatique. L'on sait généralement avec quelle facilité, dans quelles proportions, engraissent les animaux soumis à la castration ; on connaît les formes arrondies, les contours efféminés des eunuques ; on voit dans quel amaigrissement tombent les mâles pendant la saison du rut, et l'homme lui-même alors qu'il s'abandonne aux abus du coït, et ce qui devient plus funeste encore, aux coupables entraînemens de la masturbation.

§. VIII. ALTÉRATIONS. — La perspiration graisseuse peut offrir toutes les modifications pathologiques avec un intérêt assez marqué pour l'économie.

1° *Augmentation*. — Elle est effectuée par la suractivité des exhalans, les absorbans conservant leur état normal, ou résulte de l'affaiblissement de l'absorption, l'exhalation n'éprouvant aucun changement. Dans ces deux cas, il se manifeste une surabondance adipeuse que l'on désigne par le terme de *polysarcie active*, pour le premier ; *passive*, pour le second.

Polysarcie active. — Elle offre un grand nombre d'intermédiaires, depuis les sujets d'un embonpoint modéré, dont elle arrondit assez gracieusement les formes, jusqu'à ces masses lourdes, épaisses, tellement dénaturées, par les accumulations de la graisse, qu'elles conservent à peine la figure et les dispositions de notre espèce.

Une alimentation succulente jointe au calme de l'esprit,
au repos du corps; l'usage abusif des farineux, des viandes;
l'habitation d'un pays froid, le tempérament lymphatique,
sont les causes les plus ordinaires de cette augmentation.
On la distingue de la polysarcie passive, à la fermeté, à
l'élasticité des parties, à la couleur vermeille de la peau,
mais surtout aux manifestations d'une santé générale et
soutenue. Pour les jeunes sujets, c'est plus particulièrement dans le tissu cellulaire sous - dermoïde, que s'effectue l'accumulation graisseuse ; de-là cet empâtement
des formes extérieures. Après la virilité, c'est plutôt dans
le système adipeux intérieur qu'elle s'opère, dans celui
de l'abdomen plus spécialement encore; aussi la voyons-
nous alors caractérisée par un développement énorme du
ventre. Les individus ainsi constitués sont, en général,
impropres à la génération, aux travaux de l'esprit, aux
grandes entreprises, aux révolutions des empires. César,
méditant la conquête du monde, répéta plusieurs fois :
« Je ne crains pas les hommes engourdis profondément
« dans leur corpulence informe, je redoute beaucoup
« plus ces ardens et maigres conspirateurs. » Les exemples de polysarcie nous paraissent plus fréquens chez la
femme. Sans admettre, avec quelques auteurs, pour notre espèce, que cette accumulation adipeuse ait, chez
quelques sujets, élevé le poids total jusqu'à six et même
huit cents livres, nous rapporterons les deux faits suivans, dont l'authenticité peut être garantie. Nous avons
actuellement sous les yeux Brillant (François), originaire de St-Jean, département de Maine-et-Loire. Né
le 6 octobre 1816, il pesait 27 livres, et présentait six
dents incisives, quatre à la mâchoire supérieure, deux
à l'inférieure; actuellement âgé de onze ans, sa taille est
de quatre pieds six pouces, et son poids de 377 livres.
Il offre une masse à peu près cuboïde, la tête, les mains,

les pieds sont peu volumineux ; des cheveux noirs et bouclés accompagnent une physionomie assez agréable ; le caractère est gai, léger, l'esprit sans profondeur et sans fixité, la respiration bornée ; des étourdissemens fréquens se manifestent, les yeux semblent alors se couvrir d'un nuage épais et passager. Trocher, Pierre, boucher de profession, d'une constitution assez grêle, jusqu'à l'âge de trente ans, fut alors pris d'un appétit insatiable, après un voyage fait en Russie. Aimant surtout les viandes, il en faisait une grande consommation, et gagna le pari de manger un veau tout entier, dans 24 heures. A trente-sept ans, il pesait 400 livres, ne pouvait plus s'asseoir ni se tenir debout. Menacé de suffocation, il fit demander le D.r Grafe, qui le ramena graduellement au poids de 200 livres, par la diète, les saignées, les purgatifs, et l'usage intérieur de l'acétate de plomb. Il peut aujourd'hui vaquer à ses occupations habituelles.

Polysarcie passive. — On doit toujours la considérer comme un symptôme pathologique. C'est plutôt une bouffissure de mauvais caractère, qu'un embonpoint relatif au développement de la nutrition. On la reconnaît aisément à l'empâtement, à la mollesse des tissus, à la couleur terne et jaunâtre de la peau, recouverte habituellement d'une sueur grasse et nauséabonde. Elle est produite surtout par la misère, la malpropreté, les maladies chroniques des organes digestifs, l'affection scrophuleuse, l'habitation des lieux humides et marécageux ; elle indique toujours une lésion nutritive plus ou moins profonde, et devient souvent plus fâcheuse qu'un amaigrissement prononcé.

2° *Diminution.* — Elle résulte nécessairement, soit de l'affaiblissement des exhalans adipeux, les absorbans conservant leur état naturel, soit d'un accroissement dans cette absorption, l'exhalation n'éprouvant pas de changement notable. Ces deux modifications déterminent le *marasme*, *passif* dans le premier cas ; *actif*, dans le second.

Marasme passif. — Il est ordinairement produit par la respiration d'un air insalubre , par l'usage d'alimens de mauvaisse qualité , peu réparateurs , par les vices constitutionnels , les affections organiques profondes , les passions tristes , les chagrins concentrés etc. On le reconnaît à l'étiolement , à la faiblesse , à l'épuisement constitutionnels , à la teinte plombée de la peau , qui devient sèche et terreuse, quelquefois aux sueurs nocturnes et partielles, au dévoiement colliquatif. Cette altération est presque toujours , vers la fin des maladies chroniques , l'un des symptômes les plus certains d'une mort prochaine.

Marasme actif. — Il peut être occasionné par des alimens trop excitans , par les salaisons, les épices , le thé , le café, les liqueurs alcoholiques ; par les exercices violens et toutes les modifications des travaux intellectuels opiniâtres , d'une vie sans cesse agitée sous l'influence des commotions morales. Il est compatible avec la santé parfaite ; nous voyons, en effet , des sujets habituellement très-maigres , et qui cependant soutiennent les plus grandes fatigues, sans dérangement notable dans leurs fonctions. Il se fait aisément distinguer à la densité des tissus , à la saillie des os , des muscles , à la sécheresse de la peau , qui présente en même tems un aspect de fraîcheur et de vie.

3° *Perversion.* — Elle entraîne la formation d'une graisse jaunâtre, mal élaborée, de mauvaise nature , dégénérant en lipômes, en tumeurs anomales etc. par la conversion de cette humeur en matière gélatineuse, pultacée, grise, noirâtre etc. Des perspirations purulentes , sanguines , ichoreuses etc. peuvent encore se manifester dans le tissu cellulaire adipeux.

4° *Suspension*. —— Elle est assez rare , on l'observe cependant au début des inflammations violentes , par la stupeur des grandes commotions , pendant les douleurs vives et soutenues , sous l'influence des passions ardentes et concentrées etc.

6° PERSPIRATION MÉDULLAIRE.

Nous décrivons sous ce titre l'exhalation qui s'effectue par les vaisseaux perspiratoires particuliers aux membranes intérieures des os. Ces membranes , désignées par le terme de *médullaires* , vasculo-vésiculeuses , formant le périoste interne , occupent le canal central du plus grand nombre des os longs , et les aréoles du tissu spongieux , dans toutes les parties du squelette. L'appareil sécréteur est plus spécialement représenté par des vésicules absolument analogues à celles du système adipeux. Le modificateur de cette perspiration est le sang rouge lui-même. Les exhalans de ces vésicules puisent, dans ce dernier fluide , les matériaux au moyen desquels ils forment , sous l'influence vitale , une humeur , à laquelle on donne le nom de *moëlle*. Composée des mêmes élémens que la graisse ordinaire , mais en proportions différentes , la moëlle est plus fluide et plus jaune ; dans le tissu aréolaire , elle prend même les caractères et l'aspect des huiles. Haller et Blumenbach pensaient qu'elle rendait les os plus flexibles. Mais elle n'existe pas chez les enfans. Les anciens, Haller et Duverney croyaient qu'elle servait à la nutrition des os , à la formation du cal, sous le titre de *suc osseux* ; d'autres l'ont considérée comme le réservoir latent du calorique, de l'électricité , de la synovie , qu'elle formait par transsudation etc. Ces hypothèses n'ont plus besoin d'une réfutation sérieuse. Il nous semble beaucoup plus positif et plus physiologique d'admettre que la moëlle, outre les usages qu'elle partage avec la graisse ordinaire, a pour objet spécial de remplir les mailles du tissu spongieux, et les cavités centrales des os longs ; de présenter un aliment en réserve pour les différentes pièces du squelette, comme le démontrent les expériences de Troja, mais surtout la vacuité des os, chez les sujets qui succombent aux maladies chroniques et dans un état de marasme complet. Les altérations de cette élaboration sécrétoire sont encore peu connues ; cependant nous savons qu'elle est *augmentée*, dans la polysarcie ; *diminuée*, dans le marasme ; *pervertie*, dans le spina-ventosa ; *suspendue*, lors de la formation du cal, dans les fractures etc.

7° PERSPIRATION OCULAIRE.

Le globe de l'œil est formé par des membranes et par des humeurs. Les secondes sont produites et continuellement réparées sous l'influence de l'exhalation exercée par les premières. Il devient par conséquent indispensable d'étudier chacune de ces perspirations dans sa membrane propre.

Membrane de l'humeur aqueuse. — Cette membrane offre une ténuité si considérable que l'on a, pendant très-long-tems, douté de son existence, aujourd'hui démontrée par la hernie de l'humeur quelle renferme. Tapissant les deux chambres de l'œil, elle sécrète un fluide parfaitement diaphane, limpide, inodore, d'une saveur très-faible, se réparant avec une grande facilité, comme on peut s'en convaincre dans l'opération de la cataracte par extraction ; formé d'une grande proportion d'eau, ce qui l'a fait nommer *humeur aqueuse*, de gélatine et de quelques sels. Il sert à la réfraction des rayons lumineux dans la vision. Son augmentation donne souvent naissance à la *myopie*; sa diminution, à *la presbytie*; sa suspension, à *l'atrophie* de l'œil, à *la cécité*; sa perversion, à *l'hypopyon* etc.

Membrane cristalline.—Représentant un sac sans ouverture, de forme lenticulaire, cette membrane sécréte un fluide épais, diaphane, prenant, par l'action de la chaleur, un aspect analogue à celui du verre fondu; brûlant avec une sorte de crépitation, et répandant l'odeur de la corne soumise à l'influence du feu. Contenant de l'eau, de l'albumine, de la gélatine et des sels. Servant à la réfraction de la lumière. Produisant la *myopie*, dans son augmentation; *la presbytie*, dans sa diminution; *la cataracte*, par sa perversion.

Membrane hyaloïde. — Celluleuse, mince, transparente, elle exhale un fluide, connu sous le nom *d'humeur vitrée*; composé de gélatine, d'albumine et de plusieurs sels en dissolution dans une grande quantité d'eau; servant à la réfraction des rayons lumineux. Son augmentation détermine l'*hydrophtalmie*; sa diminution, *l'atrophie oculaire*; sa perversion, *le glaucome*.

Membrane choroïde.—Opaque, beaucoup plus épaisse que les précédentes, elle sécréte une humeur noire, désignée par le terme de *pygmentum*; formée d'eau, de gélatine, de plusieurs sels et d'une matière colorante animale. Son usage essentiel est d'absorber les rayons lumineux écartés de l'axe visuel. Ses altérations sont encore peu connues.

8° PERSPIRATIONS VASCULAIRES.

C'est ainsi que nous désignons l'exhalation effectuée par les vaisseaux ténus, qui vont s'ouvrir à la surface libre des canaux circulatoires, sous le nom de *vasa vasorum*. Révoquée en doute par quelques physiologistes, admise par Haller, et la plupart des modernes, cette exhalation doit être étudiée dans les artères, les veines, les vaisseaux lymphatiques et les canaux excréteurs.

Artères.—Bichat comprend une portion d'artère entre deux ligatures, voit le vaisseau réduit en cordon fibreux par les progrès de l'oblitération, et conclut au défaut de réalité de la perspiration vasculaire. Ici le principe, le raisonnement et l'induction sont essentiellement erronés. En effet, le sang étant un stimulant ordinaire des parois artérielles, toute exhalation doit cesser à leur surface libre, aussitôt que ce fluide ne vient plus les exciter. Faut-il en inférer que cette exhalation n'a pas lieu dans l'état normal ? Autant vaudrait nier l'existence des perspirations synoviales et séreuses, parce que ces membranes contractent des adhérences avec oblitération de leurs cavités propres, lorsque cette même sécrétion est suspendue par une longue immobilité etc. L'humeur perspirée dans les artères, paraît avoir de l'analogie avec la sérosité. Mêlée au sang, elle en favorise la circulation en augmentant sa fluidité naturelle. On n'a pas jusqu'ici déterminé les caractères de ses altérations.

Veines. — La perspiration de ces vaisseaux offre les mêmes dispositions et les mêmes usages, elle peut être pervertie de manière à fournir du pus.

Vaisseaux lymphatiques. — Elle est aussi très-probable pour ces vaisseaux ; elle devient certaine pour leurs ganglions qui forment un fluide gélatino - albumineux chargé, par son mélange avec le chyle, de faire éprouver à ce produit digestif un premier degré d'animalisation.

Canaux excréteurs.—Cette perspiration a pour objet de favoriser l'excrétion des humeurs glandulaires en augmentant leur fluidité. Nous en avons fait l'histoire générale en traitant des exhalations muqueuses.

SECTION DEUXIÈME.

SÉCRÉTIONS FOLLICULAIRES.

Les sécrétions folliculaires nous offrent déjà plus de précision dans l'appareil chargé de les effectuer, et même une sorte de réservoir où se trouve déposé le produit de l'élaboration. Cet appareil porte le nom *de crypte* κρύπτη des Grecs, de κρύπτω je cache, *Folliculus* des Latins. Il représente un petit sac de forme variable, entièrement logé dans l'épaisseur de la membrane qu'il occupe, offrant son fond élargi vers la surface adhérente, et son col rétréci, ouvert à la surface libre de cette membrane. Intérieurement revêtu par celle-ci, dont un prolongement ténu s'enfonce dans l'orifice du follicule, ce dernier présente extérieurement une membrane propre qu'il serait difficile de ne pas considérer comme jouissant de la contractilité, puisque l'expulsion de la matière sécrétée, hors de la cavité folliculaire, se trouve exclusivement abandonnée à son action. Haller admettait même dans cette membrane des fibres musculeuses par analogie avec celles que l'on rencontre dans la vessie urinaire, la vésicule hépatique, et dans les autres grands réservoirs. C'est au moyen des vaisseaux exhalans de ces cryptes que s'effectue la sécrétion folliculaire. On ne rencontre ces petits appareils que dans l'épaisseur des deux membranes de rapport, *la muqueuse et la peau.* C'est toujours à la surface libre de l'une et de l'autre qu'ils viennent s'ouvrir; circonstance qui, jointe aux caractères onctueux des produits de cette élaboration, démontre assez positivement que le but essentiel des sécrétions folliculaires, est de lubrifier ces membranes en les disposant à supporter, avec moins d'inconvéniens, le contact

habituel des corps étrangers qui doivent incessament former les objets de leurs rapports extérieurs. Trois fluides
principaux sont élaborés par cet ordre de sécrétions,
1° *le mucus,* 2° *le fluide sébacé,* 3° *le cérumen.* Des particularités assez importantes distinguant les sécrétions
folliculaires *muqueuse et dermoïde,* leur histoire doit-
être isolément présentée.

SÉCRÉTION FOLLICULAIRE MUQUEUSE.

§. I. DÉFINITION, CARACTÈRES, BUT.—Nous comprenons, dans cette catégorie, toute élaboration sécrétoire
effectuée par les follicules des tissus muqueux. Elle présente pour caractères d'appartenir exclusivement aux
membranes de ce nom ; d'offrir, dans ses manifestations, des variétés nombreuses d'activité qui se trouvent à peu près constamment proportionnées au développement des excitations supportées par ces membranes.
Le but de cette même sécrétion est de protéger convenablement, et par une influence purement physique, les
surfaces libres des muqueuses contre l'agression des corps
étrangers dont elles ont à supporter le contact, et de favoriser, en même tems, le glissement et le passage de ces
derniers, lorsqu'ils sont destinés à les parcourir dans une
certaine étendue. L'humeur folliculaire supplée, dans les
muqueuses, par l'enduit qu'elle forme, à la ténuité, peut-
être même au défaut d'épiderme. Cette modification protectrice nous fait encore apprécier toute la perfection
des œuvres de la nature. En effet, dans les membranes
que nous examinons, et dont les fonctions sont relatives
à des rapports délicats et du plus grand intérêt pour la
conservation individuelle, un épiderme épais et perma-
nent eût protégé la sensibilité de ces membranes, mais
détruit la possibilité des relations qu'elles doivent entre-

tenir ; le défaut absolu de ce moyen protecteur eût permis ces relations , mais abandonné la susceptibilité muqueuse à des irritations plus ou moins funestes. C'est par la production de cet enduit conservateur, de cet épiderme temporaire , que la nature est arrivée à la solution de ce problême difficile, en laissant à ces membranes toute la finesse de leur tact, lorsque les impressions sont très-faibles, en diminuant celui-ci, lorsqu'elles sont très-fortes, puisque la proportion du mucus excrété sur ces tuniques de rapport est constamment en mesure des excitations supportées par ces dernières.

§. II. Appareil.——Il est représenté par les vaisseaux exhalans des follicules muqueux, dont la forme et les dispositions varient. Sous le premier rapport, on les trouve globuleux, obronds, lenticulaires, elliptiques, miliaires etc. Sous le second, on les voit *disséminés,* sur les membranes du même nom; *agglomérés,* dans la bouche, dans l'estomac; *conglobés* , dans la prostate, les amygdales etc. C'est à ces derniers que l'on a très-improprement donné le nom de glandes.

§. III. Modificateur. ——C'est dans le sang rouge que les vaisseaux perspiratoires des follicules muqueux puisent les élémens de la sécrétion qui leur est confiée.

§. IV. Appétit.——Toutes les fois qu'une surface muqueuse n'est pas convenablement lubrifiée par le fluide folliculaire, il en résulte bientôt un sentiment de sécheresse et d'irritation, qui fait assez connaître le besoin de cette élaboration sécrétoire , et qui se convertit bientôt dans une ardeur brûlante, lorsque ce besoin n'est pas satisfait.

§. V. Étude. —— Les cryptes prennent , dans le sang rouge qui leur est distribué, les élémens de la sécrétion qu'ils doivent effectuer, les combinent sous l'influence de la force vitale, pour en constituer un fluide particulier qui se trouve confié à la cavité de l'utricule dans laquelle se fait graduellement son accumulation, jusqu'à l'instant où les contractions de cette poche membraneuse le versent définitivement sur la membrane, à la surface de laquelle doivent s'accomplir les phénomènes relatifs à sa destination. Lorsqu'il séjourne dans les follicules, il se densifie par l'absorption de ses parties les plus aqueuses, prend quelquefois une assez grande consistance, comme on le voit dans ces granulations blanchâtres que certains individus rendent le matin par l'expectoration, sous le nom de *pituite*. L'humeur produite par la sécrétion folliculaire muqueuse βλέννα, des Grecs, d'où l'on a fait les termes *blennorrhée*, *blennorrhagie*, pour désigner l'écoulement pathologique de cette humeur, est encore indiquée dans les auteurs anciens sous le titre de *phlegmes*, de *glaires* etc. Nous lui conserverons le nom de *mucus*. Celui-ci est incolore, visqueux, transparent, inodore, insipide, plus pesant que l'eau, soluble dans les acides, insoluble dans l'alcohol, non coagulable comme l'albumine, incapable de se prendre en masse comme la gélatine, se précipitant par l'acétate de plomb, se boursouflant par l'action du feu, donnant l'odeur de la corne brulée, se desséchant à l'air qui le rend alors semi-transparent, friable, cassant etc. On le trouve dans l'épiderme, les poils, les ongles, les écailles, les cornes etc. ; assez analogue par ses propriétés au mucilage végétal, il en diffère par sa composition puisqu'il contient de l'azote. A l'état liquide, l'eau s'y trouve ordinairement pour les neuf dixièmes du poids. D'après Berzélius, il n'est point identique dans toutes les muqueuses. Ces différences ne tiendraient - elles pas à des mélanges variables, à des modifications vitales passagères, plutôt qu'à la diversité naturelle des appareils sécréteurs? Nous serions assez disposé à le penser, en considérant que le mucus pris sur une membrane déterminée, à des époques différentes, n'offre pas à l'analyse des résultats exactement semblables. Toutefois il n'est pas impossible que ces diversités se rattachent également à des modifications dans la structure et dans les propriétés des follicules muqueux de ces membranes isolées dans leur ensemble et concourant à des fonctions particulières. Le mucus des narines et de la trachée artère analysé par le même chimiste, a présenté, sur 1000 parties : eau, 933, 7 ; — mucus 53, 3 ; — hydrochlorate de potasse et de soude, 5, 6 ; — lactate de soude et substance animale, 3 ; — phosphate de soude, albumine, matière animale insoluble dans l'alcohol, soluble dans l'eau, 3, 5 ; — soude, 0, 9. Dans ces derniers tems, l'élément fondamental de cette humeur, dégagé de toutes les matières accessoires, a reçu le nom de *mucosine*. Bostock et Vauquelin considèrent cet élément comme un principe immédiat ; Berzelius, pense qu'il est composé de lactate de soude en combinaison avec une matière animale ; toutefois, il devient l'un des émonctoires consacrés, par la nature, à l'épuration de l'organisme, et lorsqu'il a rempli ses usages locaux et relatifs aux membranes sur lesquelles il est déposé, l'économie l'expulse au dehors par l'action de moucher, de cracher, avec l'urine, les excrémens etc.

Peu variable dans ses caractères fondamentaux et communs, le mucus remplit des indications particulières, dans chacune de ces membranes : *Dans les fosses nasales*, il favorise l'olfaction, en protégeant la pituitaire contre les agressions trop vives des odeurs, de l'air, et des corpuscules en suspension au milieu de ce dernier. *Dans la bouche*, où se trouvent les *glandes molaires et palatines*, il se mêle au fluide salivaire, pénètre les alimens, et sert à lier les parties du bol à former. Dans *le pharynx et l'œsophage*, où se rencontrent les amygdales , il facilite la déglutition. *Dans l'estomac* , où se voient *les glandes de Brunner,* dans *le duodénum* , *l'intestin grêle* , celles de Pacchioni, ce fluide garantit la membrane intérieure , et favorise la transition alimentaire. *Dans le gros intestin* , il est entièrement relatif à l'excrétion stercorale ; *au larynx* , *à la trachée artère* , *aux bronches* , son action protectrice est encore plus essentielle. *Dans le canal de l'urètre*, il se mêle en grande proportion au sperme , dont il assure l'émission , en lui formant un véhicule approprié; cette matière muqueuse, fournie par la prostate et les glandes de Cowper, est la seule produite par l'éjaculation chez les eunuques. *Dans la vessie,* nous le voyons protéger la membrane intérieure contre l'action irritante exercée par l'urine modifiée sous l'influence d'un grand nombre de maladies. *Au vagin*, il rend la copulation d'abord , l'accouchement ensuite , plus faciles et moins douloureux etc.

§. VI. INFLUENCE DE L'HABITUDE. — La sécrétion folliculaire muqueuse , activée dans une partie de l'appareil chargé de son accomplissement, conserve ces dispositions anormales , même après la destruction des causes qui l'avaient provoquée. C'est en conséquence de cette habitude que nous voyons des leucorrhées , des blennorrhagies, des diarrhées etc., se perpétuer alors qu'il n'existe plus aucune trace de la phlegmasie primitive, et ne céder bien souvent alors qu'à l'action des modificateurs suscesptibles de rompre cette habitude vicieuse , en changeant le mode d'excitation sécrétoire.

§. VII. SYMPATHIES. — La sécrétion folliculaire muqueuse offre des rapports intimes avec les perspirations pulmonaire et cutanée. C'est ainsi que les répercussions des secondes produisent bien souvent l'augmentation de la première, comme on le voit dans les catarrhes divers,

et que , par une conséquence naturelle des mêmes principes , les diaphorétiques sont très-utilement employés
dans ces altérations ; les purgatifs , dans les sueurs morbifiques etc.

§. VIII. ALTÉRATIONS. — Elles sont assez remarquables dans leurs variétés. *Augmentation.* — On la
voit se manifester, lorsqu'une membrane muqueuse est
soumise à des irritations fortes, soutenues, et particulièrement insolites. Sous l'influence de ces modificateurs, on
observe, à la pituitaire, *le coryza* ; à la muqueuse digestive , *les vomissemens glaireux* , *les diarrhées* du même
ordre ; à la muqueuse génito-urinaire , *la blennorrhagie,*
le catarrhe vésical , *utérin etc.* Nouvelle preuve du but
commun que s'est proposé la nature, dans l'établissement
de cette élaboration sécrétoire. *Diminution.* — Beaucoup
plus rare que la précédente , elle offre des conséquences
relatives aux fonctions de l'appareil dont elle fait partie.
Perversion. — Pendant les catarrhes chroniques , le mucus, altéré plus ou moins profondément dans sa nature ,
perd sa transparence, devient blanc, laiteux, quelquefois
verdâtre et fétide. On le désigne alors par le nom de
mucosités puriformes , qu'il ne faut pas confondre avec
le pus véritable , indiquant ordinairement l'ulcération
du tissu muqueux. *Suspension.* — On l'observe particulièrement au début des phlegmasies de ces membranes ,
qui se trouvent ainsi péniblement exposées à l'agression
des corps extérieurs , toute sécrétion étant momentanément interrompue à leur surface libre. C'est ainsi que
dans l'invasion du *coryza,* du *catarrhe bronchique etc.,*
la simple influence de l'air atmosphérique produit les
douleurs les plus vives et les déchiremens les plus aigus ;
en indiquant l'emploi des fumigations mucilagineuses
pour suppléer, autant que possible dans ses fonctions ,
la sécrétion folliculaire en défaut.

SÉCRÉTION FOLLICULAIRE DERMOÏDE.

§. I. Définition, caractères, but. —.La sécrétion folliculaire dermoïde est celle qui s'effectue par l'action vitale des utricules de la peau, nommés *follicules sébacés*. Elle est facile à distinguer de toutes les autres : elle ne s'opère que dans l'épaisseur du derme, particulièrement dans les points où cette membrane est le plus exposée aux frottemens des corps étrangers ; circonstance qui démontre assez que l'objet essentiel de cette élaboration sécrétoire est de garantir la peau des irritations extérieures dont elle se trouve naturellement environnée.

§. II. Appareil. — Il se compose de l'ensemble des follicules dermoïdes, offrant beaucoup d'analogie de forme et de situation avec les cryptes muqueuses ; ne se trouvant cependant jamais agglomérés ou conglobés comme ces dernières. Ils se rencontrent surtout, en grand nombre, dans tous les points où la peau, en conséquence de ses fonctions habituelles, est exposée à des froissemens, à des irritations. Ainsi, dans le voisinage des articulations mobiles, surtout dans le sens de la flexion ; autour des ouvertures destinées à faire communiquer l'extérieur avec l'intérieur. On avait décrit ces follicules sous le titre commun de *glandes sébacées*. On en trouve quelques-uns dont les produits offrent des caractères particuliers ; tels sont plus spécialement ceux qui se voient dans l'épaisseur des paupières, sous le nom de *glandes de Meïbomius*, et qui sécrètent *la chassie* ; ceux que l'on observe dans le conduit auditif externe, et qui forment le *cérumen*.

§. III. Modificateur. — Le sang rouge, porté dans les capillaires des follicules à l'état d'extrême divisibilité, présente, à ces vaisseaux, les élémens de la sécrétion qui leur est confiée.

§. IV. Appétit. —— Un sentiment de sécheresse et d'aridité, surtout vers les parties où l'enveloppe dermoïde éprouve des frottemens réitérés; un état de gêne et d'embarras dans les mouvemens, d'imperfection dans le toucher etc., indiquent le besoin de cette élaboration sécrétoire.

§. V. Étude. —— La sécrétion folliculaire sébacée résulte de l'action vitale des cryptes de la peau sur le sang rouge en circulation dans leurs parois, pour en former une humeur particulière, déposée dans ces réservoirs, pouvant y séjourner plus ou moins long-tems, y prendre une consistance variable, un odeur assez forte, une couleur noirâtre.; dispositions qui, plusieurs fois, ont fait prendre ces concrétions particulières pour des vers. Dans l'état normal, ce produit, excrété par l'action des follicules, est gras, huileux, épais, non glutineux, formant avec l'eau, sous l'influence du battage, une sorte d'émulsion blanchâtre, sans toutefois s'y dissoudre. Cette matière, d'une odeur ambrée, plus ou moins désagréable, variant chez les divers sujets, tachant, engraissant les linges appliqués sur la peau, est quelquefois si considérable, pour certains individus, qu'elle rend leur présence insupportable par les émanations nauséabondes qu'ils répandent au loin. Quelques auteurs ont attribué la sécrétion d'une partie de l'humeur graisseuse dermoïde à l'action des exhalans cutanés, de telle sorte qu'il existerait ici trois élaborations de cet ordre. L'observation n'a pas encore suffisamment éclairé ce point en litige. Toutefois, l'humeur sébacée, presque entièrement excrémentitielle, protège la peau, dont elle adoucit les frottemens, entretient la souplesse, et favorise les actions tactiles. Au milieu des caractères généraux de la sécrétion, nous rencontrons quelques modifications particulières à certaines localités.

Follicules palpébraux. — Parallèlement disposés entre la membrane muqueuse et les cartilages tarses , improprement nommés *glandes de Meïbomius* , ces follicules offrent pour caractères distinctifs , de présenter un col très-allongé , d'élaborer un fluide particulier, connu sous le titre de *chassie*. Cette humeur, qui présente beaucoup d'analogie , pour l'aspect , avec la cire vierge , lubrifie les bords palpébraux , à la manière des corps gras , prévient ainsi l'irritation que produiraient leurs mouvemens , et s'oppose à l'effusion habituelle des larmes , à peu près comme l'huile empêche l'écoulement des fluides aqueux , même au-dessus du niveau , dans le vase dont elle enduit les parois. C'est au produit de cette élaboration folliculeuse qu'il faut attribuer l'agglutination des paupières dans *la lippitude*, les engorgemens croûteux, quelquefois très-durs, qui s'y rencontrent, surtout chez les scrophuleux etc.

Follicules auriculaires. — Placés dans le conduit auditif externe , sous le nom très-impropre de *glandes cérumineuses* , ils sécrètent l'humeur désignée par le terme de *cérumen* , et présentent , pour caractères particuliers, une consistance demi-fluide , onctueuse , une couleur jaune plus ou moins foncée , une odeur nauséabonde , une saveur amère, se boursouflant par la chaleur, brûlant en répandant l'odeur de la corne torréfiée. Cette humeur a pour usage de protéger les parois du conduit auditif externe ; sous l'influence de l'incurie , desséchée par l'absorption de ses parties les plus liquides, elle devient quelquefois une cause de surdité facile à détruire , et dès-lors offrant au charlatanisme des occasions de succès qu'il n'a pas manqué d'exploiter.

§. VI. Influence de l'habitude. — Lorsque la sécrétion folliculaire dermoïde a présenté , pendant quelque tems , une activité proportionnée à l'exercice ordinaire des sujets , à l'excitation des cryptes cutanées , on la voit conserver encore ce développement , après la destruction ou l'éloignement des modifications qui l'avaient déterminé. C'est ainsi que les hommes du peuple, habitués à des travaux pénibles , offrent encore, même pendant l'inaction prolongée, la disposition grasse, huileuse de la peau, surtout au voisinage des articulations, comme nous avons souvent occasion de l'observer dans nos hôpitaux.

§. VII. SYMPATHIES. — La sécrétion folliculaire dermoïde sympathise plus particulièrement avec celle des muqueuses. Nous expliquons ainsi la sécheresse de la peau , dans les abondantes évacuations catarrhales , et l'influence favorable des frictions cutanées, dans le traitement de ces maladies.

§ VIII. ALTÉRATIONS. —Elles peuvent se réduire aux quatre modes principaux : 1° *Augmentation.* — Elle est surtout occasionnée par les frottemens, les mouvemens trop soutenus; on la rencontre surtout aux aînes, aux aisselles, chez les sujets d'un grand embonpoint; aux paupières, elle constitue la *lippitude ;* au conduit auditif, des écoulemens puriformes. 2° *Diminution.* — On l'observe particulièrement pendant les phlegmasies chroniques des muqueuses, au début des inflammations sur-aiguës de la peau. 3° *Perversion.* — Le produit de cette élaboration sécrétoire peut s'altérer profondément, prendre une odeur plus ou moins fétide, comme on le voit aux paupières, et surtout dans le conduit auditif externe qui devient alors un véritable foyer d'infection , et laisse échapper une matière puriforme, quelquefois attribuée, par erreur, à la présence d'une ulcération de la membrane du tympan , à la carie des osselets, etc. 4° *Suspension.*—On la trouve dans les violentes inflammations dermoïdes avant leur entier développement; la séche-

resse qu'elle occasionne sur la peau contribue sensiblement à l'agacement nerveux qui vient fréquemment
aggraver ces altérations.

SECTION TROISIÈME.

SÉCRÉTIONS GLANDULAIRES EN GÉNÉRAL.

Nous accordons le titre de sécrétions glandulaires aux
élaborations de cet ordre, effectuées par des organes
parenchymateux, spécialement relatifs à ces actions physiologiques , et présentant pour le moins un canal
excréteur , chargé de transmettre les produits sécrétés
au lieu de leur destination. Ainsi : 1° *La glande ;* 2° *le
conduit d'excrétion* , se sencontrent nécessairement dans
les appareils de ce troisième ordre , même lorsqu'ils se
trouvent réduits à leur plus grande simplicité ; comme
on l'observe pour les salivaires, le pancréas, les mamelles etc. Lorsqu'ils sont complets , comme on le voit
pour les sécrétions de l'urine , du sperme , de la bile etc. ,
nous y rencontrons quatre objets essentiels : 1° *La glande,*
αδὴν des Grecs, *glandula* des Latins, organe parenchymateux offrant un tissu propre , des forces vitales particulières, un système vasculo-nerveux très-considérable,
une structure variable dans chacun de ces appareils.
2° *Le canal afférent,* — chargé d'apporter dans le
réservoir l'humeur secrétée par la glande. 3° *Le réservoir.* — Poche membraneuse , intérieurement revêtue
par une expansion muqueuse, extérieurement formée
par une membrane qui paraît de nature musculaire ,
ou du moins qui jouit de la faculté de se resserrer pour
expulser le produit de la sécrétion retenu pendant quelque tems en réserve dans cette cavité dont les vaisseaux absorbans ont concentré les principes constituans
de l'humeur, en s'emparant de ses parties aqueuses.

4° *Le canal efférent*, — qui transmet, sous le titre d'*excréteur*, du réservoir au lieu de leur destination, le fluide en dépôt, et celui que le travail actuel de la glande peut incessamment ajouter.

Dans tous les appareils de cet ordre, quelle que soit leur complication, la glande nous offre donc l'organe essentiel, indispensable pour la sécrétion ; tous les autres ne sont qu'accessoires et relatifs à l'excrétion. D'après leur texture propre et l'organisation de leur parenchyme, les glandes peuvent être distinguées en trois catégories : 1° *granuleuses*.—Les particules du viscère, nommées *grains glanduleux*, unies par du tissu cellulaire, forment des lobules divisibles dans leurs élémens rudimentaires, sans altération physique pour ces derniers. Tels sont le pancréas, les glandes mammaires, lacrymales, salivaires. 2° *Conglobées*. — Les grains glanduleux confondus, en quelque sorte identifiés, ne peuvent être isolés sans déchirement des uns et des autres, comme on le voit pour le foie, les reins. 3° *Pulpeuses*. — On ne trouve aucune apparence des grains glanduleux dans leur tissu d'une mollesse remarquable, comme on l'observe relativement aux testicules, aux ovaires. Le parenchyme glanduleux, quelle que soit la forme qui lui devient propre, est toujours assez facile à déchirer ; donne, par la putréfaction, une odeur très-fétide, et comme aliment, résiste beaucoup à l'action des organes digestifs. Mais quelle est sa nature particulière, et sa composition ? Cette question importante a beaucoup excité l'attention des anatomistes anciens et modernes.

Malpighi soutient que ce parenchyme est formé de grains glanduleux ; que chacun de ces derniers doit être, en dernière analyse, considéré comme un follicule intermédiaire à la terminaison des vaisseaux sanguins, à l'origine des canaux afférens. Il appuie son opinion sur des observations microscopiques et sur des notions assez positives d'anatomie pathologique raisonnée. Ferrein admet aussi des grains glanduleux, mais il prétend qu'ils sont formés par des petits corps spongieux, variant, quant à leur structure, dans ces différens appareils de sécrétion, mais conservant assez généralement la forme pyramidale; aussi les désigne-t-il par le nom de *tubercules coniques.*

Ruisch avance, au contraire, que le parenchyme glanduleux n'est autre chose que l'entrelacement inextricable des vaisseaux capillaires sanguins et des canaux afférens, qui leur sont continus, sans aucun intermédiaire; que le travail sécrétoire est opéré dans le lieu même de cette communication. Il réduit, pour le prouver, toutes les glandes en lacis vasculaire, par ses admirables injections. Un grand nombre d'anatomistes se rangent de son avis.

Si l'on examine actuellement, sans prévention et sans partialité, ces deux opinions diamétralement opposées, on sentira que l'une et l'autre, exclusivement admises, conduisent à l'erreur, et qu'il faut les ramener vers un moyen terme, pour obtenir la vérité. Ce n'est point avec Malpighi, par des recherches microscopiques, souvent illusoires; avec Ruisch, par des injections peu probantes en pareille discussion, que nous voulons procéder; les raisons qui peuvent décider la question doivent reposer sur des faits incontestables. Nous signalerons les suivans, au nombre de ceux qui viennent se présenter dans cet examen. 1° Les anatomistes n'ont pas mis en doute, pour les appareils des sécrétions folliculaires, l'existence *d'une crypte,* entre les dernières divisions artérielles et les radicules des petits canaux afférens, bien que l'on fasse passer les injections des premières dans les seconds;

pourquoi ce résultat présenterait-il un motif de rejeter la possibilité de ces vésicules sécrétoires, dans les parenchymes glanduleux, dont la complication est évidemment bien plus avancée? 2° Les diverses lésions organiques des glandes offrent des caractères particuliers que l'on ne rencontre pas dans les tissus exclusivement vasculo-nerveux. 3° Les différences fondamentales que nous observons entre le lait, la salive, l'urine, le sperme, la bile etc., supposent nécessairement des parenchymes différens par l'organisation et par les propriétés vitales. Aussi dans les sécrétions perspiratoires dont les appareils sont moins diversifiés, les produits nous offrent-ils beaucoup plus d'analogie, comme il est aisé de s'en convaincre en rapprochant les fluides exhalés muqueux, synovial, séreux, cutané etc.

Il nous semble donc positivement démontré, qu'il existe dans les glandes un parenchyme particulier, intermédiaire aux vaisseaux sanguins, aux canaux afférens; que ce parenchyme offre le canevas, la partie essentielle et caractéristique de l'organe, celle dans laquelle s'effectue l'élaboration sécrétoire. Quant à la forme, aux propriétés physiologiques de ce tissu fondamental, elles varient dans chaque espèce de glande; vouloir en obtenir la détermination positive, nous paraît absolument impossible. Des artères, des vaisseaux capillaires, des veines, des lymphatiques, des canaux afférens, des nerfs, du tissu cellulaire, pour en lier toutes les parties, complétent l'organisation de ces appareils sécréteurs.

C'est dans les trois fluides circulatoires que les glandes puisent des élémens pour élaborer leurs humeurs particulières; les mamelles, peut-être dans la lymphe; le foie, dans le sang noir; toutes les autres dans le sang rouge.

Pour bien concevoir l'ensemble de la sécrétion glandulaire, il faut analyser avec soin cette action complexe. Nous y trouvons quatre phénomènes principaux : 1° *excitation de la glande* ; 2° *élaboration du parenchyme* ; 3° *dépôt dans le réservoir* ; 4° *excrétion* ; phénomènes toujours successifs dans l'état normal.

1° *Excitation de la glande.*—Cette modification dont la cause peut-être physique, chimique ou vitale, dispose l'organe sécréteur à la fonction qu'il doit remplir, monte ses propriétés vitales au degré nécessaire à cette élaboration, et détermine, vers l'appareil chargé de l'effectuer, un afflux plus considérable du fluide circulatoire où vont se trouver puisés les élémens de l'humenr qui doit en résulter. Cette action est donc exclusivement préparatoire.

2° *Élaboration du parenchyme.*— Dumas admet *une atmosphère glanduleuse*, et prétend que le sang, en traversant les vaisseaux dont elle est formée, subit des modifications qui le prédisposent à l'élaboration sécrétoire. Cette hypothèse ingénieuse est absolument sans base positive. Le travail du parenchyme nous offre une action vitale de ce dernier sur les matériaux qui lui sont apportés par le fluide circulatoire destiné à cet emploi, pour les combiner, pour en former l'humeur particulière, dont il doit opérer la confection. Cette action est analogue à celle de l'estomac sur les alimens, pour en obtenir le chyme, des poumons sur le chyle, sur le sang noir et sur l'oxygène pour en constituer le sang rouge.

3° *Dépôt dans le réservoir.*— L'humeur convenablement élaborée dans le parenchyme glanduleux est saisie par les radicules du canal afférent, circule dans ce dernier sous l'influence de la contractilité involontaire insensible, et se trouve immédiatement versée au lieu de sa destination si l'appareil est incomplet ; déposée dans le réservoir, lorsque cet appareil offre toutes ses divisions.

4° *Excrétion.* Pendant son séjour dans le réceptacle, cette humeur sécrétée perd insensiblement ses parties les plus aqueuses par l'action des absorbans; elle se concentre de plus en plus, devient excitante, agit sur les parois, du réservoir chimiquement, en raison de cette modification ; physiquement, par son accumulation progressive. Celui-ci réagit en vertu de sa contractilité involontaire sensible ; la matière de l'excrétion, poussée vers l'origine du conduit afférent, touche un point dont l'irritabilité n'est pas habituée à son contact ; c'est alors seulement que les muscles, sympathiquement liés au réservoir pour cette action compliquée, se contractent simultanément avec ce dernier, dont les efforts se déploient dans toute leur énergie, pour vaincre la résistance des sphincters qui sont les obstacles opposés à l'excrétion permanente, et se trouvent représentés par des anneaux fibreux, ou par des muscles volontaires. C'est donc plus spécialement au point de réunion du réservoir et du canal excréteur que se rencontre le siége de la sensation particulière, qui devient, en quelque sorte, l'avertissement communiqué à tous les organes dont la synergie doit concourir à l'accomplissement de l'acte que nous étudions. Il est dès-lors facile de comprendre comment la présence d'une sonde au col de la vessie, d'un suppositoire à la marge de l'anus, provoquent l'expulsion de l'urine et des matières fécales. Ces principes simples et naturels s'appliquent à tous les phénomènes excrétoires. Déposée dans le canal afférent, l'humeur de sécrétion est conduite, au lieu qu'elle doit atteindre, par les réactions des parois de ce canal, quelquefois même lancée avec une certaine force d'impulsion par des muscles accessoires, comme on le voit surtout pour l'urine. Quant aux produits de ces élaborations, ils varient dans chaque appareil sécréteur. Les uns, tels que le sperme, la salive, le fluide pancréatique, les larmes, en grande partie récrémentitiels, peuvent être, sans inconvénient, reportés dans le torrent circulatoire ; les autres, tels que l'urine, la bile etc., plutôt excrémentitiels, déterminent quelquefois les plus graves accidens par leur absorption, comme on le voit dans la fièvre urineuse, l'ictère etc. Toutefois il ne faut pas exagérer cette influence. Bichat a prouvé que le transport de ces humeurs dans le sang, n'est pas inévitablement funeste. Ainsi l'injection de la bile, des mucosités, de la sueur, de l'urine, dans les veines de plusieurs chiens, a produit, pendant quelques jours, des vomissemens, de l'irritation générale, de la fièvre etc. ; symptômes dont la disparition s'est naturellement effectuée sans laisser aucun trouble dans les fonctions de l'organisme. Après avoir considéré les sécrétions glandulaires en général, nous devons les étudier dans toutes les spécialités qu'elles peuvent offrir.

SÉCRÉTIONS GLANDULAIRES EN PARTICULIER.

Les sécrétions glandulaires, envisagées dans l'homme, se réduisent à huit principales : 1° *lacrymale* ; 2° *salivaire* ; 3° *pancréatique* ; 4° *biliaire* ; 5° *lactée* ; 6° *urinaire* ; 7° *spermatique* ; 8° *ovarique*. Chacune de ces particularités va maintenant fixer notre attention, dans l'ordre que nous venons de présenter.

1° SÉCRÉTION LACRYMALE.

§. I. DÉFINITION, CARATÈRES, BUT. — Nous décrivons, sous ce titre, l'élaboration sécrétoire effectuée par les glandes lacrymales. Elle offre pour caractères de présenter un appareil complet, avec des modifications spéciales, relatives à l'objet principal de cette fonction. Appartenant surtout aux phénomènes de relation, cet objet se trouve à peu près exclusivement approprié à la vision, à l'olfaction. La sécrétion lacrymale y devient un moyen de perfectionnement. Aussi ne la rencontrons-nous pas chez les animaux dont l'odorat est rudimentaire, et dont les yeux se trouvent naturellement protégés par le milieu fluide qui les entoure, comme on l'observe pour les poissons, et même pour le dauphin, la baleine etc. Chez les êtres faibles, elle devient un moyen d'expression, dans les tendres émotions de l'âme, pour la joie comme pour la douleur, sans concentration violente.

§. II. Appareil. — Chez l'homme, cet appareil double, complet, symétriquement établi sur les côtés de la ligne médiane, s'étend depuis la région externe et supérieure de l'orbite, jusque dans les fosses nasales, sous le cornet inférieur. *La glande*, — nommée *lacrymale*, présentant la forme et les dimensions d'une amande, se trouve, sous ce dernier rapport, ordinairement en proportion avec le globe oculaire ; très-considérable chez les cerfs, les antilopes, elle est presque nulle dans la taupe. Cette même disposition est applicable aux différens sujets de l'espèce humaine, circonstance qui nous explique le larmoiement habituel des yeux volumineux. De forme lenticulaire, d'une couleur grisâtre, elle est placée dans l'enfoncement digital creusé sous l'apophyse orbitaire externe du frontal, en dehors de la conjonctive, de manière qu'on peut l'extirper sans aucune lésion pour cette membrane. Enveloppée d'une capsule fibro-celluleuse, elle résulte de la réunion d'un grand nombre de lobules, qui se partagent eux-mêmes en granulations arrondies et rougeâtres, où se terminent les dernières divisions des branches lacrymales de l'artère ophthalmique, d'où naissent les radicules des veines du même nom, celles des canaux afférens. Une branche du nerf ophthalmique, des filets du ganglion, qui, sous ce titre, avoisine la glande, un certain nombre de vaisseaux lymphatiques, du tissu cellulaire, unissant tous ces élémens, complètent la structure de cet organe sécréteur. *Les canaux afférens,* — vainement recherchés par Haller et Zinn, ont été démontrés par Monro. Au nombre de sept ou huit, ils viennent s'ouvrir isolément sur la conjonctive, à l'angle externe de l'œil, un peu au-dessus du cartilage tarse de la paupière supérieure. On peut indiquer, comme terminaison commune de ces canaux, le conduit triangulaire qui résulte, en devant, du rapprochement des bords palpébraux taillés en biscau, en arrière, du globe de l'œil. *Le réservoir* — doit être considéré comme formé par deux cavités secondaires, l'une destinée à la vision, l'autre à l'olfaction, et séparées par les conduits lacrymaux. La première se trouve représentée par une petite cavité, située à l'angle interne de l'œil, bornée par *la caroncule*, et nommée *lac lacrymal*. La seconde est une petite poche logée sous cet angle, derrière le tendon du muscle orbiculaire, et que l'on a désignée par la dénomination de *sac lacrymal*. Les canaux du même nom, qui font communiquer ces deux cavités, commencent aux bords palpébraux, par un orifice noirâtre, véritable suçoir, nommé *point lacrymal*, qui s'empare des larmes; ils circonscrivent un losange, par leur union. *Le canal efférent* — naît du sac lacrymal; il est creusé dans l'apophyse nasale de l'os maxillaire, et se termine sous le cornet inférieur, dans le méat du même nom. Tout cet appareil est intérieurement revêtu par une membrane muqueuse, établissant une continuité parfaite entre la conjonctive et la pituitaire. Nul chez les poissons, dont le milieu liquide remplit à peu près les usages des larmes ; il est très-développé chez les oiseaux et chez les animaux timides, qui présentent, pour chacun des yeux, deux glandes lacrymales, l'une interne, l'autre externe.

§. III. MODIFICATEUR. — La glande, chargée de la sécrétion des larmes, puise évidemment dans le sang rouge les élémens de cette élaboration particulière.

§. IV. APPÉTIT. — Un sentiment de sécheresse, de prurit et de chaleur dans la conjonctive, une douleur plus ou moins vive, pendant les mouvemens de l'œil et des paupières, indiquent ordinairement le besoin de la sécrétion lacrymale, et servent en même tems à la provoquer.

§. V. ÉTUDE. — La glande chargée de cette élaboration, excitée, soit directement, par les extrémités de ses canaux afférens ouvertes sur la muqueuse oculaire et palpébrale, soit indirectement, par les diverses passions affectives, se monte au degré nécessaire pour agir sur le sang rouge, qu'elle appelle dès-lors en plus grande proportion. En vertu de ses propriétés vitales particulières, elle puise, dans ce modificateur, les élémens appropriés, les combine, les identifie, de manière à former une humeur, connue sous le nom de *larmes*, δάκρυμα des Grecs, *lacryma*, des latins ; offrant un fluide incolore, diaphane, limpide, inodore, légèrement salé, verdissant faiblement les couleurs bleues végétales, ce que Vauquelin attribue à la soude, Pearson à la potasse ; devenant plus épaisse, lorsqu'elle est exposée à l'action de l'air ; présentant, à l'analyse, d'après Fourcroy et Vauquelin, sur cent parties : eau, 0, 96 ; — soude caustique, mucus, hydrochlorate de soude, phosphate de chaux et de soude, 00, 4. Cette humeur, saisie par les radicules des canaux afférens, est déposée, par ces derniers , sur la conjonctive, à l'angle externe de l'œil, gagne l'angle interne, par le conduit triangulaire, sous l'influence des mouvemens palpébraux, après avoir humecté la muqueuse, pour la garantir des irritations atmosphériques , et favoriser les glissemens qu'elle doit incessamment présenter ; accumulée dans le *lac lacrymal*, elle est absorbée par les points et les canaux lacrymaux , dont l'action vitale ne doit plus être confondue avec celle d'un syphon physique ; versée dans le sac du même nom, dont les parois contractiles déterminent son expulsion , par le *canal nasal*, elle est déposée sous le cornet inférieur, facilite l'olfaction en dissolvant les molécules odorantes , en maintenant la pituitaire dans un état de souplesse indispensable à l'exercice régulier de cette fonction.

§. VI. Influence de l'habitude. — Aucune sécrétion n'est aussi directement soumise à l'action de ce puissant modificateur. Nous en trouvons la raison physiologique dans le concours de cette élaboration sécrétoire , pour l'expression des sentimens affectifs. Ainsi , nous voyons, chez les enfans et chez les femmes plus spécialement, des sujets d'un moral doux et timide, que cette habitude fait pleurer pour la cause la plus légère ; tandis que les individus autrement constitués , et qui d'ailleurs se sont fait une loi d'éviter ces démonstrations extérieures et puériles de la douleur, conservent un œil sec, au milieu des chagrins les plus profonds.

§. VII. Sympathies. Ce lien fonctionnel existe particulièrement entre la glande lacrymale et les muqueuses oculaire et nasale. Aussi voyons-nous la sécrétion des larmes notablement augmentée dans le coryza, l'ophthalmie , sous l'influence d'une sympathie par continuité de tissu. La nature a sagement établi ces relations, puisque le produit de l'élaboration que nous étudions est destiné à protéger la conjonctive, la pituitaire, et qu'il doit par conséquent augmenter, en raison des irritations éprouvées par ces membranes.

§. VIII. ALTÉRATIONS.—Les unes sont particulières à la sécrétion, les autres, à l'excrétion. *Relativement à la sécrétion.*—Nous trouvons les quatre modes principaux. 1° *Augmentation.*—Elle peut être déterminée par des causes physiques, chimiques, vitales et morales. Telles sont l'irritation de la conjonctive par un corps étranger, par une vapeur irritante, l'ophthalmie, les émotions légères, soit de peine, soit de plaisir. La proportion des larmes devient alors si considérable, que ne pouvant plus être absorbées, dans la mesure de leur formation, elles coulent sur les joues, constituant alors ce que l'on nomme communément *les pleurs.* Il serait erroné d'apprécier l'intensité de la douleur d'après leur abondance. L'homme qui ressent un chagrin profond ne pleure pas ; lorsque les larmes commencent à couler, déjà la première impression a perdu plus ou moins de son intensité. 2° *Diminution.*—On l'observe surtout au début des inflammations aiguës de la muqueuse oculaire, dont la sécheresse devient à son tour une cause nouvelle d'irritation, en rendant les mouvemens des paupières et du globe de l'œil très-douloureux. 3° *Perversion.* — Il n'est pas rare d'observer, pendant les chagrins violents, dans la phlegmasie des glandes lacrymales, une altération chimique de leur produit sécrété qui devient âcre, brûlant, caractères qui semblent dépendre de l'augmentation proportionnelle de la soude caustique; les larmes, en coulant sur les joues, y tracent des lignes érysipélateuses variables. 4° *Suspension.*— Elle se manifeste dans certains modes inflammatoires de cet appareil. Les déplacemens de l'œil et des paupières, occasionnent des angoisses intolérables qui s'étendent jusqu'à l'encéphale.

Cette altération qui nous semble ordinairement un résultat pathologique, reçoit le nom *d'ophthalmie sèche* ; la pituitaire n'étant plus suffisamment humectée par les larmes, on voit alors fréquemment survenir la diminution, quelquefois même la suspension de l'odorat. *Relativement à l'excrétion.*—Les plaies, le renversement de la paupière inférieure, l'atonie, la paralysie des points lacrymaux, produisent l'écoulement habituel des larmes sur les joues, maladie connue sous le titre *d'épiphora.* L'engorgement, l'oblitération du canal nasal au-dessous du sac lacrymal, déterminent l'accumulation des larmes dans le réservoir, et progressivement *la tumeur et la fistule lacrymales.* Le séjour prolongé de cette humeur dans ses canaux excréteurs ou dans ses réservoirs, peut occasionner des dépôts celluleux.

2° SÉCRÉTION SALIVAIRE.

§. I. DÉFINITION, CARACTÈRES, BUT.—Nous étudions, sous cette dénomination, l'élaboration spéciale effectuée par les glandes salivaires dont l'appareil est incomplet. Cette élaboration s'effectue sans interruption notable, mais non point avec la même activité dans tous les instans. C'est plus ordinairement pendant la mastication des alimens très-sapides qu'elle fournit des produits abondans et destinés à la digestion, en favorisant la gustation, la trituration, la dissolution et la déglutition des substances nutritives ; à l'articulation des sons, par la liberté qu'elle donne aux mouvemens de la langue.

§. II. APPAREIL. — Il se compose, chez l'homme, de six organes sécréteurs, disposés par paires, autour de la face, aux tempes, derrière et sous le maxillaire inférieur, nommés *glandes salivaires* et présentant les deux *parotides*, les deux *sous-maxillaires* et les deux *sublingua-*

les ; tantôt complétement isolées, tantôt, pour celles du même côté, réunies par des prolongemens, de manière à former une espèce de collier. Chacune de ces glandes est d'un blanc grisâtre, d'une texture assez résistante ; leur parenchyme est formé d'un ensemble de granulations, qui s'unissent pour constituer des lobules, toujours indéterminés dans leur nombre, irréguliers dans leur forme ; la masse commune est protégée par une enveloppe celluleuse. Les canaux afférens, qui sont en même tems excréteurs, naissent par des radicules dans les granulations et viennent s'ouvrir sur la muqueuse buccale, vers un point déterminé pour chacun des organes de sécrétion. Si nous examinons ces derniers isolément, nous trouvons : 1° *la parotide* ; — du Grec παρά, auprès et ούς, ῶτὸς oreille, placée, comme son nom l'indique, au-devant du conduit auditif externe ; c'est la plus considérable. Sa partie antérieure large et mince est presque immédiatement sous-cutanée ; la postérieure plus épaisse est enfoncée dans l'intervalle de le mâchoire inférieure et de l'apophyse mastoïde. Ses artères sont fournies par la carotide, la faciale et la temporale ; ses nerfs par le facial et le plexus cervical ; son canal excréteur désigné par le terme de conduit de *Sténon*, traverse obliquement les parois buccales, et s'ouvre dans cette cavité au niveau de la seconde molaire supérieure, où la muqueuse, dont il est intérieurement revêtu, forme un repli qui tient lieu de valvule. La membrane extérieure de ce conduit est dense, épaisse, fibro-celluleuse, peu extensible ; circonstance qui rend ce canal plus disposé aux fistules qu'aux dilatations. 2° *La sous-maxillaire* , — dont le nom seul désigne la position, embrassée par le digastrique, est reçue dans l'enfoncement que présente la mâchoire inférieure à sa face interne ; elle tient le milieu, pour le volume, entre les deux autres ; ses artè-

res lui viennent des branches maxillaire interne et linguale ; ses nerfs du lingual et de l'hypoglosse. On donne à
son excréteur le nom de canal de *Warthon* ; il s'ouvre obliquement dans la bouche, sur le côté du frein de la langue.
Intérieurement recouvert par un prolongement de la muqueuse palatine, il offre, à l'extérieur, une membrane fibrocelluleuse mince, extensible ; aussi, très-peu disposé aux
fistules, ce conduit est fréquemment affecté de dilatations
plus ou moins considérables, formant une tumeur nommée
grenouillette, et susceptible d'acquérir un grand volume.
La sublinguale, —placée, comme sa dénomination l'indique, sous la base de la langue, forme, dans la bouche,
une saillie sur le côté de cet organe. C'est la moins volumineuse des trois ; ses artères sont fournies par les branches sublinguale et sous-mentale ; ses nerfs par le lingual
et le dentaire inférieur ; ses canaux efférens, sous le
titre de conduits de Rivinus, en nombre indéterminé,
viennent s'ouvrir sur les côtés du frein de la langue, offrant une organisation semblable à celle du canal de Warthon. Haller, Watrin, Cuvier ont trouvé une quatrième
glande salivaire, chez quelques animaux, derrière l'orbite. Nuck prétend même qu'elle existe par fois chez
l'homme. Leuret et Lassaigne disent qu'on l'a rencontrée
dans l'épaisseur de la joue, au-devant du muscle masséter.

Chez les animaux, — l'appareil salivaire offre plusieurs modifications essentielles. Très-développé chez les
mollusques, il paraît manquer chez les *crustacés*, les *insectes*, les *poissons*, et la plupart des animaux qui vivent dans l'eau, même chez quelques mammifères de
cette catégorie, tels que les *cétacés*, les *amphibiens*. Il
est presque toujours alors suppléé par un nombre indéterminé de petites glandes abdominales, qui se trouvent,
comme autant de pancréas, disposées sur le trajet du tube
digestif. *Chez les oiseaux*, la sublinguale existe seule,

mais elle est très-volumineuse. *Pour quelques reptiles*, on voit la base de la langue à peu près entièrement glandulaire. *Chez les chiens*, la sublinguale ne se rencontre pas. *Dans quelques espèces*, telles que le lapin, le chameau, le castor etc., la série des glandes salivaires forme, d'une oreille à l'autre, un collier complet, en donnant à ces animaux la faculté de supporter long-tems la soif sans inconvénient notable.

§. III. MODIFICATEUR. — Le sang rouge, que les glandes salivaires, pendant l'état normal, reçoivent en proportion assez considérable, offre la source dans laquelle ces organes puisent les élémens de leur sécrétion.

§. IV. APPÉTIT. — Un sentiment plus ou moins pénible de chaleur et de sécheresse dans la bouche et le pharynx, une soif assez vive, quelquefois même insupportable, avec malaise, anxiété, signalent impérieusement le besoin de l'élaboration salivaire.

§. V. ÉTUDE. — Les glandes chargées de ce travail sécrétoire, excitées par l'un des agens physiques, chimimiques, vitaux et moraux, qui peuvent les influencer, tels que les corps inertes roulés dans la bouche, les alimens sapides, l'inflammation modérée, la vue, le souvenir d'un mets agréable etc., deviennent un centre de fluxion circulatoire, saisissent, dans le sang rouge qui leur est apporté en plus grande quantité, les matériaux qu'elles combinent, qu'elles élaborent, par une action vitale qui leur est propre, pour en former une humeur connue sous le nom de *salive*, σίαλος, des Grecs; *saliva*, des Latins. Cette humeur est un fluide visqueux, d'un blanc bleuâtre, limpide, inodore, qui nous paraît insipide, en raison de l'habitude, mais qui présente une saveur légèrement salée, comme on peut s'en convaincre, en goûtant celle d'un autre sujet ; offrant une pesanteur

spécifique à celle de l'eau distillée, :: 10,043 : 10,000;
devenant écumeuse par son agitation dans l'air; verdissant légèrement le sirop de violette, contenant du mucus
étranger qui dépose insensiblement par le repos dans un
vase inerte. Elle contient, sur 1000 parties : eau, 992,9;
— matière animale particulière, 2,9; — mucus, 1,4;
— hydrochlorate de potasse et de soude, 1,7; — lactate
de soude et matière animale, 0,9; — soude libre, 0,2.
Tiedemann et Gmelin disent qu'elle renferme parfois du
sulfo-cyanure de potassium. Le mucus incinéré donne un
peu de phosphate de magnésie, beaucoup de phosphate
calcaire produisant les concrétions des canaux salivaires
et le *tartre* qui s'attache au collet des dents. La salive, considérée chez les animaux, offre des différences particulières à sa composition; ainsi Lassaigne a trouvé, pour
celle du cheval, une matière animale soluble dans l'alcohol; une autre, dans l'eau; de l'albumine, des traces de
mucus, de la soude libre, des chlorures de potassium et
de sodium, des carbonate et phosphate de chaux. Toutefois, il ne faut pas considérer cette humeur comme le
produit exclusif de l'élaboration glandulaire, l'exhalation
et la sécrétion folliculaire muqueuses venant y mêler
incessamment leurs fluides particuliers, dans les canaux
afférents, dans la cavité buccale, et lui communiquant
ainsi des qualités mixtes qu'elle n'offrirait pas dans
son état de pureté. Ainsi constituée, la salive est déposée
dans la bouche par l'action de ses canaux efférens. En
substituant, en effet, une éponge à la parotide, on voit
qu'elle est à peine exprimée, circonstance qui détruit
entièrement la réalité des théories mécaniques imaginées
pour expliquer l'excrétion salivaire. Utilisée dans la gustation, l'insalivation, la déglutition, l'articulation des
sons, la sécrétion de l'humeur que nous examinons est
augmentée, dans l'état normal, par l'excitation mécani-

que des glandes chargées de l'effectuer , par l'irritation
physique ou chimique de leurs canaux excréteurs , par
les influences morales portées sur cet appareil. C'est
ainsi qu'agissent les mouvemens des mâchoires, les cailloux roulés dans la bouche, les alimens sapides , les masticatoires introduits dans cette cavité , sous le titre de
sialagogues , l'aspect ou même le souvenir d'un mets
délicat. Alors , comme on le dit vulgairement , d'une
manière expressive , *l'eau en vient à la bouche ;* quelquefois la salive est lancée par un jet assez rapide, phénomène qui prouve l'action contractile des canaux afférens dans cette excrétion. Cette élaboration sécrétoire
est diminuée physiologiquement par la satiété , les alimens sucrés , les alcoholiques à l'état de concentration,
les salaisons , les astringens , les passions tristes , et surtout la crainte; la bouche se dessèche, la langue aride se
meut avec une extrême difficulté. Plus d'une fois , on
a vu l'influence de cette dernière cause devenir un obstacle puissant aux succès oratoires d'hommes, aussi remarquables par leur mérite que par leur timidité. D'après
ces influences diverses , il est facile de concevoir combien
la quantité du fluide salivaire sécrété , dans un tems donné, paraît difficile à bien établir. Haller avance qu'elle
est , terme moyen , de six à huit onces pendant la durée d'un repas. Il prétend même que l'on a vu des sujets
en fournir jusqu'à trente livres dans vingt-quatre heures.
Cette proportion est assurément exagérée dans l'état normal. On pourrait tout au plus l'admettre pour certaines
dispositions morbifiques , où l'activité sécrétoire paraît
se concentrer sur cet appareil , en abandonnant les autres, commme on l'observe dans quelques salivations
mercurielles. Sous une influence de ce genre , nous en
avons recueilli jusqu'à vingt-trois livres, dans un jour ,
sur le même sujet.

§ VI. Influence de l'habitude. — L'action de ce modificateur est assez positive relativement à la sécrétion qui nous occupe. Ainsi, les glandes salivaires ayant été pendant quelque tems excitées par des sialagogues puissans, conservent encore une sur-activité remarquable lors même que cette excitation n'existe plus. Après les maladies caractérisées par la suspension de cette élaboration sécrétoire, la bouche reste encore sèche pendant toute la convalescence.

§ VII. Sympathies. — La sécrétion salivaire est particulièrement liée, sous ce rapport, à la perspiration de la muqueuse gastrique, sans doute en raison des fonctions communes auxquelles nous les voyons participer. Aussi, toutes les fois que l'estomac est enflammé, que son exhalation se trouve diminuée, suspendue, l'élaboration de la salive éprouve des modifications analogues ; la bouche, la langue sont frappées d'aridité. Lors au contraire que l'estomac est simplement excité, soit directement, soit sympathiquement, avec augmentation de la perspiration muqueuse, comme on l'observe dans l'action préparatoire d'un vomitif, dans les premiers mois de la grossesse, on voit ordinairement survenir un ptyalisme plus ou moins abondant.

§. VIII. Altérations. — Elles présentent les quatre modes principaux : 1° *Augmentation.* — On lui donne généralement le nom de *salivation*. Elle est ordinairement produite par l'abus des masticatoires, des sialagogues, et plus spécialement des préparations mercurielles administrées soit à l'intérieur, soit en frictions, comme on le voit trop souvent dans le traitement inconsidéré des affections syphilitiques ; par certaines maladies, telles que la rage, l'épilepsie etc., la salive devient surtout alors écumeuse. C'est à peu près exclusivement dans cette humeur que l'on rencontre le virus *rabifique*, dont elle offre ainsi la principale voie d'exportation hors de l'économie vivante. 2° *Diminution*. — On l'observe particulièrement sous l'influence des passions concentrées, des phlegmasies chroniques de l'estomac, de la muqueuse buccale, des glandes salivaires; elle devient souvent la cause ou l'effet des dyspepsies. 3° *Perversion*. — Elle se fait remarquer dans l'hydrophobie. La salive, alors blanche, écumeuse, recèle constamment le virus capable d'inoculer cette affreuse altération. Sous l'influence de la colère, on voit cette humeur acquérir des propriétés qu'il ne serait peut-être pas erroné d'envisager comme vénéneuses. Entre plusieurs faits remarquables, dont nous avons observé les détails, nous indiquerons particulièrement celui d'une dame de cinquante ans, mordue à la main par sa fille alors dans un accès de fureur; cette plaie devint aussitôt gangréneuse, et ne fut complétement cicatrisée qu'après quinze mois. Celui de Pierre Hubert, soldat au douzième régiment de dragons, mordu au doigt indicateur de la main gauche par l'un de ses camarades, également dans cet état d'exaltation mentale. Après vingt-quatre heures, il fut affecté d'une gangrène qui menaça tout le membre nonobstant les débridemens appropriés; détruisit le tissu cellulaire de la main, se compliqua d'un arachnitis, fit périr le sujet au vingtième jour. 4° *Suspension*. — On l'observe surtout au début des phlegmasies pneumo-gastriques sur-aiguës; dans la terreur, la crainte, l'indignation etc., la bouche devient sèche, la langue aride, et la déglutition plus ou moins difficile.

3° SÉCRÉTION PANCRÉATIQUE.

§. I. DÉFINITION, CARACTÈRES, BUT.—Nous étudions, sous cette dénomination, l'élaboration sécrétoire effec-

tuée par une glande abdominale, offrant beaucoup d'a-
nalogie avec les salivaires, et devant, par conséquent, en
être rapprochée sous le point de vue qui nous occupe.
Cette élaboration nous offre un appareil incomplet ; elle
marche avec des alternatives de repos et d'activité plus
ou moins prolongées. Le tems de l'action coïncide avec
la présence des alimens dans le duodénum lors de la chylification, à laquelle cette même sécrétion paraît à peu
près exclusivement destinée ; le tems du repos, au moins
relatif, s'il n'est pas absolu, comme le démontre l'observation, se trouve mesuré par l'intervalle qui sépare l'expulsion des matières chylifiées, et l'introduction d'un nouveau chyme.

§. II. APPAREIL. — Il se compose d'une seule glande
nommée *pancréas*, et de son conduit excréteur. *Le pancréas*, du Grec πάν tout, et κρεας chair, comme si l'on
disait organe tout charnu, présente un viscère dont la
constitution ne répond nullement à cette idée. En effet,
son parenchyme est glanduleux, grisâtre, lobulé, granuleux et tellement analogue à celui qui se trouve chargé
de l'élaboration précédente, que Siébold l'a décrit sous
le nom de *salivaire abdominale.* De forme allongée, cette
glande se trouve étendue transversalement sur le corps
de la douzième vertèbre dorsale, et presqu'entièrement
circonscrite par les trois courbures de l'intestin duodénum ; elle est recouverte par l'estomac, reçoit des artères
nombreuses, mais d'un petit volume, de la splénique, de
la gastro-épiploïque droite, de la mésentérique supérieure, de la coronaire stomachique, de l'hépatique, des
diaphragmatiques inférieures et des capsulaires ; ses nerfs
lui sont fournis, dans la même proportion, par les plexus
hépatique, mésentérique supérieur et splénique. *Le canal
excréteur*, appelé *conduit de Wirsungus*, du nom de
l'anatomiste bavarois, qui, vers 1642, en donna le pre-

mier une description exacte, offre pour caractère spécial de parcourir toute la longueur de la glande, sous la
forme d'un tube conoïde, autour du quel viennent se
rendre, circulairement, les radicules plus ou moins ténues. Ce canal s'ouvre, à sa grosse extrémité, dans le
duodénum, vers la fin de la seconde courbure, tantôt
par un orifice propre, tantôt par une ouverture commune
à celle du conduit efférent de la bile ; dans tous les cas,
obliquement sous la membrane muqueuse, offrant un repli
qui exerce des fonctions analogues à celles des valvules.

Chez les animaux. — Le pancréas, existant pour le
plus grand nombre de ces derniers, n'offre dans les
mammifères, les oiseaux et les reptiles, que des différences de forme, de volume et de couleur. Chez un assez
grand nombre de poissons, il semble d'abord ne pas se
rencontrer ; mais en examinant avec plus d'attention,
on le voit remplacé par une série de petites glandes,
situées sur le trajet du tube digestif, et d'ailleurs absolument identiques par leur structure et par la composition
de leur fluide sécrété. Cette existence du pancréas chez
le plus grand nombre des animaux, nous démontre assez
l'importance de la sécrétion dont il est chargé relativement à la digestion ; aussi le voyons-nous, en général,
d'autant plus volumineux que cette fonction s'applique
naturellement à des substances plus abondamment importées, plus difficiles à chylifier ; aussi le rencontrons-
nous proportionnellement plus gros chez les herbivores
que chez les carnivores ; Daubenton a constaté cette différence entre les chats sauvage et domestique.

§. III. MODIFICATEUR.—C'est évidemment dans le sang
rouge que le pancréas puise les élémens de la sécrétion
dont il est chargé.

§. IV. APPÉTIT. — Nous le voyons rentrer positivement dans le sentiment instinctif qui commande impé-

rieusement la digestion alimentaire, dont la sécrétion pancréatique forme l'un des phénomènes importans. Ainsi Brunner, ayant extirpé cette glande sur plusieurs chiens, observa, comme phénomènes consécutifs, une faim vorace et la constipation la plus opiniâtre.

§. V. ÉTUDE.—Le chyme, accumulé dans le duodénum, excite l'orifice du canal pancréatique ; cette excitation est transmise à la glande par continuité de tissu ; devenant le centre d'une fluxion particulière, cette glande reçoit, dans un tems donné, des quantités plus considérables de sang rouge; acquérant alors une activité plus grande, elle puise, dans ce fluide circulatoire, des élémens qu'elle combine sous l'influence de la force vitale propre dont elle est douée, pour en former une humeur désignée par le terme de *suc pancréatique*. Il est assez difficile de l'obtenir à l'état de pureté. D'après celle que nous avons prise dans le canal efférent, cette humeur est blanche, visqueuse, inodore, semi-transparente, insipide, où légèrement salée ; elle devient écumeuse par l'agitation, se concrète par la chaleur, et répand en se putréfiant une odeur ammoniacale. Sylvius, de Graaf la croient acide;Boerhaave, Hoffmann, Péchlin,Drelincourt pensent aucontraire qu'elle est alcaline. Fordice la trouve composée d'eau, de mucus, d'albumine, de phosphure, de soude etc. Leuret et Lassaigne la regardent comme très-analogue à la salive. Tiedemann et Gmelin soutiennent qu'elle en diffère par la présence d'un acide libre, la salive étant alcaline ; par une grande proportion d'albumine et de matière caséeuse, dont la salive offre seulement des traces ; par l'absence du mucus, du sulfocyanure de potasse et de la matière salivaire.Sans doute on ne doit pas admettre une identité parfaite entre ces deux humeurs destinées à des usages différens, mais au moins est-il absolument impossible de ne pas les rapprocher par des analogies bien positives. La pesanteur du suc pancréatique est à celle de l'eau distillée :: 1,0026 : 1,0000. Celui du cheval contient, d'après Leuret et Lassaigne, sur 1000 parties : eau, 991 ; matière animale soluble dans l'alcohol, autre, soluble dans l'eau, mucus, albumine, soude libre, hydrochlorates de potasse et de soude, phosphate de chaux, ensemble 9 parties. Ce fluide, saisi par les radicules du canal efférent, est déposé dans le duodénum, surtout pendant la chylification. Il serait erroné de penser que ce même fluide a pour objet de nourrir l'individu lors de l'état de vacuité de l'intestin indiqué, puisqu'il est alors formé en très-petite proportion, et que d'ailleurs c'est précisement dans ce moment que s'effectue l'absorption chyleuse.

§. VI. INFLUENCE DE L'HABITUDE. — Chez les grands mangeurs, la sécrétion pancréatique étant fréquemment et fortement sollicitée, la glande acquiert un volume excessif, et l'élaboration sécrétoire conserve encore une activité remarquable même pendant l'abstinence.

§. VII. SYMPATHIES. — Elles sont assez obscures et jusqu'ici peu connues ; cependant on peut assurer qu'il existe, sous ce rapport, une liaison positive et réciproque entre les sécrétions biliaire et pancréatique. Rarement l'une est augmentée, diminuée ou pervertie, sans que l'autre n'éprouve des modifications semblables.

§. VIII. ALTÉRATIONS.—Leur histoire est encore entièrement à faire, et nous possédons à peine quelques notions sur les maladies que peut offrir le pancréas ; toutefois on peut assurer que le travail dont il est chargé se trouve *augmenté* par les irritations duodénales, *diminué, perverti, suspendu* par les impressions morales très-vives etc. Dispositions qui se rencontrent également pour la sécrétion de la salive.

4° SÉCRÉTION BILIAIRE.

§. I. DÉFINITION, CARATÈRES, BUT. — Nous désignons par ce terme l'élaboration sécrétoire, effectuée par le foie. Relative à la digestion, à la chylification plus spécialement, cette élaboration s'opère au moyen d'un appareil complet, et sous l'influence d'un modificateur particulier, le sang noir; du moins, les faits semblent s'accorder, comme nous le verrons, pour démontrer la réalité de cette opinion. La sécrétion biliaire offre des rémissions très-marquées dans son action, et pendant lesquelles ses produits sont transmis au réservoir qui leur est destiné; ces rémissions coïncident avec les intervalles de la chylification. Le dernier caractère de cette élaboration physiologique est de confectionner un fluide en petite proportion, et d'offrir un réservoir peu spacieux, comparativement au volume de l'organe sécréteur.

§. II. APPAREIL. — Il se compose de quatre parties bien distinctes, 1° la glande nommée *foie*; 2° le canal afférent, ou *conduit hépatique*; 3° le réservoir, ou *vésicule biliaire*; 4° le canal efférent, ou *cholédoque*.

1° *Le foie*, ἧπαρ, des Grecs; *jecur*, des Latins, que l'on fait dériver de *juxtà cor*, près de l'estomac; ce dernier étant désigné chez les anciens, par le mot *cor*, est, dans notre espèce, la plus pesante et la plus volumineuse de toutes les glandes; placé dans l'abdomen, il occupe l'hypocondre du côté droit, et le tiers correspondant de l'épigastre. Ses principaux rapports sont : *en haut*, le diaphragme, auquel il est fixé par un repli péritonéal, nommé ligament suspenseur du foie; *en bas*, le rein droit, le colon transverse, l'estomac; *en arrière*, les dernières vertèbres dorsales; *en devant*, la base de la poitrine, dont il n'excède pas la circonférence inférieure, dans l'état normal. Il présente la forme d'un parallélogramme irrégulier; deux faces, l'une supérieure convexe, l'autre inférieure concave, où se voient les sillons transversal de la veine-porte, antéro-postérieur de la veine ombilicale. Épais, arrondi postérieurement, il offre antérieurement un bord mince, tranchant, portant une échancrure qui répond au fond de la vésicule. Il est divisé en quatre lobes, le droit volumineux, le gauche moins gros, les deux autres beaucoup plus petits encore; l'antérieur se nomme *lobe de Spigel*, et le postérieur, *éminence porte*. Sa couleur est d'un jaune fauve plus ou moins foncé, sa pesanteur spécifique assez grande, sa ténacité peu marquée, sa consistance pâteuse; il est formé d'un parenchyme glanduleux, dont les granulations deviennent apparentes en déchirant ce tissu. Il reçoit son artère principale, sous le nom d'*hépatique*, du tronc cœliaque, et de plus, quelques branches de la coronaire stomachique, et des diaphragmatiques inférieures; ses nerfs peu nombreux, comparativement à son volume, du pneumo-gastrique, et surtout du plexus hépatique, formé lui-même par le plexus solaire. Cet organe reçoit, seul dans toute l'économie, une veine très-volumineuse, et qui va s'y distribuer à la manière des artères, comme nous l'avons dit à l'article circulation hépatique; ce vaisseau prend le nom de *veine porte*. Nous verrons bientôt les conséquences d'une pareille disposition relativement au modificateur de cette élaboration sécrétoire. On trouve dans le foie des cordons fibreux, disposés en ramifications, qui nous offrent, chez l'adulte, les traces de *la veine ombilicale*, chargée d'apporter au fœtus les élémens de sa réparation et de son accroissement, et nous expliquent le volume considérable et les fonctions temporaires de cette glande pendant la première phase de la vie; les veines *hépatiques simples*, chargées de rapporter au torrent de la circulation les résidus nutritif et sécrétoire , les radicules des canaux afférens, des vaisseaux lymphatiques nombreux , avant tout, un parenchyme particulier, du tissu cellulaire , pour lier toutes ces parties , une membrane fibreuse propre, une tunique péritonéale commune et particlle , complétent l'organisation de ce viscère.

2° *Le canal hépatique* , — ou conduit afférent, naît des grains glanduleux, par ses radicules innombrables , formant, en sortant de l'organe, une branche principale pour chacun des lobes , et constituant le canal unique par leur ensemble. Haller prétend que ces radicules sont en communication avec les dernières divisions de la veine porte. Il explique de cette manière le passage de la bile dans le sang, lors de l'ictère occasionné par un obstacle opposé au cours de cette humeur dans un point de son canal efférent.

3° *La vésicule biliaire*, — encore nommée *vésicule du fiel, hépatique*, en partie logée dans l'excavation de la face inférieure du foie, présentant un sac piriforme , d'une capacité peu considérable , si nous la comparons au développement de cet organe , offrant son col supérieurement, sa grosse extrémité placée dans une échancrure du bord antérieur de la glande qu'elle dépasse fréquemment dans cet endroit, incomplétement recouverte par le péritoine, est formée d'une tunique moyenne, que les anatomistes nomment celluleuse, et qui nous paraît offrir les caractères et les propriétés des muscles involontaires ; d'une membrane intérieure muqueuse , qui semble comme *chagrinée* à sa surface libre. Un petit canal de douze à quinze lignes part de la vésicule , sous le nom de conduit *cystique* , et va s'identifier, sous un angle aigu, avec l'*hépatique* , pour former le canal *cholédoque*. Plusieurs anatomistes anciens ont prétendu qu'il existe, au col de la vésicule biliaire, une valvule spiroïde, faisant fonction de vis d'Archimède. M. Amussat lui donne pour usage d'effectuer l'ascension de la bile dans le réservoir pendant les intervalles de la chylification. L'existence de cette valvule, et la réalité de la théorie qu'elle sert à fonder ne sont rien moins que positivement établies.

4° *Le canal cholédoque*, — ou conduit excréteur, est produit par l'identification des canaux hépatique et cystique. Après un trajet de dix-huit ou vingt lignes, il vient s'ouvrir dans le duodénum, vers la fin de la deuxième courbure, soit par une ouverture propre, soit par un orifice commun au canal pancréatique. Tous ces conduits, incomplétement recouverts du péritoine, sont formés extérieurement par une membrane celluleuse, jouissant, d'après quelques auteurs, de la contractilité involontaire, faculté qu'il est difficile de lui refuser, en considérant la nature de ses fonctions; intérieurement par une membrane muqueuse, prolongement de la duodénale, qui s'enfonce dans le canal cholédoque, revêt le conduit cystique, la vésicule biliaire, le canal hépatique jusque dans ses radicules originelles.

Chez les animaux, — l'appareil sécréteur, que nous examinons, peut offrir des modifications importantes. *Le foie*, — dont l'existence est presque aussi générale que celle du tube alimentaire, se rencontre dans le plus grand nombre des animaux. *Chez les insectes*, pour les arachnides trachéennes, on le trouve sous forme de vaisseaux isolés. *Chez les poissons*, il est très-volumineux, très-mou, plus jaune que dans les autres animaux. *Chez les reptiles*, il présente également des dimensions assez considérables, et souvent un seul lobe. *Chez les oiseaux*, il est bilobé, remplit fréquemment les deux hypocondres. *Chez les mammifères*, les lobes deviennent plus nom-

breux , plus exactement isolés ; il est analogue à celui
de l'homme. *Le canal afférent*, ou conduit hépatique ,
chez les poissons , va directement s'ouvrir dans la vésicule biliaire. *Le réservoir* manque dans un assez grand
nombre d'espèces ; ainsi , *chez plusieurs oiseaux* , tels
que le perroquet, la colombe , le ramier , l'autruche ,
la grue , le coucou etc. ; *parmi les herbivores*, dans le
cheval, l'âne, le chameau, le cerf, la chèvre, le daim etc.;
chez tous les ruminans *à bois* , tandis que ceux *à cornes*
en sont ordinairement pourvus ; *dans les rongeurs* , surtout pour les rats etc. ; on le trouve au contraire chez
presque tous *les poissons* et les animaux *carnivores*. On
a cherché la cause de ces modifications dans la diversité
du régime naturel , en faisant observer que les carnassiers , se nourrissant d'alimens très-réparateurs, avaient
besoin d'un réceptacle biliaire , pendant les intervalles
prolongés de leurs chylifications ; tandis que les herbivores , au milieu des circonstances opposées , offrant des
digestions qui s'enchaînent sans interruption notable ,
pouvaient se passer d'un réservoir semblable. On a vu
la vésicule hépatique manquer même chez l'homme, sans
aucun accident ultérieur. Ainsi , Joseph Dugri , âgé de
26 ans , voltigeur au 28me régiment de ligne , d'un caractère gai , d'une forte constitution , d'une santé parfaite, succomba, le 10 septembre 1826, après une chute
grave , et n'offrit à la nécropsie aucune trace de vésicule biliaire. Le canal hépatique présentait le double de
sa longueur ordinaire. Ces faits prouveraient toute l'erreur de ceux qui considèrent ce réservoir comme l'organe sécréteur de la bile , s'il était encore nécessaire de
refuter une hypothèse aussi peu fondée. *Le canal cho-*
lédoque , ou conduit excréteur , manque pour quelques
reptiles , chez lesquels on voit les canaux hépatique et
cystique s'ouvrir isolément et directement dans le duo-

dénum. *Chez les poissons*, le conduit cholédoque part immédiatement de la vésicule. *Chez les oiseaux*, il se termine dans la dernière portion duodénale. *Chez les mammifères*, à des distances variables du pylore, indépendamment de la voracité des individus, et de leurs appétits pour les substances animales.

Telles sont les dispositions générales de l'appareil sécréteur de la bile, dont le foie nous offre l'organe essentiel. Ce dernier, en raison de son développement considérable chez le fœtus, de son grand volume chez l'adulte comparativement à la petite proportion de l'humeur sécrétée, paraît avoir encore d'autres usages dans l'économie vivante. C'est l'opinion de Bichat, de Moreschi, de Smith et d'un assez grand nombre d'autres physiologistes. Ce dernier pense qu'il est spécialement destiné à rendre le chyle qui le traverse dans la veine porte, plus albumineux ; à lui donner un caractère d'animalisation plus avancée ; à le disposer ainsi à l'hématose qui doit s'accomplir pendant la respiration. On a même ajouté, d'après les faits et l'analogie, que cette glande pouvait être considérée, sous ce rapport, comme l'accessoire des poumons ; en faisant observer que chez le fœtus, où l'action respiratoire de ces viscères n'existe pas, le foie présente un grand volume, bien qu'il ne soit pas alors employé dans la digestion, par la sécrétion biliaire, ni même à l'animalisation du chyle ; que les dispositions de la veine porte, en mettant une grande masse de sang veineux en contact avec cet organe, laissent à peine quelques doutes, relativement à l'action qu'il doit exercer alors sur le sang noir, comme il aura plus tard l'occasion de le faire sur le chyle, pour le modifier convenablement, et l'appoprier davantage eux besoins de l'économie. En résumant ces idées, sans les admettre d'une manière trop absolue, nous pensons que le foie peut-être considéré chez le fœtus, comme un *diverticulum circulatoire*, et comme un organe supplémentaire dans la rénovation sanguine ; chez l'adulte, comme l'un des instrumens essentiels de la chylification, par la sécrétion de la bile, et peut-être comme un auxiliaire des agens de l'animalisation chyleuse.

§. III. MODIFICATEUR. — Les physiologistes ne s'accordent pas sur cet objet. Les uns prétendent que les élémens de la sécrétion biliaire sont puisés dans le sang rouge, les autres soutiennent au contraire qu'ils sont fournis par le sang noir. Avant d'émettre une opinion dans cette controverse, nous exposerons, sans partialité, les preuves que chacun de ces auteurs présente en faveur de son assertion.

Partisans du sang rouge. — Un assez grand nombre de physiologistes anciens, plusieurs modernes placent, dans le sang rouge, les élémens de la sécrétion biliaire, et se fondent sur les considérations qui vont suivre. Tous les appareils sécréteurs puisent leurs matériaux dans le sang artériel ; pourquoi le foie présenterait-il une exception à cette règle généralement établie ? La veine porte, n'existe pas chez les animaux invertébrés, et cependant on observe, dans un grand nombre de ces derniers, l'appareil hépatique et l'élaboration de la bile. On doit considérer les artères distribuées au foie, comme suffisantes pour fournir à cet organe les élémens de sa réparation et de la sécrétion peu considérable qu'il exécute.

Partisans du sang noir. — Quelques auteurs anciens et le plus grand nombre des modernes, parmi lesquels nous devons citer Haller, considèrent le sang noir comme principal modificateur de la sécrétion qui nous occupe. Ils basent leur opinion sur les faits suivants : l'ablation d'une grande partie de l'épiploon altère la chylification,

le sang veineux, d'après ces auteurs, n'étant plus suffisamment préparé pour la sécrétion biliaire. La ligature
de l'artère hépatique n'empêche pas cette élaboration.
La même opération pratiquée sur la veine porte arrête
la formation de la bile. Ces expériences faites par Haller
ont été répétées, sur des pigeons, par M. Simon de Metz,
avec les résultats suivans : ligature de l'artère hépatique
seule, continuation de la sécrétion et de l'excrétion biliaires ; ligature de la veine porte et du canal hépatique,
absence totale de ces deux phénomènes sécréteurs ; dans
ces différens cas, les animaux ont vécu trente-six heures. La veine porte, ramifiée dans le foie, présente, pour
toute l'économie, le seul exemple d'un vaisseau de cet
ordre, ainsi distribué aux organes. Les dernières divisions de cette veine communiquent avec les radicules
du conduit hépatique. Les artères de cette glande sont
peu volumineuses, comparativement au développement
de ce viscère, à l'étendue, à la diversité de ses fonctions.

Si nous cherchons actuellement sans prévention à prononcer entre ces deux opinions contraires, nous trouvons les preuves de la seconde beaucoup mieux établies
que celles de la première. Toutefois cependant, les expériences de Haller et de M. Simon, sur les vaisseaux du
foie, expériences qui paraîtraient décisives en les supposant très-exactes, ne sont pas de nature à porter la
conviction dans notre esprit ; il est difficile d'en admettre le principe et les conséquences. D'abord, nous comprenons à peine la possibilité d'effectuer la ligature de ces
vaisseaux de manière à conserver assez long-tems la vie de
l'animal pour observer les effets ultérieurs de cette opération. D'un autre côté, même en supposant cette ligature
inoffensive, ne concevons-nous pas que l'artère hépatique
présente une double fonction qu'il est impossible de lui

refuser, celle d'exciter la vitalité du foie, de lui transmettre les élémens de sa nutrition; que dès-lors, en effectuant l'oblitération de ce vaisseau par un moyen quelconque, on doit suspendre toute action vitale dans cet organe, sans en excepter l'élaboration sécrétoire, lors même que ses élémens seraient encore apportés par une autre voie. Nous croyons donc rationnel, dans l'état actuel de la science, d'écarter ces preuves au moins très-équivoques dans la solution du problême; d'autant mieux que la distribution du système veineux, particulier au foie, nous paraît bien suffisante pour fonder une opinion dont elle devient la base incontestable.

Dans tous les autres organes, sans aucune exception, le système veineux marche des radicules vers les troncs; c'est dans une direction semblable qu'il est traversé par le sang noir. Dans le foie, nous trouvons au contraire deux appareils de cet ordre qui n'ont entre eux aucun rapport de distribution et d'usage; l'un, représenté par les *veines hépatiques*, appartient au système veineux général; sert à rapporter, aux cavités droites du cœur, le surplus du sang employé dans ce viscère à l'excitation, à la nutrition, à l'élaboration sécrétoire; l'autre, qui comprend le tronc et les divisions de *la veine porte hépatique*, se ramifie dans l'organe à la manière des vaisseaux artériels, et distribue dans son parenchyme une grande proportion de sang noir. Ajoutons à cette considération fondamentale que les branches qui se réunissent pour constituer le tronc de *la veine porte abdominale* naissent des organes relatifs à la digestion et dans lesquels on voit le sang prendre, au plus haut degré, les caractères qui lui font donner le titre de *sang noir*, en parcourant avec lenteur les épiploons et la rate plus spécialement. Si nous cherchons actuellement dans ces dispositions anatomiques, évidentes, quelques notions positives, relativement aux fonctions, voici la manière la plus naturelle de raisonner : Toute importation sanguine dans un organe a pour objet l'un ou l'autre de ces trois résultats et quelquefois ces trois effets réunis : 1° *l'excitation vitale*, 2° *la réparation nutritive*, 3° *l'élaboration sécrétoire*. Pour tous les organes, le sang noir, dirigé dans l'épaisseur des tissus, est stupéfiant, non réparateur. Le sang rouge au contraire possède la faculté de nourrir et d'exciter les systèmes organiques. Le foie reçoit naturellement dans son parenchyme du sang rouge par l'artère hépatique et ses accessoires, du sang noir par la veine porte. Aucun usage étranger aux trois objets que nous venons de signaler ne peut être attribué à la spécialité que nous indiquons. Dès-lors, ou l'irrigation du parenchyme hépatique au moyen du sang noir de la veine porte est *sans aucun but*, ce qu'il est absolument impossible de supposer dans une disposition aussi générale, aussi précise ; ou cette irrigation a pour objet *l'excitation*, *la nutrition*, *la sécrétion* dans ce viscère ; les qualités du sang noir sont incompatibles avec les deux premiers phénomènes, reste donc le troisième. Nous concluons dès-lors que s'il n'est pas matériellement démontré, il est du moins rationnellement prouvé que l'artère hépatique donne au foie les élémens de son excitation, de sa nutrition, et la veine porte ceux de la sécrétion dont il est chargé.

Les organes digestifs, les épiploons et la rate plus spécialement, liés au foie par les dispositions particulières du système de la veine porte, doivent-ils, dans la sécrétion biliaire, être envisagés comme des accessoires chargés de préparer la partie du sang noir destinée à cette élaboration ? Plusieurs physiologistes ont admis ce principe en ajoutant que, par les retards éprouvés dans son mouvement circulatoire , le sang devenait plus noir que dans les autres veines, et se chargeait d'une quantité plus considérable d'hydrogène et de carbone, modifications qu'ils considéraient comme très-avantageuses pour la formation de la bile. Ces idées ont surtout prévalu relativement à la rate , confirmées par la puissante opinion de Vauquelin. Ce chimiste croit en effet que le sang des veines spléniques diffère de celui des autres par la proportion beaucoup plus considérable de la gélatine et de l'albumine qu'il contient. En accordant même quelque réalité physiologique à cette modification préparatoire du sang par la rate , nous pensons qu'un pareil travail est, dans cet organe, absolument accessoire , et nous renvoyons pour ses phénomènes essentiels aux considérations que nous avons exposées dans l'histoire des réservoirs dérivatifs.

§. IV. Appétit. — Le sentiment instinctif qui préside à l'exercice normal de la sécrétion biliaire ne présente pas des caractères particuliers bien saillans ; il se trouve en quelque sorte confondu au milieu de ceux qui provoquent l'accomplissement des phénomènes digestifs, et plus spécialement de la chylification dont cette élaboration sécrétoire devient l'une des conditions indispensables.

§. V. Étude. — Le sang noir, distribué dans le tissu du foie par la veine porte hépatique , offrant ici la disposition, et faisant les fonctions d'une artère, se trouve soumis à l'action vitale particulière de ce parenchyme , qui saisit les élémens appropriés au travail sécrétoire qu'il doit effectuer, les combine, les élabore, de manière à former une humeur désignée par le terme de *bile*. Ce travail est particulièrement sollicité par la présence du chyme dans le duodénum , par l'excitation déterminée sur l'orifice du conduit excréteur, et propagée vers la glande , en vertu de la sympathie par continuité de tissu ; aussi, peu considérable dans l'intervalle des chyli-fications , ce même travail offre-t-il un développement beaucoup plus marqué pendant l'exercice de ce phéno-mène digestif. Ce fait nous explique la grande activité du foie, consécutivement son état voisin de l'hypertro-phie chez les gourmands ; la surabondance de la bile, soit rejetée par le vomissement , soit évacuée par les selles , dans les irritations duodénales permanentes, où l'empirisme s'empresse de combattre les effets , en aug-mentant presque toujours la cause.

LA BILE , — résultat de cette élaboration sécrétoire, χολὴ, des Grecs, *bilis*, des Latins, est un fluide visqueux, épais, écumeux par l'agitation , soluble dans l'eau, en partie dans l'alcohol, offrant une couleur jaune-verdâtre, pouvant se nuancer diversement, comme nous le ver-rons ; une saveur très-amère , une odeur faible nauséa-bonde , une pesanteur qui se trouve à celle de l'eau , d'après M. Orfila, :: 1,026 : 1,000 ; d'après Wischer , :: 102 : 100 ; sa composition est très-variable, suivant les différentes espèces animales , et dans chaque espèce, en raison des dispositions physiologiques ou pathologi-ques actuelles , en conséquence du régime alimentaire etc. Chez l'homme , d'après M. Thénard, elle présente, sur 1,100 parties : eau, 1,000 ; — albumine, 42 ; — résine, 41 ; — matière jaune, 7 ; — soude, 5 ; phos-phate, sulfate, hydrochlorate de soude, phosphate de chaux, ensemble, 5 ; — oxyde de fer, des traces. La bile de bœuf contient, en assez grande proportion, un prin-cipe que M. Thénard a découvert, sous le nom de *picro-mel*, du grec πιχρὸς , amer, et de μέλι , sucré , que, dans ces derniers tems , M. Chevreul a fait disparaître du nombre des matériaux simples , en le croyant formé par deux autres principes, l'un, auquel il doit son amertume, et l'autre qui lui communique son goût mielleux. M. Braconnot a confirmé ces présomptions, relativement au défaut de simplicité du picromel, en démontrant qu'il est formé d'une résine acide particulière, d'acides margarique, oléique, d'une substance animale, d'une matière alcaline très-amère, d'un principe sucré incolore, d'une matière colorante. M. Chevallier prétend avoir trouvé le picromel dans la bile de l'homme; d'autres chimistes assurent qu'il ne s'y rencontre pas; divergence d'opinions qui prouve au moins que l'existence de cet élément n'est pas constante pour notre espèce. Berzélius pense que la résine, admise par M. Thénard, est un composé de picromel et d'un acide particulier. M. Chevreul a fait remarquer, dans la bile de plusieurs cadavres, une substance particulière, insipide, inodore, insoluble dans l'eau, en partie soluble dans l'alcohol bouillant, disposée en forme d'écailles blanches et brillantes; qu'il a nommée *cholestérine*, et que Fourcroy désignait sous le titre impropre d'*adipocire*. Outre les matériaux connus, Tiedemann et Gmelin admettent, comme principes constituans de cette humeur, l'asparagine, l'osmazôme, le bicarbonate d'ammoniaque, le margarate, l'oléate, l'acétate, le chlorate, le bicarbonate, le phosphate et le sulfate de soude, le chlorure de sodium, le phosphate de chaux, la potasse. Si nous recherchons les principales différences relatives aux espèces, nous voyons la bile du bœuf présenter, sur 800 parties, 69 de picromel; celle du porc, surtout de la soude et de la matière grasse, d'où résulte un véritable savon; celle des oiseaux, une grande proportion de matière albumineuse; celle des poissons une matière verte, du reste ne pas contenir d'albumine.

Au milieu de ces dissidences et de ces variations relatives à sa composition, la bile nous offre des matériaux

nombreux dont il est possible de simplifier les qualités
et les usages en les réduisant à quatre élémens principaux. 1° *La cholestérine*, — que d'autres chimistes ont
désignée par les termes de *matière colorante*, grasse,
adipocireuse; à laquelle cette humeur doit particulièrement sa coloration, et qui forme la base du plus grand
nombre des calculs biliaires. 2° *La substance résineuse*,
—qui donne à la bile à peu près toute son amertume. 3° *Le
principe albumineux*, — qui la fait écumer par l'agitation. 4° *Les différens sels*, — qui la rendent propre
à l'excitation qu'elle doit effectuer dans le tube digestif
pour les actes successifs de la chylification, de l'absorption chyleuse, et de la défécation.

Complétement élaborée par l'action vitale du parenchyme hépatique, la bile est saisie par les radicules du
canal afférent, circule dans ce dernier sous l'influence
de sa contractilité. Arrivée dans le tronc de ce conduit,
elle tient ultérieurement une route différente, suivant
l'état actuel de l'intestin duodénum. Lorsque cette cavité
digestive est dans le travail de chylification, la présence
du chyme à l'orifice du canal cholédoque, l'érection momentanée du viscère, modifiant les propriétés vitales
des voies d'excrétion, il se fait une sorte d'appel de
la bile, qui descend immédiatement dans cette même
cavité. Lors au contraire que le duodénum est dans
un intervalle de repos, aucune cause ne sollicitant
l'afflux biliaire vers la capacité de cet organe, l'humeur sécrétée remonte par le canal cystique, et se trouve
ainsi déposée dans la vésicule, pour être ensuite versée
dans le duodénum par les contractions de ce réservoir,
en traversant le canal cholédoque avec celle qui vient
directement du foie; l'une et l'autre devant concourir à
l'élaboration chyleuse.

En séjournant dans ce même réservoir, la bile éprouve

diverses modifications. Lorsqu'il sort du foie, ce fluide est jaune, sans beaucoup d'amertume, quelquefois même légèrement sucré. Dans la vésicule hépatique, le produit perspiratoire et des mucosités plus ou moins abondantes viennent s'y mêler. Quelques physiologistes inattentifs ont envisagé ce fluide comme de la bile blanche. Les parties les plus aqueuses, reprises par l'absorption, permettent la concentration des élémens essentiels de cette humeur, dont les caractères particuliers se prononcent davantage ; elle est alors plus amère, et d'un jaune verdâtre. Si le séjour est prolongé beaucoup plus long-tems, ces dispositions se trouvent progressivement exagérées ; l'amertume devient excessive, la couleur d'un vert très-foncé, quelquefois même noirâtre. De là cette erreur fondamentale des physiologistes anciens, qui distinguaient trois espèces de bile : 1° *l'hépatique*, ou jaune ; 2° *la cystique*, ou verte; 3° *l'atrabile*, ou noire. Il est évident que ces différences tiennent exclusivement au rapprochement plus ou moins considérable des principes constituans de cette humeur, par l'absorption graduée de leur véhicule naturel.

§. VI. INFLUENCE DE L'HABITUDE. — Elle est assez marquée dans cette élaboration sécrétoire. Ainsi chez les gourmands, dont le foie verse ordinairement une grande proportion de fluide biliaire, cette humeur coule abondamment encore, lors-même que les organes digestifs se trouvent dans un repos obligé par la présence d'une phlegmasie prolongée. L'accumulation de la bile dans les cavités alimentaires devient une cause nouvelle d'irritation, qu'il est souvent alors très-avantageux d'éliminer en administrant, avec beaucoup de précaution, un doux laxatif.

§. VII. SYMPATHIES.. — Les principales sont relatives au pancréas, aux follicules duodénaux, à l'appareil perspiratoire muqueux de cette cavité digestive. Toutes les fois, en effet, que ces élaborations physiologiques se trouvent excitées, soit par la présence des alimens, soit par une inflammation modérée, la sécrétion biliaire ne tarde pas à se développer dans une proportion semblable ; les influences contraires produisent des résultats inverses analogues, toutefois un peu moins prononcés.

§ VIII. Altérations.—Elles nous offrent les quatre modifications principales : 1°. *Augmentation*. — On la rencontre ordinairement sous l'influence des irritations directes ou sympathiques du foie, comme on le, voit dans l'hépatite, la gastrite, la duodénite, pendant l'action des vomitifs, des purgatifs, des alimens excitans, ou pris en quantité démesurée. C'est presque toujours dans l'une ou l'autre de ces dispositions que l'on observe la surabondance bilieuse que le vulgaire ne manque jamais de considérer comme une altération essentielle , bien qu'elle soit dans tous ces cas le symptôme d'une autre maladie. On conçoit aisément les conséquences fâcheuses d'un pareil système, enfanté par l'ignorance, exploité par le charlatanisme ; tous les accidens graves, souvent mortels, occasionnés par les évacuans drastiques dont la première influence est l'exaspération de la cause, et le dernier résultat, la complication des effets. Dans toutes les anomalies de ce genre n'est-il pas beaucoup plus naturel, au lieu de provoquer avec violence, une excrétion déjà trop considérable, de la diriger avec circonspection, et surtout de s'attacher à modérer la suractivité de l'élaboration sécrétoire ? 2°. *Diminution*. — Elle est produite par des modifications opposées, comme on l'observe dans l'abstinence, par la continuation d'un régime très-sobre, par l'usage des fruits sucrés, des fécules, du lait et de tous les élémens dont les quantités ou la qualité ne provoquent aucune excitation notable vers les organes digestifs et consécutivement vers l'appareil hépatique. 3° *Perversion*. — La nature même de la bile est susceptible d'offrir des modifications profondes et remarquables, sous l'influence des altérations de cet ordre présentées par les propriétés vitales de l'organe sécréteur ; caractères pathologiques signalant toujours une certaine gravité dans la lésion dont ils deviennent le symptôme. Ainsi, dans certaines hépato-duodénites, la bile rejetée par les vomissemens peut être verte, bleue, indigo, noire, etc. ; dans la dégénération graisseuse du foie, elle paraît incolore ou d'un jaune très-faible. Pendant une hépatite compliquée d'ulcération de la muqueuse intestinale, M. Orfila trouva dans cette humeur : matière résineuse, 96 ; — soude, 3 ; — sels, des traces. Une très-petite quantité de cette bile, portée sur les lèvres, y faisait naître des ampoules. Morgagni, sur le cadavre d'un homme mort subitement, recueillit un fluide biliaire, tellement corrosif, que l'inoculation de cette humeur, légèrement pratiquée chez deux pigeons, les fit périr instantanément. On conçoit les ravages que doit exercer une bile ainsi dénaturée sur la muqueuse digestive, lorsqu'elle offre déjà le siège d'une inflammation ; un grand nombre de duodénites, d'entérites, de colites rebelles, terminées par ulcération, fungus, cancer etc., ne reconnaissent peut-être pas d'autre cause ? C'est une question pathologique du plus haut intérêt, qui nous semble digne de toute l'attention des observateurs judicieux, et dont l'examen trop négligé peut ouvrir une source féconde en résultats avantageux dans le traitement de ces maladies, presque toujours abandonnées comme absolument incurables. 4° *Suspension*. — Elle se manifeste ordinairement au début des hépatites suraiguës, quelquefois dans les hépatites chroniques avec engorgement du foie. Les selles deviennent rares par défaut d'excitant, les matières fécales sont grisâtres ou sans couleur. L'élaboration chyleuse est peu considérable, imparfaite ; la nutrition languit dans tout l'organisme. C'est ainsi qu'il faut expliquer l'épuisement constitutionnel toujours entraîné par ces graves altérations.

L'excrétion biliaire peut également offrir des anomalies plus ou moins fâcheuses. Retenue par des obstacles variables dans les canaux hépatique, cystique, cholédoque, ou même dans son réservoir, la bile est prise par les absorbans, portée dans le torrent circulatoire, comme l'ont démontré MM. Orfila, Clarion etc., par l'analyse du sang chez les ictériques ; elle colore tous les tissus en jaune, sort de l'économie par les voies d'excrétion qui lui sont naturellement étrangères, en donnant une teinte plus ou moins fortement *safranée* aux différentes humeurs dont elle détruit momentanément la pureté, comme on le voit pour l'urine, la sueur la matière des sécrétions folliculaire et perspiratoire muqueuses. Nous avons bien des fois observé la bile presque pure dans l'humeur de l'expectoration chez les sujets affectés, comme on le dit vulgairement, de *pneumonie bilieuse*. On conçoit dès-lors tous les inconvéniens graves de l'habitude qui fait envisager *l'ictère* comme une maladie essentielle, identique par sa nature, alors qu'elle présente constamment le symptôme d'une autre altération ; alors qu'il faut attaquer cette perversion de l'excrétion biliaire, non point dans ses effets, par des moyens semblables pour tous les cas, mais dans sa cause, par des médications variées en raison de la nature qu'elle peut offrir. C'est un point de pathologie trés-important, et sur lequel on n'a pas encore assez positivement fixé l'attention des observateurs.

5° SÉCRÉTION LACTÉE.

§. I. Définition, caractères, but.—Nous étudions sous ce titre l'élaboration sécrétoire, effectuée par les glandes mammaires, l'un des attributs particuliers de la femme dans notre espèce, et des femelles chez les animaux ; cet acte physiologique ne leur appartient pas exclusivement, comme on pourrait le penser au premier aspect. Nous démontrerons que, dans certaines circonstances, on trouve des preuves de sa réalité chez les mâles et chez l'homme. Absolument étrangère à la conservation de l'individu, la sécrétion du lait rentre complétement, par son objet, dans les fonctions relatives à le propagation de l'espèce, dès-lors entièrement destinée à fournir au nouvel être un aliment approprié à ses besoins, à la faiblesse de ses organes digestifs et de toute sa constitution ; aussi la voyons-nous se développer avec une certaine activité, seulement vers l'époque à laquelle doivent s'établir ces rapports extérieurs entre l'enfant et la mère ; disparaître insensiblement lorsque ces relations, désormais inutiles, ne sont plus entretenues. Dans l'absence de l'allaitement, dont les intervalles peuvent être plus ou moins prolongés, pendant toute la vie, chez les femmes qui ne conçoivent pas, les organes de cette élaboration physiologique restent dans l'inaction ; bien différens, sous ce dernier rapport, de tous les autres viscères glanduleux.

§. II. Appareil.—Il est incomplet et se trouve réduit à la glande, aux canaux excréteurs. *La glande*,—généralement connue sous le nom de *mamelle*, μαστὸς, des Grecs, *mamma* des latins, de forme lenticulaire beaucoup plus volumineuse chez la femme que chez l'homme, d'un blanc fauve ou grisâtre, d'une consistance élastique, d'une ténacité moyenne, double dans notre espèce, placée sur la partie latérale du thorax, au-dessous de la clavicule, est formée de grains glanduleux, blanchâtres, arrondis, qui s'unissent pour constituer des lobules dont l'ensemble forme la glande. Ses artères peu volumineuses, mais en nombre considérable, sont fournies par la mammaire interne, l'axillaire, les premières intercostales et les thoraciques; ses nerfs, par le plexus brachial et par les intercostaux. Un grand nombre de vaisseaux lymphatiques, des veines, des canaux afférens, du tissu cellulaire, pour lier toutes ces parties, complétent l'organisation de cette glande. Elle est enveloppée d'une membrane celluleuse, assez dense, qui soutient le parenchyme et conserve sa forme lenticulaire. Une quantité variable de tissu cellulaire graisseux, protége encore extérieurement la mamelle. Le *sein* qu'il ne faut pas confondre avec cette même glande, et qui résulte de l'ensemble de tous ces élémens réunis et couverts par une peau douce, fine et blanche, doit ses différences de forme, de volume et de fermeté, plutôt à la nature, à la proportion de ce tissu cellulaire qu'au développement de la glande qui présente à peu près les mêmes dimensions et la même consistance chez les individus maigres et chez ceux qui sont doués d'un grand embonpoint; disposition qui ne permet pas d'estimer, d'après une erreur assez commune, la quantité du lait proportionnellement au volume du sein. *Les canaux excréteurs,* —nommés *galactophores, lactifères,* naissent des grains glanduleux et paraissent continus aux artères, comme le démontrent les injections de Manget qui parvint à faire passer un fluide approprié des unes dans les autres. Vesale dit avoir trouvé les veines mammaires pleines de lait chez une nourrice. Haller prétend que les canaux galactophores offrent deux origines, l'une

dans le tissu cellulaire graisseux, l'autre dans le parenchyme de la glande. D'après ces faits, les canaux excréteurs du lait sembleraient communiquer avec toutes les
parties du système circulatoire. Quoiqn'il en soit, ces
canaux diminuant de nombre, augmentant de volume,
réduits à quinze ou vingt, gagnent la partie centrale de
l'organe, s'y trouvent enveloppés, réunis en faisceaux
par une sorte de gaîne érectile, susceptible de se gonfler et de s'allonger par l'afflux du sang. Ce petit corps,
appelé *mamelon*, offrant naturellement le volume du
doigt, saillant à l'extérieur, d'une couleur vermeille ou
noirâtre, protégé par l'enveloppe dermoïde, se trouve
couvert d'un nombre variable d'orifices qui lui font
présenter, sous ce rapport, les dispositions d'un arrosoir. Il est environné à sa base par *l'aréole*, cercle de
huit à dix lignes, où la peau semble d'un brun jaunâtre,
quelquefois garnie de poils, et dans tous les sujets, de
follicules sébacés, fournissant une humeur visqueuse,
destinée, d'après sa nature, à garantir cette partie des
irritations que produirait la bouche de l'enfant pendant
la succion.

Le nombre des mamelles dépasse quelquefois celui
que nous avons assigné à l'état normal. Haller en a vu
deux pour un seul côté; plusieurs auteurs signalent des
faits semblables, mais aucun n'est plus remarquable,
dans ce genre, que celui dont parle Percy. Dans cette
anomalie, nous voyons une prisonnière autrichienne
qui portait cinq mamelles à la partie antérieure du tronc,
quatre disposées sur deux rangs et fournissant du lait;
une cinquième vide, placée au-dessus de l'ombilic.

Chez les animaux, — la forme des mamelles varie
beaucoup dans les espèces différentes; leur nombre est,
en général, surtout celui des mamelons, assez exactement
proportionné à la quantité des petits que chacune de

ces espèces diverses peut naturellement produire dans une même part. Ainsi, la chèvre en offre deux, la vache quatre, le porc dix etc.

§ III. MODIFICATEUR. — Les physiologistes sont encore partagés sur la question de préciser le fluide circulatoire qui fournit à la glande mammaire les élémens de la sécrétion lactée. Les uns attribuent cet usage au chyle; d'autres, à la lymphe; d'autres enfin, au sang rouge. Examinons sans prévention chacune de ces opinions, et voyons à laquelle nous devons accorder la préférence.

Relativement au chyle.—Ceux qui soutiennent cette hypothèse prétendent, pour l'établir, que le lait offre la plus grande analogie avec le fluide chyleux ; que les vaisseaux galactophores naissent du canal thoracique. Dans l'état actuel de nos connaissances anatomiques et chimiques, une opinion semblable n'a plus besoin de réfutation.

Relativement à la lymphe. — Les auteurs de cette supposition cherchent à la fonder sur les considérations suivantes : Vesale a trouvé du lait dans les veines mammaires. Les artères des mamelles sont très-petites, et les vaisseaux lymphatiques s'y trouvent en proportion beaucoup plus considérable. Richerand prétend même que l'ensemble des premières est à celui des seconds, :: 1 : 8; il ajoute que ceux-ci grossissent d'une manière notable pendant l'allaitement. Haller dit avoir constaté, par des injections, l'origine d'une radicule de chaque division des excréteurs dans le tissu cellulaire graisseux; d'autres ont même avancé que la mamelle offre beaucoup d'analogie avec les ganglions lymphatiques. Parmi ces faits, les uns sont aujourd'hui détruits par des notions plus positives d'anatomie, les autres ne décident nullement la question en litige.

Relativement au sang rouge. — Les physiologistes qui considèrent ce fluide circulatoire comme le modificateur essentiel de la sécrétion lactée, s'appuient sur des faits qui nous semblent mieux établis et plus concluans. Ainsi, le lait n'offre, avec le chyle, comme nous l'avons démontré à l'article digestion , aucune autre analogie que celle de la couleur. Les vaisseaux lymphatiques de la mamelle ne partent point du canal thoracique ; il en est ainsi pour les canaux galactophores , comme Haller en a fourni lui-même la preuve par ses injections. La présence du lait dans les veines mammaires, en la supposant même bien évidente, ne prouverait absolument rien autre chose que l'absorption de cette humeur et son importation dans le torrent circulatoire ; dispositions également présentées par les sécrétions urinaire , spermatique , biliaire etc. , sans que l'on ait prétendu , d'après ce fait, que les reins , les testicules et le foie puisent les élémens de leur sécrétion dans les fluides lymphatiques. Si chacune des artères de la mamelle présente peu de volume, en les considérant d'une manière isolée, nous voyons leur ensemble , en raison du grand nombre de ces vaisseaux , fournir à cette glande autant de sang rouge qu'en reçoivent proportionnellement toutes les autres ; de telle sorte que les modifications anatomiques invoquées ici par les auteurs de la seconde opinion sont illusoires par le fait, erronées dans leurs conséquences physiologiques. Les injections fines passent , des artères mammaires , dans les canaux galactophores. Lorsqu'un enfant à la mamelle, après avoir épuisé toute la quantité du lait qu'elle peut fournir , exerce encore la succion avec force , il fait affluer du sang par les vaisseaux lactés. D'après ces considérations, nous ne voyons aucune raison valable, pour ne pas admettre que la glande mammaire, comme toutes les autres , le foie seul formant exception , puise dans le sang rouge les matériaux de l'élaboration sécrétoire qu'elle est chargée d'effectuer ; nous trouvons au contraire des faits qui semblent confirmer cette opinion d'une manière assez positive ; de telle sorte que si l'on voulait envisager actuellement la lymphe comme le modificateur de la sécrétion lactée , on pourrait le faire seulement d'une manière accessoire, encore en s'appuyant exclusivement sur des analogies et des présomptions.

§. IV. Appétit. — La sécrétion du lait n'étant point relative aux besoins individuels , se trouve provoquée par une impression instinctive étrangère aux modifications habituelles de la sensibilité , naissant à l'occasion de l'accomplissement des fonctions génitales. Cette impression part de l'utérus pour s'étendre sympathiquement aux mamelles , déterminer un sentiment voluptueux , lorsque la sécrétion s'établit sans obstacle ; produire une anxiété pénible , et des accidens plus ou moins graves , lorsqu'elle est fortement contrariée.

§. V. Étude. — La sécrétion qui nous occupe ne s'effectue pas, d'une manière naturelle, dans toutes les époques de la vie ; formant en quelque sorte le complément de la fonction génératrice, elle acquiert ses dispositions normales à la puberté, les voit s'anéantir à l'âge de retour, leur durée présentant pour mesure toute celle du tems de la fécondité. Elle est ordinairement sollicitée par la gestation au terme normal , en raison de la sympathie remarquable qui lie son appareil à l'utérus ; et de l'intention formelle qu'exprime la nature de remplacer incessamment la circulation placentaire du nouvel être , par l'importation lactée. Toutefois, ces influences ne sont pas les seules qui puissent déterminer la sécrétion du lait, une excitation mécanique de la glande, et plus spécialement du mamelon, entraîne ce résultat, lors-

qu'elle est suffisamment prolongée. Haller en cite plusieurs exemples, offerts par des sujets du sexe féminin,
avant la puberté, après l'âge de retour, et même par
des hommes doués d'un certain embonpoint. Le D^r Ar-
wis Faxe a consigné, dans les mémoires de l'académie
de Stockolm, l'histoire d'une femme sexagénaire, n'ayant
pas eu d'enfans depuis trente ans, et qui, voyant son
petit-fils, âgé de six mois, sans aucun secours, immédiatement après la mort de sa mère, lui présenta le sein,
d'abord dans la seule intention de calmer ses cris, et
parvint ensuite à le nourrir, la sécrétion lactée s'étant
assez promptement établie. On connaît l'histoire de cette
jeune Romaine, qui, dans les privations de la captivité,
soutint par ce moyen les forces épuisées de son vieux
père. Baudelocque parle d'un fille de huit ans qui put allaiter son frère, pendant un mois. Humbold rapporte
qu'un homme de trente-deux ans nourrit son enfant
pendant cinq mois, lui fournissant par les seins une humeur séreuse et sucrée. On trouve dans les auteurs un
assez grand nombre de faits analogues. Quelle que soit
la cause dont l'action se trouve dirigée sur les mamelles,
un afflux plus considérable du sang rouge s'opère vers
ces glandes, qui puisent dans ce fluide circulatoire des
élémens appropriés, les combinent, les élaborent, en
vertu des forces vitales propres à leur parenchyme,
pour en former l'humeur particulière que nous allons
examiner.

Le lait. γάλα, des Grecs; *lac*, des Latins, est un
fluide opaque, blanc-jaunâtre, lorsqu'il sort de la glande;
bleuâtre, lorsqu'il est trait depuis quelques heures;
d'une saveur sucrée, d'une odeur douce et légèrement
aromatique ou nauséabonde; prenant assez facilement
celles des alimens, circonstance qui nous explique le
goût désagréable que présente quelquefois le lait des

vaches exclusivement nourries, pendant l'hiver, avec des fourrages de mauvaise qualité; la supériorité du beurre fait dans les contrées où croissent des plantes aromatiques etc. La pesanteur spécifique de cette humeur est à celle de l'eau :: 1,033 : 1,000. Ces deux fluides sont miscibles dans toutes proportions. Pendant les premiers jours de l'établissement de cette élaboration sécrétoire après l'accouchement, le lait est plus séreux, moins confectionné, plus laxatif, disposition qui lui donne, pour le fœtus, l'avantage de favoriser l'expulsion du *méconium*. Dans cet état rudimentaire, en quelque sorte préparatoire, on lui donne le nom de *colostrum*.

Pendant l'évaporation sur un feu très-doux, le lait se recouvre incessamment d'une pellicule en grande partie formée de beurre et de caséum. Cette humeur, envisagée d'une manière générale, offre trois élémens principaux, susceptibles d'isolement par la décomposition spontanée : 1° *Le butyrum*,—ou beurre, espèce d'huile animale concrète, plus légère que l'eau, d'une odeur aromatique, d'une saveur douce, agréable, que l'on obtient en battant la crême, et qui paraît formée, d'après M. Chevreul, de *stéarine*, de *butyrine* et d'*oléine* ; du reste saponifiabe comme les graisses. 2° *Le caséum*,—ou fromage, substance blanche, solide, inodore, insipide, soluble dans les alcalis et les acides faibles, plus pesante que l'eau ; considérée par M. Braconnot, dans son état de pureté, comme un *acide sec*, inaltérable par l'air, soluble dans l'eau, non coagulable par la chaleur. M. Guibourt le trouve au contraire *alcalin*. C'est avec cette matière, soumise à des préparations variées, que l'on obtient les divers fromages gras, secs etc., offrant *de l'aposépédine*, de *l'ammoniaque* et de l'acide caséique, ordinairement en combinaison. 3° *Le sérum*,—ou petit lait, fluide bleuâtre, aqueux et contenant la plupart des sels solubles de l'humeur que nous examinons. C'est à la diversité des proportions relatives de ces élémens qu'il faut attribuer les modifications de ce fluide considéré dans la série des mammifères. Pour mieux signaler ces caractères généraux, nous présenterons le tableau suivant dont les colonnes indiqueront les différentes espèces de lait d'après la prédominence de l'un des principes constituans de cette humeur

TABLEAU DIFFÉRENTIEL DU LAIT DANS LES PRINCIPALES ESPÈCES ANIMALES.			
CASÉUM.	**BUTYRUM.**	**SÉRUM.**	**SELS.**
chèvre.	brebis.	Anesse.	Femme.
brebis.	vache	Femme.	Anesse.
vache.	chèvre.	Jument.	Jument.
Anesse.	Femme.	vache.	vache.
Femme.	Anesse.	chèvre.	chèvre.
Jument.	Jument.	brebis.	brebis.

La décomposition du lait en *crême*, *sérum* et *caséum* peut être artificielle ou naturelle. Dans le premier cas, elle est subitement provoquée par l'influence d'un agent chimique susceptible d'effectuer la séparation instantanée de ces élémens fondamentaux, en coagulant et précipitant le caséum, comme on le voit ordinairement par l'action des acides, et surtout de la *fressure* de veau, de mouton etc., si communément employée dans les fabriques de fromage. Il existe alors une simple dissociation des matériaux constituans, sans fermentation. Aussi, le sérum obtenu par ce moyen est agréable et sucré. Dans le second cas, au contraire, la décomposition est lente, graduée, son accomplissement qui peut exiger de vingt-quatre à soixante-douze heures, en raison de la température et de l'électricité atmosphériques, exige une sorte de fermentation, pendant laquelle se développent les acides acétique, lactique retrouvés dans le petit lait, qui présente alors une saveur aigre assez prononcée.

Le lait de vache, plus particulièrement examiné par les chimistes, présente à l'analyse, d'après M. Berzélius, sur 1000 parties : eau, 928, 75 ; — matière caséeuse, traces de beurre, 28 ; — sucre de lait, 35 ; — hydrochlorate de potasse, 1, 70 ; — phosphate de potasse, 0, 25 ; — phosphate de chaux, 0, 5 ; — acétate de potasse, acide lactique, traces de lactate de fer, 6, 00 ; perte, 25. Celui de la femme contient moins de caséum, et beaucoup plus de sucre de lait. La crême qu'il fournit en assez grande proportion, offre pour caractère bien remarquable de ne jamais former de beurre, même par l'agitation prolongée. Fourcroy pensait qu'en raison du phosphate calcaire entrant dans sa compposition le lait devait être l'aliment le plus avantageux à l'enfant, dont les os cartilagineux ont besoin de s'approprier cet élément salin.

L'humeur que nous examinons est la plus susceptible d'éprouver les diverses modifications qui peuvent affecter l'organisme. Les passions violentes en font une boisson dangereuse pour l'enfant. Les substances alimentaires, les médicamens et les poisons lui communiquent leurs propriétés avantageuses ou nuisibles ; dispositions susceptibles d'offrir les applications les plus utiles à l'hygiène, à la pathologie des enfans nouveaux nés. Formée par l'action vitale du parenchyme de la mamelle sur le sang rouge qui s'y trouve apporté, cette humeur est saisie par les radicules des canaux galactophores, elle circule dans ces derniers, sous l'influence de la contractilité involontaire, parvient au mamelon. Les troncs de ces canaux se dilatent pour contenir le fluide sécrété, réagissent ensuite , et le font jaillir à distance. Lorsque la succion est exercée, le mamelon , en raison de sa texture, s'érige , grossit et s'allonge. Cette excitation favorable à l'action excrétoire , le devient en même tems à la sécrétion dont elle provoque le développement.

§ VI. INFLUENCE DE L'HABITUDE. — Elle est assez positivement caractérisée. On conçoit que , sous cette influence, la sécrétion lactée s'éveille par la succion du mamelon, et cesse lorsque cette excitation n'a plus lieu, comme on l'observe dans le sévrage ; mais ce travail d'élaboration sécrétoire n'est pas immédiatement suspendu, nous le voyons s'exercer encore long-tems après l'éloignement de toute provocation extérieure, et par le seul fait des habitudes contractées dans l'appareil chargé de son exécution. Aussi, pour vaincre ces effets du modificateur puissant que nous signalons , est-il presque toujours alors nécessaire d'effectuer une dérivation plus ou moins forte vers telle ou telle autre sécrétion de l'économie. C'est dans cette intention physiologique raisonnée que sont conseillés les purgatifs , les diurétiques etc. , pour supprimer définitivement l'élaboration du lait.

§. VII. SYMPATHIES.—Il serait difficile de trouver des rapports organiques plus étendus et plus variés que ceux qui rapprochent, dans toutes les phases de la vie , les mamelles et l'utérus. A la puberté, lorsque celui-ci présente le siège d'une vie nouvelle, d'une activité relative au développement des fonctions conservatrices de l'espèce, les seins acquièrent une plus grande extension, se gonflent, deviennent même quelquefois douloureux pendant les retours de la menstruation ; enfin ils se flétrissent, éprouvent la dégénération du squirrhe , du cancer etc., particulièrement vers l'âge de retour. Sous le point de vue des sympathies sécrétoires , les glandes mammaires sont plus spécialement liées aux appareils perspiratoires et folliculaires des muqueuses digestive et génitale. Ainsi nous voyons des femmes habituellement affectées de fleurs blanches, de diarrhées, se trouver momentanément débarassées de ces altérations par l'allaitement. D'un autre côté, nous observons assez fréquemment des nourrices dont la sécrétion lactée, d'abord imparfaitement établie, se trouve ensuite complétement suspendue lorsque des lochies excessives se prolongent bien au de-là du terme ordinaire, ou qu'il survient un dévoiement rébelle quelques jours après l'accouchement.

§. VIII. ALTÉRATIONS.—Elles peuvent se manifester sous les quatre formes principales. 1° *Augmentation.*— Les circonstances qui, dans l'état normal, rendent la sécrétion lactée plus abondante et plus parfaite, sont le tempérament lymphatico-sanguin, un beau développement de la constitution, le calme des passions, un régime en grande partie végétal, surtout féculent ; ici l'abondance du lait ne présente aucun caractère morbifique ; la sécrétion peut être soutenue dans ces dispositions sans aucun accident ultérieur. Lors au contraire que cette augmeutation est affectée par des excitations continuelles de l'appareil, par la succion trop fréquemment répétée des mamelons, au-dessus des ressources naturelles de l'organe et même de toute la eonstitution, elle est morbide, et produit bientôt l'épuisement local et général, comme on le voit chez plusieurs nourrices d'une frêle organisation qui s'abandonnant aux impulsions d'une tendresse abusive et d'un empressement toujours mal calculé dans ses résultats, se privent ainsi du bonheur d'accomplir avantageusement l'un des premiers devoirs maternels. 2° *Diminution.* — Elle peut être déterminée par un grand nombre de causes telles que le développement extra-normal d'une autre sécrétion, l'atrophie des mamelles, un défaut d'excitation de la glande, une lésion organique profonde, l'épuisement de toute la constitution. 3° *Perversion.*— Les agens physiques et moraux sont également capables de l'effectuer. Une passion violente communique au lait des caractères nuisibles; il devient ténu, séreux, mal élaboré, chez les sujets scrophuleux, cacochymes, épuisés par les maladies, la misère et les privations; il revêt les conditions nuisibles des alimens âcres, irritans; les propriétés pharmaceutiques des médicamens très-actifs; circonstance qui nous fournit le moyen, souvent précieux, de les approprier à la frêle constitution des enfans très-jeunes. 4° *Suspension.*—Elle se rattache aux causes déjà signalées pour la diminution, lorsque ces dernières agissent avec assez d'empire. Une terreur soudaine, un violent ébranlement du moral, quelle que soit la cause de cette modification, peuvent entraîner le même résultat avec des conséquences plus ou moins nuisibles pour toute l'économie, comme on l'observe trop souvent chez les femmes qui, renonçant au devoir, au bonheur d'allaiter leurs enfans, emploient des moyens actifs pour supprimer cette élaboration sécrétoire, et sont fréquemment punies de ces infractions aux lois naturelles, par des inflammations, des abcès, des engorgemens, le squirrhe et même le cancer des glandes mammaires.

L'excrétion du lait peut également présenter des altérations. Ainsi le spasme des canaux galactophores, comme on l'observe chez les femmes très-nerveuses, lorsqu'il existe des fissures, des excoriations aux mamelons, un engorgement de ces canaux etc., deviennent des obstacles plus ou moins réels à l'écoulement de l'humeur sécrétée; on la voit alors séjourner dans la glande, s'épaissir par l'absorption de ses parties les plus aqueuses, produire des nodosités qu'il serait aisé de confondre avec celles du squirrhe. Dans certains cas , le lait est repris en nature , porté dans le torrent circulatoire, et dévié vers tel ou tel organe excréteur , en fournissant l'exemple de ces diffusions laiteuses que les anciens admettaient avec trop de facilité comme principe du plus grand nombre des maladies consécutives à l'accouchement, et dont les modernes ont rejeté la réalité d'une manière peut-être aussi trop exclusive. Que penser , sous ce dernier rapport, du fait publié par M. Cabal qui prétend avoir trouvé du *caséum* dans l'urine d'une jeune femme , veuve depuis quelques années , et qui n'avait point éprouvé d'autre anomalie de ce genre ? S'agirait-il ici d'une déviation laiteuse ancienne, ou bien la matière caséeuse ne serait-elle pas un élément exclusivement relatif au lait ? C'est une question indécise , dont la chimie nous offrira peut-être ultérieurement la solution.

6° SÉCRÉTION URINAIRE.

§. I. DÉFINITION, CARACTÈRES, BUT.—Nous accordons ce titre à l'élaboration sécrétoire effectuée par les reins. Commune aux animaux des ordres supérieurs , elle ne se rencontre pas dans les derniers degrés de la série. Exécutée sans aucune interruption périodique , sous l'influence de l'action vitale d'un appareil complet, elle se trouve liée à la conservation de l'économie dont elle fait disparaître le plus grand nombre des principes nuisibles, en lui servant d'émonctoire affecté particulièment à l'épuration des humeurs, et, d'après M. Thénard, à la soustraction de l'azote surabondant. Elle devient souvent , dans les maladies graves, une voie favorable de dérivation critique. Aussi nulle autre sécrétion n'est-elle susceptible de la remplacer avantageusement dans ces deux grandes circonstances, et toute suspension durable de cette élaboration entraîne-t-elle dans l'organisme le développement d'altérations plus ou moins fâcheuses, dont la nature, la marche, les symptômes indiquent un état d'irritabilité dans les solides, et d'acrimonie dans les humeurs.

§ II. APPAREIL. — Il est double et complet, on y rencontre : 1° La glande, nommée *rein*; 2° le canal afférent, *uretère*; 3° le réservoir, *vessie*; 4° le conduit efférent, *urètre*.

Le rein, — νεφρὸς, des Grecs, *ren*, des Latins, nous offre une glande, placée dans l'abdomen, sur le côté de la région lombaire du rachis, au milieu d'une grande quantité de tissu cellulaire graisseux; bornée en arrière par les muscles postérieurs, en devant par le colon, en dedans par les vertèbres, en dehors par les dernières côtes. Lorsqu'il n'existe qu'un rein, il est placé sur la partie moyenne; lorsque le nombre de ces organes est porté jusqu'à trois, les deux autres se trouvent situés sur les côtés. On a rencontré plusieurs exemples de ces anomalies. Chez le fœtus, et même dans les premières années de l'enfance, la glande est surmontée par un corps vasculeux qui l'embrasse, à la manière d'un casque, sous le titre de *capsule rénale*, qui disparaît ultérieurement d'une manière insensible, et dont nous avons indiqué les fonctions en examinant les dérivatifs et les réservoirs circulatoires. *Le rein* présente la forme d'une fève, il est aplati, oblong, de quatre à cinq pouces dans un sens, de deux ou trois dans l'autre, d'une couleur fauve, d'une tenacité, d'une consistance assez remarquables. Son parenchyme offre, à l'extérieur, une première couche de deux lignes, nommée *corticale*, d'une couleur plus jaune, moins foncée, paraissant constituer l'organe sécréteur. Une seconde couche, beaucoup plus épaisse, appelée *tubuleuse*, formant des stries convergentes qui vont constituer un certain nombre de cônes appartenant à cette autre substance, et que plusieurs anatomistes ont mal à propos désignée comme une troisième sous le titre de *mamelonée*. Ces stries présentent les origines du canal *afférent*. Le sommet des cônes est arrondi, forme comme autant de petits mamelons d'un rouge plus ou moins vermeil. Au nombre de dix à vingt, ils sont exactement embrassés par de petites poches membraneuses nommées *calices*, dans la cavité desquelles ils font une saillie de deux ou trois lignes; quelquefois deux mamelons se trouvent embrassés par le même calice; on voit ces derniers s'ouvrir dans six ou huit conduits appelés *bassinets*, qui vont se rendre à la cavité centrale en forme d'entonnoir, et pour cette raison, désignée par le terme d'*infundibulum*. Cette cavité membraneuse, placée dans l'échancrure de l'organe, est immédiatement suivie par le tronc du canal *afférent*, dont elle présente la partie la plus large. Une artère volumineuse fournie par l'aorte; des nerfs, par le plexus rénal; des vaisseaux lymphatiques, des veines, du tissu cellulaire pour unir toutes ces parties, composent la trame naturelle de cet organe sécréteur extérieurement enveloppé d'une membrane fibreuse assez résistante.

L'urètre, ou canal afférent, constitué, dans ses origines, par les stries de la couche tubuleuse, par les calices, les bassinets et l'infundibulum renfermés dans l'épaisseur du rein, abandonne cet organe, en sortant par son échancrure latérale interne; marche obliquement de haut en bas, et de dehors en-dedans, croise la direction du muscle psoas, gagne, en s'enfonçant dans le bassin, la partie inférieure de la vessie, vient s'ouvrir dans la cavité de ce réceptacle après en avoir obliquement traversé les parois, et s'être beaucoup rapproché de celui

du côté opposé. Une membrane muqueuse, expansion
de la *génito-urinaire*, tapisse l'intérieur de ce conduit
égalant à peu près, dans l'état normal, par son calibre,
celui d'une forte plume à écrire, s'étend à l'infundibulum, aux bassinets, aux calices, et, réduite à la plus
grande ténuité, pénètre dans les petits canaux des mamelons, pour se terminer d'une manière indéfinie dans
ceux de la couche tubuleuse. Une tunique fibreuse, d'é-
paisseur variable, revêt à l'extérieur le canal afférent,
depuis les calices inclusivement, jusqu'à la terminaison
de l'urètre. La disposition de ce dernier peut offrir quelques modifications ; Haller en a vu deux pour chaque
rein.

La vessie, ou réservoir, κύστις, des Grecs, *vesica*,
des Latins, est un réceptacle membraneux, occupant
l'excavation du bassin, placé entre le pubis qui se trouve
antérieurement, la matrice, chez la femme, le rectum, chez
l'homme, qui sont en arrière. Il présente le plus spacieux
de tous les réservoirs sécrétoires de l'économie, offrant
la forme d'un cône, dont la base est inférieure, et porte
sur le plancher du bassin, dont le sommet supérieur
peut dépasser le niveau du pubis dans les grandes accumulations d'urine, et se trouve surmonté par un cordon
fibreux, que l'on nomme *ouraque*. Les parois de la vessie
nous offrent quatre membranes dont les dispositions et
les usages sont importans à noter. 1° *La séreuse* fait partie du péritoine, et recouvre seulement la région supérieure de l'organe, qui, dans ses ampliations, s'élève
entre cette membrane et les muscles abdominaux, de
manière à permettre la ponction sans danger de pénétrer dans la cavité péritonéale ; circonstance du plus
haut intérêt pour ce genre d'opération. 2° *La celluleuse*,
dont le réseau forme une enveloppe générale assez résistante, et se trouve renforcé, vers le col du réservoir,

pour constituer le *sphincter* vésical, destiné à prévenir l'excrétion continuelle de l'urine. 3° *La musculeuse*, offrant des fibres assez rares, et déterminant, par ses contractions toujours involontaires, la diminution du réceptacle, suivie de l'émission des produits sécrétés. 4° *La muqueuse*, tapissant l'intérieur du réservoir, présentant, surtout à l'état de vacuité, des replis assez marqués, et dont un plus grand développement forme ce que l'on appelle des *vessies à colonnes*. Trois ouvertures s'y rencontrent vers le bas - fonds du réceptacle ; elles sont disposées en triangle, ce qui fait donner à cette partie le nom de *trigone vésical ;* les deux postérieures appartiennent aux uretères ; la muqueuse y présente un repli, faisant fonction de valvule, et se trouvant déterminé par l'obliquité de ces canaux ; l'antérieure conduit dans l'urètre ; on y voit inférieurement une petite crête moyenne et longitudinale sous le titre de *vérumontanum*, et d'après Lieutaud, de *luette vésicale ;* sur les côtés de cette éminence, paraissent les orifices capillaires des canaux éjaculateurs. L'ananomiste que nous venons de citer dit avoir fait la nécropsie d'un homme chez lequel on ne trouva pas la vessie ; les uretères, du volume d'un petit intestin, s'ouvraient directement dans l'urètre. Chez d'autres, on a vu le réservoir de l'urine divisé par une cloison moyenne, de telle sorte que l'appareil se trouvait double jusqu'à l'origine du conduit excréteur. Haller admet que l'ouraque peut être canaliculé chez le fœtus ; Littre assure l'avoir ainsi trouvé chez un jeune homme de dix-huit ans ; d'autres observateurs ont vu des individus chez lesquels il servait à l'excrétion de l'urine par l'ombilic.

L'urètre, — ou canal excréteur, se trouve bien différemment constitué dans les deux sexes. *Chez la femme,* il est à peu près droit, et n'offre que douze à quinze lignes de longueur. On trouve son orifice entre le clitoris et le vagin. *Chez l'homme*, sa direction, dans l'état de mollesse du pénis, figure à peu près une S romaine; son trajet est de huit à dix pouces. Commun aux excrétions urinaire et spermatique; il commence à la vessie, finit sous l'extrémité du gland. L'origine de la muqueuse génitale, riche en follicules, tapisse l'intérieur de ce conduit. Une membrane fibreuse, assez résistante, le forme extérieurement. Plusieurs autres tissus accessoires viennent s'unir à ces parois essentielles, dans les différentes régions, que l'on peut réduire à quatre principales. 1° *Prostatique.* — Elle est embrassée, dans les trois quarts supérieurs de sa périphérie, par un amas de follicules muqueux, improprement nommé glande prostate, versant dans l'urètre, conjointement avec plusieurs groupes analogues, désignés, sans plus de raison, par le terme de glande de Cowper, une assez grande proportion de mucosités, dont nous avons indiqué les usages. 2° *Membraneuse.* — Elle paraît comme étranglée entre la prostate et le bulbe. Les membranes fibreuse et muqueuse ne s'y trouvant pas notablement fortifiées, nous la voyons devenir le siége ordinaire des fistules, qui se manifestent consécutivement aux rétrécissemens urétraux, aux fausses routes pratiquées sous l'influence d'un catétérisme inhabile. Cette région du canal excréteur est environnée par les constricteurs de Wilson, les bulbo, ischio-caverneux, le transverse du périnée, les releveur et sphincter de l'anus. 3° *Bulbeuse.* — Elle est renflée par un tissu cellulo-vasculaire, disposé en forme de bulbe. 4° *Caverneuse.* — Elle offre seule plus de longueur que les trois autres. Protégée dans les deux tiers supérieurs de sa circonférence, et jusqu'à son extrémité, par un corps érectile, disposé en gouttière, et nommé *corps caverneux*, bifurqué vers les tubérosités de l'ischion auxquelles il se fixe ; cette quatrième portion de l'urètre finit par un élargissement appelé *fosse navicu-laire*, siége le plus ordinaire de la blennorrhagie. Une fente verticale, sous le titre de *méat urinaire*, embrassée par un corps également érectile, nommé *gland*, termine ce canal excréteur.

Chez les animaux, — l'appareil urinaire offre plu-sieurs modifications assez importantes. On ne le rencon-tre pas dans les dernières divisions de ce règne. *Chez les oiseaux*, les reins sont globuleux, et les uretères s'ouvrent dans une cavité nommée cloaque, réservoir commun de l'urine, des matières fécales et du produit de la fécondation, pour les femelles. *Chez les reptiles*, on trouve dans les uns des dispositions analogues ; les autres, tels que les grenouilles, les salamandres, ont une vessie. *Chez les poissons*, les reins, d'un volume considérable, s'élèvent jusqu'aux orbites, et leur canal excréteur s'ou-vre, pour certaines classes, dans un cloaque, ou dans un simple renflement du tube digestif ; pour d'autres, dans une vessie particulière. Chez tous les animaux, comme l'ont fait observer Galvani, Ferrein et plusieurs natu-ralistes, les reins ne présentent qu'une substance ana-logue à la corticale des mammifères ; on n'y trouve ni mamelons, ni calices ; disposition qui fournit une preuve analogique à rapprocher de toutes celles qui démontrent que cette partie corticale est ici l'organe essentiel de l'é-laboration sécrétoire. *Chez les mammifères*, l'appareil urinaire offre à peu près les mêmes dispositions que chez l'homme.

§. III. MODIFICATEUR. — Le sang rouge est, sans aucun doute, la source qui fournit, à l'appareil urinaire, les élémens de la sécrétion dont il est chargé. On peut même ajouter qu'il n'existe aucune glande pourvue d'une artère aussi considérable, proportionnellement à son volume. Haller , qui rejetait avec raison l'existence *des voies directes*, admises par les anciens , de l'estomac à la vessie, pour expliquer l'abondante sécrétion urinaire , développée dans certaines circonstances , attribue ce résultat au grand calibre des artères rénales, par lesquelles il prétend que la sixième partie de la masse totale du sang est susceptible de passer dans un tems donné.

§. IV. APPÉTIT. — Toutes les fois que la sécrétion urinaire cesse de s'effectuer avec son activité normale , un sentiment de chaleur âcre et d'anxiété se développent dans toute sa constitution ; sans doute , en raison de l'agacement que déterminent sur les tissus, et plus spécialement sur la peau destinée à suppléer les reins , tous les principes acrimonieux qui se trouvent alors en grande partie retenus dans l'organisme , ne rencontrant point une issue libre et facile par leur émonctoire naturel. Lorsque la suppression devient plus absolue , plus durable , cette irritation consécutive peut s'élever jusqu'au développement d'une réaction fébrile très-intense , quelquefois même assez grave en raison de sa cause ; maladie que les auteurs ont désignée par le terme de *fièvre urineuse* , lors surtout qu'elle est effectuée par des obstacles apportés à l'excrétion.

§. V. ÉTUDE.—Quelques physiologistes anciens considérant l'énorme quantité d'urine excrétée , dans un tems donné , par certains individus qui rendent cette humeur dans la mesure des boissons ingérées, et presque immédiatement après leur emploi, ne comprenant pas d'ailleurs que les reins eussent assez d'activité pour effectuer entièrement cette élaboration , imaginèrent , dans ces modifications, des voies directes, chargées de porter les fluides aqueux de l'estomac et des intestins dans la vesie. Les anatomistes modernes ayant vainement cherché des canaux relatifs à cette communication , plusieurs partisans de l'hypothèse que nous venons de signaler, et parmi lesquels nous citerons plus spéciale- ment Lippi, confient cet important ministère à des vaisseaux lymphatiques partant, d'après eux, de l'intes- tin pour aller s'ouvrir dans les veines rénales et dans les bassinets, sous le titre de *chyloporétiques uriniféres*. Déjà Galien, dans les tems antiques, avait produit les résultats de ses expériences pour démontrer l'erreur de cette hypothèse. En liant un uretère, l'urine s'accumule au-dessus de la constriction ; en pratiquant cette opé- ration sur les deux, la vessie reste vide ; en les coupant l'un et l'autre, le fluide urinaire s'épanche dans l'abdo- men. Derniérement Tiedemann et Gmelin ont fait boire très-abondamment des fluides colorés à plusieurs ani- maux, et n'ont jamais rien observé dans le tissu cellu- laire abdominal. Haller a fait plus encore ; il ne s'est pas borné seulement à prouver que l'admission des voies directes est une chimère, il a de plus expliqué physio- logiquement la production des plus grandes quantités d'urine par l'action exclusive des glandes chargées de cette élaboration. Voici le résumé de ses opinions sur cet objet : Les reins sont pourvus d'artères par lesquelles passe naturellement la sixième partie du sang en mou- vement dans le cercle circulatoire. L'élaboration uri- naire, entièrement relative à l'épuration organique, ne concourant pas, au moyen de son humeur, comme les autres sécrétions, à des fonctions plus ou moins importantes, n'a pas besoin de s'effectuer avec cette perfection exigée pour la salive, le lait, la bile etc. ; surtout lorsqu'elle est obligée, par les circonstances, de sacrifier la qualité à la quantité. La structure orga- nique du rein, la disposition de ses vaisseaux afférens, excréteurs, son activité naturelle etc., suffisent pour expliquer ces grandes émissions urinaires, en rapprochant particulièrement de ces conditions les qualités à peu près aqueuses de l'humeur excrétée dans cette occasion, et dont l'ensemble indique assez un travail incomplet, surperficiel et n'exigeant dès-lors qu'un tems assez court pour son accomplissement. Un dernier fait applanit toutes les difficultés, dissipe tous les doutes relativement à la question en litige. L'extirpation des reins détruit entièrement la sécrétion urinaire, et laisse toujours la vessie dans un état de vacuité complète, quelle que soit la quantité des boissons ingérées ; ce qui ne devrait point arriver s'il existait des voies directes, établissant une communication normale entre le tube digestif et ce réservoir. Il semblerait même, d'après les faits, que ces glandes seules présentent la faculté d'enlever aux fluides circulatoires l'élément fondamental de l'urine. Ainsi, MM. Ségalas, Prévost et Dumas, après avoir extirpé les reins sur plusieurs chiens, ont trouvé de l'*urée* dans le sang ; il n'en présentait point avant cette opération, même après l'importation de cet élément dans le torrent circulatoire au moyen d'une injection ; seulement alors on voyait la sécrétion urinaire sensiblement activée. Quant à l'opinion de M. Lippi, incompatible avec les dispositions normales des appareils circulatoires, avec la marche naturelle des humeurs dans leurs différens canaux, elle n'exige aucune réfutation particulière. Il nous semble donc positivement établi que toute élaboration urinaire est exclusivement effectuée par les reins que traversent, avec une rapidité surprenante, les fluides qui doivent être exportés, comme le démontrent plusieurs expériences de M. Fodéra. Ce physiologiste ingère dans l'estomac de quelques lapins une solution d'hydro-cyanate ferruré de potasse ; une sonde placée dans l'urètre livre passage, après cinq minutes seulement, à de l'urine manifestant la présence de ce dernier sel qui se rencontre également dans le sang. Darwin et Brande avaient déjà tenté cette expérience, mais sans obtenir aucun résultat satisfaisant. D'après toutes ces considérations basées sur des faits positifs, nous voyons, dans la sécrétion urinaire, le sang rouge mis en contact avec la couche corticale des reins, excitant ce parenchyme qui réagit à sa manière, extrait les élémens appropriés, les combine, les élabore sous l'influence des propriétés vitales qui lui sont propres et forme une humeur qu'il est seul capable de confectionner.

L'urine, résultat de ce travail, ουρὸν, des Grecs, *lotium*, des Latins, est un fluide aqueux, dont la couleur varie du jaune citron clair au jaune orangé; modifications ordinairement relatives à la concentration plus ou moins considérable des élémens essentiels de cette humeur. Aussi les anciens en distinguaient-ils trois espèces, d'après ce caractère : 1° *L'urine de la boisson*, celle que nous rendons immédiatement après avoir pris une grande quantité de fluide, *urina cruda*; elle est blanche, diaphane, à peu près semblable à l'eau pure. 2° *L'urine de la digestion*, excrétée dix ou douze heures après l'ingestion des liquides; *urina cocta*, dont la couleur est assez analogue à celle du citron. 3° *L'urine du sang*, évacuée le matin au réveil; *urina perfecta*, *percocta*, se rapprochant de l'écorce d'orange pour la coloration. Il ne serait pas convenable de voir, dans ces variétés, des humeurs essentiellement différentes, on doit seulement les admettre comme trois modifications d'une humeur identique, présentant des nuances de couleur et de composition relatives au degré d'élaboration ou de séjour plus ou moins prolongé dans le réservoir, dont les absorbans s'emparent du véhicule en concentrant les élémens fondamentaux. L'urine offre une odeur piquante et bientôt ammoniacale; une saveur âcre, chaude et salée; une consistance, une pesanteur spécifiques à celles de l'eau dans une proportion variable; ainsi, :: 1,005 ou :: 1,033 : 1,000. Récente, elle rougit sensiblement les couleurs bleues végétales qu'elle verdit en se décomposant. La première de ces propriétés est attribuée par les auteurs à différens acides : au *phosphorique*, par Vauquelin; à *l'acétique*, par M. Thénard; au *lactique*, par M. Berzélius; au *benzoïque*, par Schéele, surtout chez les enfans; au *carbonique*, à *l'urique* etc., par d'autres chimistes; la seconde est relative à la formation d'une quantité variable d'ammoniaque pendant cette même décomposition.

Les élémens essentiels de l'urine sont : 1° *l'urée*, que l'on obtient à l'état de pureté, sous forme de lames nacrées, brillantes, incolores, sans odeur, offrant une saveur piquante et fraîche, plus pesantes que l'eau, déliquescentes, putrescibles, fortement animalisées, disposant l'urine à la décomposition; formées, d'après M. Proust, sur 100 parties : d'azote, 46,650; de carbone, 19,975; — d'hydrogène, 6,670; — d'oxygène, 6,650; — perte, 55; considérées, par Wohler, comme un cyanite d'ammoniaque hydraté. Ce chimiste prétend même en avoir formé par des moyens artificiels. C'est un fait important à vérifier, puisqu'il prouverait, ou que l'urée n'est pas une matière organique, ou que les substances de cet ordre peuvent être formées par des procédés étrangers à l'influence vitale. 2° *L'acide urique*, très-faible, dur, blanc, insipide, inodore, cristallisant en paillettes, offrant une pesanteur spécifique supérieure à celle de l'eau, formant une grande partie des calculs, et surtout des graviers déposés par l'urine dans la vessie. 3° *Une matière animale*, très-difficile à séparer des autres principes, que l'on obtient cependant par dis.

tillation dans son véhicule, ensuite en la précipitant par l'acétate de plomb ; elle offre une odeur ambrée.

Outre ces principes essentiels et fondamentaux, que dissout une grande proportion d'eau, l'urine présente encore, mais d'une manière moins invariable, du mucus versé par les follicules des voies d'excrétion en proportion relative des irritations supportées par cet appareil ; des acides , des sels, de la silice etc. ; accidentellement plusieurs autres matières anormales que nous indiquerons en examinant les perversions de cette élaboration sécrétoire. Si nous réunissons tous les élémens que l'on rencontre ordinairement dans l'humeur dont nous étudions la composition, nous voyons leur nombre s'élever à vingt dans les proportions suivantes, indiquées par M. Berzélius; sur 1,000 parties : *eau* : 933 ; — *urée,* 30, 10 ; — *acides :* — urique, 1, 00; lactique, 17, 14; phosphorique ? benzoïque ? acétique ? butyrique ? carbonique ? — *Sels.* — Sulfate de potasse , 3 , 71 ; sulfate de soude , 3 , 16 ; phosphate de soude , 2 , 94 ; hydrochlorate de soude , 4 , 45 ; phosphate d'ammoniaque , 1 , 65 ; hydrochlorate d'ammoniaque , 1 , 50 ; lactate d'ammoniaque en combinaison avec une matière animale soluble dans l'alcohol, compris avec l'acide lactique libre ; phosphate de chaux, 1 , 00; — *matière animale ,* insoluble dans l'alcohol, associée à l'urée, comprise avec le même acide ; — *mucus ,* 0 , 32 ; *silice ,* 0 , 03. On a de plus admis du phtorure de calcium, des traces; d'après Vauquelin et Fourcroy , de l'hydrochlorate de potasse, des phosphates doubles de soude et d'ammoniaque, de magnésie et de cette base ; du benzoate, du carbonate d'ammoniaque; des matières odorante, colorante; de l'albumine, de la gélatine; d'après M. Proust , du soufre ; une matière résineuse d'une couleur et d'une odeur particulières; du sulfate, du sous-carbonate de chaux etc.

C'est à l'ensemble de ces élémens réunis, en proportions variables que l'urine doit ses caractères particuliers et ses nombreuses modifications. L'urée, le mucus,
la matière animale disposent à la fermentation putride,
avec dégagement de l'ammoniaque donnant à cette humeur des qualités alcalines qui remplacent ultérieurement son acidité primitive. Un ou plusieurs des acides
libres indiqués lui communiquent la propriété de rougir les couleurs bleues végétales. L'acide urique, plus
particulièrement, devient la source de cette matière
jaune, déposée sur les parois du vase qui la renferme
pendant quelque tems ; il concourt souvent à la formation des concrétions de la gravelle, et même à elle des
calculs vésicaux. Les sels, par leur dépôt, constituent
plus spécialement encore ces derniers. Ainsi, d'après l'a-
nalyse faite par les chimistes modernes, un quart à peu
près des calculs urinaires est composé d'acide urique ;
un cinquième d'oxalate de chaux, quelques-uns d'urate
d'ammoniaque, un très-petit nombre d'oxyde cystique ;
les autres, par les différentes matières salines, soit isolées, soit dans un état de mélange, ordinairement effectué par couches concentriques, les plus denses formant
le noyau commun.

Soumise à l'évaporation spontanée, dans un air libre,
l'urine perd sa chaleur naturelle, et ne tarde pas à se
décomposer. L'acide urique se précipite en donnant un
sédiment jaune ou briqueté. Ce dernier contient, d'après
M. Proust, des urates, du phosphate de soude et d'ammoniaque, quelquefois de l'acide nitrique, du purpurate
d'ammoniaque ou de soude. L'urée d'abord, plus tard le
mucus, la matière animale se décomposent, d'où résulte
la formation de l'ammoniaque, en assez grande proportion, consécutivement des combinaisons nouvelles,
très-diversifiées de cette base avec les acides primitifs et

ceux qui résultent naturellement de ces réactions multipliées ; on voit ensuite se déposer de l'urate d'ammoniaque, du phosphate de chaux, du phosphate ammoniaco-magnésien, et lorsque l'évaporation est plus avancée, des cristaux représentant les sels solubles de l'urine. Privée bien exactement du contact de l'air, cette humeur n'éprouve plus les mêmes décompositions chimiques. M. Proust en a conservé pendant six ans, dans un vase bien fermé, sans autre changement qu'une teinte plus foncée dans la couleur. C'est en traitant diversement le produit de cette élaboration physiologique, pour en obtenir la *pierre philosophale*, que les alchimistes ont découvert le phosphore.

D'après l'analyse artificielle, cette humeur offre un grand nombre de particularités qui ne rentrent pas dans notre sujet ; nous ajouterons seulement qu'on peut en obtenir trois séries de produits. 1° *Solution alcoholique,* — présentant l'urée, la substance résineuse, l'hydro-chlorate d'ammoniaque, le chlorure de sodium, les acides lactique, acétique, phosphorique, le lactate d'ammoniaque et la matière organique. 2° *Solution aqueuse,* — les phosphates de soude, d'ammoniaque, le sulfate de soude, le phosphate double d'ammoniaque et de soude, la matière animale unie à l'acide lactique. 3° *Résidu insoluble,* — l'acide urique, le phosphate de chaux, de magnésie, le mucus, la silice, trouvée en grains par M. Guéranger, le phtorure de calcium, l'acide carbonique en excès, le soufre.

L'urine offre des modifications importantes, relatives aux genres d'alimentation, de médication, aux différentes espèces animales, aux diverses maladies qui peuvent affecter ces dernières. *Sous le premier rapport,* — les asperges lui communiquent une odeur infecte, la térébenthine importée, soit par l'intérieur, soit par l'extérieur, lui donne bientôt l'odeur de la violette. M. Wollaston a rencontré, chez les oiseaux, l'urine très-riche en acide urique, l'orsqu'ils étaient nourris de substances animales, et cet acide à peu près inappréciable sous l'influence d'un régime exclusivement végétal. MM. Chevreul et Magendie, par des expériences faites sur les chiens, ont démontré que l'on peut, à volonté, rendre l'urine, soit acide, soit alcaline, en conséquence du choix que l'on fait de l'un ou l'autre de ces régimes. Ils pensent également que l'abus de l'oseille augmente la fréquence des calculs *moriformes*, ordinairement composés d'oxalate de chaux. *Sous le second rapport,* — le fluide urinaire présente un grand nombre de particularités chez les divers animaux. Ainsi, *chez les reptiles,* celle des tortues n'offre que des traces d'acide urique; elle en est entièrement formée, dans les serpens, les lézards etc. *Chez les oiseaux* l'urine est en grande partie composée d'acide urique présentant la portion blanche de leurs excrémens. On trouve pour quelques-uns une matière huileuse; elle ne renferme pas d'urée. *Chez les mammifères,* elle offre des modifications assez nombreuses. *Pour les herbivores,* elle contient une grande quantité de carbonate calcaire, ce qui la rend très-écumeuse, comme on le voit dans le bœuf, le chameau, le cheval, par exemple; de l'acide benzoïque, du benzoate de soude, une matière huileuse, roussâtre etc. Les bézoards ou calculs développés dans la vessie, dans les intestins de ces animaux, sont, en grande partie, formés de phosphate ammoniaco-magnésien. *Sous le troisième rapport,* — cette humeur présente encore des variations importantes qui se trouveront naturellement placées dans les perversions de cette élaboration sécrétoire.

Excrétion.—Elle s'effectue par une série de phénomènes compliqués dont il faut suivre la marche avec précision pour en bien saisir l'ensemble. Formée par l'action physiologique de la substance corticale du rein, l'urine est prise par les radicules des petits canaux de la couche tubuleuse ; tombe , sous forme de rosée, par le sommet des mamelons dans les calices ; descend, par les bassinets , dans l'infundibulum, et de celui-ci, dans la vessie au moyen de l'uretère. Cette première partie du trajet repose entièrement sur la contractilité involontaire des canaux indiqués. Les contractions lentes et graduées de l'uretère, le poids même de l'urine, favorisent l'introduction de cette humeur dans son réservoir. La transition est d'autant plus facile que le trajet du canal dans les parois cystiques s'effectuant avec beaucoup d'obliquité , comme déjà nous l'avons fait observer , il en résulte intérieurement un repli de la muqueuse permettant le passage de l'urine dans la vessie, prévenant son retour par le conduit afférent ; que, d'un autre côté , cette humeur passant d'un canal étroit dans une capacité spacieuse , ne doit éprouver qu'une faible résistance. On pourrait même réduire la proposition à cette formule algébrique : l'infériorité de la résistance présentée par les parois vésicales à l'introduction de l'urine dans ce réceptacle, est à la supériorité de celle des parois de l'uretère pour s'opposer à l'accumulation de l'humeur dans ce même vaisseau , comme la capacité de la première est à celle du second. Le réservoir cystique se développe ainsi d'une manière lente et graduée pour admettre l'urine quelque fois en si grande proportion qu'il s'élève beaucoup au dessus du pubis, repousse la membrane séreuse en arrière, de telle sorte qu'il peut être antérieurement attaqué par le trois-quarts sans aucun danger de pénétrer dans la cavité péritonéale. Une percussion de la vessie , actuellement dans cet état , peut en effectuer la rupture. Percy rapporte quatre faits de ce genre ; nous en avons observé trois à l'hopital du Mans ; les malades ont succombé du quatrième au douzième jour, sous l'influence d'une péritonite constamment terminée par gangrène. Dans l'état normal, cette accumulation n'a pas lieu d'une manière aussi prononcée. L'urine, par ses influences physique et chimique, provoque la réaction vésicale ; une petite portion du fluide est poussée dans l'orifice de l'urètre ; aussitôt le signal de l'excrétion est donné plus ou moins impérieusement à tous les agens accessoires des autres expulsions abdominales, et leurs efforts synergiques, unis aux contractions involontaires sensibles de la vessie, détruisent la résistance de l'anneau fibreux que nous avons indiqué au col de ce réservoir ; si des obstacles plus puissans viennent s'opposer à l'excrétion, la volonté dirige, augmente les efforts des muscles soumis à son empire. Ainsi, le diaphragme presse de haut en bas, les muscles abdominaux d'avant en arrière, ceux du bassin de bas en haut, les parois vésicales circulairement; l'urine jaillit par l'urètre avec une force d'impulsion et sous un volume proportionnés au développement de ces puissances, à la liberté du canal excréteur. La résistance du sphincter étant vaincue, les contractions vésicales suffisent à l'accomplissement du phénomène. Les muscles accessoires peuvent s'appliquer à d'autres fonctions ; la respiration, la voix, la parole etc. reprennent leur entière liberté pendant toute la durée de cette émission, caractère qui la distingue, sous ce rapport, de l'excrétion stercorale, comme déjà nous l'avons fait observer. Lorsque le réservoir est complétement débarassé, la portion d'urine qui se trouve dans l'urètre est chassée par les contractions brusques et répétées des muscles ischio et bulbo-caverneux que les anciens nommaient *pseudo-sphincteres vesicæ*, et qui remplissent en effet cet usage lorsque, pressés par le besoin impérieux de rendre l'urine, et cependant au milieu des circonstances qui ne permettent pas cette excrétion, nous opposons une résistance active aux efforts de la vessie ; ou bien encore lorsque nous sommes forcés de suspendre instantanément l'émission de ce fluide ; presque toujours alors une douleur plus ou moins vive se fait sentir précisément au siége de ces efforts musculaires qui ne s'effectuent pas toujours, dans ces dispositions anormales, sans d'assez graves inconvéniens. L'excrétion libre et facile de l'urine amène un grand allégement, un état général de bien-être assez remarquable. La rétention prolongée de cette humeur produit au contraire un état de pesanteur dans l'abdomen, d'anxiété, d'irritabilité générale qui nous font assez connaître la puissance de l'impulsion instinctive attachée à l'accomplissement de cette excrétion, maîtrisant quelquefois la volonté, produisant le réveil par les songes les plus pénibles. Des accidens graves se rattachent constamment au défaut de cette émission urinaire ; il suffit, pour comprendre toute l'importance de sa régularité, d'observer les résorptions acrimonieuses, les paralysies vésicales et leurs conséquences, les dépôts calculeux etc. que présentent souvent les sujets qui négligent cet acte essentiel, ou que des modifications pathologiques réduisent à l'impossibilité de l'effectuer d'une manière naturelle, à des intervalles appropriés.

§. VI. Habitude. —Son influence est positive relativement à la sécrétion et plus spécialement encore à l'excrétion urinaire. *Sous le premier rapport,* —le sujet qui, pendant long-tems, a vécu dans un pays froid, humide, ou fait abus des boissons aqueuses, conserve encore, même sous des influences variées, une disposition remarquable à sécréter des proportions considérables d'urine, tandis que celui qui s'est modifié par des agens opposés n'élabore qu'une petite quantité de cette humeur, lors même qu'il se trouve passagèrement au milieu des conditions favorables au développement de l'acte physiologique chargé de la former. *Sous le second rapport*, — les effets de l'habitude sont encore beaucoup plus marqués. Ainsi, les hommes libres d'occupation sérieuse, ressentant les besoins de l'économie dès qu'ils se manifestent, répondant à leur appel sans résistance et sans délai, excrétent fréquemment l'urine et deviennent incapables de la conserver, lorsqu'elle présente un certain degré d'accumulation dans son réservoir. Au contraire, ceux qui se trouvent habituellement préoccupés d'une idée, d'un objet qui concentre leurs facultés ou leurs passions, comme on le voit chez les savans, les littérateurs, les négocians, les joueurs etc., éprouvant à peine le sentiment qui préside à l'accomplissement de cette excrétion, ne l'effectuent qu'à des intervalles souvent très-éloignés, et lorsqu'elle ne serait plus différée sans danger. De même que l'excrétion stercorale, elle peut être soumise à des manifestations régulières, la volonté secondée par l'habitude en faisant naître le besoin à des époques déterminées avec plus ou moins de précision.

§. VII. Sympathies.—Au milieu des rapports nombreux établis entre la sécrétion urinaire et les autres élaborations du même ordre, il n'en existe pas de plus utile et de plus positif que celui qui paraît lier naturellement cette action physiologique et la perspiration cutanée. L'une et l'autre sont en effet rapprochées par un but commun, essentiel dans l'économie vivante, l'élimination des matériaux organiques vieillis, détachés par le mouvement de décomposition nutritive, ou les principes nuisibles importés sous l'influence de l'absoption extérieure. Elles peuvent se suppléer réciproque-ment dans l'exercice de cette fonction importante, et ne se trouvent jamais très-développées en même tems; toutes les fois, au contraire, que l'une augmente sensi-blement, l'autre diminue dans la même proportion. Ainsi, dans les contrées méridionales, pendant les chaleurs de l'été, la perspiration dermoïde offre une activité remarquable, tandis que la sécrétion urinaire est presque nulle. Pendant les hivers brumeux, dans les pays humides et froids, l'élaboration de l'urine est abondante, la peau reste sèche et sans exhalation nota-ble. C'est en conséquence de ces dispositions, que les diaphorétiques sont plus spécialement utiles dans les circonstances graves où l'on doit remplacer la première de ces actions sécrétoires, et les diurétiques, lors qu'il s'agit de suppléer la seconde.

§. VIII. ALTÉRATIONS.—Leur ensemble comprend les quatre modes principaux, affectant isolément ou simultanément la sécrétion et l'excrétion. 1° *Augmen-tation.* —— Elle est rarement nuisible tant qu'elle ne se trouve pas compliquée de la perversion. En effet, of-frant presque toujours alors un moyen critique appro-prié à la solution d'un assez grand nombre de maladies, elle devient supplémentaire des sécrétions avec lesquelles on la voit plus particulièrement sympathiser. Cette augmentation peut se rattacher à des causes multipliées, parmi lesquelles nous devons plus spécialement noter le froid, l'humidité, les bains ordinaires, les boissons aqueuses très-abondantes, les médicamens nommés *diurétiques* etc. Pour tous ces cas, l'urine plus abon-dante offre en même tems beaucoup moins de concen-tration dans ses principes constituans, et cette humeur semble perdre, sous le rapport de la qualité, ce qu'elle gagne relativement à la quantité. 2° *Diminution.* —— On l'observe surtout au début des maladies aiguës avec réaction fébrile ; c'est alors que l'urine, dont les matériaux sont plus rapprochés, présente une odeur forte, ammoniacale, une couleur foncée, dépose un sédiment rougeâtre, et se putréfie dans quelques instans. La même diminution se manifeste encore dans la quantité de cette humeur sous l'influence d'une augmentation extra-normale des autres sécrétions, mais avec des modifications moins prononcées dans sa nature. 3° *Perversion.*—Elle entraîne des altérations plus ou moins considérables dans les qualités essentielles de l'urine, d'après l'un ou l'autre de ces trois modes fondamentaux : 1° par les variétés proportionnelles de ses principes naturels ; 2° par l'addition d'élémens étrangers : 3° par la disparition des matériaux ordinaires que viennent remplacer des substances changeant entièrement la constitution de cette humeur. *Sous le premier rapport,*—nous trouvons l'urine à peine ébauchée dans la plupart des affections nerveuses telles que *l'hystérie*, les *convulsions*, *l'épilepsie* etc. ; offrant alors très-peu d'urée, de matière animale, d'acide urique, beaucoup d'hydrochlorate, de soude et d'ammoniaque ; elle est diaphane, incolore et se rapproche de l'eau commune par son aspect. Au contraire, dans les phlegmasies graves et profondes, marchant avec beaucoup d'activité, cette humeur devient bien plus riche en principes constituans ; elle est épaisse, rouge, très-odorante, et produit quelquefois un sentiment d'ustion en traversant le canal excréteur, déposant un sédiment *briqueté* qui, d'après M. Proust, est formé d'urate d'ammoniaque ou de soude, mêlé au phosphate du même nom , et quelquefois d'un peu d'acide nitrique, de purpurate de soude ou d'ammoniaque. *Sous le second rapport ,* — nous voyons s'ajouter aux élémens ordinaires , comme produits pathologiques : *dans les fièvres nerveuses*, *intermittentes*, un acide rouge, vermeil, déposant sur les parois du vase, combiné à l'acide urique, découvert par M. Proust et désigné sous le nom d'*acide rosacique* ; dans l'*ictère*, la substance résineuse verte de la bile, quelquefois même les principaux élémens de cette humeur, comme l'annonçait Cruikshank, il y a plus de trente ans, et comme l'a démontré, depuis, M. Orfila, par des analyses positives. *Dans les hydropisies*, l'albumine, suivant Thomson et Fourcroy ; l'acide acétique, une matière huileuse colorante d'après Nysten ; l'acide hydrocyanique, trouvé par Brugnatelli. *Dans le rachitis*, *la goutte*, le phosphate de chaux en trés-grande proportion, comme le démontrent les analyses de Chaptal et de Fourcroy. *Dans quelques néphrites et cystites aiguës*, l'hydrocyanate ferruré de peroxyde de fer, d'après M. Julia Fontenelle ; une substance nouvelle découverte par M. Braconnot, et qu'il nomme *cyanourine* ; dans l'une et l'autre circonstance, l'humeur sécrétée présentait la couleur de ces matières, disposition qui lui fait donner, dans les cas analogues, le nom d'*urine bleue*. Elle prend quelquefois une teinte noirâtre, ce qu'elle doit à la présence d'un autre élément accidentel, également signalé par le même chimiste, sous le titre de *mélanourine*, et par M. Proust, comme un acide qu'il appelle *mélanique*. Dans les modifications pathologiques désignées par les termes de *fièvres putrides*, *malignes* etc., l'ammoniaque, d'après M. Orfila. Plusieurs fois nous avons démontré dans l'urine des sujets ainsi affectés, la présence de l'acide hydrosulfurique, même pendant son séjour dans la vessie ; caractère fâcheux que nous attribuons au commencement de la décomposition chimique effectuée lorsque les affinités de cet ordre ne sont plus contrebalancées avec assez d'énergie par la force vitale, dont l'affaiblissement devient l'un des caractères fondamentaux de ces altérations morbifiques. Dans les affections dites *laiteuses*, le caséum, indiqué par M. Pétroz. Toutefois la présence de cette matière se rencontre également sous d'autres influences, comme l'ont démontré M. Cabal, chez une jeune femme, et Wurzer, pour un homme de trente ans. *Sous le troisième rapport*, —nous trouvons l'urine complétement dénaturée, ne conservant même parfois aucun de ses principes constituans ordinaires. Ainsi, dans le *diabètes sucré*, d'après les travaux de Willis, de Rouelle, de Frank, de MM. Thénard et Dupuytren, cette humeur n'offre pas d'une manière notable ses élémens essentiels, tels que l'urée, la matière animale et l'acide urique ; elle présente au contraire une substance mucoso-sucrée, un peu d'hydrochlorate de soude, et quelques traces des autres sels dissous dans une grande proprortion d'eau. M. Thénard a vu le principe doux pour un trentième ; les chimistes le croient analogue au sucre de raisin. M. Chevallier dit qu'il est parfaitement semblable au sucre de canne. A cet état, l'urine éprouve la fermentation alcoholique au milieu des circonstances favorables. Dans ces derniers tems, MM. Chevreul et Barruel ont prétendu que cette modification n'était point aussi prononcée qu'on l'avait pensé d'abord ; ils assurent avoir trouvé de l'urée, de l'acide urique, et tous les autres matériaux ordinaires dans l'urine des sujets affectés du diabètes sucré. Ces faits démontrent tout au plus que dans certains degrés de cette maladie la métamorphose n'est pas complète, mais ils ne prouvent nullement qu'elle n'ait pas eu lieu chez les sujets dont parlent MM. Dupuytren et Thénard.

4° *Suspension*.—Nous l'avons observée pendant vingt-quatre et même quarante-huit heures, au début de la néphrite, de la cystite, de la métrite, de l'entérite, de la péritonite suraiguës. Craignant une rétention, nous avons plusieurs fois, dans ces cas, introduit une algalie, sans trouver, dans la vessie, un atôme d'urine. En général, ce phénomène pathologique offre beaucoup de gravité.

L'excrétion urinaire peut également présenter des altérations importantes. Ainsi, dans *les calices*, *les bassinets*, *l'infundibulum* et *l'uretère*, — des calculs, des spasmes, ou d'autres obstacles, analognes par leurs effets, peuvent retarder ou même empêcher le cours naturel de l'urine. *Dans la vessie*, — les dépôts calculeux, l'inflammation, la paralysie, les lésions organiques des parois vésicales, une acrimonie remarquable et passagère de l'urine, comme on l'observe quelquefois dans les accès goutteux, l'affaiblissement notable des muscles abdominaux etc. produisent des anomalies variables dans cette excrétion, dont les deux principaux types sont *l'incontinence* et *la rétention d'urine*. *Dans l'urètre*, — l'engorgement de la prostate, les calculs, les spasmes locaux et surtout les inflammations, les rétrécissemens du canal etc. déterminent des altérations excrétoires comprises, pour le plus grand nombre, entre les difficultés et l'impossibilité de l'émission urinaire, et dont les principaux degrés sont désignés par les termes : *dysurie*, *strangurie*, *ischurie*.

7° SÉCRÉTION SPERMATIQUE.

§ I. DÉFINITION, CARACTÈRES, BUT. — Nous décrivons sous ce titre, l'élaboration secrétoire effectuée par des glandes nommées *testicules*. Si nous cherchons les caractères essentiels de cette élaboration, nous les trouvons positifs et bien déterminés. Elle ne s'exerce que chez les sujets du sexe masculin, et, chez l'homme, vers l'époque où sortant de l'enfance, il présente assez de force physique pour concourir à la reproduction de l'espèce, après avoir accompli suffisamment le développement de l'individu. C'est en effet seulement à la puberté, dans la quinzième ou seizième année, que les testicules jouissent du pouvoir de former un sperme fécondant. Avant cette époque, ils partagent le sommeil des autres organes génitaux, et se trouvent bornés à la nutrition. Si l'éjaculation est provoquée dans l'enfance par les funestes manœuvres de l'onanisme, elle ne donne en résultat qu'une matière muqueuse absolument comme chez les eunuques. Quand au terme de cette même secrétion, il est absolument impossible de le fixer, puisque l'on voit des vieillards jouir de la faculté reproductrice dans un âge très-avancé ; l'homme, de même que les animaux, perdant cette faculté moins par l'absence de l'élaboration spermatique appropriée, que par le défaut de stimulus et d'érection indispensables à l'acte vénérien. Le but essentiel de cette sécrétion est la propagation de l'espèce ; mais cet objet ne semble pas exclusif ; elle sert encore à favoriser le développement des forces physiques et morales, comme il est aisé de s'en convaincre en comparant l'énergie des animaux dans l'état normal, aux dispositions contraires de ceux que l'on a soumis à la castration ; en rapprochant la faiblesse, la pusillanimité de l'eunuque, de la vigueur et du courage de l'homme qui conserve les premiers attributs de la virilité.

§ II. APPAREIL. — Il est double et complet dans notre espèce. Nous devons y considérer 1° la glande, nommée *testicule* ; 2° le canal afférent, désigné par le terme de *conduit déférent* ; 3° le réservoir, appelé *vésicule spermatique* ; 4° le canal efférent, décrit sous le titre de *conduit éjaculateur*.

1° *Le testicule.* — δίδυμος des Grecs, *testiculus*, des

Latins, est une petite glande ovoïde, contenue dans l'abdomen, pendant les premiers mois de la vie fœtale, au-dessous du rein, vers la partie moyenne de la région lombaire ; franchissant l'anneau inguinal, vers une époque indéterminée ; chez quelques sujets, un peu avant la naissance ; chez d'autres, plusieurs années après cette époque ; entraînant, dans ce passage, d'après quelques auteurs, une portion du péritoine destinée à constituer ultérieurement *la tunique vaginale.* Explication qui nous semble peu satisfaisante, cette petite membrane offrant comme toutes les séreuses, telles que le péricarde, les plèvres, le péritoine lui-même, un sac sans ouverture, et devant présenter, comme ces dernières, une origine primitive, indépendante, isolée. Quelque fois un seul testicule sort de l'abdomen, ou même les deux restent dans cette cavité pendant toute la vie sans inconvénient notable pour la génération ; on prétend même que les sujets ainsi disposés offrent une impulsion plus marquée vers les plaisirs de l'amour. La glande, ordinairement placée derrière l'anneau, chez ces mêmes individus, y forme parfois une tumeur douloureuse à la pression, et confondue, par l'ignorance, avec *le bubonocèle.* Méprise d'autant plus fâcheuse, que les bandages employés d'après cette indication fautive, outre les accidens inséparables de leur application dans cette circonstance, produisent l'inconvénient beaucoup plus grave encore d'entraîner l'impuissance, par l'atrophie du testicule. Après la révolution normale de son déplacement, cet organe suspendu entre les cuisses par un cordon nommé *spermatique,* enveloppé de plusieurs tuniques, dont l'ensemble constitue cette poche extérieurement cutanée, que l'on désigne par le terme de *scrotum,* présente le volume d'une grosse noix. Il est ordinairement double, un pour chaque moitié de l'individu. On a vu ce nombre, tantôt s'élever à trois ou quatre, tantôt se réduire au testicule d'un seul côté, sans que la faculté génératrice présentât aucune augmentation dans le premier cas, aucune diminution dans le second. Si nous examinons successivement, de l'extérieur à l'intérieur, les enveloppes de cette glande, nous les trouvons au nombre de cinq : *la peau*, commune aux deux organes; *une couche celluleuse* décrite, par les anciens, sous le titre de *dartos; des membranes : fibro-celluleuse*, enveloppant également le cordon et le testicule ; *séreuse*, nommée *tunique vaginale*, propre à ce dernier; *fibreuse*, dense, résistante, blanche, envoyant des prolongemens dans le parenchyme glanduleux, donnant à l'organe sa forme ovoïde particulière, et désignée par le terme de *tunique albuginée*. Vers la partie supérieure du testicule, cette membrane présente un renflement percé de dix-huit à vingt orifices, pour le passage des branches du canal afférent; on donne à ce renflement le nom de *corps d'Hygmore*. Le parenchyme de la glande est grisâtre, mou, pultacé; l'œil y distingue des granulations très-déliées, desquelles sortent les canaux afférens, qui forment une grande partie de la masse. D'une ténuité capillaire, ces derniers peuvent être déroulés, sans se rompre, dans une étendue de plusieurs pieds. Si l'on calcule, d'après cette expérience, la longueur probable de tous ces tubes réunis, on conçoit à peine le terme auquel cette mesure doit s'arrêter. L'artère destinée au testicule, sous le nom de *spermatique*, naît de l'aorte. Ses divisions occupent le centre de l'organe, tandis que les veines se ramifient à la circonférence. Les nerfs sont fournis par le plexus spermatique. On ne les a pas encore suivis bien positivement jusque dans le parenchyme. La grande sensibilité de cette glande ne permet pas d'y révoquer en doute l'existence de ces derniers. Des vaisseaux lymphatiques, du tissu cellulaire, pour unir ces divers élémens, complétent l'organisation du testicule.

2° *Le conduit déférent,* — chargé d'exporter le sperme hors de la glande, commence dans le parenchyme sécréteur par les radicules ténues que nous avons indiquées. Ces canaux, en diminuant de nombre, en augmentant de volume, traversent le corps d'Hygmore par dix-huit ou vingt orifices, constituent dans leur ensemble un petit organe vermiforme, longeant, sous le nom d'*épidydyme*, le bord supérieur du testicule, se terminant, en arrière, par un canal unique, appelé *conduit déférent*. Celui-ci formant un tube capillaire, à parois dures, épaisses, lui donnant le volume d'une plume de corbeau remonte vers l'anneau inguinal qu'il traverse, descend sur les parties latérales de la vessie, en se rapprochant de celui du côté opposé, rencontre le canal de la vésicule spermatique, sous un angle très-aigu, forme avec lui l'origine du conduit excréteur.

3° *La vésicule spermatique* — nous présente un petit réservoir allongé, piriforme, bosselé, formé par la succession de plusieurs cellules qui communiquent entre elles; situé au bas-fond de la vessie, entre cet organe et le rectum, obliquement dirigé d'arrière en avant, et de dehors en dedans; séparé de celui du côté opposé, seulement par les deux canaux déférens; un petit canal termine ce réservoir, sous le nom de *conduit de la vésicule*, et se confond avec le précédent, pour donner naissance au canal excréteur.

4° *Conduit éjaculateur.* — Formé par la réunion des canaux déférent et vésiculaire, il traverse la prostate et vient s'ouvrir sur les côtés du *vérumontanum*, dans l'urètre, en constituant le canal excréteur conjointement avec ce dernier, qui devient commun, sous ce rapport, aux sécrétions urinaire et spermatique. Toutes ces cavités excrétoires sont tapissées, à l'intérieur, par une membrane muqueuse, division de la *génito-urinaire*; à l'extérieur, elles offrent, dans les canaux séminifères du testicule, de l'épididyme, une membrane celluleuse très-mince; dans le canal déférent, une enveloppe très-épaisse, et d'apparence fibro-cartilagineuse; dans la vésicule, dans son conduit, dans le canal éjaculateur, une tunique cellulo-fibreuse; dans ces mêmes cavités, les parois jouissent de la contractilité involontaire insensible pour les canaux, apparente pour la vésicule.

Chez les animaux. — L'appareil sécréteur du sperme offre des modifications assez importantes. *Chez les gemmipares*, il n'en existe aucun vestige. *Dans les poissons*, les testicules granuleux pour les uns, présentent, pour les autres, deux grands sacs remplis d'une matière séminale nommée *laite, laitance, frai etc. Chez les reptiles*, ces glandes sont renfermées dans l'abdomen. *Dans les oiseaux*, elles se trouvent également au-devant des reins. *Pour les rongeurs*, les testicules sont globuleux. *Chez les carnivores, les ruminans et plusieurs cétacés*, les vésicules spermatiques n'existent pas.

§. III. Modificateur. — Le testicule puise les élémens de son élaboration sécrétoire dans le sang rouge fourni par l'artère spermatique. On a cherché dans l'extrême longueur de ce vaisseau, comparativement à son volume, une disposition favorable au perfectionnement de cette élaboration ; nous y trouvons beaucoup plutôt une modification indispensable aux diversités de position de cette glande, au trajet qu'elle doit parcourir, en se portant de l'abdomen dans le scrotum, par un mouvement que n'aurait jamais permis l'artère spermatique, avec les dispositions communes du système circulatoire dont elle fait partie.

§. IV. Appétit. — Une sorte d'inquiétude morale,

un sentiment d'agitation vague, indéterminée, signalent chez l'homme, surtout vers l'époque de la puberté, le besoin plus ou moins pressant de la sécrétion spermatique. La réplétion des vésicules séminales et consécutivement la nécessité de l'excrétion du fluide qu'elles renferment, sont annoncées par des appétits vénériens qui peuvent, chez certains sujets, prendre tous les caractères d'un véritable délire, avec anxiété générale, frémissement involontaire de tout l'organisme à l'aspect des objets susceptibles de réveiller ces impressions et ces désirs ; des songes lascifs provoquent même quelquefois cette émission pendant le sommeil.

§. V. ÉTUDE.—Le parenchyme du testicule, excité par des influences physiques, chimiques, vitales ou morales, directement ou sympathiquement développées, reçoit, dans un tems donné, beaucoup plus de sang rouge, et trouve, dans cette modification, le double avantage de monter ses propriétés vitales au degré suffisant pour effectuer l'élaboration sécrétoire dont il est chargé ; de rencontrer, dans ce fluide circulatoire, des élémens qu'il combine sous l'influence de cette élaboration pour en former une humeur particulière désignée par les noms de sperme, de liqueur séminale, fécondante etc.

LE SPERME, — γονὴ, σπέρμα, des Grecs, *semen*, des Latins, mêlé pendant son émission aux mucosités de la prostate et des glandes de Cowper, est un fluide épais, visqueux, incolore, opaque, d'une saveur fade et gommeuse, d'une odeur nauséabonde, analogue à celle du pollen d'un grand nombre de végétaux, et notamment du dattier, de l'épine vinette, du châtaignier, etc. ; insoluble dans l'eau, très-peu soluble par les alcalis, beaucoup plus dans les acides. Offrant des animalcules nombreux et microscopiques, signalés d'abord par Hartsoëker, Leuwenhoëck, et dont nous avons positivement constaté la présence et la réalité par des expériences très-multipliées ; observations sur lesquelles nous reviendrons avec détail, en examinant la théorie génératrice établie sur ce fait. D'après Vauquelin., cette humeur présente à l'analyse chimique, pour 1,000 parties, eau, 900 ;—mucus animal de nature particulière, 60 ;—phosphate de chaux, traces d'hydrochlorate, et peut-être de ni-trate de chaux, 30 ;—soude, 10.—M. Berzélius admet de plus, dans cette humeur, une matière animale pro-pre et tous les sels du sang ; M. Jordan, une substance odorante, de la gélatine, de l'albumine ; M. John., du soufre ; M. Virey rapproche la composition du sperme de celle que présente la pulpe nerveuse, et part de cette analogie pour expliquer l'antagonisme des fonctions in-tellectuelles et génitales. Sans admettre. entièrement le principe, nous reconnaissons avec les physiologistes. anciens et modernes toute la réalité des conséquences. En effet, en considérant la fécondation comme l'objet essentiel de la sécrétion que nous étudions, il est im-possible de ne pas voir également l'influence du sperme sur tout l'organisme. Il donne aux mâles une odeur forte, surtout pour les animaux, à l'époque du rut ; elle est même communiquée aux femelles par absorption de cette humeur. On distingue bien, à l'odeur, la jeune vierge et la femme déflorée. Les qualités du lait, chez la nour-rice, peuvent se trouver tellement altérées sous l'in-fluence de ces modifications, que l'enfant refuse le sein, ou souffre de son usage. La résorption du sperme, chez l'homme, développe sensiblement l'énergie morale et la force physique. Celui qui veut s'illustrer dans la carrière des sciences et des lettres doit éviter soigneusement l'abus de la copulation. Les vainqueurs des jeux olym-piques se préparaient, par la continence, aux épreuves qu'ils devaient soutenir dans le gymnase, le cirque ou l'hippodrome. La déperdition habituelle de cette humeur entraîne l'épuisement de l'organisme, la dégradation et l'hébétitude intellectuelles ; comme on l'observe chez les sujets abrutis par l'onanisme et la salacité ; ce qui faisait imaginer aux physiologistes anciens : « que »la semence était un écoulement de la pulpe médullaire » encéphalique par le canal rachidien. » C'est la sécrétion du fluide séminal qui caractérise la virilité dans notre espèce, et l'état analogue chez les animaux. Aussi voyons-nous, après la castration, l'eunuque présenter la voix efféminée du sujet impubère, le coursier perdre sa vigueur et sa fierté, le cerf rester sans accroissement et sans bois. Narsès et Salomon, lieutenans de Bélisaire, sont les seuls eunuques marquans dans l'histoire.

Excrétion. — Saisi dans le parenchyme, par les radicules des canaux afférens, le sperme parcourt leurs nombreuses flexuosités, sous l'influence de la contractilité involontaire insensible. Arrivé dans le conduit déférent, il tient une route variable suivant que l'appareil génital se trouve actuellement en repos ou dans l'orgasme de la copulation. *Pendant le premier état*, il remonte par le canal de la vésicule spermatique dans ce réservoir, s'y mêle aux fluides perspiratoire et folliculaire muqueux de cette cavité, y prend plus de consistance par l'absorption graduée de son véhicule ; *dans le second*, il passe directement par le canal éjaculateur, conjointement avec celui qui se trouve contenu dans le réceptacle dont les parois se contractent pour en effectuer l'expulsion par le canal vésiculaire. Ces deux fluides mêlés, à leur passage dans l'urètre, avec les mucosités de la prostate et des glandes de Cowper, se trouvent chassés à distance du méat urinaire par l'action des muscles

ischio et *bulbo-caverneux*, cette excrétion séminale prend
le titre d'*éjaculation*

§. VI. Influence de l'habitude.—Aucune élaboration
sécrétoire n'est plus positivement soumise à l'action de
ce puissant modificateur. Ainsi les sujets, livrés aux funestes conséquences de l'érotisme et de la masturbation,
lors même qu'ils ont abandonné ces pratiques destructives, sont encore tourmentés, pendant long-tems, par
un *dispermatisme* et par des pollutions nocturnes qui
les épuisent, en faisant naître dans l'âme de ces malheureux les sombres agitations de la tristesse et du re-
mords, incessamment renouvelées par le sentiment d'un
état de nullité physique et morale, par l'inquiétude vague d'une prochaine destruction. Ceux au contraire qui,
dès le principe, s'imposant les lois de la continence la
plus rigoureuse, ont fait diversion à ces funestes impulsions de l'instinct, offrent ordinairement les testicules atrophiés, et la sécrétion spermatique à peu près
anéantie.

§. VII. Sympathies.—Déjà nous avons indiqué l'antagonisme naturel des sécrétions du sperme et de la
graisse, en prouvant par des faits, contrairement à l'o-
pinion de plusieurs auteurs, que l'une de ces élaborations ne peut augmenter ou diminuer notablement sans
que l'autre n'éprouve des modifications opposées. Quelques physiologistes ont ajouté, comme explication de
ces phénomènes, que la sécrétion spermatique étant
celle qui coûte le plus au sang, toute augmentation
considérable de ce travail particulier devait arrêter le
développement de la formation graisseuse, en quelque-
sorte destinée à mettre le superflu nutritif à la réserve,
pour les besoins ultérieurs de l'économie. Si la théorie
paraît douteuse, les faits n'en sont pas moins incontestables, de même que ceux qui fondent cet autre anta-

gonisme normal entre les abus de la sécrétion séminale et l'activité continuelle des facultés de l'intelligence, comme nous le verrons plus spécialement dans l'histoire de la génération.

§.VIII. ALTÉRATIONS.—Elles embrassent la sécrétion, l'excrétion, et peuvent offrir les quatre modes principaux : 1º *Augmentation.*—Elle est produite par toutes les causes morales, physiques, chimiques ou vitales susceptibles d'entretenir une excitation habituelle vers les organes génitaux, et plus spécialement par le coït et la masturbation. Il en résulte souvent alors une *gonorrhée*, en prenant le terme dans sa véritable acception, et consécutivement l'épuisement du physique et l'abrutissement du moral. Combien n'avons-nous pas observé de jeunes sujets remarquables par leur santé, par l'agrément de leur caractère et la pénétration de leur esprit, tombant, en conséquence de ces pratiques désastreuses, dans le marasme et l'étiolement d'une caducité anticipée, dans le découragement, la mélancolie, dans un état voisin de l'idiotisme. Combien dès-lors, ne devient-il pas essentiel de prémunir l'homme à ses premiers pas dans la vie, contre un écueil si généralement dangereux, et qui peut décider si différemment du reste de sa carrière ! nous reviendrons plus particulièrement sur cet objet dans l'examen des phénomènes génitaux. 2º *Diminution.*—Elle résulte ordinairement de la continence relative, ou des privations, de la misère, d'une alimentation défectueuse, de la vieillesse, en un mot, de toutes les influences qui peuvent abaisser l'activité, l'énergie vitales, soit dans toute la constitution, soit, d'une manière plus spéciale, dans l'appareil secréteur du sperme. Au milieu de ces pénibles circonstances, le sujet devient impropre à la génération, pour laquelle, d'ailleurs, il éprouve assez peu d'attrait. 3º *Perversion.*—Elle produit inévitablement des altérations plus ou moins graves dans la nature même du fluide séminal, et consécutivement des modifications nuisibles dans la génération, comme nous le dirons en traitant de cette fonction importante. Schurig l'a vu rouge et mêlé de sang; Raw l'a trouvé noir dans l'hypocondrie; d'autres l'ont rencontré jaune et d'une teinte safranée ; plusieurs fois nous l'avons remarqué dans cet état pendant l'ictère ; il est ténu, séreux, mal élaboré chez les scrophuleux et les sujets cacochymes, usés par la débauche, la masturbation ou les maladies chroniques. Dans tous ces cas, il ne peut opérer que des fécondations vicieuses; première cause des dégradations matérielles présentées par les enfans qui sont engendrés au milieu de ces fâcheuses dispositions de l'humeur prolifique. *4° Suspension.* — On l'observe particulièrement dans la continence absolue, dans la caducité, au début des violentes inflammations de l'organisme en général, et de l'appareil génital en particulier, dans la plupart des maladies qui menacent le sujet d'une mort prochaine

Relativement à l'excrétion, — la semence peut être arrêtée dans les canaux afférens et produire le gonflement douloureux des testicules, ou dans la vésicule spermatique, et déterminer l'ampliation de ce réservoir, avec toutes les conséquences de ce défaut d'émission. Enfin, le canal de l'urètre est capable d'offrir des perforations dans les différens points de son trajet ; d'où résulte la déviation spermatique , sous le nom d'*hypospadiasis*, vice d'excrétion susceptible d'entraîner l'impuissance.

8° SÉCRÉTION OVARIQUE.

§. I. Définition, caractères, but. — Nous décrivons actuellement l'élaboration des *vésicules prolifiques* par l'action vitale des *ovaires* chez les femmes et chez les femelles des animaux offrant cette analogie de constitution avec notre espèce. Il nous paraît en effet difficile de ne pas ranger les ovaires au nombre des organes sécréteurs, et les vésicules ovariques parmi les produits sécrétés. Comment expliquer autrement les fonctions des uns et la formation des autres ? Cette manière de voir a d'ailleurs le grand avantage de rapprocher deux phénomènes qui vont se confondre et s'identifier dans la fonction génératrice. L'élaboration des vésicules, nonobstant l'opinion des auteurs qui les considèrent comme primitives, ne paraît pas exister avant la puberté; du moins, ne les a-t-on jamais rencontrées dans les ovaires des jeunes filles, antérieurement à cette époque. Un dernier caractère la distingue de toutes les autres sécrétions; elle appartient exclusivement au sexe féminin, présente un appareil incomplet, est uniquement relative à la propagation de l'espèce, et donne un produit solide. Les anatomistes anciens pensaient que les ovaires, de même que les testicules, formaient une humeur prolifique analogue au sperme ; c'est une erreur que nous aurons occasion d'apprécier en traitant de la génération.

§. II. APPAREIL. — Il est double, incomplet, et présente : 1° la glande, nommée *ovaire*, 2° le canal efférent, appelé *trompe utérine*.

L'ovaire est un petit corps parenchymateux, désigné, par les anciens, sous le titre de *testis muliebris*, placé dans l'abdomen, au milieu des ligamens larges de la matrice, appartenant exclusivement à la femme, aux femelles de sanimaux vivipares, qui s'en rapprochent sous ce dernier rapport. D'un gris rougeâtre, bosselé, d'une consistance moyenne, offrant à peu près le volume et la forme d'une amande avec son enveloppe, il présente intérieurement un parenchyme rudimentaire avant la puberté, frappé d'une atrophie remarquable après l'âge critique ; loculaire et contenant , pendant le règne de la fécondité , des vésicules variant , pour le développement, de la grosseur d'un grain de millet à celle d'une semence de chénevis, les plus petites occupant le centre , et les plus grosses la périphérie de l'organe ; pour le nombre , depuis deux , comme l'a fait observer Haller , jusqu'à cinquante, comme Rœdérer prétend l'avoir démontré ; nous en avons compté vingt-trois. Levret assure qu'il n'a jamais vu ce nombre s'élever au-delà de quinze. Ces vésicules ont, depuis long-tems, été régardées comme des *œufs*. Elles contiennent une matière gélatino-albumineuse, élaborée par le parenchyme , destinée à former l'embryon , et qui , dans ces derniers tems , a reçu le nom d'*ovarine*. Une membrane extérieure fibreuse enveloppe cette glande, lui fournit des prolongemens filamenteux , et s'y comporte à peu près comme la tunique albuginée relativement au testicule ; un repli du péritoine , appartenant aux ligamens larges de l'utérus , enveloppe encore extérieurement l'ovaire. Celui-ci reçoit ses artères de la spermatique ; ses nerfs , du plexus de ce nom. Des veines , des vaisseaux lymphatiques , du tissu cellulaire unissant toutes ces parties, complétent son organisation. Il est fixé à l'utérus par un petit cordon fibro-vasculeux, d'un pouce et demi de longueur , considéré par Weslingius , Riolan , Spigel etc. , comme le canal excréteur de cette glande, erreur signalée par de Graaf , Plazzoni et tous les anatomistes modernes.

La trompe utérine,—ou canal excréteur de l'ovaire, offre un caractère particulier que l'on ne rencontre dans aucun autre appareil. Il ne s'adapte que momentanément à cet organe, pour le faire communiquer avec l'utérus, pendant la fécondation et l'excrétion de l'œuf.

Dans les circonstances différentes, le premier est isolé de toutes parts et ne présente avec le second, d'autre connexion immédiate que celle dont le petit ligament indiqué maintient l'accomplissement. De telle sorte qu'il existe alors impossibilité d'émission ovarique. Ce conduit membraneux commence dans l'abdomen par une extrémité libre, flottante, évasée, connue sous le titre *de pavillon de la trompe*. Infundibuliforme et frangé, ce pavillon présenté ordinairement trois languettes, l'une adhérente à l'ovaire. Dans tout le reste de son trajet, d'un calibre beaucoup moins considérable, il se réduit à peu près aux dimensions capillaires vers sa terminaison dans l'utérus à l'angle supérieur duquel il vient s'ouvrir. Une membrane, prolongement de la muqueuse génitale, revêt intérieurement ce conduit, et se trouve, à son orifice abdominal, en communication directe avec le péritoine. A l'extérieur une tunique fibro-celluleuse; à la trompe, un tissu érectile dans le pavillon, pour le redresser et l'appliquer à l'ovaire, complétent l'organisation de ce canal excréteur.

Chez les animaux.—Pour les oiseaux, la glande présente un conduit efférent qui s'ouvre dans le cloaque sous le titre d'*oviductus*. Chez les grenouilles, les œufs sont très-apparens ; ils deviennent innombrables dans les poissons.

§. III. MODIFICATEUR.—Il paraît aujourd'hui généralement admis que l'ovaire puise, dans le sang rouge, les élémens de la sécrétion dont il est chargé.

§. IV. APPÉTIT.—Il est naturellement exprimé par ces impressions vagues de mélancolie voluptueuse qui, sous le rapport du moral, signalent presque toujours le développement de la puberté ; se pervertissent même quelquefois de manière à présenter les diverses modifications de la nymphomanie. D'un autre côté, c'est à cette révolution exigée qu'il faut particulièrement attribuer l'excitation préparatoire qui porte l'ovaire à l'élaboration des germes sur l'intégrité desquels repose la propagation de l'espèce.

§. V. ÉTUDE. — Sollicité à l'action par la révolution pubère, et consécutivement sous l'influence des divers genres d'exaltation vénérienne, le parenchyme de l'ovaire prend, dans le sang rouge, les élémens appropriés à la sécrétion qu'il doit effectuer, les élabore, les combine de manière à former un nombre d'œufs indéterminé; disposés, sous forme de vésicules, dans un fluide que l'on nomme encore *ovarine*, offrant beaucoup d'analogie avec la sérosité, devenant probablement, par son accumulation, la source d'un assez grand nombre d'hydropisies de l'ovaire. Ces œufs en dépôt dans l'organe que nous examinons et qui présente en même tems un réservoir, y séjournent jusqu'au moment où la fécondation vient en détacher un ou plusieurs, d'après un mécanisme que nous indiquerons en faisant l'histoire des fonctions génitales.

§. VI. INFLUENCE DE L'HABITUDE. — Elle est assez remarquable dans cette élaboration sécrétoire. On sait avec quelle facilité certaines femmes, déjà mères de plusieurs enfans, sécrètent les œufs destinés à des fécondations nouvelles en se faisant remarquer par leur faculté prolifique.

§. VII. SYMPATHIES.—La sécrétion des œufs, chez la femme, paraît, comme celle du sperme, chez l'homme, sympathiser assez directement avec la perspiration graisseuse; et l'on peut avancer, en thèse générale, que celles qui se trouvent affectées de polysarcie, ne sont pas les plus disposées à la fécondité. Cette règle souffre toutefois un assez grand nombre d'exceptions. Ce n'est pas, d'ailleurs, dans notre état de civilisation, où les impulsions instinctives sont incessamment perverties et contrebalancées, qu'il faut chercher des preuves applicables à la réalité des principes que nous venons d'établir. Les liens synergiques, unissant toujours les mamelles et les ovaires, sont beaucoup plus positifs et moins variables. Ainsi, vers l'époque de la puberté, ces organes se développent simultanément ; ils agissent de concert pendant le règne de la fécondité ; on les voit se flétrir et s'atrophier ensemble lorsque se manifestent les dégradations de l'âge critique.

§. VIII. ALTÉRATIONS. — *Les unes propres à la sécrétion* offrent beaucoup de variétés relatives à la forme, au volume, à la nature de l'œuf. Il ne faut pas chercher ailleurs la source d'un grand nombre de faux germes, d'atrophies, de perversions embryonaires et de monstruosités, altérations qui n'ont point encore été physiologiquement étudiées dans leur principe et dans leurs conséquences. La stérilité peut également devenir le résultat de cette modification pathologique. *Les autres particulières à l'excrétion* occasionnent des accidens funestes, soit en empêchant l'émission du germe fécondé, soit en déviant celui-ci de sa route normale ; de-là ces gestations extra-utérines : *ovariques, tubaires, abdominales,*

Ici se termine l'examen des sécrétions considérées en particulier. Pour compléter l'histoire de cet ordre de fonctions importantes, nous devons indiquer sommairement : 1º *les fausses glandes* ; 2º *les élaborations sécrétoires propres à certaines espèces animales* ; 3º *les sympathies des sécrétions envisagées dans leur ensemble.*

1º FAUSSES GLANDES.

Les anciens, peu versés dans les sciences de l'organisation et de la vie, rangèrent au nombre des glandes plusieurs parenchymes dont ils ignoraient la structure et les fonctions. Cette erreur grave, signalée par les anatomistes et les physiologistes modernes, se trouve encore imparfaitement détruite ; elle est même en quelque sorte propagée à la faveur des dénominations vicieuses dont notre langage médical devrait être épuré depuis long-tems. L'homme du monde, l'élève auxquels on parle des glandes *pinéale*, *pituitaire*, *amygdale* etc. , pour trouver la vérité relativement à ces objets, seront dans la nécessité d'apprendre qu'on les a trompés ; que ces expressions n'indiquant pas les caractères des organes auxquels on les applique, leur attribuent des qualités qui deviennent absolument étrangères à la nature de ces derniers. Il nous paraît dès-lors indispensable d'accorder plus de précision aux idées, en choisissant mieux les termes qui les représentent. C'est vers ce but que nous avons dirigé nos efforts en assignant à chacun des instrumens de l'économie vivante la fonction qui lui semble propre, et, dans la spécialité qui nous occupe, en déterminant d'une manière positive les conditions que doit présenter un organe pour mériter le titre de *glande*. Les parenchymes, que l'on a mal à propos ran gés dans cette catégorie, se rattachent naturellement à trois ordres différens et que nous avons déjà signalés : 1° *réservoirs sanguins*, les uns *temporaires* : le thymus, le placenta, les capsules rénales ; les autres *permanens*, distingués en *protecteurs* : les plexus choroïdes, les corps pituitaire, thyroïde ; *dérivatifs* : les épiploons, la rate. 2° *Parties de l'appareil circulatoire séreux* : — les prétendues glandes synoviales et les ganglions lymphatiques. 3° *Modifications des follicules muqueux* :—les amygdales et leurs accessoires, telles que les cryptes nommées labiales, molaires etc. , les caroncules lacrymales, la prostate, les *glandes* de Cowper etc. Nous pouvons rapprocher de ces organes speudo-glanduleux , le *conarium*, improprement nommé *glande pinéale*, petit corps grisâtre, de forme conique , d'une consistance molle, du volume d'un pois, placé dans le crâne sous la voûte à trois piliers, considéré, par Descartes, comme siége de l'âme , par Gall et Tiedemann , comme un ganglion nerveux , accessoire des couches optiques etc.

2° ÉLABORATIONS SÉCRÉTOIRES PROPRES A CERTAINES ESPÈCES ANIMALES

Outre les sécrétions déjà très-nombreuses que nous avons étudiées chez l'homme , plusieurs autres sont effectuées par les animaux , et nous croyons devoir au moins les indiquer , pour donner à l'histoire de ces actions physiologiques toute l'importance et tout l'ensemble qn'elle doit naturellement présenter. Ces élaborations sécrétoires différant de celles que nous avons examinées chez l'homme , surtout par la nature de leurs produits , les caractères de ces derniers doivent nécessairement offrir la véritable base des distinctions que nous allons établir entre elles. En les envisageant plus spécialement sous ce dernier point de vue, nous les rangeons sous huit chefs principaux. Sécrétions : 1° *huileuse,* 2° *odorante,* 3° *colorante,* 4° *gazeuse,* 5° *textile,* 6° *électrique ,* 7° *lumineuse ,* 8° *vénéneuse.*

1° HUILEUSE. — On la rencontre dans les poissons, chez tous les oiseaux aquatiques, et même chez les mammifères amphibies. C'est elle qui lubrifie l'enveloppe extérieure de ces animaux , et les garantit de l'inconvénient d'être mouillés par le milieu qu'ils habitent naturellement. Aussi, tous les oiseaux aériens, qui n'offrent pas ces dispositions particulières, sont-ils dans l'impossibilité de plonger au milieu des eaux , sans éprouver les inconvéniens de cette immersion. L'élaboration sécré-toire que nous venons de signaler, est effectuée par des follicules extérieurs; son produit nous offre une humeur grasse, onctueuse, immiscible à l'eau. Les cryptes cutanées, chez l'homme, nous présentent bien quelque chose d'analogue, mais le fluide qu'elles forment est bien éloigné, par ses qualités et sa quantité, d'offrir un semblable moyen de protection dermoïde.

2° ODORANTE. — Une matière noire, affectant vivement l'odorat, est sécrétée par le *larmier*, amas de follicules siégeant, chez les cerfs, dans la fosse sous-orbitaire. Le putois, la civette, le blaireau, le phoque, le cochon d'Inde etc. présentent, vers l'orifice du rectum, des cryptes, improprement nommées *glandes anales*, qui fournissent une humeur jaune, répandant l'odeur la plus forte et la plus repoussante. *Le castoréum* est élaboré par des follicules mal à propos désignés sous le titre de *glandes prépuciales*, et par les appareils celluleux piriformes, situés près des organes génitaux, chez l'animal du même nom. *Le musc* est produit, par exhalation, dans la petite bourse que porte l'animal sous le ventre, assez près de l'ombilic.

3° COLORANTE. — *L'encre de Chine* est sécrétée par une vésicule à parois veloutées, que présentent, près du foie, plusieurs mollusques, et notamment les *sèches*, les *poulpes*. Au rapport de Plutarque, ces animaux l'utilisent en troublant l'eau, de manière à se dérober aux recherches de leurs ennemis. *La pourpre* est élaborée, sous forme de bouillie rougeâtre, dans un sac parenchymateux que montre, au voisinage du rectum, *le murex blandaris* de la famille des gastéropodes.

4° GAZEUSE. — Un grand nombre de poissons, et particulièrement ceux qui jouissent de la faculté d'occuper volontairement ou la profondeur, ou la surface des eaux, offrent une vessie natatoire, en communication avec l'estomac, se remplissant, au gré de l'animal, d'un gaz présentant, d'après Fourcroy, de l'azote presque pur; suivant plusieurs autres chimistes, un mélange d'acide carbonique et d'oxygène; dans tous les cas, perspiré à la surface interne de l'une ou l'autre des cavités indiquées.

5° TEXTILE. — Beaucoup de mollusques et d'insectes peuvent élaborer certaines matières, d'abord liquides, gluantes, se desséchant par l'action de l'air, et devenant susceptibles d'être filées de manière à constituer des tissus qui nous étonnent par leur finesse, mais surtout par leur ténacité. Dans ce nombre, nous indiquerons particulièrement *les chenilles*, *les jambonneaux*, *les bombices etc.*, dont les organes sécréteurs de cette matière se trouvent représentés par deux longs tubes filiformes, contournés en spirales, et réunis dans un renflement ou réservoir, se terminant, par un petit bec simple, au-dessous de la partie moyenne du maxillaire inférieur. C'est avec cette humeur que les chenilles préparent leur cocon. Celle qui forme la soie porte le nom de *sérine*; elle est confectionnée par le *bombyx mori*. *Chez les araignées*, l'appareil situé vers l'anus est plus compliqué, ses résultats sont bien plus étonnans encore. Ainsi, des observateurs minutieux ont trouvé que chaque petite soie double et naturelle du *bombice* présente un centième de millimètre; et que chaque fil duodécuple de l'araignée paraît six fois moins volumineux; enfin, que chacun de ces derniers est formé de mille fils élémentaires. Cette matière textile est diaphane; plusieurs chimistes l'ont assimilée au mucus. M. Chevreul pense qu'elle en diffère, pouvant se dissoudre dans l'alcohol et dans l'eau. Elle donne à la distillation de l'huile rougeâtre, de l'ammoniaque et du charbon animal. M. Gaylussac prétend que celle de l'araignée n'est pas identique aux autres, parce qu'elle brûle, comme les tissus végétaux, sans fournir d'ammoniaque.

6° ÉLECTRIQUE. — Plusieurs poissons , et notamment le *silure trembleur* et la *torpile* offrent des nageoires pectorales , aponévrotiques , disposées à la manière d'un rayon de miel , et qui jouissent du pouvoir très-remarquable de sécréter le fluide électrique , en assez grande proportion. Toute la peau du silure paraît même jouir de cette faculté. L'une et l'autre peuvent accumuler une assez grande quantité de ce fluide pour foudroyer par ses décharges des animaux volumineux , et s'en former un moyen de défense.

7° LUMINEUSE. — Plusieurs mollusques et quelques insectes perspirent, dans certains points de l'enveloppe dermoïde , une matière lumineuse bien remarquable , et qu'il ne faut pas confondre, dans sa nature et dans ses effets, avec *la phosphorescence* des substances animales, et surtout du bois en putréfaction, avec les scintillations de la pierre de Bologne, des yeux du chat etc. L'humeur de cette élaboration sécrétoire , nommée *phosphorine* , est blanche , grisâtre , gélatineuse, épaisse , luisante , caractère qu'elle perd en se desséchant. Plusieurs mollusques , tels que les *pholades* , les *pennatules etc.* sont phosphorescens dans toutes leurs parties ; les insectes , seulement dans quelques points. Les femelles sont plus fortement lumineuses , particulièrement dans la saison des amours. *Le taupin* de Cayenne offre deux taches brillantes et jaunes , sur les côtés du corcelet; il peut servir à lire des caractères moyens. Les *fulgores* présentent leurs taches sur le museau, disposition qui les a fait nommer *porte-lanterne.* Deux de ces insectes suffisent pour éclairer un petit appartement. On voit en Italie des *lucioles* ou lampyres volans , qui simulent assez bien les étoiles tombantes. Le résultat , que les physiciens ont désigné sous le terme de *mer lumineuse*, et qu'ils expliquent, les uns par la collision des vagues, les autres par la décomposition des matières animales et végétales, est attribué, d'après quelques naturalistes, à la réunion d'un grand nombre de petits insectes phosphorescens.

8° VÉNÉNEUSE. — Plusieurs serpens offrent, antérieurement à la mâchoire supérieure, deux dents canaliculées, mobiles, pouvant se dresser à la volonté de l'animal ; servant de conduit excréteur à la vésicule située vers leur base, et qui sécrète une humeur nommée *venin*, dont les effets, en conséquence de son inoculation dans notre économie, deviennent plus ou moins promptement destructeurs.

Nous pourrions ajouter à ce tableau sommaire plusieurs autres sécrétions animales et végétales, mais la nature de notre sujet ne comporte pas tous ces détails accessoires.

3° SYMPATHIES DES SÉCRÉTIONS CONSIDÉRÉES DANS LEUR ENSEMBLE.

La sympathie, lien commun de tous les organes et de tous les phénomènes de l'économie vivante, existe surtout bien positivement entre les différentes sécrétions qu'elle unit avec assez d'intimité pour en former une grande fonction, au moyen de ces actions diverses, mais rapprochées par leur but commun et par leurs caractères essentiels.

Pour bien comprendre les sympathies sécrétoires, leurs influences naturelles dans l'organisme, les applications très-importantes qu'elles peuvent offrir à la pathologie, nous établissons, comme principe fondamental, que la nature a doué l'ensemble des organes sécréteurs, pour chaque sujet, de certaine mesure d'activité qui, dans l'état ordinaire, ne peut varier sensiblement, d'une manière *absolue*, mais qui devient susceptible d'éprouver des modifications *relatives* dans les différens appareils de ces élaborations spéciales. Il est en effet bien rare que toutes les sécrétions soient augmentées ou diminuées en même tems. Il en résulterait, dans le premier cas, un épuisement difficile à concilier avec l'état normal ; dans le second, des altérations variables qui compromettraient l'intégrité des principales fonctions. Quant aux changemens partiels, il n'est aucun instant qui n'en fournisse des exemples ; on peut avancer, comme assertion incontestable, que la même sécrétion n'offrira jamais, à des heures différentes, la même activité dans son exercice, les mêmes quantités et la même composition dans ses produits.

En conséquence des principes que nous venons d'exposer, et des faits signalés chaque jour par l'observation, nous établissons, en thèse générale, que jamais une sécrétion n'augmente considérablement sans que les autres ne diminuent dans la même proportion, et *vice versâ* ; de telle sorte qu'il n'existe point augmentation ou diminution de l'activité sécrétoire dans toute la constitution, mais seulement déviation de cette activité vers tel ou tel appareil sécréteur. Ces modifications diverses, compatibles avec l'état physiologique, en ne les supposant pas trop considérables et trop prolongées, pouvant offrir un développement beaucoup plus marqué sous l'influence des maladies que par l'intervention de l'art, servent de base positive à la théorie des dérivations et des crises dont la thérapeutique raisonnée sait tirer un si grand avantage. Ainsi, dans l'augmentation des excrétions alvine, urinaire, dermoïde etc. qui, pendant l'état normal, présentent les voies essentielles d'épuration générale, et qui deviennent ici, dans l'état pathologique, des moyens critiques pour la gastrite, l'entérite, la pneumonie, l'encéphalite etc., nous ne voyons qu'un transport de la vitalité de l'estomac, des intestins, des poumons, de l'encéphale etc. sur les appareils sécrétoires de la muqueuse digestive, des reins, de la peau etc. Dans les exutoires, tels que les sétons, les vésicatoires, les moxas, les cautères etc., employés avec succès pour prévenir ou détruire des suppurations intérieures, par exemple, nous reconnaissons beaucoup moins une route ouverte aux humeurs nuisibles qui s'écouleraient plus librement et plus abondamment par les émonctoires naturels, qu'une sécrétion artificielle s'établissant aux dépens de la sécrétion morbifique dont elle consume actuellement toute l'activité.

Les sécrétions ainsi rapprochées par la sympathie, ne le sont pas toutes au même degré. Tel organe sécréteur présente une liaison plus spéciale avec tel autre, et *vice versâ*. Considération qui devient encore d'un intérêt majeur pour les applications thérapeutiques, en précisant l'élaboration sécrétoire, qu'il faut plus spécialement augmenter ou diminuer *artificiellement*, dans l'augmentation ou la diminution *morbifiques* de telle ou telle autre. Ainsi, l'expérience démontrant que la perspiration séreuse est plus particulièrement liée, par la sympathie, aux exhalations cutanée, muqueuse, à la sécrétion urinaire, les diaphorétiques, les purgatifs et les diurétiques seront employés de préférence dans le traitement des hydropisies. Ces principes généraux et féconds deviendront ainsi l'objet des applications thérapeutiques les plus utiles et les plus variées.

Nous laissons actuellement aux physiologistes, aux médecins qui voient et qui raisonnent, le soin de juger sainement nos idées, et de choisir entre ces inductions simples, naturelles du vitalisme, et les conséquences des théories artificielles et forcées du *principe électro-moteur.* Il nous semble absolument impossible d'admettre, avec un expérimentateur habile, « que l'em-« ploi des forces électriques explique pleinement , et « d'une manière satifaisante , les propriétés qui carac-« térisent les diverses sécrétions......Qu'il paraît possi-« ble d'imiter artificiellement les conditions principales « de ces élaborations , et de séparer du sang, au moyen « de la pile, un liquide analogue au lait ; et des alimens « eux-mêmes, une matière semblable au chyme...... « Que les sécrétions acides ne peuvent se manifester « sans qu'il n'en résulte en même tems une sécrétion « alcaline correspondante ; que les causes, qui augmen-« tent ou diminuent les unes , doivent aussi produire « des effets analoges sur les autres...... Enfin , que « *l'agent électro-moteur* , digne de fixer l'attention des « physiologistes , en dirigeant leurs recherches vers ce « point central , se trouvera capable de réunir les di-« verses fonctions de la vie sous une même loi. »

Les applications fautives de ces théories erronées , et notamment celles que vient d'essayer M. Fourcault, démontrent assez l'insuffisance des hallucinations abusives auxquelles s'abandonnent , même de nos jours , des esprits beaucoup plus brillans que solides, pour effectuer l'importation monstrueuse des lois exclusives de la matière , dans le domaine particulier de la vie.

Nous avons terminé l'histoire des fonctions essentielles à la conservation des organismes animés, il nous reste maintenant à déterminer par quels moyens physiologiques les êtres vivans , en général, et l'homme , en particulier, peuvent entretenir des relations étendues et multipliées avec tous les objets de l'univers.

FIN DU TOME SECOND.